高等教育理工类“十四五”系列规划教材

化工制图

（第二版）

主　编　陈　志
副主编　吕　松　陈　瑜　席　军　钟月华
编　委　施光明　邓茂云

图书在版编目（CIP）数据

化工制图 / 陈志主编. — 2版. — 成都 : 四川大学出版社，2022.5

ISBN 978-7-5690-5442-2

Ⅰ. ①化… Ⅱ. ①陈… Ⅲ. ①化工机械－机械制图－高等学校－教材 Ⅳ. ① TQ050.2

中国版本图书馆 CIP 数据核字 (2022) 第 067256 号

书　　名：化工制图（第二版）
　　　　　Huagong Zhitu(Di-er Ban)
主　　编：陈　志
丛 书 名：高等教育理工类“十四五”系列规划教材

丛书策划：庞国伟　蒋　玙
选题策划：毕　潜　李思莹
责任编辑：毕　潜　李思莹
责任校对：王　睿
装帧设计：墨创文化
责任印制：王　炜

出版发行：四川大学出版社有限责任公司
　　　　　地址：成都市一环路南一段 24 号（610065）
　　　　　电话：（028）85408311（发行部）、85400276（总编室）
　　　　　电子邮箱：scupress@vip.163.com
　　　　　网址：https://press.scu.edu.cn
印前制作：四川胜翔数码印务设计有限公司
印刷装订：四川省平轩印务有限公司

成品尺寸：185mm×260mm
印　　张：19.25
字　　数：490 千字

版　　次：2009 年 9 月 第 1 版
　　　　　2022 年 8 月 第 2 版
印　　次：2022 年 8 月 第 1 次印刷
定　　价：58.00 元

前 言

工程图样是一种技术文件，是设计者表达设计思想和进行技术交流的重要工具，也是零件加工、机器组装和工程施工的重要依据。“化工制图”课程是为了适应当前工程教育需要而开设的。随着化学工业的发展，泛化工类专业特别是化工、轻工以及相近的食品、制药、环保和核电等工业中的图样有其特殊性，除一般机器零件图、装配图等机械制图图样，还包括工艺流程图、设备布置图、管道图等化工专业图样，因此，化工及相关类别学科的学生和技术人员不仅需要掌握机械制图的基本知识，而且需要掌握化工工艺流程图和化工设备等绘图内容和技巧。化工制图是高校化工类专业的一门重要基础课程，鉴于目前普遍采用 CAD 软件制图，本书第 2 章详细介绍了 AutoCAD 辅助绘图软件的基本知识。

根据化工及相近行业的学科特点，在总结多年从事化工设备和工艺设计的经验以及教学经验的基础上，我们编写了本书，第二版对第一版的内容进行了精简和修改，介绍了最新版本的 AutoCAD 2022。本书按照 32 ~ 64 学时教学要求编写，编写的宗旨是“先进、实用、精炼”，避免过长、过深、过全和偏离实践的问题，特点是注重化工制图与机械制图的有机结合、融会贯通，重视制图基础，加强物体形状空间构思和读图、分析能力训练，突出化工设备和工艺图的通用性和典型性。目的是学习机械、化工制图的主要规定，从而具备专业图纸的绘制和阅读能力。

本书以机械结构、化工工艺和化工设备图样为主，培养学生运用制图方法来构思、分析、表达工程问题的能力，注重培养学生掌握图形空间想象的能力。在编写中采用了最新颁布的国家标准以及新技术和新方法。图例全部取材于近年来的工程、生产图样，大部分的投影图图形也根据实际零件抽象出来，有利于学生理解和了解零件的功用。通过工程制图和计算机绘图方法的学习，使学生受到化工工程设计的初步训练，有利于培养学生的动手能力和创新设计能力。

随着科技的发展，企业对复合型人才的需求越来越高。本书是研究绘制和阅读工程图样、化工专业图样及图解空间几何问题的技术基础书籍。本书阐述了工程制图的基本理论、基本内容、基本方法和技巧，介绍了计算机绘图的基本方法，阐述了化工专业图样的基本内容和基本方法。本书适用于高等学校的本科化工、化学、轻工、制药、环境工程、安全工程及过程装备与控制工程、机械等各专业学生使用，也可以供开放大学、函授大学及有关大专院校学生使用，还可以作为从事化工设备和工艺设计、制造及工程施工的技术人员的参考书。教学中根据不同的要求，教师应注意教学内容的取舍和处理，有的内容适合教学，有的内容适合自学。

为配合教学，本书配套有《化工制图习题集》。

本书由陈志主编，副主编为吕松、陈瑜、席军、钟月华，编委为施光明、邓茂云。陈志编写第 1、3、4、5、7 章和附录，钟月华编写第 2 章，席军、邓茂云编写第 6 章，施光明编写第 8 章，陈瑜、吕松编写第 9 章，吕松编写第 10 章。梁希、黄茂逢、李化、郝静等参与了本书部分图样绘制工作。在编写中参考了相关书籍，在此对作者表示衷心感谢，并对四川大学出版社为本书付出的辛勤工作表示感谢。

限于时间和编者水平有限，书中难免存在不妥之处，敬请广大读者批评指正。

编　者

2022 年 3 月

目 录

第 1 章　制图的基本知识和技能

技术图样是指导工业生产和进行技术交流的重要技术资料。现代工业各行各业(如机械、化工、冶金、石油、采矿、电器、电机和仪表等行业)的各类机器、设备的设计、制造和安装,都需要工程图样。因此,为了便于生产、管理和交流,对图样的格式、内容、尺寸标注以及图样的画法等方面,国家均制定了相应的标准。《技术制图》和《机械制图》国家标准是重要的基础标准,工程技术人员应熟悉和掌握有关的基本知识。

本章主要介绍《技术制图》和《机械制图》的一些基本规定、工程图样规格的一般规定、常用作图方法和尺寸标注方法等。

1.1　国家《技术制图》和《机械制图》标准简介

1.1.1　图纸幅面和格式(GB/T 14689—2008)

绘制机械、化工技术图样时,应优先采用表 1－1 所规定的基本幅面。图框格式分留有装订边和不留有装订边两种。无论图样是否装订,绘制图样时,均应在图幅内用粗实线画出图框,留有装订边的图纸如图 1－1 所示,不留有装订边的图纸如图 1－2 所示。

表 1－1　图纸的基本幅面和尺寸

单位:mm

幅面代号	A0	A1	A2	A3	A4
$B \times L$	841 × 1189	594 × 841	420 × 594	297 × 420	210 × 297
c	10			5	
a	25				
e	20		10		

1.1.2　标题栏(GB 10609.1—2008)

每张技术图样中的右下角都必须画有标题栏,标题栏的右边线和下边线与图框线重合,如图 1－1 和图 1－2 所示。标题栏中的文字方向为看图方向。标题栏由更改区、签字区、名称及代号区和其他区组成,详见标准,本书推荐采用如图 1－3 所示的标题栏。

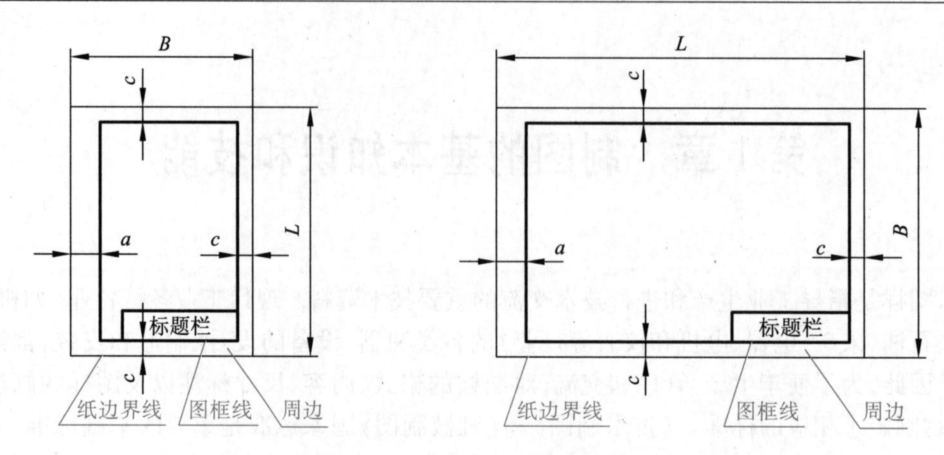

图 1-1　留装订边的图框格式

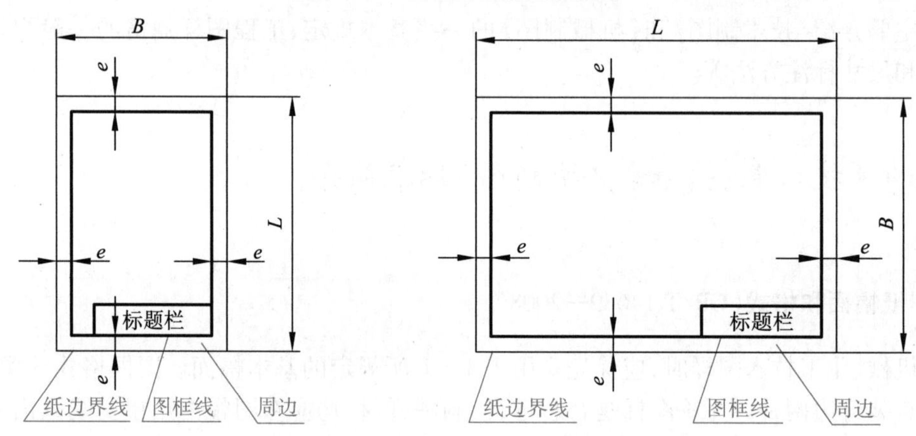

图 1-2　不留装订边的图框格式

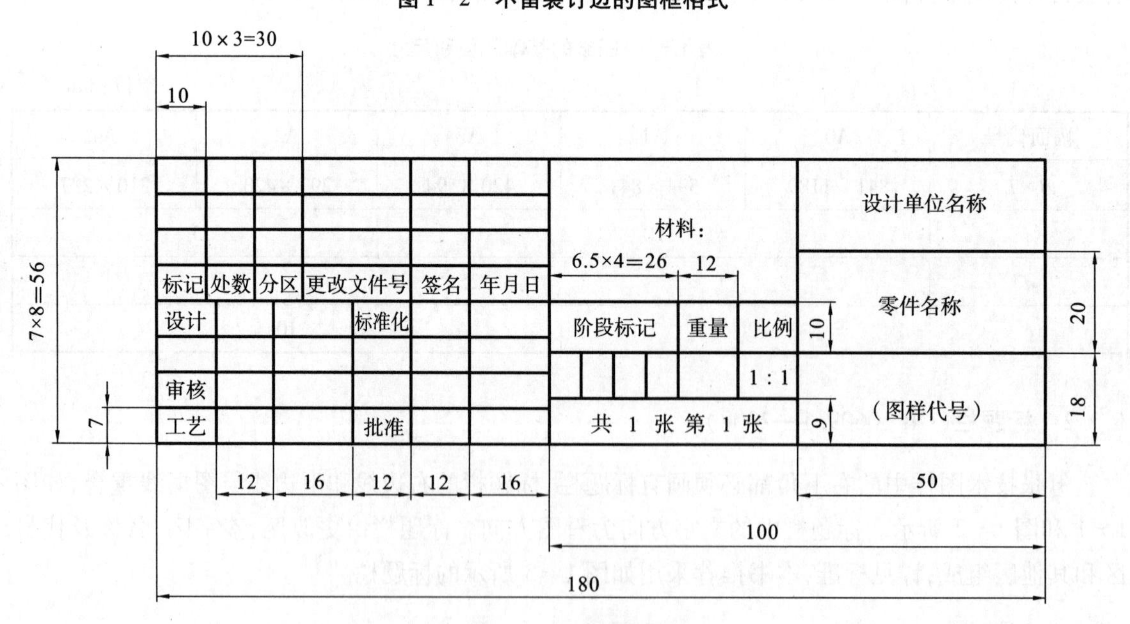

图 1-3　标题栏

1.1.3 比例(GB/T 14690—1993)

比例是指图中图形与实物相应要素的线性尺寸之比。

为了看图方便,应尽量按机件的实际大小画图,称为 1∶1。当机件较大或较小时,应按照表 1－2中规定的系列选取比例。比例应在标题栏中填写出来。

表 1－2　图样的比例

种　类	比　　例
原值比例	1∶1
放大比例	5∶1　4∶1　2.5∶1　2∶1　5×10^n∶1　2×10^n∶1　1×10^n∶1
缩小比例	1∶2　1∶3　1∶4　1∶5　1∶10　1∶2×10^n　1∶5×10^n　1∶1×10^n

注:n 为正整数。

采用不同比例绘图的效果如图 1－4 所示。注意,不管采用什么比例画图,图纸中的尺寸均按机件的真实尺寸标注。

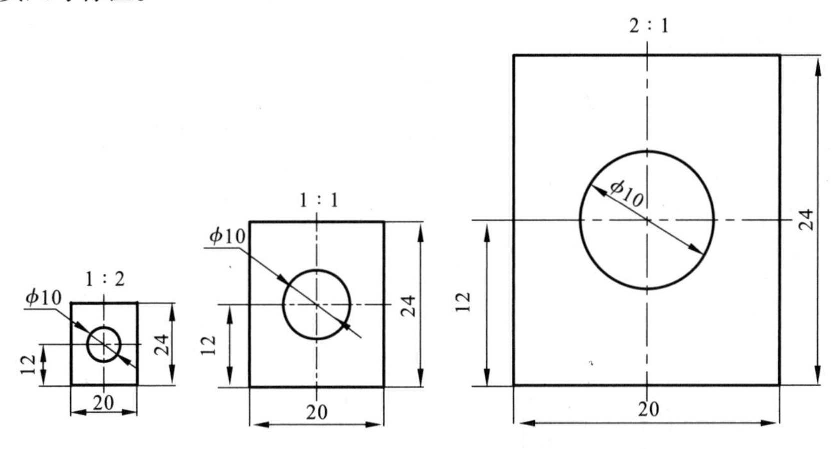

图 1－4　按不同比例绘图的图样

1.1.4 图线(GB/T 17450—1998、GB/T 4457.4—2002)

国家标准 GB/T 17450—1998 规定了 15 种图线,GB/T 4457.4—2002 规定了 8 种图线。表 1－3列出了常用的图线的名称、形式、图线宽度和应用,图线形式中红色标注尺寸为举例。

表 1－3　图线

图线名称	图线形式	图线宽度	一般应用
粗实线	————	b	可见轮廓线、相贯线
细实线	————	$b/2$	尺寸线、尺寸界线及剖面线
波浪线	～～～	$b/2$	断裂处的边界线、视图和剖视图的分界线

续表1－3

图线名称	图线形式	图线宽度	一般应用
双折线		$b/2$	断裂处的边界线
细虚线	1　4	$b/2$	不可见轮廓线
细点划线	3　10～20	$b/2$	轴、对称中心线、轨迹线和节圆及节线
粗点划线		b	有特殊要求的线或表面的表示线
细双点划线	4　15～20	$b/2$	相邻辅助零件的轮廓线、极限位置的轮廓线、坯料的轮廓线等
粗虚线	1　4	b	允许表面处理的表示线

图线画法的应用如图1－5所示,且有以下规定:

(1)同一图样中,同类图线的宽度应基本一致。

(2)两条平行线之间的距离应不小于粗实线宽度的两倍,其最小距离不小于0.7 mm。

(3)虚线、点划线及双点划线的线段长度和间距应各自大小相等。

(4)绘制圆的对称中心线时,圆心应为线段的交点。点划线及双点划线的始末两端应是线段而不是短划,并且线段应超出图形3～5 mm。

(5)虚线、点划线及双点划线与任何图线相交,都应在线段处相交,而不应在间隙处相交。

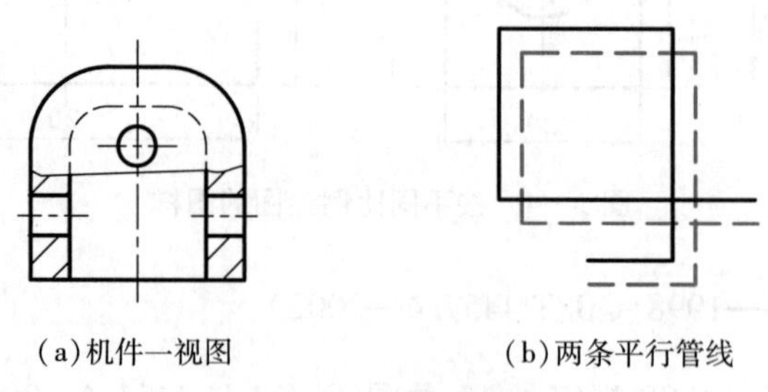

(a)机件一视图　　(b)两条平行管线

图1－5　图线的画法

1.1.5　字体(GB/T 14691—1993)

标准中规定了汉字、字母和数字的结构和形式。

图样中的汉字字体必须做到:字体工整、笔画清楚、间隔均匀、排列整齐。字体的高度即为字体的号数,单位为mm。字体的号数分为1.8、2.5、3.5、5、7、10、14、20八种字号。汉字字体的宽度均等于字体高度的$1/\sqrt{2}$。

字母和数字分A型和B型。A型字体的笔画的宽度为字高的1/14,B型字体的笔画的宽度为字高的 1/10。在同一图样上，只允许选用一种形式的字体。字母和数字可以写成斜体和直体。斜体字字头向右倾斜，与水平基准线成 75°。汉字写成长仿宋体，采用简化汉字。

汉字、字母和数字的示例如图 1 -6 所示。

化工制图零件装配

10 号字

ASCDEFGHIJKLMNOPQRSTUVWSYZ

7 号字

AB△EΦΓHIψKΛMNOΠΠPΣTYςΩΞΨZ

5 号字

1234567890

3.5 号字

图 1 -6　各种字体示例

1.1.6　尺寸注法(GB/T 4458.4—2003)

1.1.6.1　基本规则

机件的真实大小应以图样所注的尺寸数值为依据，与图形绘制的准确度无关。图样中的尺寸，以毫米为单位时，不需要标注计量单位的符号或名称，但如果用其他单位，需要标注计量单位的符号或名称。

图样中标注的尺寸，为该图样所示机件最后完工尺寸，否则另加说明。机件中的每一尺寸，一般只标注一次，并应标注在反映该结构最清晰的图形上。

1.1.6.2　尺寸的组成

每个尺寸都是由尺寸数字、尺寸界线、尺寸线及终端组成，尺寸线终端一般为箭头，也可以采用 45°斜线，在标注地方不够时可以采用圆点。箭头的形状和大小如图 1 -7(a)所示，尺寸界线、尺寸线均用细实线绘出，如图 1 -7(b)所示。尺寸数字不能被任何图线通过，否则必须将图线断开，如图 1 -7(c)所示剖面线被断开。线性尺寸的数字一般写在尺寸线的上方，也允许写在尺寸线的中断处。

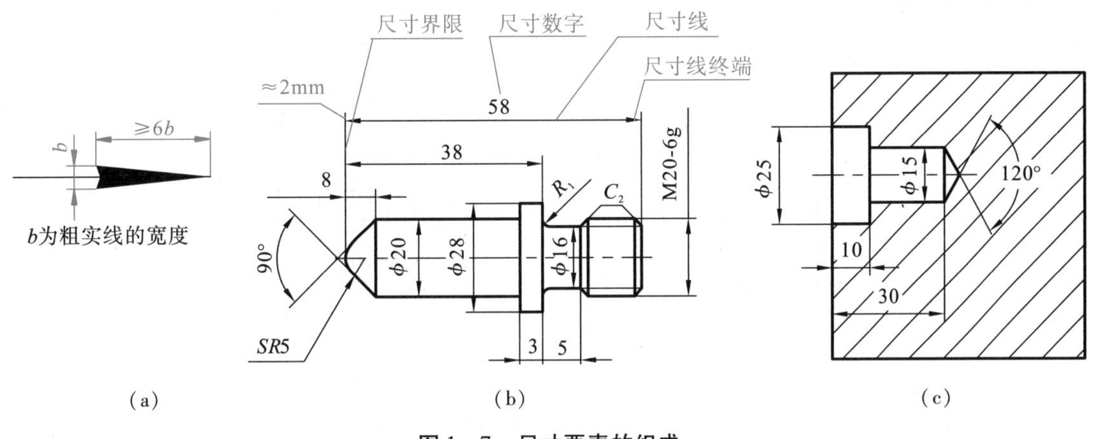

(a)　(b)　(c)

图 1 -7　尺寸要素的组成

尺寸界线由图形的轮廓线、轴线或对称中心线引出，也可以利用轮廓线、轴线或对称中心线作尺寸界线，如图 1-8 所示。尺寸界线一般与尺寸线垂直，但当尺寸线与轮廓线靠太近时，允许倾斜，如图 1-9 所示。

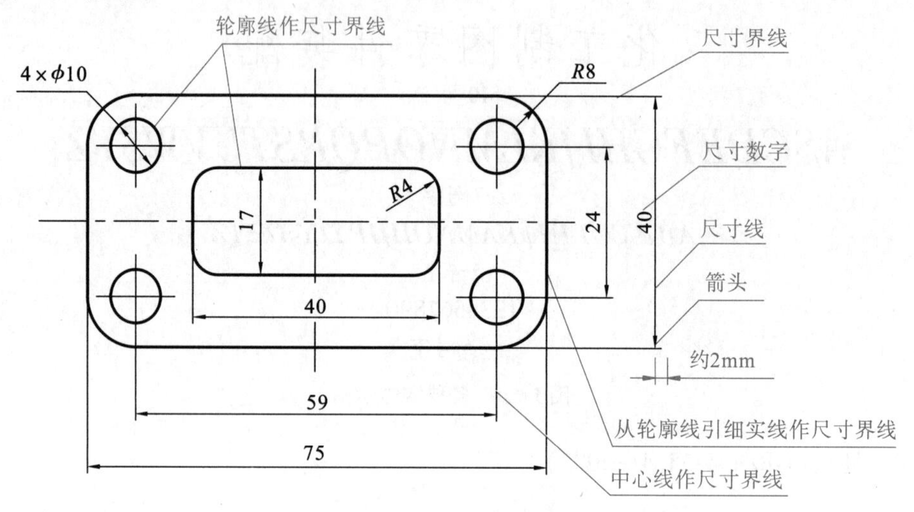

图 1-8　尺寸界线的示例

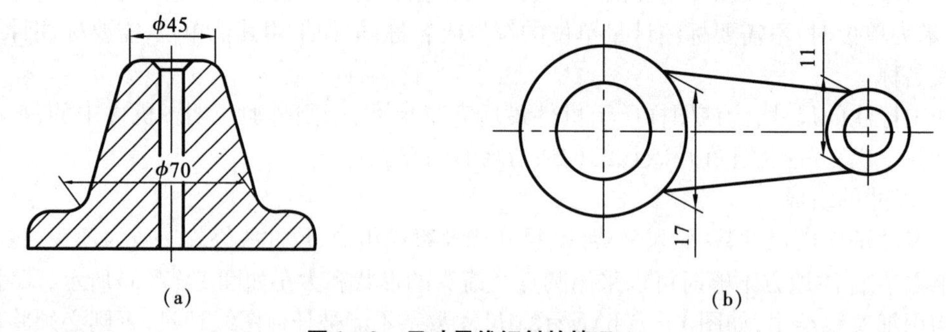

图 1-9　尺寸界线倾斜的情况

尺寸线用细实线单独绘出，其他图线不能代替，标注线性尺寸时，尺寸线必须与所标注的线段平行，如图 1-10 所示。

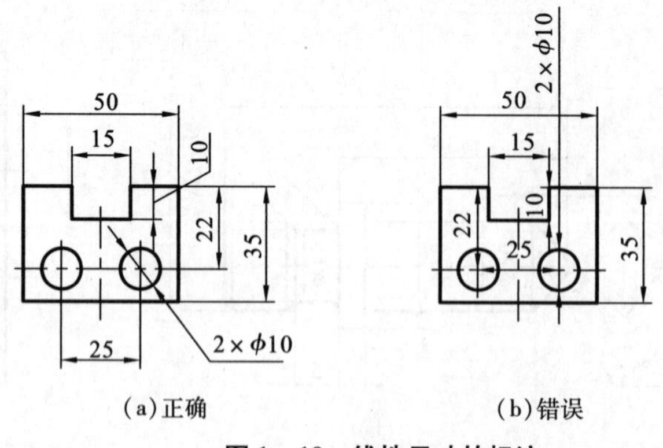

图 1-10　线性尺寸的标注

1.1.6.3　标注尺寸的符号或缩写

常用标注尺寸的符号或缩写见表 1－4。

表 1－4　标注尺寸的符号或缩写

名称	符号或缩写	名称	符号或缩写
直径	ϕ	正方形	□B 或 $B\times B$
半径	R	厚度	δ
球直径	$S\phi$	深度	↧
球半径	SR	沉孔或锪平	⌴
弧长	⌒	埋头孔	⌵
45°倒角	C	均布	EQS

1.1.6.4　常用尺寸的标注方法

常用尺寸的标注方法和说明见表 1－5，其他详见国家标准（GB/T 4458.4—2003）。

表 1－5　尺寸标注

类别	图例	说明
直线及线性尺寸	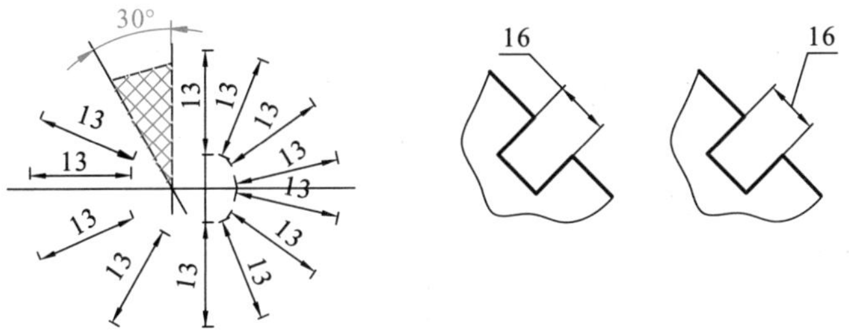 30°　13　13　13　13　13　13　13　13　13　13　13　13 16　16 (a)　(b)	在图（a）所示网格线 30°范围内避免标注尺寸。当无法避免时，采用图（b）所示的方法标注
圆及圆弧	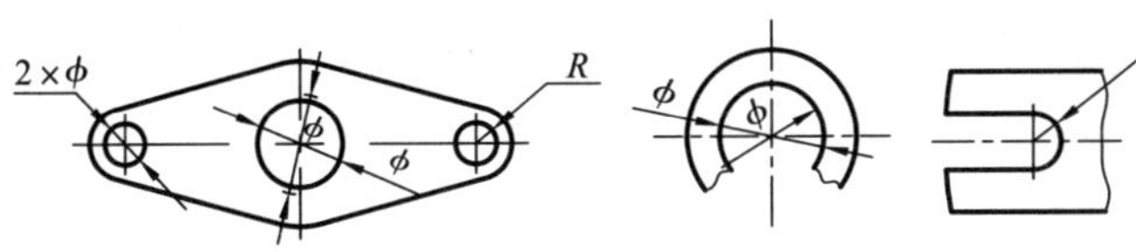 2×ϕ　ϕ　ϕ　R　ϕ　ϕ　R (a)　(b)　(c)	圆和大于半圆的圆弧，标直径 ϕ，否则标半径 R
	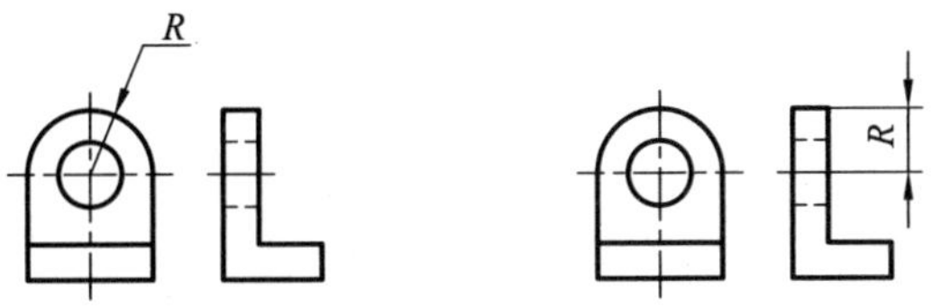 R　R (a) 正确　(b) 错误	半径应标注在投影是圆弧的图形上，尺寸线过圆心

续表1－5

类别	图例	说明
圆及圆弧	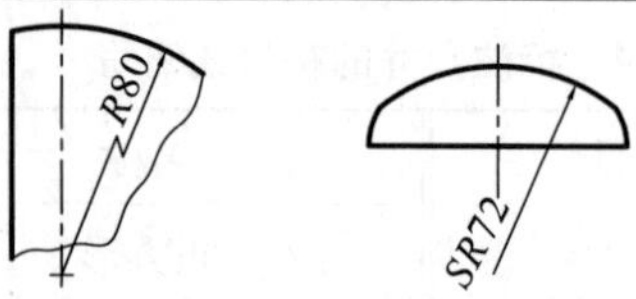 R80 SR72 (a) (b)	半径过大时，按(a)图表示，如不需要标注圆心时，则按(b)图表示
	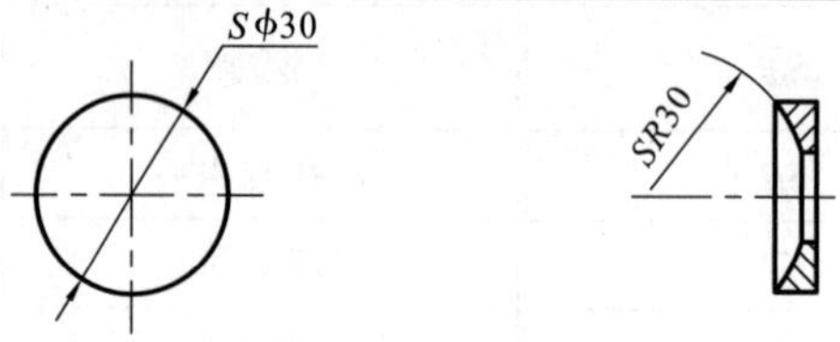 $S\phi30$ SR30 (a) (b)	球面的直径或半径，标注时符号分别为 $S\phi$、SR
角度	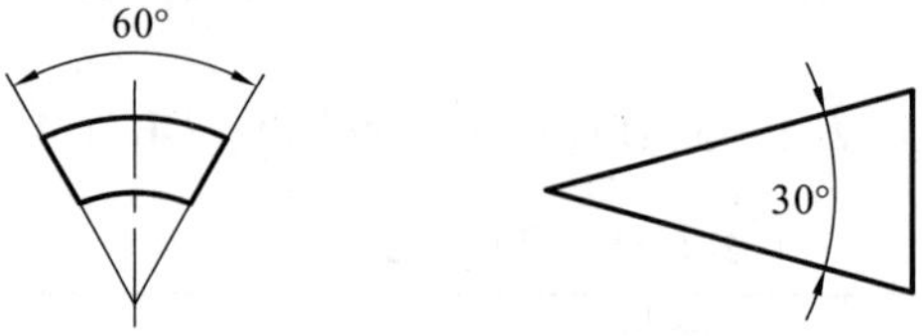 60° 30° (a) (b)	标注角度的尺寸线应沿径向引出，尺寸线画成圆弧，其圆心是该角度的顶点
	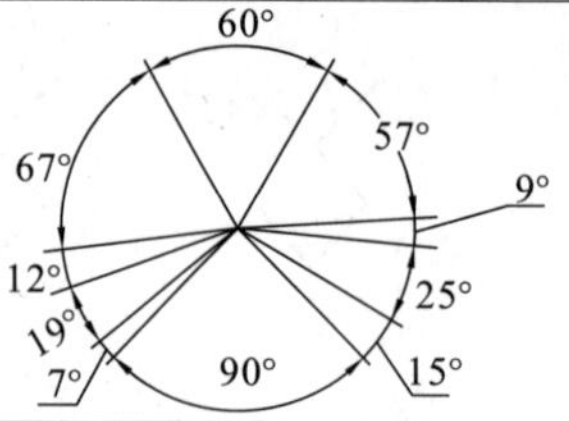 60° 57° 67° 9° 12° 25° 19° 7° 90° 15°	角度的数字一般是水平标注，写在尺寸线中断处；必要时，可以引出
均匀分布	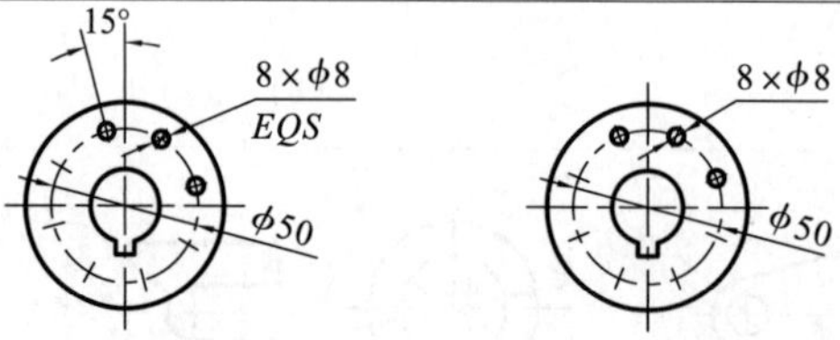 15° $8\times\phi8$ *EQS* $\phi50$ $8\times\phi8$ $\phi50$ (a) (b)	均匀分布的要素的尺寸标注，孔的定位和分布如图所示，孔的分布在图中清楚时 *EQS* 可以省略
小尺寸	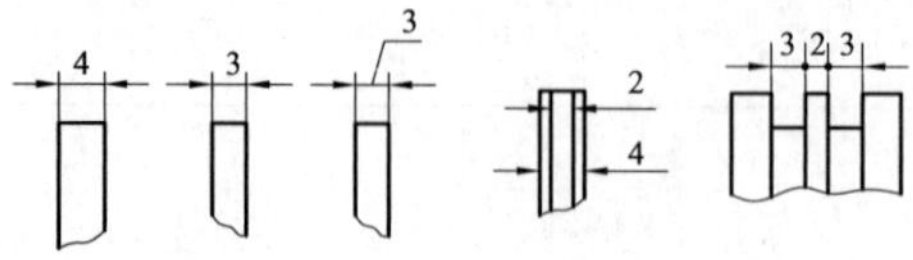 4 3 3 2 4 3 2 3 (a) (b) (c)	没有足够的位置画箭头或尺寸时，可以按图中标注
多个尺寸	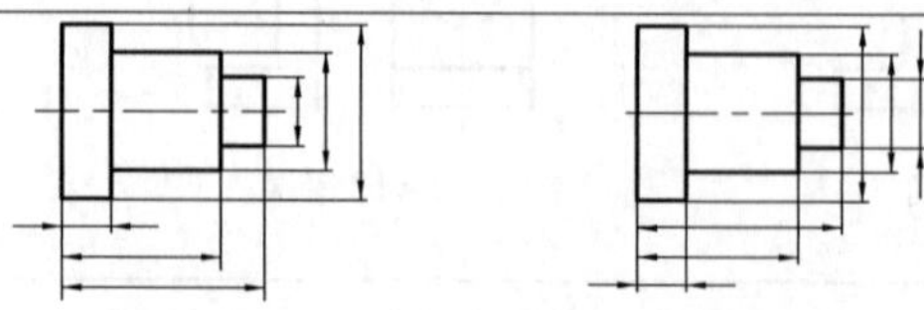 (a)正确 (b)错误	多个尺寸标注时，相互平行的尺寸线之间的距离不小于5 mm，且大尺寸标在小尺寸外

1.2　斜度及锥度的画法及标注

斜度是指一条直线(或平面)与另一条直线(或平面)的倾斜程度。斜度的大小用两直线的夹角的正切来表示,如图 1-11(a)所示,即斜度为

$$\tan\alpha=\frac{H}{L}=\frac{AB}{BC}$$

标注时注意,斜度的符号倾斜方向与斜度一致,符号的线宽为 $h/10$(h 为字体高度),如图 1-11(b)所示。画法及标注如图 1-11(c)所示。

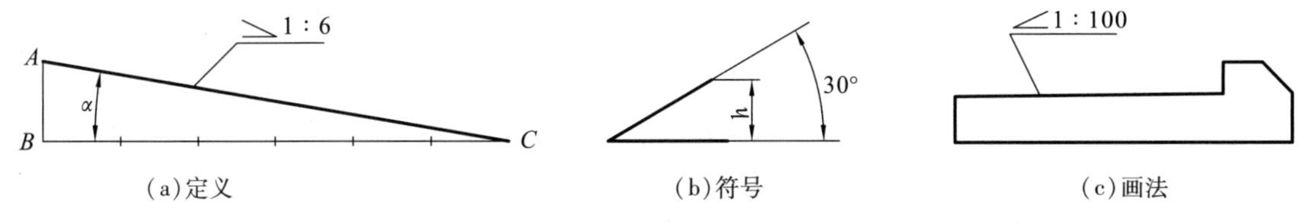

(a)定义　(b)符号　(c)画法

图 1-11　斜度的画法及标注

锥度是指正圆锥底圆直径与其高度之比。正圆锥台的锥度为底圆直径与顶圆直径之差和其高度的比值。如图 1-12(a)所示,即锥度为

$$2\tan\frac{\alpha}{2}=\frac{D}{L}$$

或

$$2\tan\frac{\alpha}{2}=\frac{D-d}{l}$$

标注时注意,锥度的符号倾斜方向与锥度一致,如图 1-12(b)所示。制图时常常用1 : n来表示,也可以标出角度,此角度为圆锥的半锥度$\left(\frac{\alpha}{2}\right)$。符号的线宽为 $h/10$(h 为字体高度),如图 1-12(c)、(d)所示。

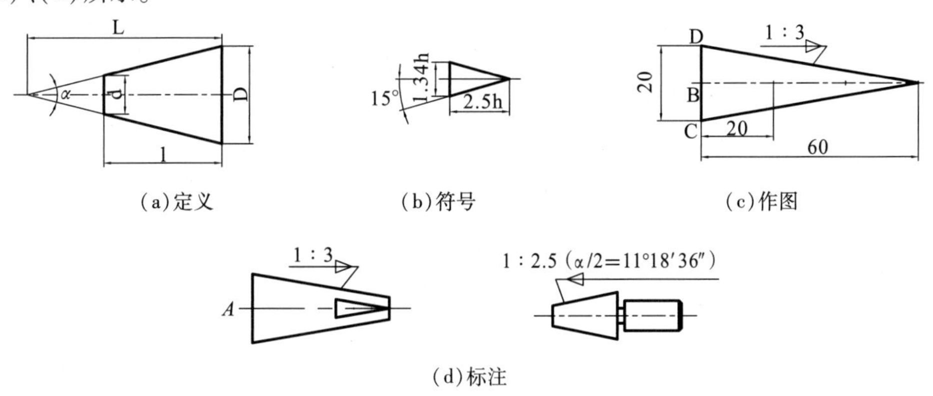

(a)定义　(b)符号　(c)作图

(d)标注

图 1-12　锥度的画法及标注

第2章　计算机辅助绘图与设计

2.1　AutoCAD 入门知识

2.1.1　AutoCAD 2022 概述

AutoCAD 2022 是由美国 Autodesk 公司开发的绘图软件,具有精确的数据运算能力和高效的图形处理能力,被广泛地应用于机械、建筑、电子、冶金、地质、土木工程、气象、航天、造船、石油、化工、纺织与轻工等领域,让广大的设计人员能够轻松、高效地进行二维几何图形或三维模型图形设计。

Auto 是 Automation 的词头,意思是"自动化";CAD 是 Computer Aaid Design 的缩写,意思是"计算机辅助设计";2022 表示 AutoCAD 软件的版本号。除了可以通过正规渠道购买正版 AutoCAD软件,Autodesk 公司还在其官方网站 http://www.autodesk.com.cn 提供了免费试用版。

当成功安装 AutoCAD 2022 软件后,双击桌面上的图标 A,或者单击桌面任务栏中的"开始"→AutoCAD 2022 中的 A AutoCAD 2022 - 简体中文选项,即可启动该软件。

2.1.2　AutoCAD 2022 操作界面

当用户初次启动 AutoCAD 2022 时,会进入如图 2-1 所示的初始界面。用户可以通过点击"新建"按钮新建一个模板文件进入系统的"草图与注释"工作空间,即如图 2-2 所示的 AutoCAD 2022 中文版的二维绘图操作界面,该界面包括标题栏、菜单栏、功能区、绘图区、命令行窗口、状态栏、动态观察导航区、坐标系、布局标签等。

AutoCAD 2022 软件包含"草图与注释""三维建模""三维基础"三种空间。用户可以根据自己的作图需求,通过选择菜单栏中的"工具"→"工作空间"级联菜单中的命令,在这些工作空间进行切换,如图 2-3 所示;或者点击状态栏上的 ⚙ 按钮,从弹出的下拉列表中选择所需切换的工作空间,如图 2-4 所示。后续内容主要以在"草图与注释"空间进行二维图形操作为主进行介绍。

提示:

(1)初始打开的 AutoCAD 2022 软件显示的界面为黑色背景,与绘图区的背景颜色一致。如果需要调整,可以通过菜单栏中"工具"→"选项"命令,或者鼠标右键点击绘图窗口,在弹出的快捷菜单中选择"选项"按钮,弹出"选项"对话框,然后在"显示"选型卡中设置窗口的颜色主题为"明"即可,如图 2-5 所示。

（2）如果需要将黑色背景的绘图窗口修改为白色，可以在“选项”对话框中点击“显示”选项卡→“颜色”，在弹出的“图形窗口颜色”对话框中选择“白”即可，如图 2－6 所示。

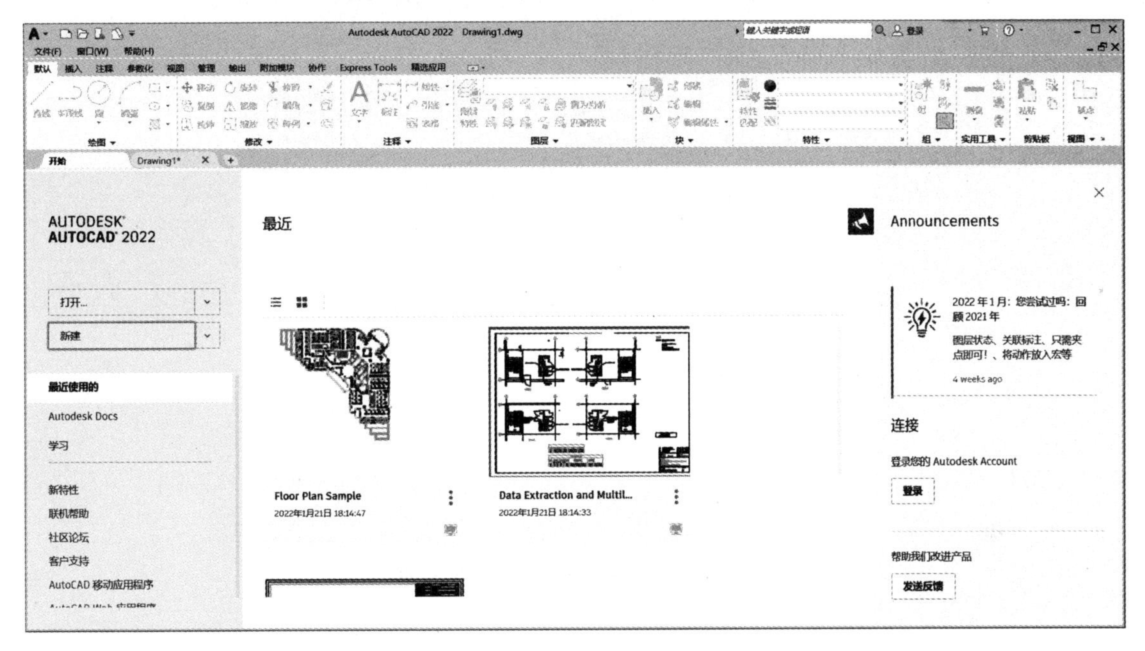

图 2－1　AutoCAD 2022 初始界面

图 2－2　“草图与注释”工作空间

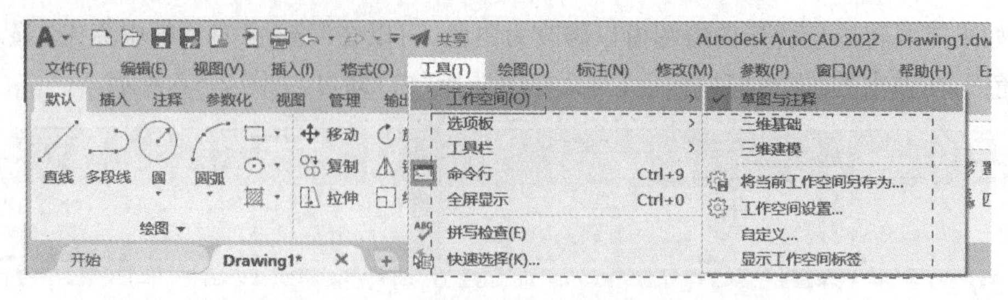

图 2－3 “工作空间”级联菜单

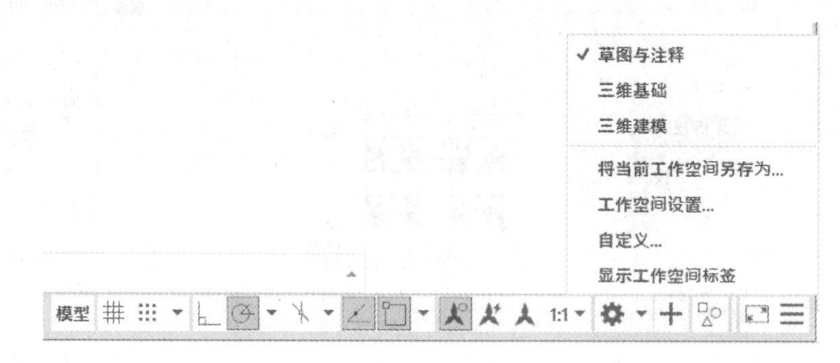

图 2－4 在状态栏中切换工作空间

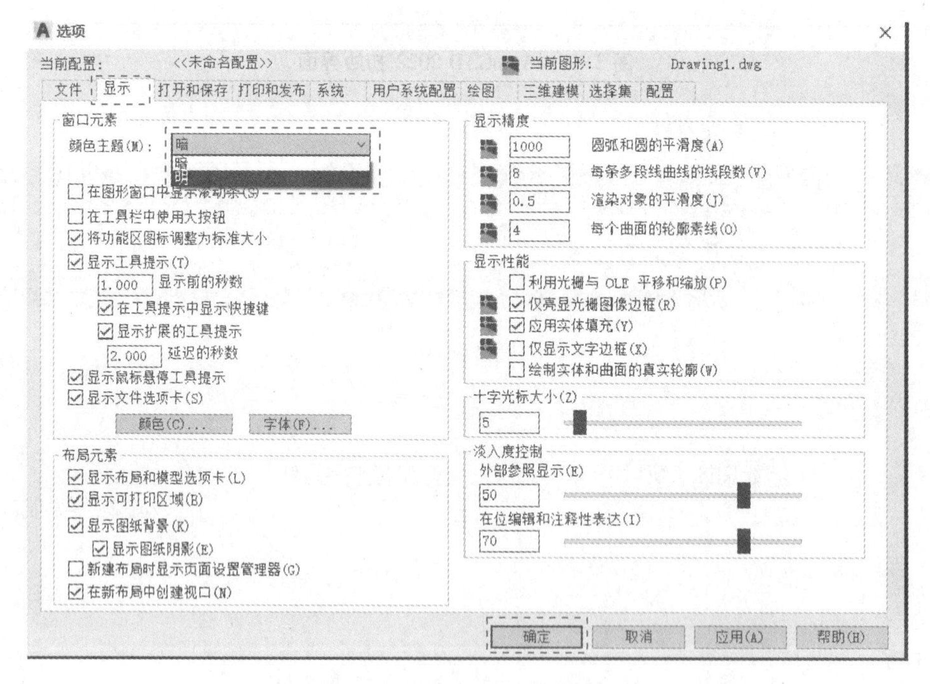

图 2－5 设置窗口的背景颜色

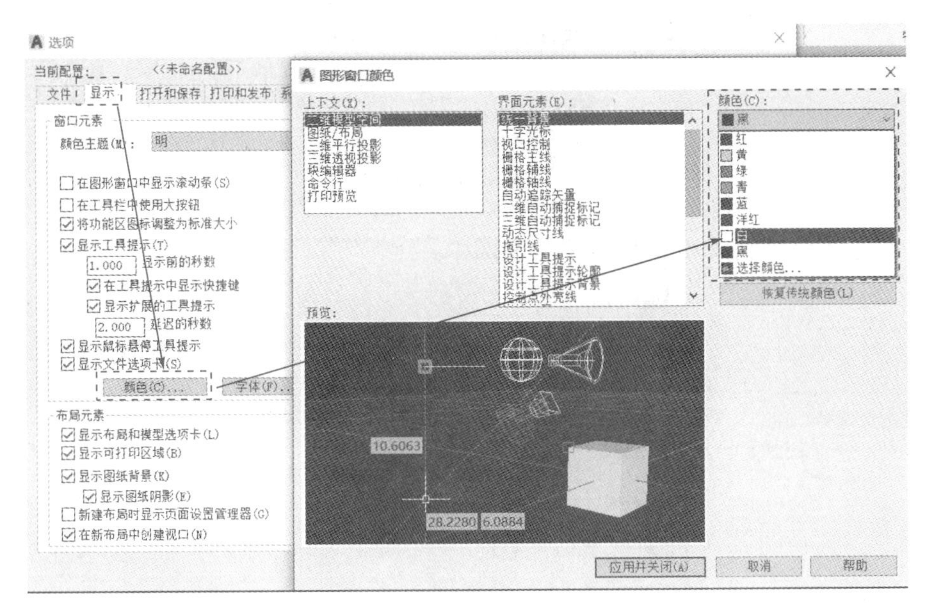

图 2-6　设置绘图区的背景颜色

2.1.2.1　标题栏

AutoCAD 2022 标题栏在用户界面的最上面，主要包括应用程序菜单、快速访问工具栏、程序名称显示区、信息中心和窗口控制按钮等。

提示：

(1) 单击界面左上方的图标，可以打开如图 2-7 所示的应用程序菜单，通过此菜单可以完成常用工具的访问、命令搜索和文档浏览等操作。

(2) 通过快速访问工具栏不仅可以快速访问某些命令，而且可以用于常用命令按钮在工具栏中的添加和删除、对菜单栏中的显示及各工具栏的开关状态进行控制等。在快速访问工具栏上单击鼠标右键，从弹出的快捷菜单中选择相应的命令进行操作。

(3) 点击标题栏最右侧的窗口控制按钮 - □ ×，可以实现 AutoCAD 软件窗口的最小化、最大化、还原和关闭，操作方法与 Windows 界面操作相同。

2.1.2.2　菜单栏

AutoCAD 菜单栏在标题栏的下方，由“文件”“编辑”“视图”“插入”“格式”“工具”“绘图”“标注”“修改”“参数”“窗口”“帮助”等主菜单组成，与其他 Windows 程序一样，也是下拉形式，包含很多子菜单，几乎包括了 AutoCAD 中全部的功能和命令。

提示：

(1) 初始打开 AutoCAD 2022 时，菜单栏默认是隐藏状态，可通过点击“快速访问工具栏”最右边的按钮，然后在下拉子菜单中点击“显示菜单栏”，即可在操作界面上调出菜单栏。如需关闭菜单栏，同样点击按钮，在其下拉子菜单中点击“隐藏菜单栏”即可，如图 2-8 所示。

(2) 菜单栏命令后括号内的字母即为该命令对应的热键，如 文件(F) 中的 F，可以使用组合键“Alt + F”启动相应命令；而各菜单栏下的子命令后带有组合键的，可直接按组合键执行该命令，例如使用组合键“Ctrl + N”启动 新建(N)... 。

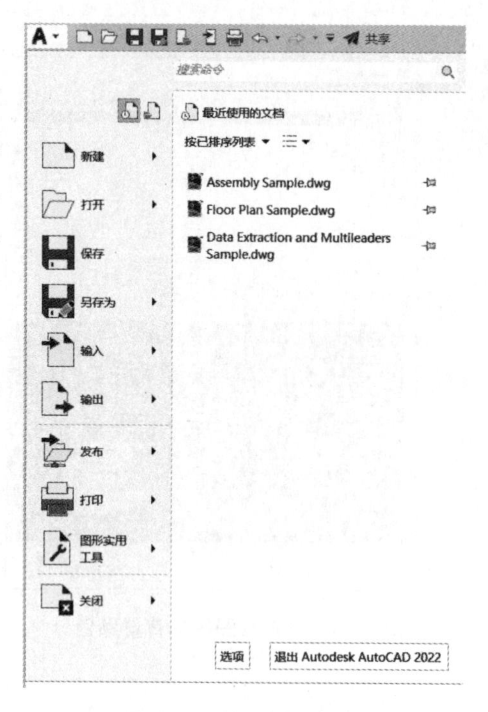

图 2-7 应用程序菜单

(3)带有 › 符号的命令,表示该命令下还有子命令。

(4)命令后带有…符号,表示选择该命令后系统将弹出一个对话框,例如 图层(L)... 。

(5)命令呈现灰色,表示该命令在当前不可使用。

(6)菜单栏最右侧的按钮是 AutoCAD 文件的窗口控制按钮 – ⧉ ✕,可以用于控制图形文件窗口的显示或关闭。

2.1.2.3 功能区

功能区由 10 个功能区选项卡和若干功能区面板组成,每个面板又包含许多命令按钮,如图 2-9 所示。其优点是代替了 AutoCAD 众多的工具栏,以面板的形式将各工具栏按钮分类地集合在选项卡内。用户在调用工具栏时,只需要在功能区中展开相应选项卡,然后在所需面板上单击命令按钮即可。如果将鼠标指针停留在功能区面板上的某个命令按钮上,系统会在鼠标旁边显示该命令的解释或说明。由于在使用功能区时无须显示 AutoCAD 的工具栏,因此应用程序窗口变得简洁而有序。

提示:

(1)如果想调整绘图区域的大小,可以通过点击功能区选项卡最右侧的 ▭▾ 按钮进行调整或隐藏功能区各选项卡面板的显示。

(2)有的面板中没有足够的空间显示所有命令按钮,可以点击下方的 ▾ 按钮展开折叠区域中的其他相关命令按钮;若命令按钮旁边带有 ▾ 符号,则表示该命令下还有子命令。

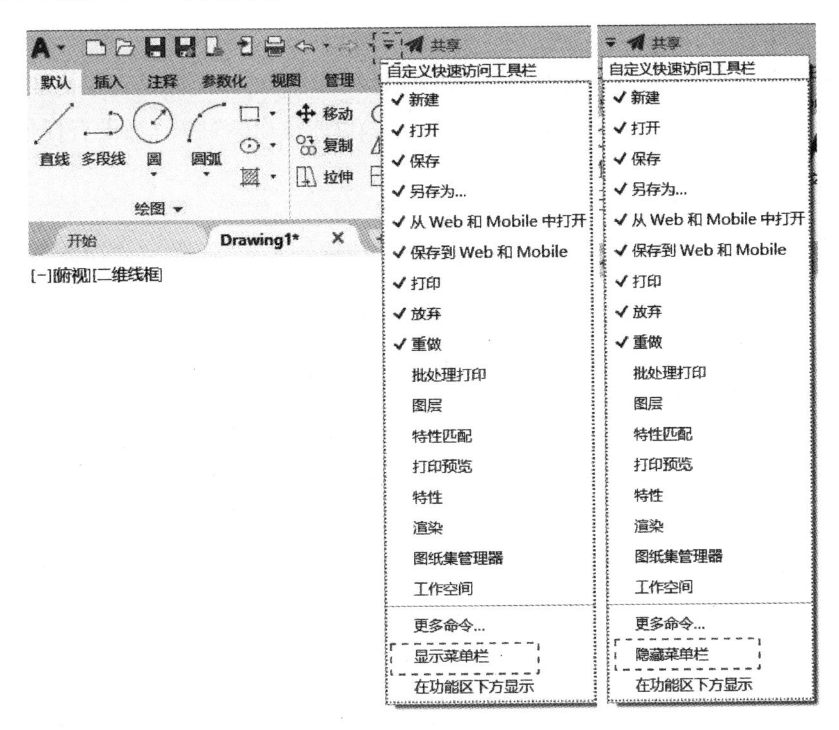

图 2－8　显示或隐藏菜单栏

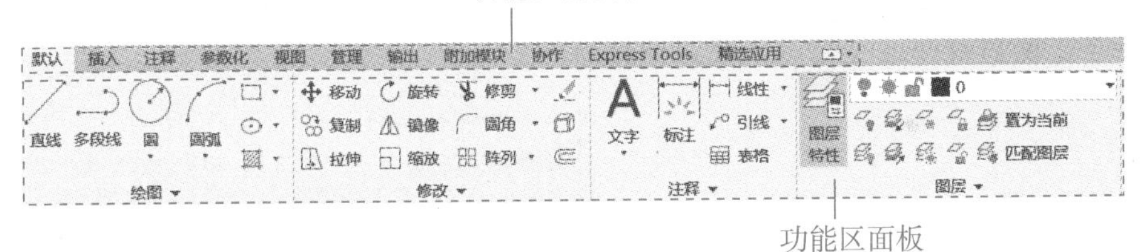

图 2－9　功能区

2.1.2.4　绘图区

在 AutoCAD 中,绘图区是用户绘图的工作区域,所有的绘图结果都反映在这个区域中。默认状态下的绘图区是一个无限大的电子屏幕,各种尺寸大小的图形都可以在绘图区中绘制和灵活显示。可以根据需要关闭其周围和里面的各个工具栏,以增大绘图空间。

在绘图区中除了显示当前的绘图结果,还显示了当前使用的坐标系类型以及坐标原点、*X* 轴、*Y* 轴、*Z* 轴的方向等。绘制二维图形时,默认情况下通常使用的是世界坐标系(World Coordinate System,WCS);AutoCAD 有两种三维坐标系,在绘制三维图形时,通常使用的是用户坐标系(User Coordinate System,UCS)。坐标系的选用情况可以使用绘图区右上角的 ViewCube 动态观察工具确认或调整。

绘图窗口的左下方有“模型”“布局 1”“布局 2”三个选项卡,表示布局标签。模型空间通常指绘图的环境,而图纸空间常用于图形的打印输出。AutoCAD 系统默认打开模型空间,用户可以单击其标签在模型空间或图纸空间之间来回切换。

当移动鼠标指针时，绘图区会出现一个随鼠标指针移动的十字符号，即十字光标，它由拾点光标和选择光标叠加而成，其中拾点光标是点的坐标拾取器，选择光标是对象拾取器。当执行绘图命令时，显示为拾点光标“+”；当选择对象时，显示为选择光标“□”；当没有任何命令执行时，显示为十字光标。

提示：

（1）坐标系的打开或者关闭可以通过点击菜单栏“视图”→“显示”→“UCS 图标”→“开”进行操作，或者在功能区点击“视图”选项卡面板中的命令按钮进行操作。

（2）如果要改变十字光标的大小，可以调出“选型”对话框，然后点击“显示”→“十字光标大小”，通过拖动滑块调整大小。

2.1.2.5　命令行窗口

命令行窗口是输入命令和显示命令提示的区域，默认位置在绘图区的下方，如图 2－10 所示。对命令行窗口有以下几条说明：

（1）命令行通常显示三行信息，可以点击命令行右侧的按钮，显示多行文本，然后拖动右侧的滚动条查看以前的提示信息；也可以通过拖动命令行与绘图区之间的分割边框线进行调整，同时显示多行信息。

（2）可用鼠标左键按住命令行左侧移动窗口成为浮动状态，将其放置在屏幕上任何位置。

（3）可用文本窗口代替命令行窗口显示当前 AutoCAD 进程中的命令输入和执行过程，其记录了对文档进行的所有操作。文本窗口的调出有四种方式：F2 键、组合键“Ctrl + F2”、点击菜单栏“视图”→“显示”→“文本窗口”、直接在命令行中输入 TEXTSCR 命令。

（4）命令行窗口打开或关闭可以通过组合键“Ctrl + 9”进行操作。

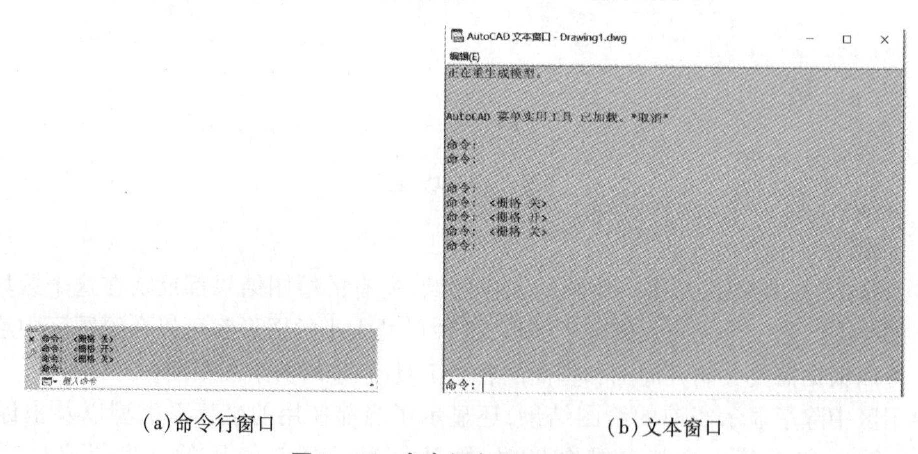

（a）命令行窗口　　（b）文本窗口

图 2－10　命令行窗口与文本窗口

2.1.2.6　状态栏

状态栏在屏幕的底部，如图 2－11 所示，共有 29 个功能按钮。状态栏上功能按钮的显示和隐藏可以用鼠标左键单击“自定义”按钮，在弹出的子菜单中进行选取操作。鼠标左键单击状态栏上相应的按钮，可直接打开或关闭这些按钮的功能。

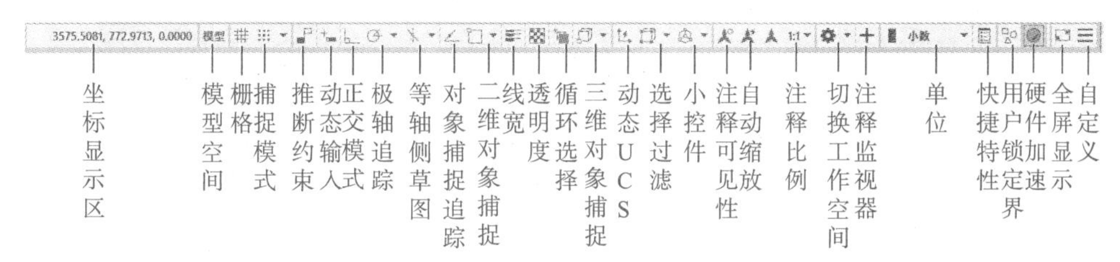

图 2 - 11　状态栏

常用的部分按钮的功能如下：

(1)模型空间：在模型空间与布局空间进行切换。

(2)栅格：栅格是覆盖整个坐标系(UCS)*XY* 平面的直线或点组成的矩形图案。使用栅格类似在图像下放置一张坐标纸，利用栅格可以对齐对象之间的距离。AutoCAD 新建文件时是默认将栅格功能打开的，如果不需要，利用鼠标左键单击该按钮即可关闭该功能。

(3)捕捉模式：对象捕捉对于在对象上指定精确位置非常重要。不论何时提示输入点，都可以指定对象捕捉。在默认情况下，当光标移动到对象的捕捉位置时，将显示标记和工具提示。

(4)正交模式：将光标限制在水平或垂直方向上移动，以便于精确地创建或修改对象。

(5)极轴追踪：创建和修改对象时使用该功能，光标将按指定角度进行移动。

(6)对象捕捉追踪：可以沿着基于对象捕捉点的对齐路径进行追踪。已获取的点将显示一个小加号(+)，一次最多可以获取 7 个追踪点。获取点之后，在绘图路径上移动光标，将显示相对于获取点的水平、垂直或极轴对齐路径。例如，可以基于对象的端点、中点或焦点，沿着某个路径选择一点。

(7)二维对象捕捉：使用该功能可以在对象的精确位置上捕捉点，如图 2 - 12 所示。

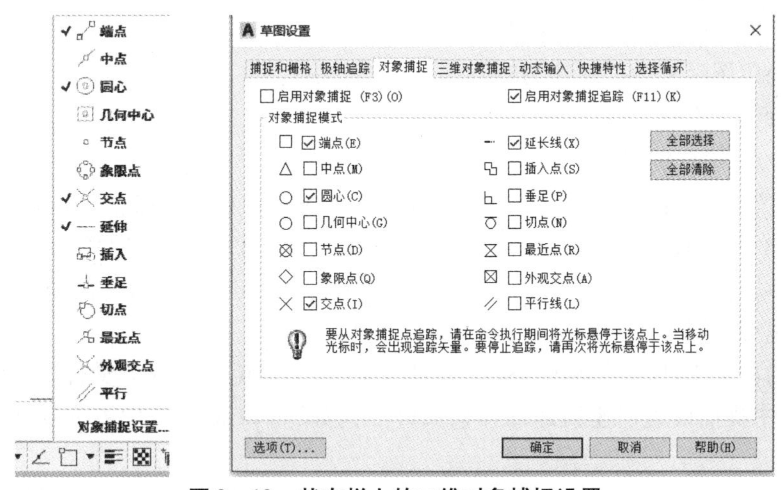

图 2 - 12　状态栏上的二维对象捕捉设置

(8)线宽：当绘制设置了线宽的图形后，使用该功能将图形文件进行粗细线区别显示。

(9)切换工作空间：进行二维或三维工作空间的切换。

(10)全屏显示：该选项可以清除 Windows 窗口中的标题栏、功能区等界面元素，使 AutoCAD 的绘图窗口全屏显示，如图 2 - 13 所示。直接点击该图标或者按“Ctrl + 0”组合键，可以打开或者关闭全屏显示。

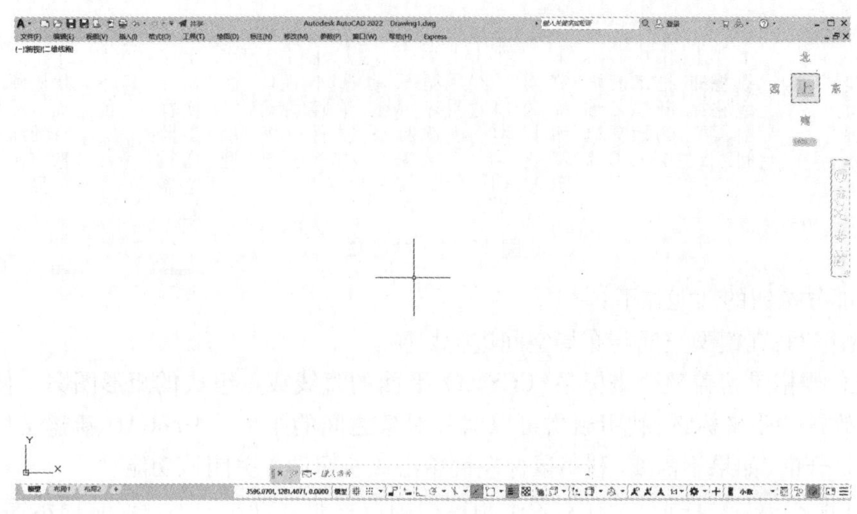

图 2-13　全屏显示

2.1.3　图形文件管理

在 AutoCAD 2022 中,图形文件管理包括创建新的图形文件、打开已有的图形文件、关闭图形文件以及保存图形文件等操作。

2.1.3.1　新建图形文件

在系统默认设置下,“新建”命令主要用于将预置样板文件作为基础样板,新建空白的绘图文件。执行“新建”命令的方式主要包括:

●单击“快速访问工具栏”→“新建”按钮。

●选择菜单栏中的“文件”→“新建”命令。

●单击右上角图标→“新建”按钮。

●在命令行输入 New 后按 Enter 键。

●按“Ctrl + N”组合键。

执行“新建”命令后,打开如图 2-14 所示的“选择样板”对话框。在此对话框中选择 acadISO - Named Plot Sryles. dwt 或者 acadiso. dwt 样板文件,单击“打开”按钮,即可创建一个公制单位的空白文件,进入 AutoCAD 默认的二维操作界面;而 acad. dwt 为英制单位的样板文件。不同样板文件在线型设置方面有所区别。

如果选取的样板文件与系统默认样板文件不同,为了避免每次新建文件要对图样样板进行选择,可在系统中提前设置快速新建的样板文件。例如,将 acad. dwt 设置为默认的样板文件的操作步骤如下:

(1)打开 AutoCAD 窗口后,在命令行输入 FILEDIA,将该系统变量值设置为 1,然后输入 STARTUP,将该系统变量值设置为 0。

(2)从菜单栏“工具”→“选项”→“文件”→“样板设置”→“快速新建的默认样板文件”→单击“浏览”按钮,打开与图 2-15 类似的“选择文件”对话框,选中“acad. dwt”样板文件,点击打开,然后在“选型”对话框中“文件”的“快速新建的默认样板文件”下会出现“acad. dwt”样板文件的保存目录。

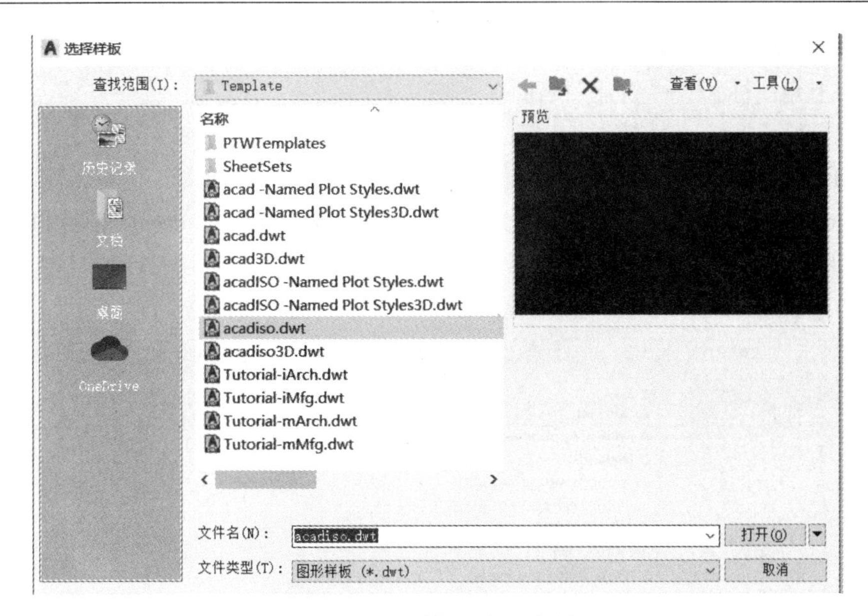

图 2－14　“选择样板”对话框

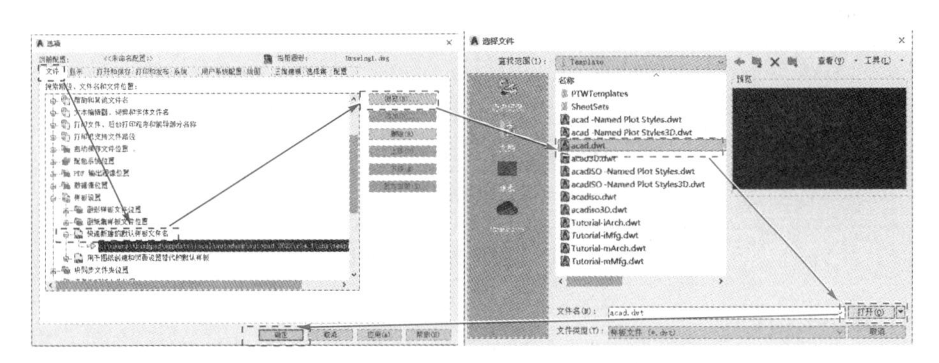

图 2－15　快速新建默认的样板文件的设置

2.1.3.2　保存与另存为文件

“保存”命令用于将绘制的图形以文件的形式进行存盘，以方便后续查看、使用或修改编辑等。执行“保存”命令的方式主要包括：

●单击快速访问工具栏中的“保存”按钮。

●选择菜单栏中的“文件”→“保存”命令。

●单击右上角图标→“保存”按钮。

●在命令行输入 Save 后按 Enter 键。

●按“Ctrl + S”组合键。

首次执行“保存”命令后将打开如图 2－16 所示的“图形另存为”对话框，在此对话框内设置存盘路径、文件名和文件格式后，单击“保存”按钮，即可将当前文件存盘。当用户在已存盘的基础上进行了其他修改工作，又不想将原来的图形覆盖时，可使用以下几种“另存为”命令执行方式，将修改后的图形以不同的路径或文件名进行存盘：

●单击快速访问工具栏中的“另存为”按钮。

●选择菜单栏中的“文件”→“另存为”命令。

●单击右上角图标 →“新建”按钮 。

●在命令行输入 Saveas 后按 Enter 键。

●按“Ctrl + Shift + S”组合键。

提示:AutoCAD 2022 默认的存储类型为“AutoCAD 2018 图形(* . dwg)”,使用此种格式存盘后,只能被 AutoCAD 2018 及更高的版本打开。

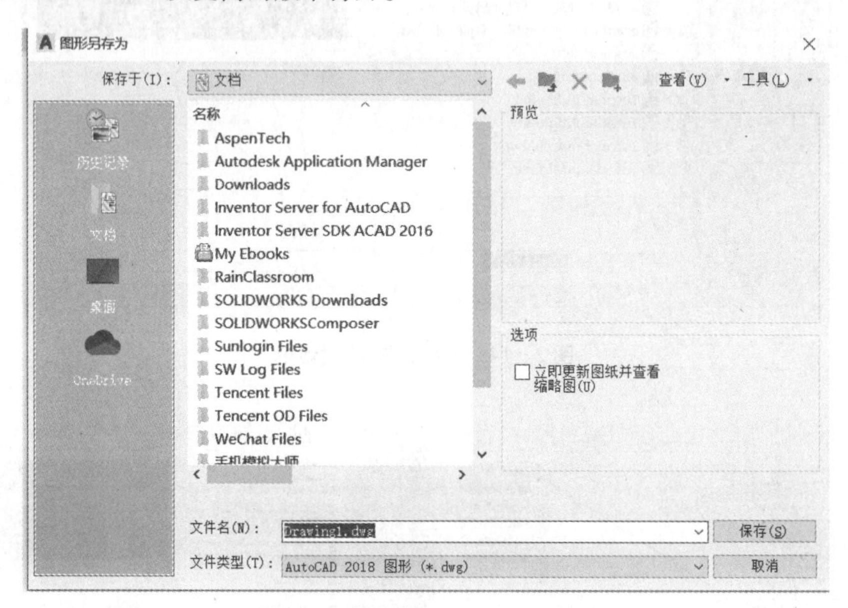

图 2-16 “图形另存为”对话框

2.1.3.3 打开图形文件

当用户需要查看、使用或编辑已经存盘的图形时,可以执行以下几种“打开”命令的方式将此图形打开:

●单击快速访问工具栏中的“打开”按钮 。

●选择菜单栏中的“文件”→“打开”命令。

●单击右上角图标 →“打开”按钮 。

●在命令行输入 Open 后按 Enter 键。

●按“Ctrl + O”组合键。

2.1.3.4 清理垃圾文件

有时为了给图形文件“减肥”,以减小文件的存储空间,可以使用“清理”命令,将文件内部的一些无用的垃圾资源(如图层、样式、图块)清理掉。执行“清理”命令的方式主要包括:

●选择菜单栏中的“文件”→“图形使用工具”→“清理”命令。

●在命令行输入 purge 或输入快捷键 PU 后按 Enter 键。

执行命令后,系统会打开如图 2-17 所示的“清理”对话框,其中带“ + ”号的选项表示其内含有未使用的垃圾项目,单击该选项使其展开,即可选择需要清理的项目。如果用户需要清理文件中所有未使用的垃圾项目,可以单击对话框底部的“全部清理”按钮。

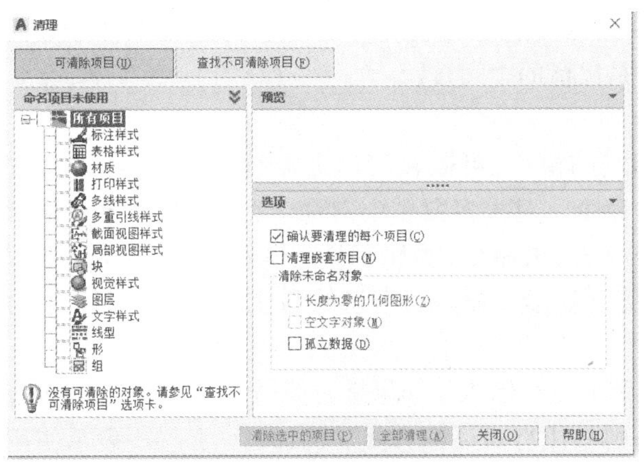

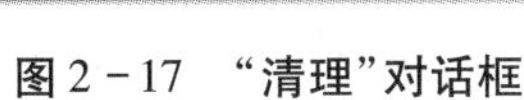

图 2 - 17　“清理”对话框

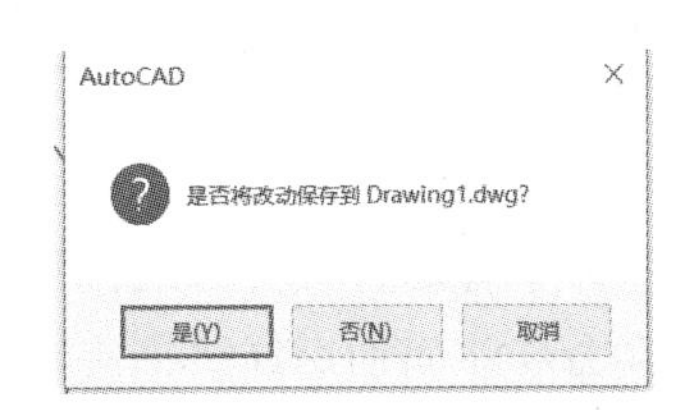

图 2 - 18　系统提示对话框

2.1.3.5　退出 AutoCAD 图形文件

退出 AutoCAD 与退出 AutoCAD 图形文件是不同的，退出 AutoCAD 将会退出所有的图形文件。要退出当前 AutoCAD 图形文件，除了退出 AutoCAD，还可以执行以下操作：

●选择菜单栏中的“窗口”→“关闭”命令。

●单击菜单栏最右侧的按钮×。

●在命令行输入 Close 后按 Enter 键。

如果选择菜单栏“窗口”→“全部关闭”命令或在命令行输入 Closeall 并按 Enter 键，则关闭所有打开的图形文件而不退出 AutoCAD。

在关闭图形文件时，如果还没有保存当前图形文件的修改，系统将会弹出如图 2 - 18 所示的系统提示对话框，提醒是否需要将更改保存到当前图形中。

2.1.4　AutoCAD 命令调用方法

在 AutoCAD 中，菜单命令、工具按钮、命令和系统变量大都是相互对应的。可以选择某一菜单命令，或单击某个工具按钮，或在命令行输入命令和系统变量来执行相应命令。可以说命令是 AutoCAD 绘制与编辑图形的核心。

2.1.4.1　使用鼠标操作执行命令

在绘图窗口，光标通常显示为“十”字线形式。当光标移至菜单选项、工具或对话框内时，它会变成一个箭头。无论光标是“十”字线形式还是箭头形式，当单击或者按动鼠标键时，都会执行相应的命令或动作。

拾取键：通常指鼠标左键，用于指定屏幕上的点，也可以用来选择 Windows 对象、AutoCAD 对象、工具栏按钮和菜单命令等。用鼠标左键进行图形对象选择的方式分为三类：点选、窗口选择、窗交选择。点选是直接用鼠标指针点击目标图形；窗口选择是单击鼠标左键放开后，从左向右拉出矩形窗口选择框，所有完全位于框内的对象将被选中；窗交选择是单击鼠标左键放开后，从右向左拉出矩形窗口选择框，所有与选择框相交和完全位于选择框内的对象都被选中。

回车键：指鼠标右键，相当于 Enter 键，用于结束当前使用的命令，此时系统将根据当前绘图状态而弹出不同的快捷菜单。

弹出菜单:当使用 Shift 键和鼠标右键的组合时,系统将弹出一个快捷菜单,用于设置捕捉点的方法。对于 3 键鼠标,弹出按钮通常是鼠标的中间按钮。

2.1.4.2 使用命令行

默认情况下“命令行”是一个可固定的窗口,可以在当前命令行提示下输入命令、对象参数等内容,然后按 Enter 键就可以启动命令。对大多数命令,“命令行”中可以显示执行完的三条命令提示(也叫命令历史),而对于一些输出命令,例如 TIME、LIST 命令,需要在放大的“命令行”或“AutoCAD 文本窗口”中才能完全显示。命令行窗口的调整详见 2.1.2 节中的命令行窗口内容。

有些命令有两种执行方式:对话框和命令行输入。如果指定使用命令窗口方式,可在命令行输入时在命令前面加短划线来表示,否则将执行对话框方式。例如,“ - Layer”表示使用命令行方式执行“图层命令”;而在命令行输入“Layer”,系统会自动打开“图层特性管理器”选项板。

有些命令同时存在命令行、菜单和工具栏三种执行方式,若选择菜单或工具栏方式执行命令,则命令行会显示该命令并在前面加下划线。如利用功能区直线按钮 ╱ 绘制直线,命令行会显示“_Line”。

2.1.4.3 使用透明命令

透明命令是指在执行其他命令的过程中可以执行的命令。常使用的透明命令多为修改图形设置的命令、绘图辅助工具命令,如 SNAP、GRID、ZOOM 等。可以用鼠标直接点击调用相关透明命令,或在命令行中在输入透明命令之前输入单引号('),系统将以透明方式使用命令。命令窗口文件中有一个双折号(>>),表示正在使用透明命令。完成透明命令后,将继续执行原命令。例如,若要在绘制直线时使用移动命令 pan,命令行显示'pan 并按 Enter 键退出透明命令,然后继续执行直线绘图命令,如图 2 - 19 所示。

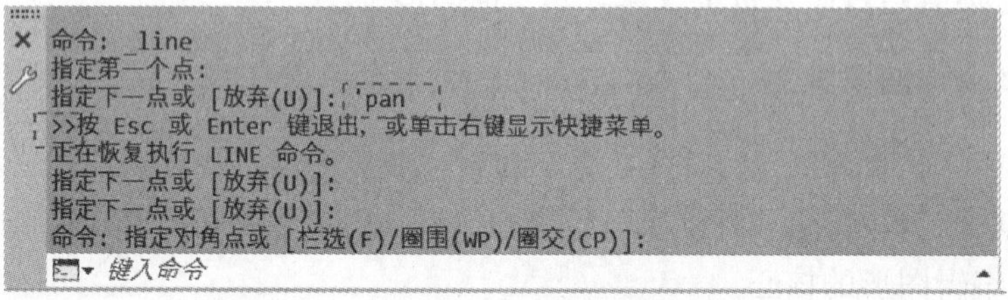

```
命令: _line
指定第一个点:
指定下一点或 [放弃(U)]: 'pan
>>按 Esc 或 Enter 键退出,或单击右键显示快捷菜单。
正在恢复执行 LINE 命令。
指定下一点或 [放弃(U)]:
指定下一点或 [放弃(U)]:
命令: 指定对角点或 [栏选(F)/圈围(WP)/圈交(CP)]:
键入命令
```

图 2 - 19 命令行中透明命令提示信息

2.1.4.4 常用功能键和快捷键

AutoCAD 常用功能键和快捷键见表 2 - 1。

表 2 - 1 AutoCAD 常用功能键和快捷键

功能键/快键键	功 能	功能键/快键键	功 能
鼠标左键	①点取菜单或图标命令; ②拾取被编辑的元素; ③在绘图区内拾取一个点	F1	系统帮助

续表2－1

功能键/快捷键	功　　能	功能键/快捷键	功　　能
鼠标右键	①弹出右键快捷命令操作菜单； ②对输入和拾取结果的确认； ③在命令状态下重复前一个命令	F2	打开、关闭文本窗口
Enter键 空格键	①对输入和拾取结果的确认； ②在命令状态下重复前一个命令	F3	打开、关闭对象捕捉功能
Esc	①终止正在执行过程中的命令； ②关闭菜单或对话框	F6	打开、关闭状态行上的坐标显示
Ctrl＋N	新建图形文件	F7	打开、关闭栅格
Ctrl＋O	打开图形文件	F8	打开、关闭正交模式
Ctrl＋S	保存图形文件	F9	打开、关闭捕捉模式
Ctrl＋Q	退出 AutoCAD	F10	打开、关闭极轴追踪
Ctrl＋A	全选图形	F11	打开、关闭对象追踪
Ctrl＋P	打印图形	F12	打开、关闭动态输入
Ctrl＋0	打开或关闭全屏显示		

另外，AutoCAD 还有一种更为方便的命令快捷键，即 AutoCAD 英文命令的缩写。例如，绘制直线时，直接在命令行中输入“L”并按 Enter 键，就可激活画直线命令。

提示：

（1）在命令行窗口中按 Enter 键可重复调用上一个命令，不管上一个命令是完成还是被取消，均不受影响。

（2）命令的撤销 Undo：在命令执行过程中任何时刻都可以取消和终止命令的执行。执行方式有：点击菜单栏“编辑”→“放弃”命令、点击快速访问工具栏中、快键键 Esc。

（3）命令的重做 Redo：已被撤销的命令还可以恢复重做，恢复撤销的是最后一个命令。执行方式有：点击菜单栏“编辑”→“重做”命令、点击快速访问工具栏中。

（4）每执行一次 Undo 或 Redo，可以依次撤销或重做最后一次命令；如果想一次执行多重撤销或重做操作，可单击或右侧的箭头列表，选中要放弃或重做的命令组即可。如图 2－20 所示。

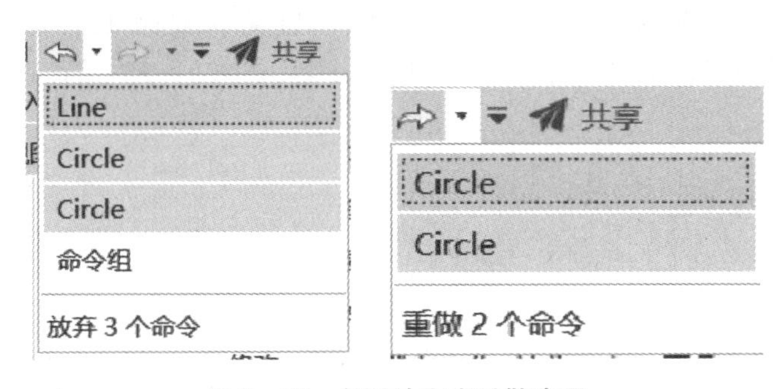

图 2－20　多重放弃或重做选项

2.1.5 绘图环境设置

通常情况下，安装好 AutoCAD 2022 后就可以在其默认状态下绘制图形，但有时为了使用特殊的定点设备、打印机，或提高绘图效率，用户需要在绘制图形前先对系统参数、绘图环境进行必要的设置。这些设置包括选项设置、草图设置、特性设置、图形单位设置和图形界限设置等。

2.1.5.1 选项设置

选项设置是用于自定义的程序设置，包括“文件”“显示”“打开和保存”“打印和发布”“系统”“用户系统配置”“绘图”“三维建模”“选择集”“配置”10 个功能选项卡。主要执行方式包括：

●菜单栏：选取“工具”→“选项”命令。

●右键菜单栏：“选项”（在绘图区单击鼠标右键，系统会打开右键快捷菜单）。

●命令行：OPTION 或 OP 快捷命令。

执行上述命令后将打开“选项”对话框，现将常用的一些设置简述如下：

（1）“文件”选项卡：设置样板文件，“文件”→“样板设置”→“快速新建的默认样板文件”→单击“浏览”按钮→“选择文件”对话框，如图 2－15 所示。

（2）“显示”选项卡：可以调整窗口元素、布局元素、显示精度、显示性能、十字光标大小、淡入度控制等。

改变窗口标题栏、菜单栏及功能区背景颜色：“显示”→“窗口元素”→“配色方案”→“明”。

改变绘图窗口的背景颜色：“显示”→“窗口元素”→“颜色（C）”→“图形窗口颜色”对话框→“颜色”，选择所需要的颜色。

改变命令行字体：“显示”→“窗口元素”→“字体（F）”→“命令行窗口字体”对话框→进行字体、字形或字号调整，如图 2－21 所示。

调整十字光标大小：“显示”→“十字光标大小”，点击滑块进行调整。

（3）“打开和保存”选项卡：可以对文件保存、文件安全措施、文件打开、应用程序菜单、外部参照等进行设置，用于控制打开或保存的文件。

调整自动保存间隔时间：“打开和保存”→“文件安全措施”→“自动保存（U）”，更改系统默认设置的时间。

（4）“打印和发布”选项卡：可以对新图形的打印设置、打印文件、后台处理选项、常规打印选型等进行设置。系统默认的输出设备为 PDFCreator，将打印出 PDF 文件，如图 2－22 所示。

（5）“绘图”选项卡：可以对“自动捕捉设置”“自动捕捉标记大小”“对象捕捉选项”“AutoTrack 设置”“对齐点选取”“靶框大小”等进行设置，如图 2－23 所示。

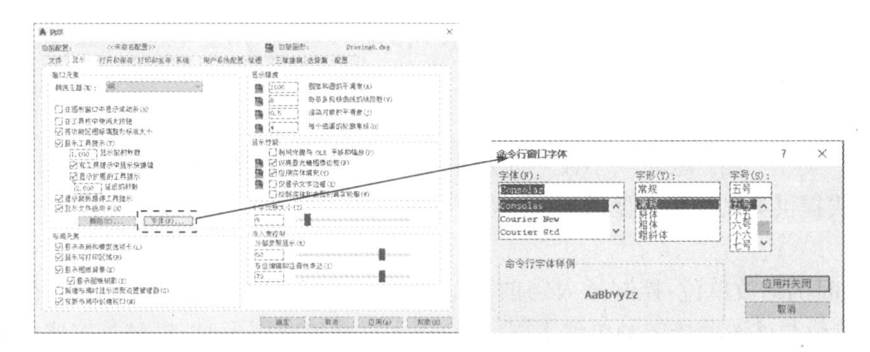

图 2-21　命令行字体调整操作

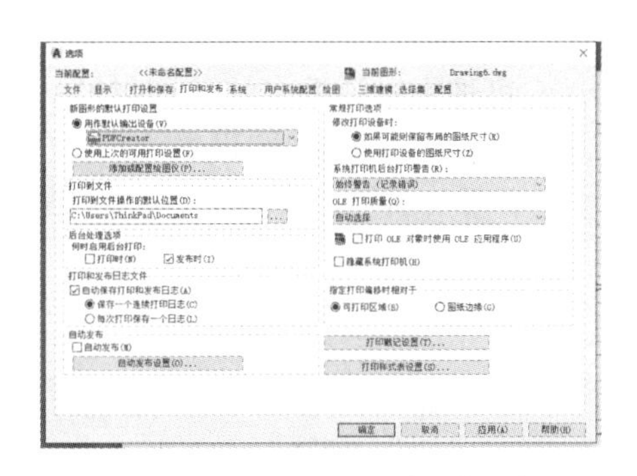

图 2-22　“打印和发布”选项卡

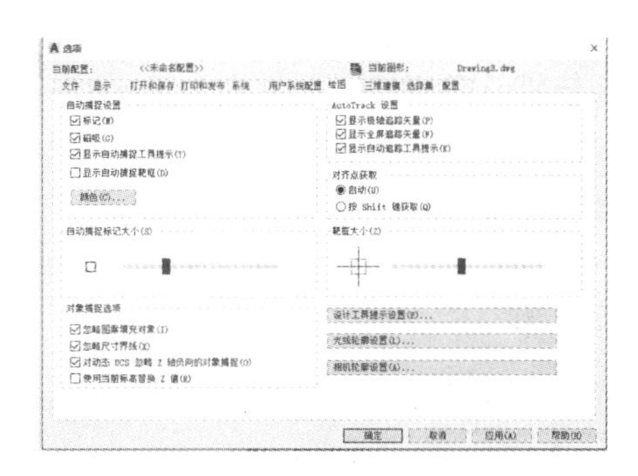

图 2-23　“绘图”选项卡

2.1.5.2　草图设置

如图 2-24 所示的草图设置主要是在绘图工作时对“捕捉”“栅格”“极轴追踪”“对象捕捉”“动态输入”“快捷特性”等选项进行设置。主要执行方式包括：

●菜单栏：选取“工具”→“绘图设置”命令。

●状态栏：在状态栏绘图工具区域的“捕捉”“栅格”“极轴追踪”“对象捕捉”“动态输入”“快捷特性”等按钮上单击鼠标右键，在弹出的快捷菜单中选择“设置”命令。

2.1.5.3　特性设置

特性设置是指对要复制到目标对象的源对象的基本特性和特殊性进行设置。主要执行方式包括：

●菜单栏：选取“修改”→“特性匹配”命令，选择源对象后再在命令行输入 S。

●命令行：输入 MATCHPROP 或 PAINTER，执行命令并选择源对象后再输入 S。

打开的“特性设置”对话框如图 2-25 所示。在此对话框中，用户可以通过勾选或取消复选框来设置要匹配的特性。

2.1.5.4　图形单位设置

用户可以采用 1∶1 的比例因子绘图，因此，所有的直线、圆和其他对象都可以真实大小来绘制。例如，如果一个设备长 10 m，那么它可以按 10 m 的真实大小来绘制，在需要打印出图形时，再将图形按图纸大小进行缩放。主要执行方式包括：

●菜单栏：选取“格式”→“单位”命令。

●命令行：UNITS。

在“图形单位”对话框中，可以设置绘图时使用的长度单位、角度单位，以及单位的显示格式和精度等参数，如图 2 - 26 所示。

提示：

(1)长度“类型”：有“建筑”“小数”“工程”“分数”“科学”五种测量单位格式。其中“工程”和“建筑”格式提供英尺和英寸显示，并假定每个图形单位为 1 英寸。其他格式可表示任何真实实际单位。

(2)插入时的缩放单位：控制插入当前图形中的块或图形的测量单位。如果在创建块或图形时使用的单位与该选项指定的单位不同，则在插入这些块或图形时，将对其按比例缩放。插入比例是源块或图形使用的单位与目标图示使用的单位之比。如果在插入块时不按指定单位缩放，则需选择“无单位”选项。

(3)系统默认角度逆时针方向为正，如需调整方向，可选中对话框中的“顺时针”。注意当提示用户输入角度时，可以单击所需方向或输入角度，而不必考虑“顺时针”设置。

(4)点击图 2 - 26 中的“方向”按钮，打开如图 2 - 27 所示的“方向控制”对话框，可以设置起始角度(0°)方向，默认 0°方向是 X 轴的正方向。

图 2 - 24 “草图设置”对话框

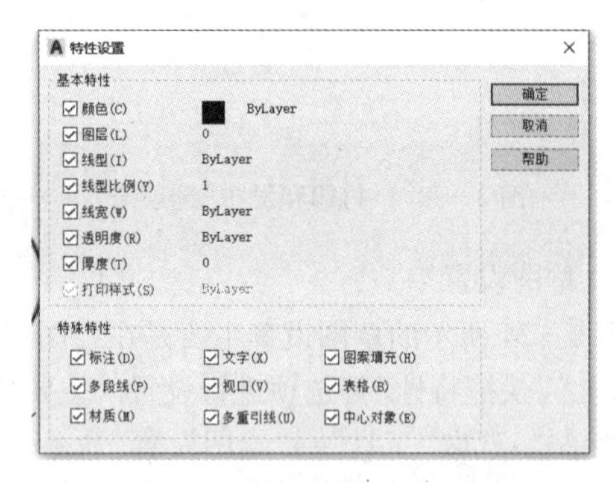

图 2 - 25 “特性设置”对话框

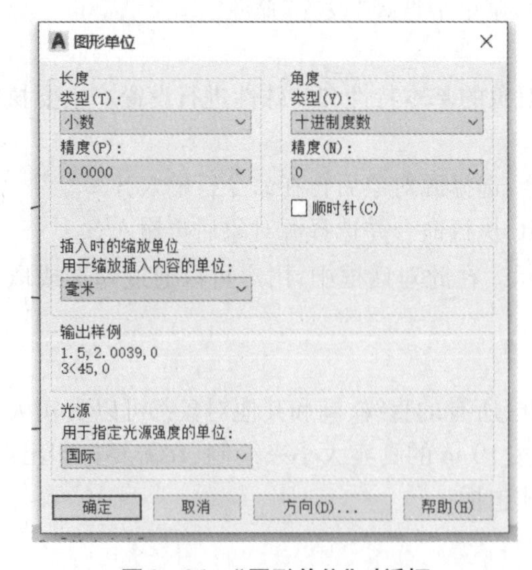

图 2 - 26 “图形单位”对话框

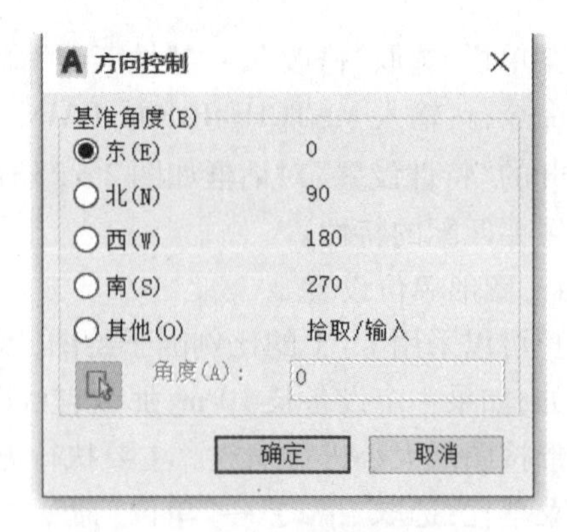

图 2 - 27 “方向控制”对话框

2.1.5.5　图形界限设置

绘图界限就是图形栅格显示的界限、区域。主要执行方式包括：

●菜单栏：选取“格式”→“图形界限”命令。

●命令行：LIMITS，如下所示：

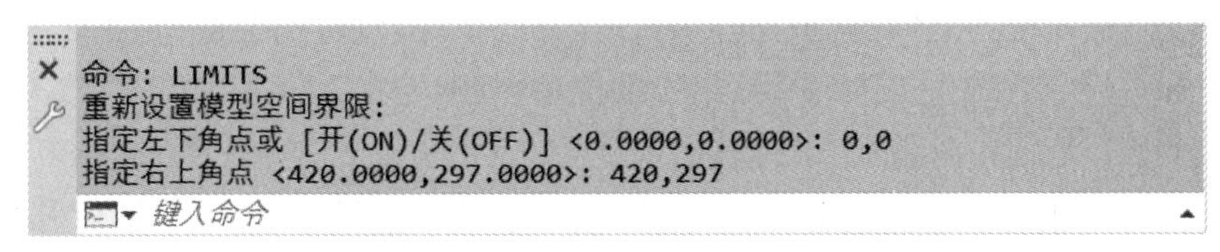

选项说明如下：

(1)开(ON)：使绘图边界有效，在绘图边界以外拾取点系统将视为无效。

(2)关(OFF)：使绘图边界无效，用户可以在绘图边界以外拾取点或实体。

(3)动态输入角点坐标：使用 AutoCAD 2022 中文版的动态输入功能，可以直接在屏幕上输入角点坐标，输入横坐标值后按下“,”键，接着输入纵坐标值。也可以在光标位置直接单击鼠标，确定角点位置。

提示：

(1)要显示通过两点定义的栅格界限矩形区域，需要在菜单栏“工具”→“草图设置”对话框中勾选“启用栅格”复选框或者直接在状态栏上点击“栅格”按钮。

(2)绘图前，绘图界限不一定要设置好。绘制新图最好按国家标准图幅设置绘图界限，这样按绘图界限绘制的图很方便打印，还可实现自动成批出图。如果在一个图形文件中绘制多张图，设置图像界限就没有实际意义。

2.2　绘图辅助工具

2.2.1　精准绘图工具

2.2.1.1　坐标系

(1)世界坐标系与用户坐标系。

坐标(x,y)是表示点的最基本方法。在 AutoCAD 中，坐标系分为世界坐标系(WCS)和用户坐标系(UCS)。两种坐标系下都可以通过坐标(x,y)来精确定位点。

默认情况下，在开始绘制新图形时，当前坐标系为世界坐标系，即 WCS，它包括 X 轴和 Y 轴(如果在三维空间工作，还有一个 Z 轴)。WCS 坐标轴的交汇处显示“口”形标记，但坐标原点并不在坐标系的交汇点，而位于图形窗口的左下角，所有的位移都是相对于原点计算的，并且沿 X 轴正向及 Y 轴正向的位移规定为正方向。

在 AutoCAD 中，为了能够更好地辅助绘图，经常需要修改坐标系的原点和方向，这时世界坐标系将变为用户坐标系，即 UCS。UCS 的原点以及 X 轴、Y 轴、Z 轴方向都可以移动及旋转，甚至可以依赖于图形中某个特定的对象。尽管用户坐标系中 3 个轴之间仍然互相垂直，但是在方向及位置上却都更灵活。另外，UCS 没有“口”形标记。

(2)坐标的表示方法。

在 AutoCAD 2022 中,点的坐标可以使用绝对直角坐标、绝对极坐标、相对直角坐标和相对极坐标 4 种方法表示,它们的特点如下:

绝对直角坐标:是从点(0,0)或(0,0,0)出发的位移,可以使用分数、小数或科学记数等形式表示点的 X 轴、Y 轴、Z 轴的坐标值,坐标间用逗号隔开,例如点(8.3,5.8)和(3.0,5.2,8.8)等。

绝对极坐标:是从点(0,0)或(0,0,0)出发的位移,但给定的是距离和角度,其中距离和角度用“ < ”分开,且规定 X 轴正向为 0°,Y 轴正向为 90°,例如点(4.27 <60)和(34 <30)等。

相对直角坐标和相对极坐标:相对坐标是指相对于某一点的 X 轴和 Y 轴位移,或距离和角度。它的表示方法是在绝对坐标表达方式前加上“@”号,如(@ -13,8)和(@11 <24)。其中,相对极坐标中的角度是新点和上一点连线与 X 轴的夹角。

2.2.1.2　捕捉和栅格

(1)打开或关闭捕捉和栅格。

“捕捉”用于设定鼠标光标移动的间距。“栅格”是一些标定位置的小点,起坐标纸的作用,可以提供直观的距离和位置参照。要打开或关闭“捕捉”和“栅格”功能,主要执行方式包括:

●状态栏:单击“捕捉”按钮 和“栅格” 按钮。

●快捷键:按 F7 键打开或关闭栅格,按 F9 键打开或关闭捕捉。

●菜单栏:“工具”→“绘图设置”→“草图设置”对话框→“捕捉和栅格”选项卡→选中或取消“启用捕捉”和“启用栅格”复选框,如图 2-28 所示。

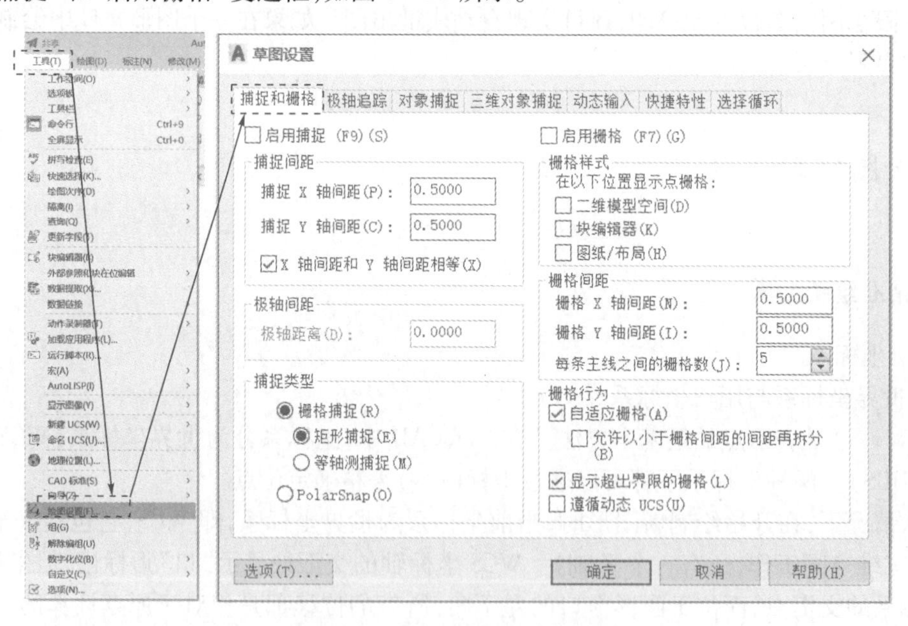

图 2-28　“捕捉和栅格”选项卡

(2)设置捕捉和栅格参数。

利用“草图设置”对话框中的“捕捉和栅格”选项卡,可以设置捕捉和栅格的相关参数。

2.2.1.3　使用正交模式

AuotCAD 提供的正交模式也可以用来精确定位点,它将定点设备的输入限制为水平或垂直。

打开正交模式,用于控制是否以正交方式绘图。在正交模式下,可以方便地绘出与当前 X 轴或 Y 轴平行的线段。主要执行方式包括:

●状态栏:单击“正交模式”按钮∟。

●快捷键:按 F8 键打开或关闭正交模式。

●命令行:ORTHO。

2.2.1.4　打开对象捕捉功能

在绘图的过程中,经常要指定一些对象上已有的点,例如端点、圆心和两个对象的交点等。如果只凭观察来拾取,不可能非常准确地找到这些点。主要执行方式包括:

●状态栏:单击“二维对象捕捉”按钮□右侧的▾,在打开的子菜单中选取需要精确捕捉的模式或者直接点击底部的“对象捕捉设置”,在弹出的如图 2-29 所示的“草图设置”对话框中的“对象捕捉”选项卡下进行“对象捕捉模式”选择。

●菜单栏:“工具”→“绘图设置”→“草图设置”对话框→“对象捕捉”选项卡→选中或取消“对象捕捉模式”复选框。

在绘图命令过程中如果需要指定点的位置时,还可以按住 Ctrl 键或 Shift 键,单击鼠标右键,弹出如图 2-30 所示的“对象捕捉”快捷菜单,在该菜单上选择某特征点,再将光标移动到要捕捉对象的特征点附近即可执行捕捉。

提示:

(1)对象捕捉模式不能单独使用,必须配合其他绘图命令一起使用,仅当 AutoCAD 提示输入点时,对象捕捉模式才生效。

(2)对象捕捉模式只影响屏幕上可见的对象,包括锁定图层、布局视口边界和多段线上的对象。不能捕捉不可见的对象,如未显示的对象、关闭或冻结图层上的对象或虚线的空白部分。

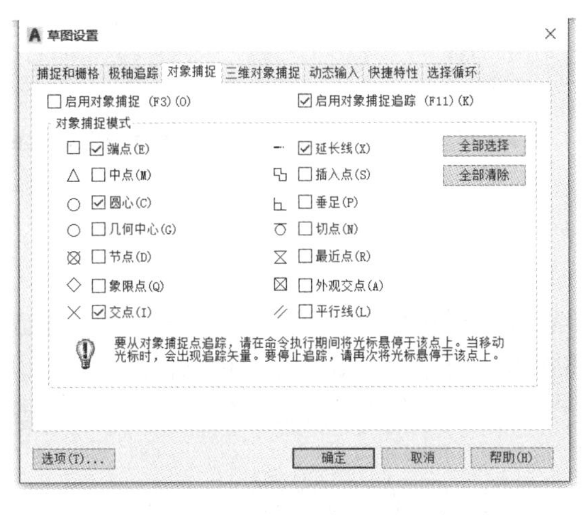

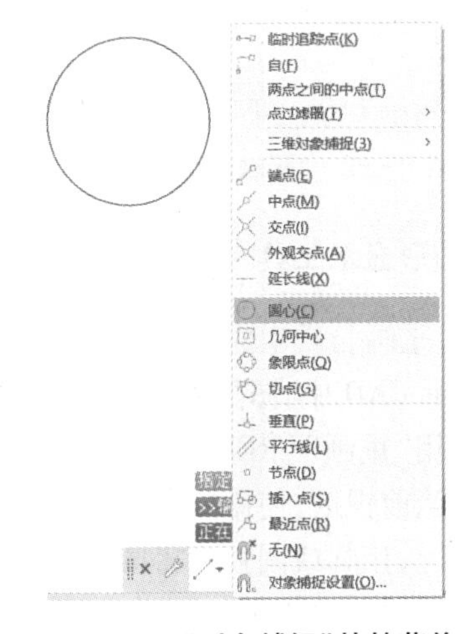

图 2-29　“对象捕捉”选项卡　　　图 2-30　“对象捕捉”快捷菜单

2.2.1.5　启用自动对象捕捉和追踪功能

为了避免每次捕捉时都要先选择模式,降低工作效率,AutoCAD 提供了自动对象捕捉和追踪功能,当光标距指定的捕捉点较近时,系统会自动精确地捕捉这些特征点,并显示出相应的标记及捕捉提示。

在 AutoCAD 中,自动追踪可按指定角度绘制对象,或者绘制与其他对象有特定关系的对象。自动追踪功能分极轴追踪和对象捕捉追踪两种,是非常有用的辅助绘图工具。

极轴追踪是按事先给定的角度增量来追踪特征点;而对象捕捉追踪则按与对象的某种特定关系来追踪,这种特定的关系确定了一个未知角度。也就是说,如果事先知道要追踪的方向(角度),则使用极轴追踪;如果事先不知道具体的追踪方向(角度),但知道与其他对象的某种关系(如相交),则使用对象捕捉追踪。极轴追踪和对象捕捉追踪可以同时使用。主要执行方式包括:

●状态栏:单击"对象捕捉追踪"按钮或单击"极轴追踪"按钮。

●菜单栏:对象捕捉追踪:"工具"→"绘图设置"→"草图设置"→"对象捕捉"选项卡→勾选"启用对象捕捉追踪"复选框,如图 2-29 所示。

极轴追踪:"工具"→"绘图设置"→"草图设置"→"极轴追踪"选项卡→勾选"启用极轴追踪"复选框,如图 2-31 所示。

如果要调整自动捕捉或追踪的相关设置,打开"选项"对话框,在"绘图"选项中进行相关的设置,如图 2-32 所示。"选项"对话框可以直接在"草图设置"工具栏中打开,也可以采用前述的方法打开。

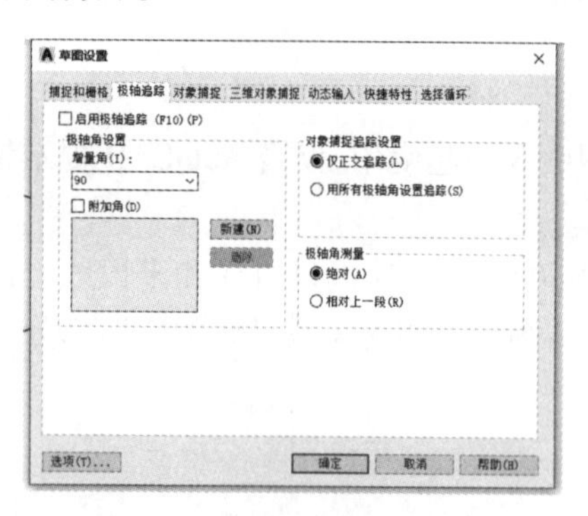

图 2-31 "极轴追踪"选项卡

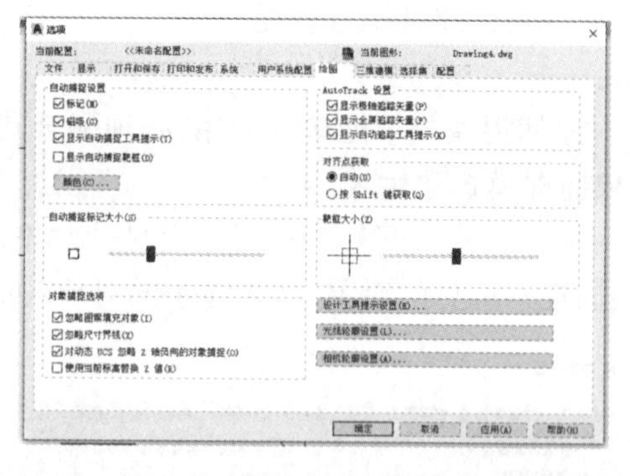

图 2-32 "选项"对话框中的自动捕捉与追踪设置

2.2.2 图形显示工具

2.2.2.1 重画与重生成图形

在 AutoCAD 中,图形对象的信息是以浮点数值形式保存在数据库中,可以有效保证较高的精度。使用"重画"(REDRAW)命令,系统将在显示内存中更新屏幕,消除临时标记,可以刷新用户使用的当前视区;使用"重生成"(REGEN)命令,可以消除例如缩放图形时导致的圆或圆弧带棱角等情况,让圆或圆弧变得圆滑起来。

"重画"命令和"重生成"命令的区别在于:前者只是刷新屏幕的显示,并不从数据库中重新生成图形;后者是必须把浮点数据换成适当的屏幕坐标来重新计算或重新生成图形。有些命令可以自动重新生成整个图形,并且重新计算屏幕坐标,当图形重新生成时,它也被重新绘制,重新生成比重新绘制需要更多的处理时间。主要执行方式包括:

●菜单栏:"视图"→"重画"或"全部重生成"/"重生成"或"全部重生成"。

●命令行:REDRAWALLL/REGEN 或 REGENALL。

注意:“重生成”命令只更新当前视区,而“全部重生成”命令可以同时更新多重视口。

2.2.2.2　缩放视图

在 AutoCAD 中,视图是按一定比例、观察位置来显示图形的全部或部分区域。缩放视图就是放大或缩小图形的显示比例,从而改变对象的外观视觉效果,但并不改变对象的真实尺寸。通常在绘制图形的局部细节时,需要使用缩放工具放大该绘图区域,当绘制完成后,再使用缩放工具缩小图形来观察图形的整体效果。主要执行方式包括:

●菜单栏:“视图”→“缩放”→子命令。

●命令行:ZOOM。

●工具栏:菜单栏“工具”→“工具栏”→“AutoCAD”→“缩放”(如图 2 - 33 所示)。

●三键鼠标的中键:滚动中键。

如图 2 - 33 所示,“缩放”工具栏中从左到右依次是“窗口缩放”“动态缩放”“比例缩放”“中心缩放”“缩放对象”“放大”“缩小”“全部缩放”“缩放范围”子命令。常用的缩放命令或工具有“实时”“窗口”“动态”“中心点”。

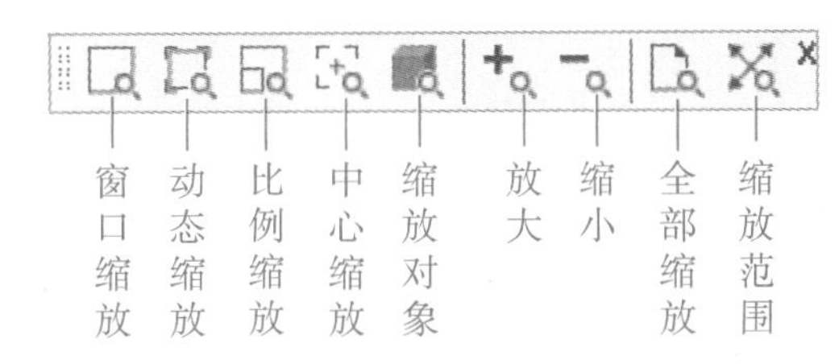

图 2 - 33　“缩放”工具栏

当在命令行中执行 ZOOM 命令后,命令行提示与操作如下:

ZOOM [全部(A) 中心(C) 动态(D) 范围(E) 上一个(P) 比例(S) 窗口(W) 对象(O)] <实时>:

(1)全部(A)。

在提示文字后输入“A”,即可查看当前视口中的整个图形,将显示图形的边界或范围,即使对象不在边界以内也可以显示。

(2)中心(C)。

在提示文字后输入“C”,就可通过选定一个中心点,定义一个新的显示窗口。操作过程需要指定中心点及输入比例或高度。默认的中心点就是视图的中心点,默认的输入高度就是当前视图的高度,按 Enter 键后图形将不会被放大。输入比例数值越大,图形放大倍数也将越大,可以直接在数值后面紧跟一个“X”,例如“4X”,表示在放大时不是按照绝对值变化,而是按相对于当前视图的相对值进行缩放。

(3)动态(D)。

在提示文字后输入“D”,就可以通过一个表示视口的图框,选择需要显示的区域。当出现视图框后,同时按住鼠标的左、右键可以改变该视图的大小,定形后松开左键,再按住鼠标左键移动视图框,确定图形中的放大位置,系统将清除当前视口并显示一个特定的视图选择屏幕。

(4)范围(E)。

在提示文字后输入“E”,可以使图形缩放至整个显示范围,图形中的所有对象都尽可能地被放大。

(5)上一个(P)。

在提示文字后输入“P”,可以回到前一个视图。当前视口由“缩放”命令的各种选项或移动视图、视图恢复、平行投影或透明命令引起的任何变化,系统都将保存。每个视口最多可以保存10个视图,因此连续使用“上一个(P)”可以恢复至前10个视图。

(6)比例(S)。

在提示文字后输入“S”,系统会提供三种使用方法:直接输入比例因子,系统会按照该值进行放大或缩小图形尺寸;输入“nX”,其中n为任一阿拉伯数值,系统会相对于当前视图计算缩放的比例因子;输入“nXP”,系统会相对于图形空间进行阵列排布或打印出模型的不同视图。

(7)窗口(W)。

在提示文字后输入“W”,可以控制鼠标或输入坐标通过一个矩形窗口的两个对角来选择需缩放的区域。指定窗口的中心点将成为新显示屏幕的中心点。该选项最常被使用。也可在输入“ZOOM”命令后不做任何选择,直接利用鼠标在绘图窗口中直接选定缩放窗口的两个对角点,执行该选项。

(8)对象(O)。

可以尽可能大地显示一个或多个选定的对象,并使其位于视图的中心。对象的选择在“ZOOM”命令启动前后皆可。

(9)实时。

这是“缩放”命令的默认操作,即在输入“ZOOM”命令后,直接按Enter键,将自动调用实时缩放操作,即可以通过上下移动鼠标交替进行放大或缩小。在使用时系统会显示一个加号“+”代表正在进行放大,显示一个减号“-”代表正在进行缩小。当缩放比例接近极限时,该光标将不再显示。需要退出时直接按Enter键或Esc键,或从菜单中选择“Exit”命令退出。

2.2.2.3 平移视图

平移视图就是可以将在当前视口外的图形的一部分移动进行查看或编辑,但不会改变图形的缩放比例。主要执行方式包括:

●菜单栏:“视图”→“平移”命令中的子命令,常用为“实时”,如图2-34所示。

●命令行:PAN。

●快捷菜单:在绘图窗口单击鼠标右键→快捷菜单中选择“平移”选项,如图2-35所示。

激活“平移”命令后,十字光标会变为“小手”图标✋,可以在绘图窗口任意移动,以显示当前正处于平移模式。单击并按住鼠标左键将光标锁定在当前位置,即“小手”已经抓住了图形,然后拖动图形进行移动,松开鼠标左键将停止平移,可以反复操作以便将所需移动的图形较好地移动到相关位置。可以同时执行移动和滚动鼠标中键执行缩放命令来快速锁定需要查看的图形对象。

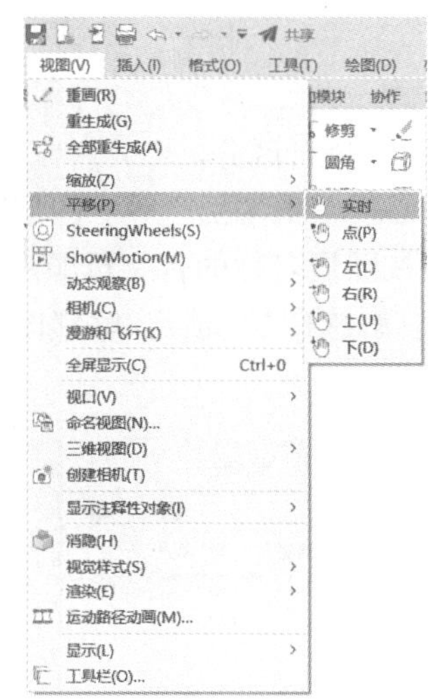

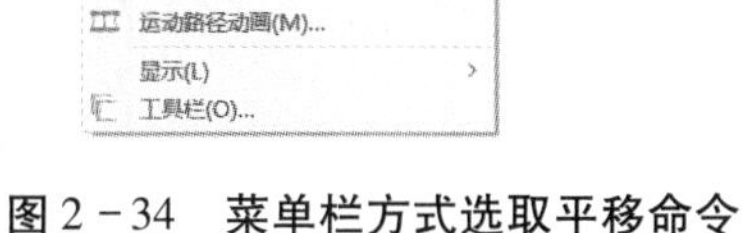

图 2－34　菜单栏方式选取平移命令

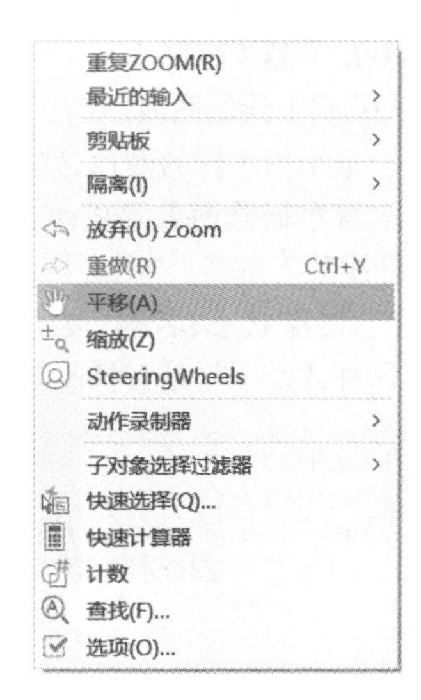

图 2－35　快捷菜单方式选取平移命令

2.2.3　图层设置

AutoCAD 中的图层如同手工绘图中使用的重叠透明的图纸，可以使用图层来组织不同类型的信息。在 AutoCAD 中，图形的每个对象位于一个图层上，所有图形对象都具有图层、颜色、线型和线宽这 4 个基本属性。在绘制的时候，用户可以使用不同的图层、不同的颜色、不同的线型和线宽绘制不同的对象和元素。用户可以根据图层对图形几何对象、文字、标注等进行归类处理，使用图层来管理它们。图层特性管理器可以很方便地创建图层以及设置其基本属性。

2.2.3.1　建立新图层

新建的 CAD 文件只能自动创建一个名为“0”的特殊图层。在默认情况下，图层“0”将被指定使用 7 号颜色、“Continuous”线型、“默认”线宽及“Normal”打印样式，不能删除或重命名图层“0”。通过创建新的图层，可以将类型相似的对象指定给同一个图层使其相互关联。例如将粗实线、细实线、中心线、虚线、标注、文字、标题栏、剖面线等置于不同的图层上，指定每个图层的通用特性，有利于快速有效地控制对象的显示及更改。主要执行方式包括：

●菜单栏：“格式”→“图层”。

●功能区：“默认”→“图层”功能面板→“图层特性”或“视图”→“选项板”→“图层特性”。

●命令行：LAYER。

执行上述命令后，系统将打开如图 2－36 所示的“图层特性管理器”对话框。单击“图层特性管理器”选项板中的“新建”按钮，建立新图层，默认的图层名为“图层 1”。默认情况下，新建图层与当前图层的状态、颜色、线性、线宽等设置相同。

可重复单击“新建”按钮；或先点击“新建”按钮建立“图层 1”，改变图层名后，在其后输入英文状态下的逗号“，”或两次按下 Enter 键来建立多个图层。在一个图形中可以创建的图层数及在每个图层中可以创建的对象数实际上是无限的。

图层设置的原则如下：

●在够用的基础上越少越好。

●一般不在“0”层上绘制图线。

●不同图层一般采用不同的颜色,这样可利用颜色对图层进行区分。

可双击图层名称根据绘图需要更改,如“实体层”“中心层”“标注层”等。图层最长可使用255个字符的字母或数字命名。“图层特性管理器”选项板按图层名称的首字母顺序排列。在每个图层属性中,包含图层状态、名称、关闭/打开图层、冻结/解冻图层、锁定/解锁图层、颜色、线型、线宽、图层打印样式及图层是否打印等参数。

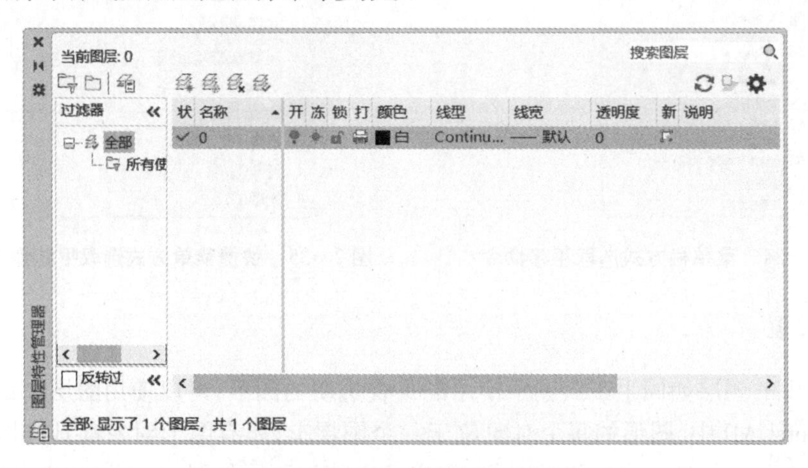

图2-36　图层特性管理器

(1)设置图层线条颜色。

图层的颜色实际上是图层中图形对象的颜色。每个图层都拥有自己的颜色,对不同的图层可以设置不同的颜色,绘制复杂图形时就可以很容易区分图形的各部分。

新建图层后,要改变图层的颜色,可在“图层特性管理器”对话框中单击图层的“颜色”列对应的图标,打开“选择颜色”对话框,如图2-37所示。系统显示的RGB颜色即Red(红)、Green(绿)和Blue(蓝)三种颜色。

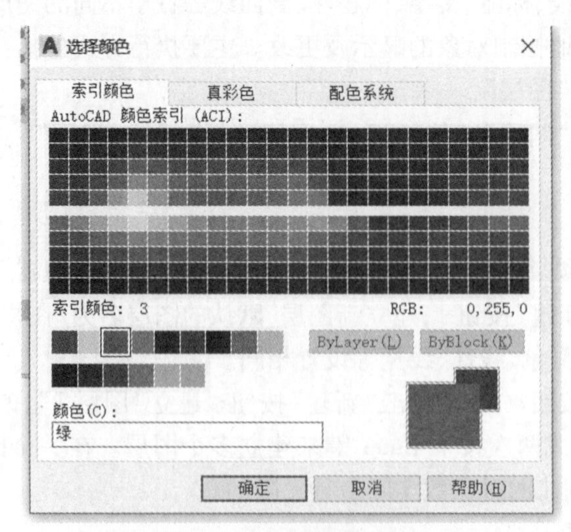

图2-37　设置图层颜色

(2)设置图层线型。

在绘制图形时要使用线型来区分图形元素,这就需要对线型进行设置。默认情况下,图层的线型为 Continuous。要改变线型,可在图层列表中单击“线型”列的 Continuous,打开“加载或重载线型”对话框,用鼠标选择需要的线型,单击“确定”,即可把该线型加载到“已加载的线型”列表框中,也可以按住 Ctrl 键选择几种线型同时加载,然后选中某图层所需线型点击“确定”即可,如图 2 - 38 所示。注意,此处的线型与选择的模板文件线型一致,图 2 - 38 选用的模板文件线型为 acad. lin。

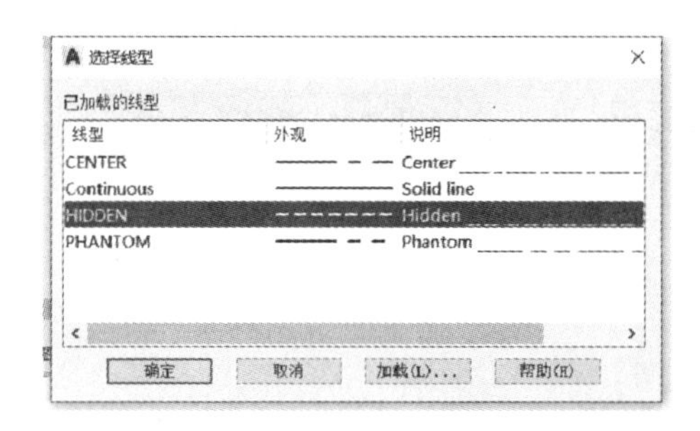

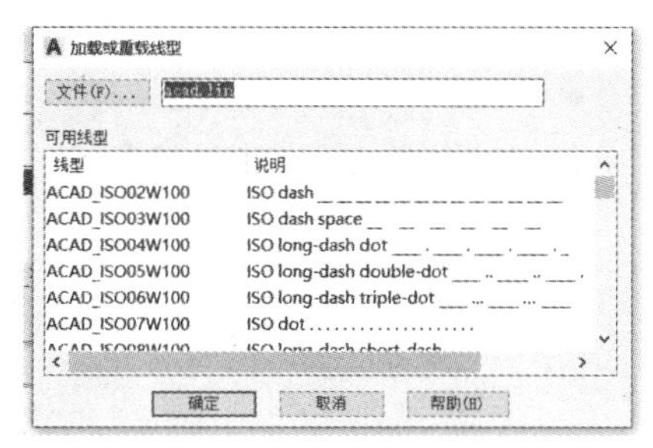

图 2 - 38　**选择和加载图层线型**

通过全局修改或单个修改对象的线型比例因子,可以以不同的比例使用同一个线型。默认情况下,全局线型和单个线型比例均设置为 1.0。比例越小,每个绘图单位中生成的重复图案就越多。例如,将虚线比例因子设置为 0.5 时,虚线段越短,线段间间隔越小。

全局修改线型比例因子的过程如图 2 - 39 所示,菜单栏“格式”→“线型”→“线型管理器”对话框→“显示细节”→“全局比例因子”,修改数值。

局部修改线型比例因子的过程如图 2 - 40 所示,点击需要修改的图形对象后,单击鼠标右键,弹出快捷菜单,选择“特性”,在弹出的“特性”选项板中修改线型比例因子。

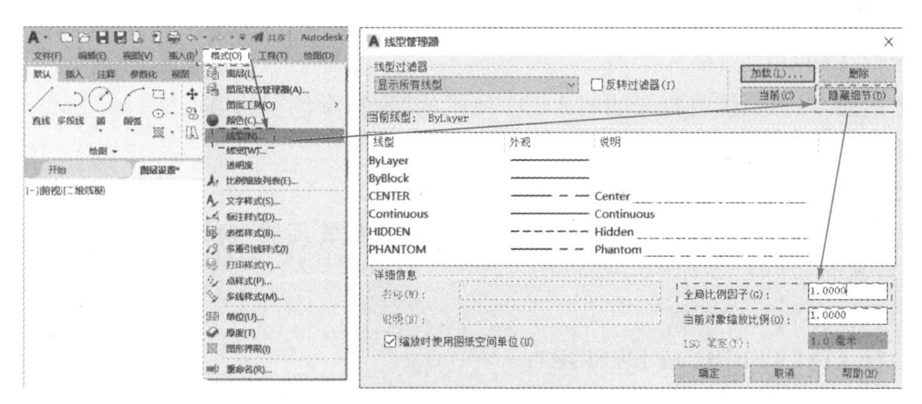

图 2 - 39　**图形线型全局比例因子修改**

(3)设置图层线宽。

要设置图层的线宽,可以在“图层特性管理器”对话框的“线宽”列中单击该图层对应的线宽“——默认”,打开“线宽”对话框,有 20 多种线宽可供选择。也可以在菜单栏选择“格式”→“线宽”命令,打开“线宽”对话框,通过调整线宽比例,使图形中的线宽显示得更宽或更窄,如图 2 - 41

所示。

图层线宽的默认值为 0. 25 mm。当状态栏为“模型”状态时，显示的线宽同计算机的像素有关，线宽为零时，显示为一个像素的线宽。单击状态栏中的“线宽”按钮，屏幕显示的图形线宽与实际线宽成比例，线宽不随着图形的放大或缩小而变化。关闭“线宽”功能时，不显示图形的线宽，图形的线宽均为默认宽度值。

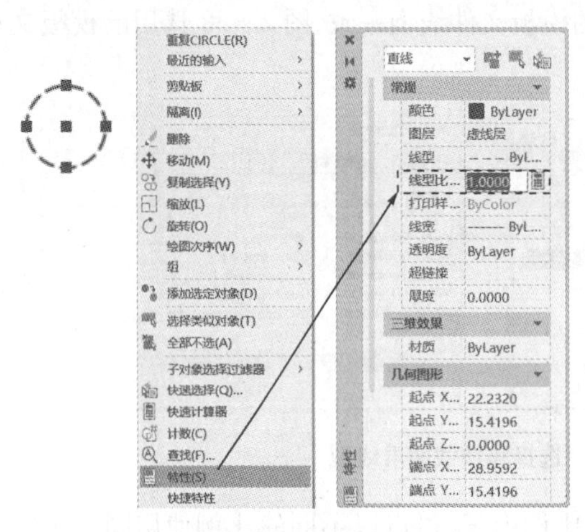

图 2-40　图形线型局部比例因子修改

图 2-41　“线宽”对话框

2.2.3.2　其他图层管理设置

在 AutoCAD 中，除了使用“图层特性管理器”选项板设置图层，还有其他几种方法，现详细叙述如下。

(1) 直接设置图层特性。

可以直接通过命令行或菜单设置图层的颜色、线宽、线型。主要执行方式包括：

●菜单栏：“格式”→“颜色”。

●命令行：COLOR。

执行上述命令后，系统将打开如图 2-37 所示的“选择颜色”对话框。

●菜单栏：“格式”→“线型”。

●命令行：LINETYPE。

执行上述命令后，系统将打开如图 2-42 所示的“线型管理器”对话框，与图 2-38 的“选择线型”对话框类似。

●菜单栏：“格式”→“线宽”。

●命令行：LINEWEIGHT 或 LWEIGHT。

执行上述命令后，系统将打开如图 2-43 所示的“线宽设置”对话框，与图 2-41 的“线宽”对话框类似。

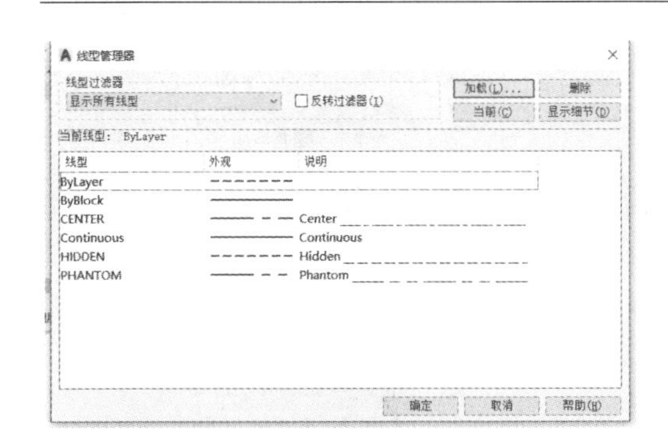

图 2－42　“线型管理器”对话框

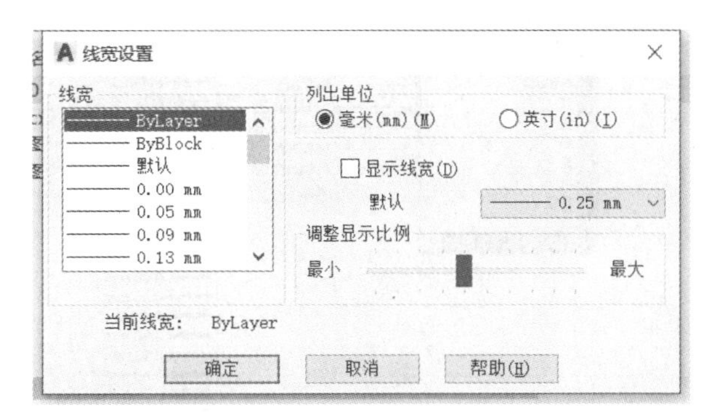

图 2－43　“线宽设置”对话框

（2）利用“特性”工具栏设置图层特性。

通过菜单栏“工具”→“工具栏”→“AutoCAD”→“特性”，可以将“特性”工具栏显示在绘图窗口中，如图 2－44 和图 2－45 所示。用户可以控制和使用工具栏快速查找和改变所选对象的图层、颜色、线型和线宽等特性。AutoCAD 2022 对“特性”工具栏上的图层颜色、线型和打印样式的控制增加了查看和编辑属性的命令，在绘图屏幕上选择任何对象后可在工具栏上自动显示它所在的图层、颜色、线型等属性。

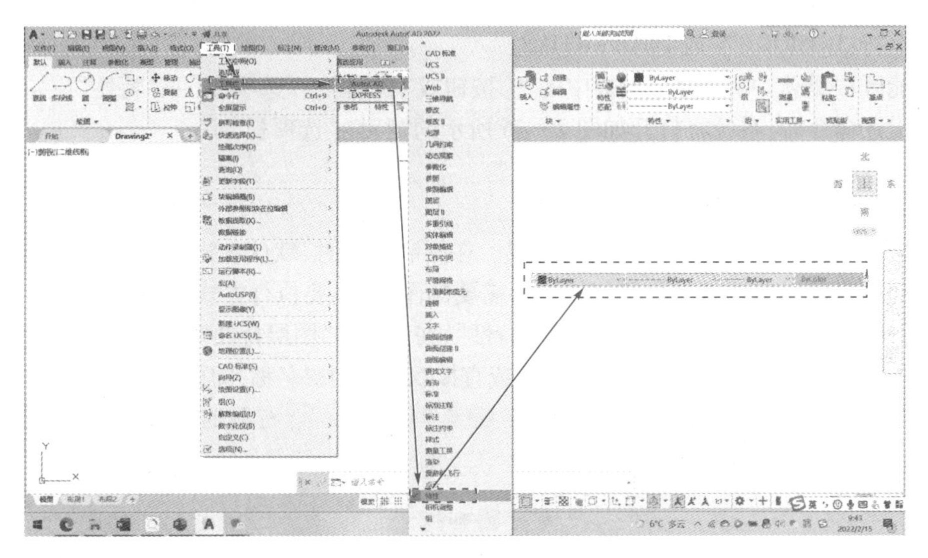

图 2－44　“特性”工具栏调出过程

也可以在“特性”工具栏上的“颜色”“线型”“线宽”“打印样式”下拉列表中选取需要的参数值，或者调出“选择颜色”“线型管理器”对话框进行调整。

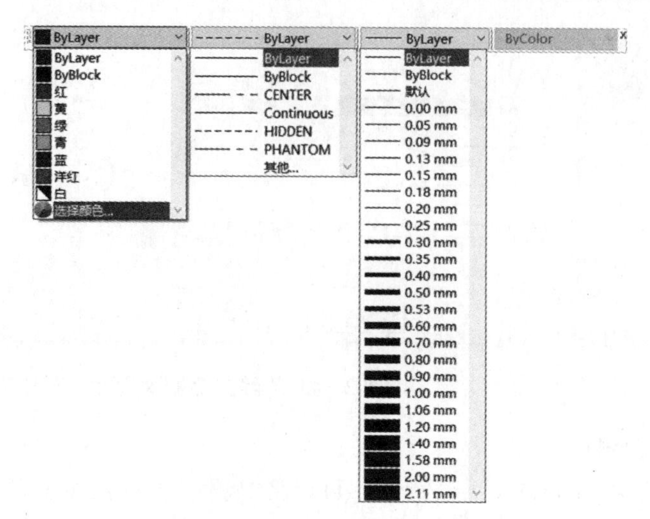

图 2-45 "特性"工具栏

图 2-46 "特性"选项板

(3)用"特性"选项板设置图层特性。

主要执行方式包括：

●菜单栏："修改"→"特性"或"工具"→"选项板"→"特性"。

●命令行：DDMODIFY 或 PROPERTIES。

●功能区："默认"→"特性"面板中的 按钮或"视图"→"选项板"→"特性"。

执行上述命令后，系统将打开如图 2-46 所示的"特性"选项板。

2.2.3.3 管理图层

(1)设置为当前图层。

新建 CAD 文件总是默认"0"层为当前层。在绘制图形时，默认在当前图层进行绘制，因此在绘制不同图形对象时需要将工作层切换到所需要的图层，主要执行方式包括：

●"默认"→"图层"功能选项板→"图层特性"，在弹出的"图层特性管理器"对话框的图层列表中，选择某一图层后，单击"当前图层"按钮 或直接双击该图层名称，即可将该层设置为当前层。

●在"默认"→"图层"功能选项板，点击 标注层 右侧的 按钮，在图层下拉列表中点击所选图层即可，如图 2-47 所示。

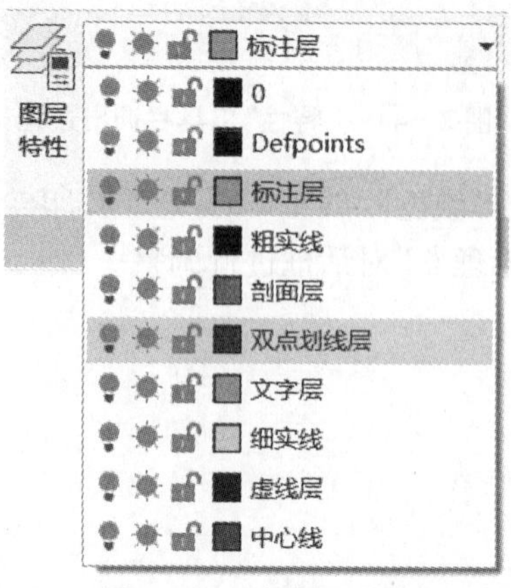

图 2-47 当前层设置

（2）删除图层。

在“图层特性管理器”对话框的图层列表中，选择某一图层后，单击“删除图层”按钮即可。

注意：从图形文件定义中删除选定的图层，只能删除未参照的图层。参照的图层包括图层“0”、“DEFPOINTS”、包含对象（包括块定义的对象）的图层、当前图层和依赖外部参照的图层，都不能被删除。

（3）关闭/打开图层。

关闭图层：表示该图层上的图形对象不可见，既不能在屏幕上显示，也不能被打印输出，但仍然作为图形的一部分保存在文件中。主要执行方式包括：

●在“图层特性管理器”对话框的图层列表中，选中某图层后的小灯泡图标，关闭后，鲜艳小灯泡图标会变成暗色。

●在图 2－47 的图层下拉列表中单击所选图层的小灯泡图标即可。

打开图层的操作类似。

当要关闭当前图层时，系统会显示一个“消息”对话框，警告正在关闭当前图层。

（4）冻结/解冻图层。

冻结图层：表示该图层上的图形对象不能被显示及打印输出，也不能编辑或修改，不影响其他图层上的对象的显示和打印。主要执行方式包括：

●在“图层特性管理器”对话框的图层列表中，单击某图层后的太阳图标，关闭后，鲜艳太阳图标会变成暗色的雪花图标。

●在图 2－47 的图层下拉列表中单击相应图层的小灯泡图标即可。

解冻图层的操作类似。

用户不能冻结当前图层，也不能将冻结图层设置为当前图层。

注意：图层被关闭和冻结时，图层上的图形对象都不能被显示，但冻结图层上的对象不参与处理过程中的运算，而关闭图层上的对象则要参与，因此复杂的图形中冻结不需要的图层，可以加快系统重新生成图形的速度。

（5）锁定/解锁图层。

锁定图层：该图层上的图形对象不能被编辑，但不影响其显示，用户可在锁定图层上绘制新图形对象，以及使用“查询”命令和对象捕捉功能。主要执行方式包括：

●在“图层特性管理器”对话框的图层列表中，选中某图层的打开的小锁图标，锁定后，打开的小锁图标会变成锁住的暗色图标。

●在图 2－47 的图层下拉列表中单击所选图层的图标即可。

解锁图层的操作类似。

注意：用户不能锁定当前图层，也不能将锁定图层设置为当前图层。

（6）过滤图层。

过滤图层就是根据给定的特性或条件筛选想要的图层。当 AutoCAD 图形中包含大量图层时，图层过滤功能可以大大简化在图层方面的操作。

执行方式：“图层特性管理器”对话框→单击“新建特性过滤器”→“图层过滤器特性”对话框→“过滤器定义”，在列表框中通过输入图层名及选择的各种特性来设置过滤条件后，就可以在“过滤器预览”区域浏览筛选出的图层,如图2-48所示。

图2-48 “图层过滤器特性”对话框

如果在“图层特性管理器”中选取☑反转过滤器(I)复选框,则只筛选出不符合过滤条件的图层。单击⚙按钮,系统弹出“图层设置”对话框,用户可再次进行新图层通知等内容的设置。

(7)改变对象所在图层。

在实际绘图中,如果绘制完某一图形元素后,发现该元素并没有绘制在预先设置的图层上,可选中该图形元素,单击鼠标右键,在快捷菜单中选择“特性”,在“特性”选项板中调整图层或者选中该图形的元素点后,直接点击“图层”功能选项卡下拉菜单中的相应图层即可。

使用图层绘制图形时,新对象的各种特性将默认为随层,由当前图层的默认设置决定。也可以单独设置对象的特性,新设置的特性将覆盖原来随层的特性。

2.3 二维图形的绘制和编辑

2.3.1 绘图方法

为了满足不同用户的需要,使操作更加灵活方便,AutoCAD 2022提供了多种方法来实现相同的功能。例如,可以使用“绘图”菜单、“绘图”工具栏、功能区绘图面板和绘图命令4种方法来绘制基本图形对象。

(1)“绘图”菜单。

“绘图”菜单是绘制图形最基本、最常用的方法,其中包含了AutoCAD 2022的大部分绘图命令。在菜单栏中点击“绘图”,会出现如图2-49所示的绘图命令。

(2)“绘图”工具栏。

可以依次点击菜单栏“工具”→“工具栏”→“AutoCAD”→“绘图”等按钮,调出“绘图”工具栏,如图2-50所示。“绘图”工具栏中的每个工具按钮都与“绘图”菜单中的绘图命令相对应,是图形化的绘图命令。

(3)功能区绘图面板。

在 AutoCAD 2022 的功能区点击“默认”→“绘图”，在如图 2－51 所示的绘图功能面板中用鼠标点击激活相关命令绘图。点击“绘图”右侧的▾按钮，可以显示没有在功能区面板上显示的其他绘图命令；点击绘图相关命令下部或右侧的▾按钮，可以查看绘制该图形时采用的所有方法。

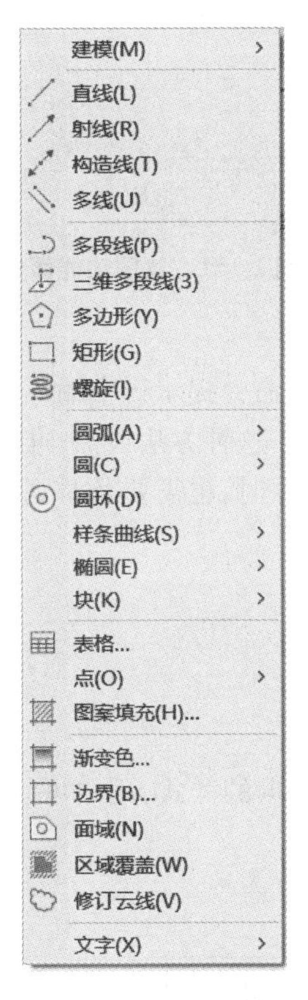

图 2－49　“绘图”菜单

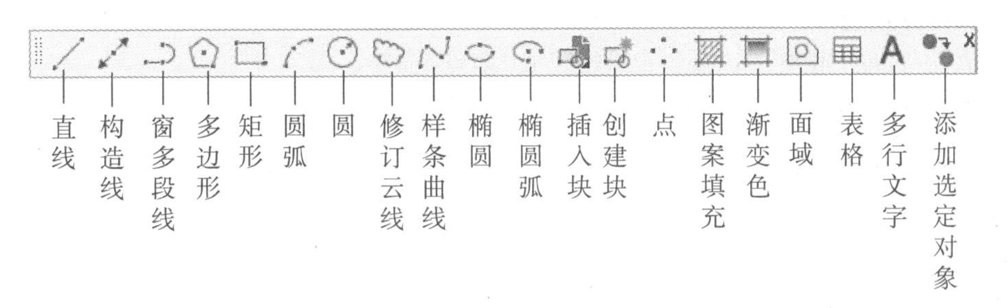

图 2－50　“绘图”工具栏

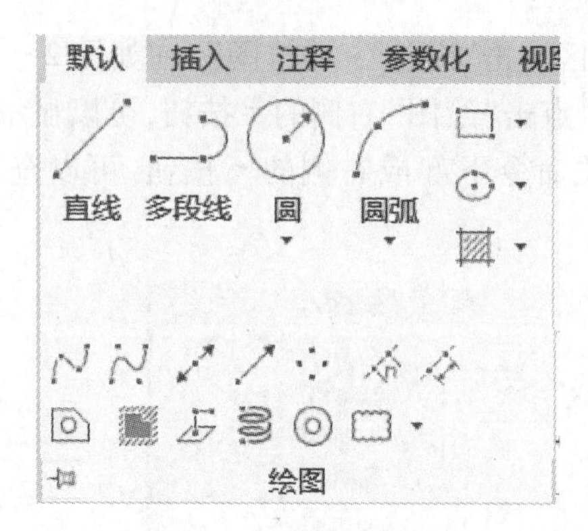

图 2 – 51　绘图功能面板

(4)绘图命令。

使用绘图命令也可以绘制图形,在命令提示行中输入绘图命令或其快捷键,按 Enter 键,然后根据命令行的提示信息进行绘图操作。这种方法快捷,准确性高,但要求掌握绘图命令及其选择项的具体用法。在使用前三种绘图命令时,也需要及时观察命令行给出的提示信息,以便进行后续相关操作。

2.3.2　绘制基本二维图形

2.3.2.1　绘制点

(1)点的样式设置。

AutoCAD 2022 为用户提供了多种点的样式,用户可以根据需要设置当前点的显示样式。主要执行方式包括:

●菜单栏:选取“格式”→“点样式”命令。

●命令行:DDPTYPE。

执行上述命令后,会弹出如图 2 – 52 所示的“点样式”对话框,可以根据需要在 20 种点样式中进行选择,点的显示有按照屏幕尺寸的百分比和按照点的实际尺寸两种模式。

(2)单点或多点的绘制。

主要执行方式包括:

●菜单栏:选取“格式”→“点”→“单点”或“多点”命令。

●命令行:POINT 或快捷命令 PO。

●功能区:点击 按钮。

操作方式包括:

●鼠标输入法:鼠标输入法是指移动鼠标,直接在绘图的指定位置单击左键,来拾取点坐标的一种方法。

●键盘输入法:键盘输入法是通过键盘在命令行输入参数值来确定位置坐标。位置坐标一般有两种方式,即绝对坐标和相对坐标。

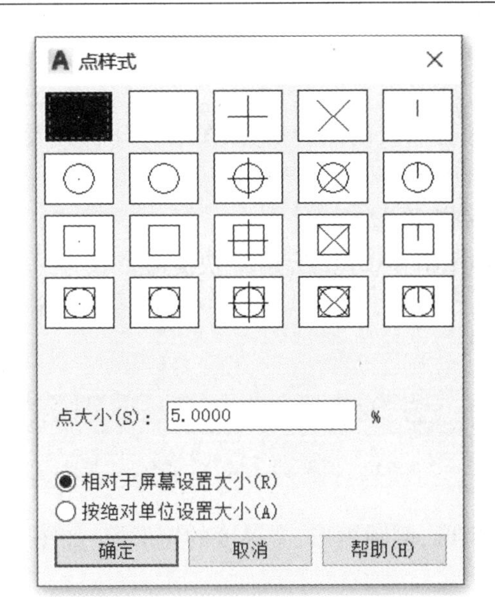

图 2－52　“点样式”对话框

2.3.2.2　绘制直线、射线和构造线

(1)绘制直线。

直线是各种绘图中最常用、最简单的一类图形对象，指定了起点和终点即可绘制一条直线。在 AutoCAD 中，可以用二维坐标(x,y)或三维坐标(x,y,z)来指定端点，也可以混合使用二维坐标和三维坐标。如果输入二维坐标，AutoCAD 将会用当前的高度作为 Z 轴坐标值，默认值为 0。主要执行方式包括：

●菜单栏：选取“绘图”→“直线”命令。

●命令行：LINE 或 L 快捷命令。

●功能区：点击直线按钮。

(2)绘制射线。

射线为一端固定、另一端无限延伸的直线。主要执行方式包括：

●菜单栏：选取“绘图”→“射线”命令。

●命令行：RAY。

●功能区：点击绘图面板 按钮，在下拉子菜单中点击 按钮。

(3)绘制构造线。

构造线为两端可以无限延伸的直线，没有起点和终点，可以放置在三维空间的任何地方，主要用于绘制辅助线。主要执行方式包括：

●菜单栏：选取“绘图”→“构造线”命令。

●命令行：XLINE 或 XL 快捷命令。

●功能区：点击绘图面板 按钮，在下拉子菜单中点击 按钮。

2.3.2.3　绘制矩形和正多边形

(1)绘制矩形。

矩形是由4条直线元素组合而成的闭合对象,AutoCAD将其看作一条闭合的多段线。主要执行方式包括:

●菜单栏:选取“绘图”→“矩形”命令。

●命令行:RECTANG或RECTANGLE或REC快捷命令。

●功能区:点击绘图面板▾按钮,在下拉子菜单中点击矩形按钮。

命令行提示与操作如下:

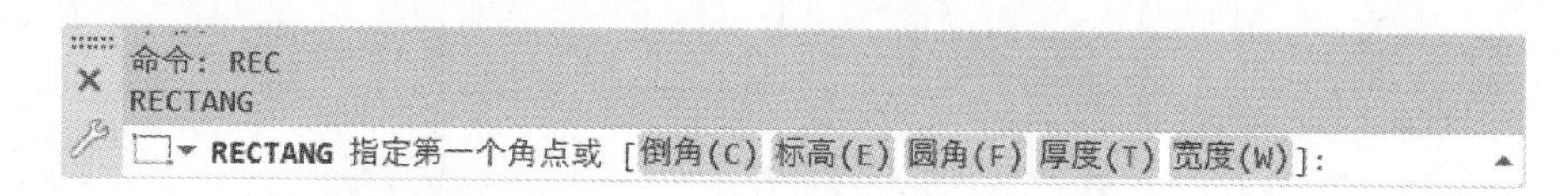

根据需要可绘制出倒角矩形、倒圆矩形、有厚度的矩形等,如图2-53所示。

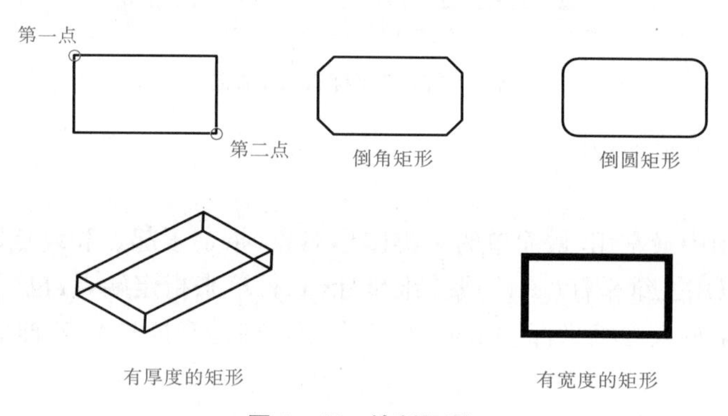

图2-53　绘制矩形

(2)绘制正多边形。

在AutoCAD中,可以使用“正多边形”命令绘制边数为3~1024的正多边形。主要执行方式包括:

●菜单栏:选取“绘图”→“多边形”命令。

●命令行:POLYGONE或POL快捷命令。

●功能区:点击多边形按钮。

操作方式包括:

●根据边长绘制正多边形。

在工程中,常会根据一条边的两个端点绘制正多边形,这样不仅确定了正多边形的边长,而且指定了正多边形的位置。

例如,根据边长绘制正六边形的操作步骤:输入侧面数6,在指定正多边形的中心点或边(e)时输入e,然后分别指定边的两个端点即可。

●根据半径绘制正多边形。

例如,根据半径绘制正八边形的操作步骤:输入侧面数8,在指定正多边形的中心点或边(e)时在绘图区指定中心点,然后指定内接圆(I)或外切圆(C)选项,并输入相应的圆半径即可。

2.3.2.4　绘制圆、圆弧、椭圆和椭圆弧

(1)绘制圆。

要绘制圆,可指定圆心、半径、直径、圆周上的点和其他对象上的点的不同组合。常见的圆的绘制方法有 6 种,如图 2－54 所示。主要执行方式包括:

●菜单栏:选取“绘图”→“圆”子菜单中的命令。

●命令行:CIRCLE 或 C 快捷命令。

●功能区:“默认”→“绘图”面板中,点击按钮,点击其底部的按钮,可以选择不同的绘图方法。

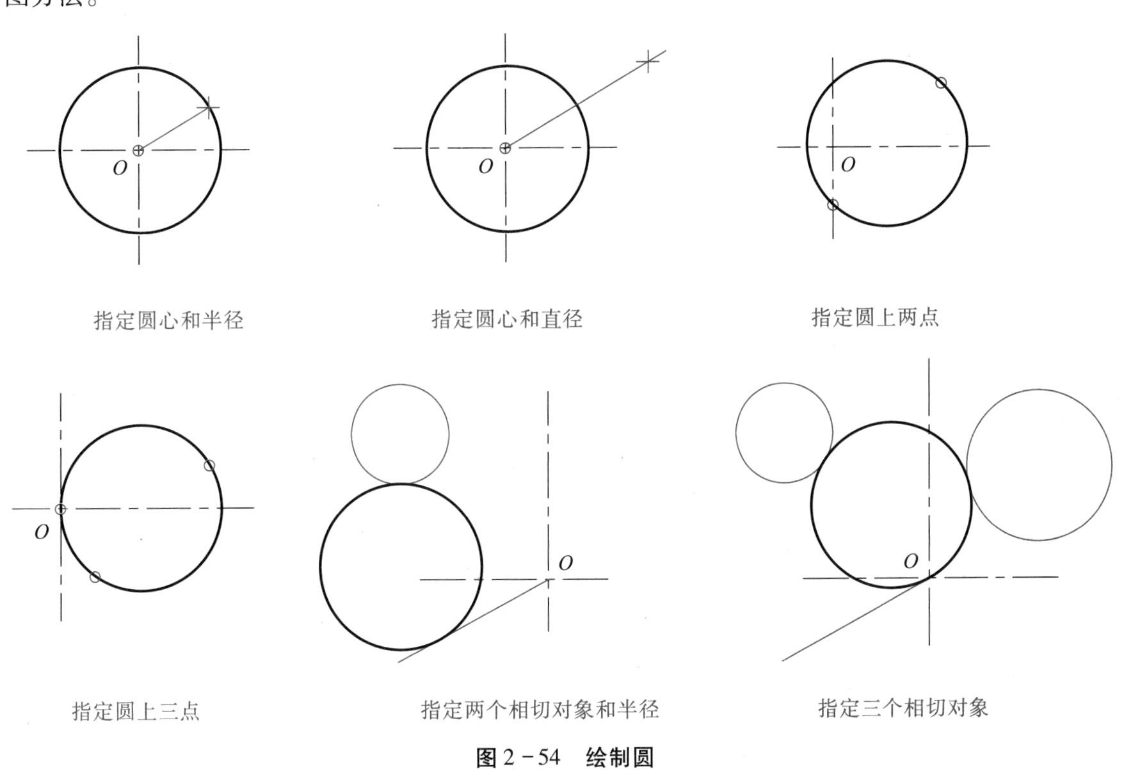

图 2－54　绘制圆

(2)绘制圆弧。

在 AutoCAD 2022 中,创建圆弧的方式有 11 种,如图 2－55 所示,除第一种方式,其他方式都是从起点到端点按逆时针绘制圆弧的。其中,“连续”方法创建圆弧是使其与上一步骤绘制的直线或圆弧相切连续,程序会自动捕捉直线或圆弧的端点作为连续圆弧的起点,然后移动鼠标确定圆弧的端点即可。主要执行方式包括:

●菜单栏:选取“绘图”→“圆弧”子菜单中的命令。

●命令行:ARC。

●功能区:“默认”→“绘图”面板中,点击按钮,点击其底部的按钮,可以选择不同的绘图方法。

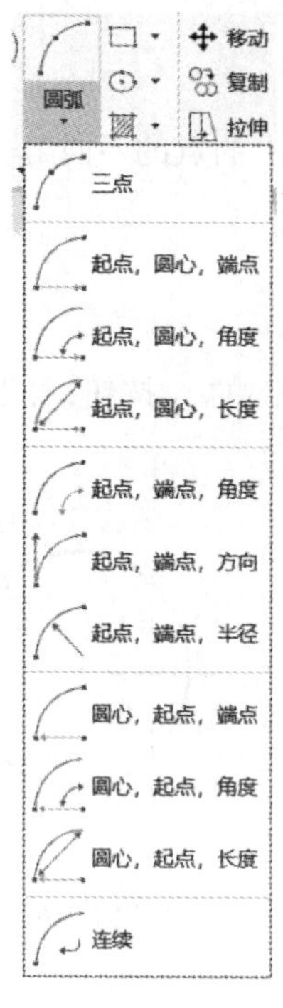

(a)圆弧绘制方法

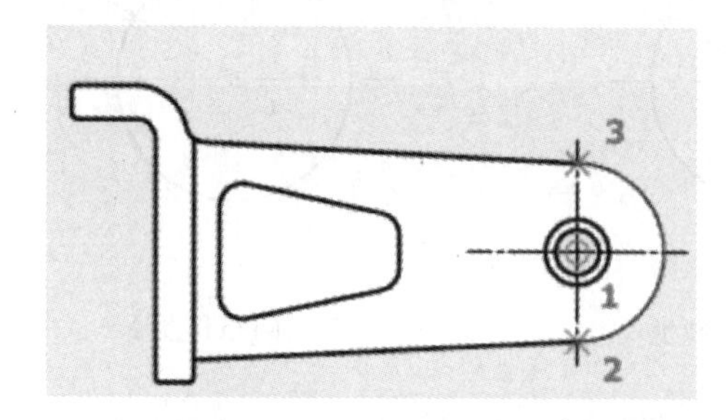

(b)“圆心、起点、端点”逆时针绘制圆弧

图 2-55 绘制圆弧

(3)绘制椭圆和椭圆弧。

椭圆由定义其长轴和短轴的两条轴决定,有“圆心”“轴、端点”“椭圆弧”三种绘制方法。

“圆心”法:依次指定椭圆的中心点、第一个轴的端点、第二个轴的长度的一半尺寸。

“轴、端点”法:依次指定第一个轴的 2 个端点、第二个轴的 1 个端点,如图 2-56(b)所示。

“椭圆弧”法:利用 5 个点来创建一段圆弧,5 个点的作用依次为前两点确定第一个轴的位置和长度,第三个点确定椭圆弧的圆心与第二轴的端点之间的位置,第四个点和第五个点确定起点和端点的角度。

主要执行方式包括:

●菜单栏:选取“绘图”→“椭圆”子菜单中的命令。

●命令行:ELLIPSE。

●功能区:“默认”→“绘图”面板中,点击 按钮,点击其底部的 按钮,可以选择不同的绘图方法。

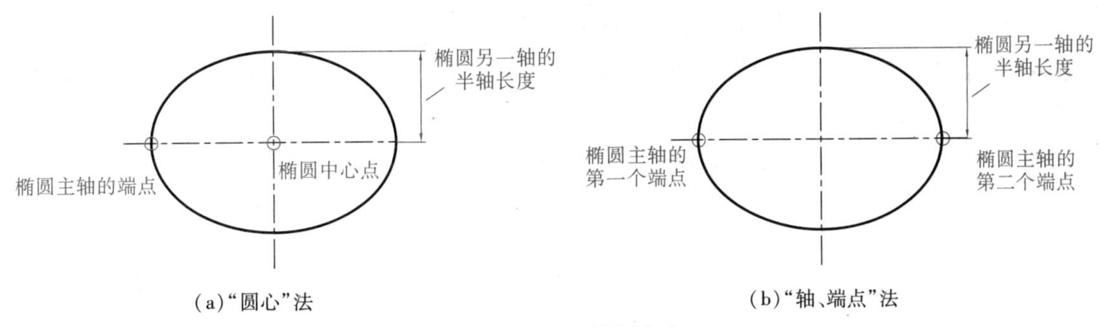

图 2-56　创建椭圆方法

2.3.2.5　图案填充

使用图案填充、实体填充或渐变填充来填充封闭区域或选定对象。例如,在机械工程图中,可以用图案填充表达一个剖切的区域,也可以使用不同的图案填充来表达不同的零部件或者材料。主要执行方式包括:

●菜单栏:选取“绘图”→“填充”。

●命令行:HATCH、BHATCH 或 H、BH 快捷键命令。

●功能区:“默认”→“绘图”面板中,点击 按钮。若点击其右侧的 按钮,可以显示图案填充 、渐变色 及边界 三种填充方式。

选择“图案填充”后,系统将在功能区打开如图 2-57 所示的“图案填充创建”选项卡。

图 2-57　“图案填充创建”选项卡

图案边界是指由直线、双向射线、单向射线、多段线、样条曲线、圆弧、圆、椭圆、椭圆弧或面域等对象定义的边界或者用这些对象定义的块,而且作为边界的对象在当前图层上必须全部可见。

边界的选取方式有“拾取点” 和“选取边界对象” 两种方式。“拾取点”即通过选取由一个或多个对象形成的封闭区域内的点,确定图案填充边界。“选取边界对象”即需要选中构成封闭区域的所有边界对象。

可以在“图案”面板中选取预定义和自定义图案的预览图像,在“特性”面板中对图案的填充类型、背景色、透明度、颜色、角度、比例、交叉线及 ISO 宽度进行调整。

进行图案填充时,会遇到封闭区域内的“孤岛”,即位于总填充区域中的封闭区,如图 2-58 所示。如果使用拾取点的方式在希望填充的区域内任意拾取一点,系统会自动确定出填充边界以及边界内的“岛”;如果以选择对象的方式确定填充边界,则必须确切地选取这些“岛”。在“图案填充创建”选项卡中点击“选项”面板旁边的 按钮,可以选择“孤岛”的检测方式,分为普通方式、外部方式和忽略方式,如图 2-58 所示,分别代表三种“孤岛”的填充方式,其中普通方式为系统内部默认,即从外部边界向内填充,如果遇到内部“孤岛”,填充关闭,直到遇到“孤岛”中的另一个“孤岛”。

在创建了图案填充后,如果需要修改填充图案或修改图案区域的边界,可以利用鼠标左键双击填充图案，在弹出的“图案填充创建”选项卡中进行修改，或者选择“修改”→“对象”→“图案填充”命令，在绘图窗口中单击需要编辑的图案填充，这时将打开如图 2－59 所示的“图案填充编辑”对话框。

“图案填充编辑”对话框与“图案填充和渐变色”对话框（如图 2－60 所示）的内容完全相同，只是定义填充边界和对孤岛操作的某些按钮不可用。

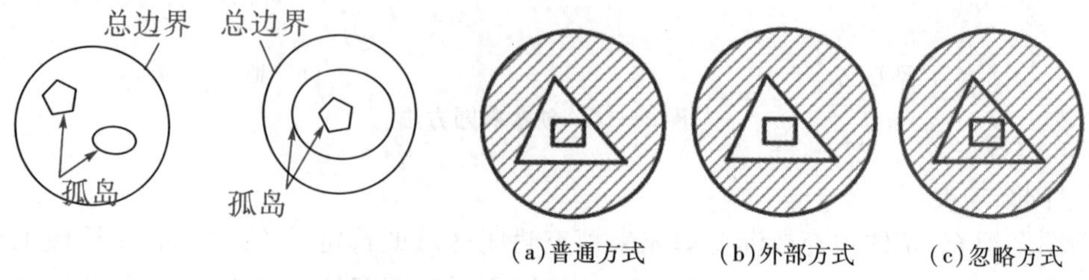

图 2－58 “孤岛”及其三种检测方式

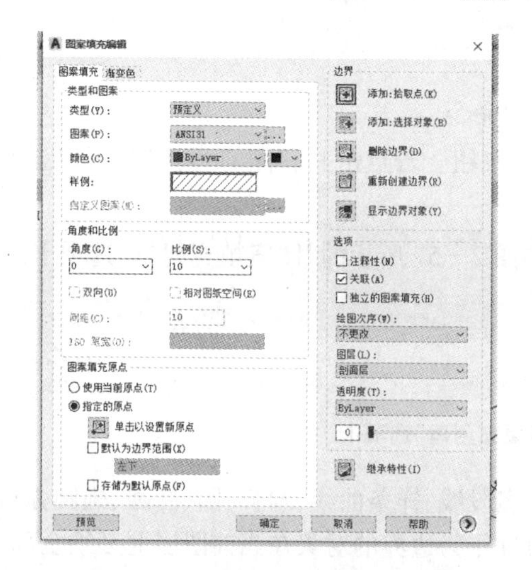

图 2－59 “图案填充编辑”对话框

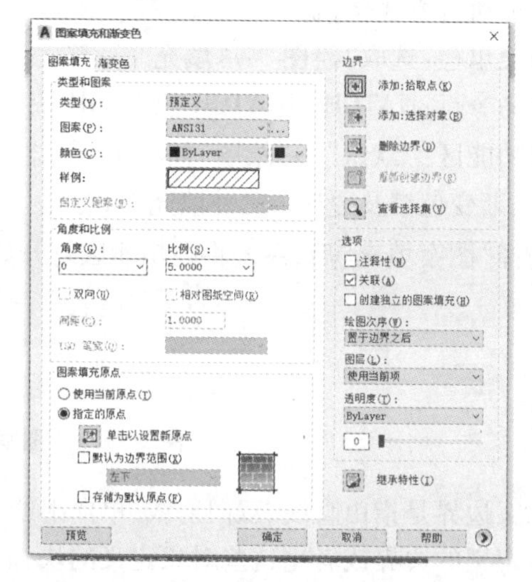

图 2－60 “图案填充和渐变色”对话框

2.3.2.6 绘制样条曲线

样条曲线是由一组点定义的光滑曲线，是一种拟合曲线。在 AutoCAD 2022 中，样条曲线是非均匀有理 B 样条（NURBS）曲线。该类型的曲线适宜于表达具有不规则变化曲率半径的曲线，如图 2－61 所示，如船体和手机的轮廓曲线、机械图形的断面及地形外貌轮廓线等。主要执行方式包括：

●菜单栏：选取“绘图”→“样条曲线”。

●命令行：SPLINE 或 SPL 快捷命令。

●功能区：“默认”→“绘图”→“样条曲线控制点” 按钮或“样条曲线拟合” 按钮。

“样条曲线控制点”是利用控制点之间的切线方向来控制样条曲线的形状。执行“样条曲线拟合”命令时，可以选择通过所有指定点、设置拟合公差（L）及指定起点切向和端点切向（T）三种方式绘制样条曲线；选择对象（O）选项还可以将二维或三维的二次或三次样条拟合多段线转换成等价的样条曲线，多线段转换为样条曲线后，将丢失宽度信息，且用户无法拉伸、分解或合并样条曲线。

选择“修改”→“对象”→“样条曲线”命令(SPLINEDIT),或双击样条曲线,可编辑选中的样条曲线。样条曲线编辑命令是一个单对象编辑命令,一次只能编辑一个样条曲线对象。执行该命令并选择需要编辑的样条曲线后,在曲线周围将显示控制点。

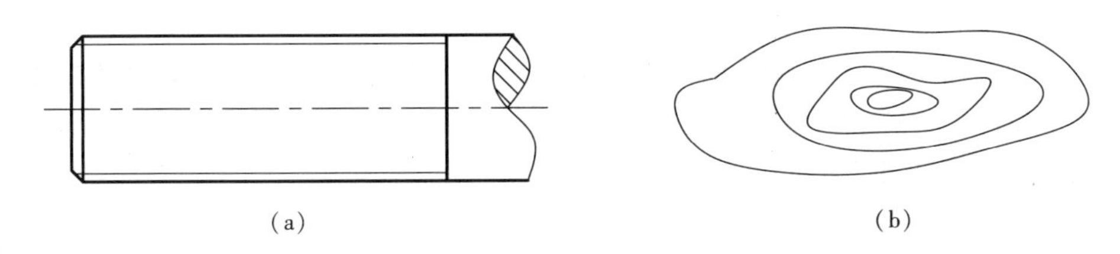

图 2－61　断切面及地形外貌轮廓线

2.3.2.7　多边形修订云线

在 AutoCAD 2022 中,检查或用红线圈阅图形时可以使用修订云线功能标记,以提高工作效率,如图 2－62 所示。修订云线的创建方式有矩形、多边形和徒手画三种。主要执行方式包括:

●菜单栏:选取“绘图”→“修订云线”。

●命令行:REVCLOUD。

●功能区:“默认”→“绘图”→“绘图”旁的▼按钮→“矩形”按钮或“多边形”或“徒手画”按钮。

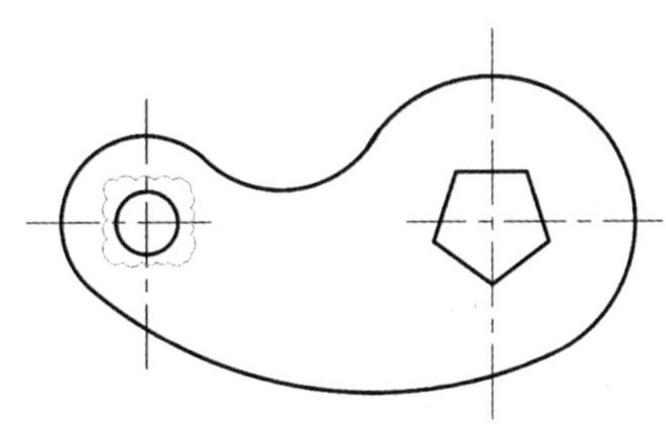

图 2－62　修订云线

2.3.3　编辑二维图形

2.3.3.1　选择和删除对象

AutoCAD 2022 提供了以下两种编辑图形的方式:

●先执行编辑命令,然后选择要编辑的对象。

●先选择要编辑的对象,然后执行编辑命令。

两种方式的执行效果相同,但选择对象是进行编辑的前提。AutoCAD 2022 提供了点取、窗口选择、窗交选择、选择线选择以及对话框选择等方法。AutoCAD 可以把选择的多个对象组成整体,如选择集和对象组,进行整体编辑与修改。

(1)构造选择集。

选择集可以由一个图形对象或复杂的对象组构成,比如某特定层上的具有某种特定线型的一组对象。选择集的构造可以在调用编辑命令之前或之后进行。

AutoCAD 2022 提供了以下几种方法构造选择集：

●编辑命令→选择对象→Enter 键。

●命令行输入“SELECT”命令→选择对象→Enter 键。

●点取选择对象→调用编辑命令。

●定义对象组。

以在命令行输入“SELECT”命令的方法为例介绍对象的选择。该命令可以单独使用，也可以在执行其他编辑命令时被自动调用。如果不知道如何选择，可以在命令行提示对象输入时输入“?”，命令行提示与操作如下：

```
选择对象：?
*无效选择*
需要点或窗口(W)/上一个(L)/窗交(C)/框(BOX)/全部(ALL)/栏选(F)/圈围(WP)/圈交(CP)/编组(G)/添加(A)/删除(R)/多个(M)/前一个(P)/放弃(U)/自动(AU)/单个(SI)/子对象(SU)/对象(O)
```

当提示“选择对象”时，可以采用上述任一对象选择方法：

●点

这是一种默认选择方式，当提示“选择对象”时，移动光标，当光标压住所选择的对象时，单击鼠标左键，该对象变为虚线时表示被选中，并可以连续选择其他对象。

●窗口(W)

单击鼠标左键，从左向右移动鼠标确定矩形窗口的两个对角点，则完全处在窗口内的对象被选中。

●上一个(L)

当提示“选择对象”时，输入“L”(Last)后按 Enter 键，将选中最后绘制的对象。

●窗交(C)

单击鼠标左键后，从右向左移动鼠标确定矩形窗口的两个对角点，则完全处在窗口内的对象和与窗口相交的对象均被选中。

●框(BOX)

使用时，系统根据用户在屏幕上给出的两个对角点的位置而自动引用“窗口”“窗交”方式。

●全部(ALL)

输入“ALL”后按 Enter 键，即选中绘图区中的所有对象。

●栏选(F)

用户临时绘制一些直线，这些直线不用构成封闭图形，凡是与这些直线相交的对象均被选中。

●圈围(WP)

输入“WP”(Window Polygon)后按 Enter 键，然后依次输入第一角点、第二角点等，绘制出一个不规则的多边形窗口，位于该窗口内的对象即被选中。

●圈交(CP)

类似于圈围，在提示“选择对象”后输入“CP”，后续操作与“圈围”方式相同，区别在于与多边形边界相交的对象也被选中。

●编组(G)

使用预选定义的对象作为选择集。事先将若干对象组成对象组,用组名引用。

●添加(A)

添加下一个对象到选择集,也可用于从移走模式(Remove)到选择模式的切换。

●删除(R)

按住 Shift 键选择对象,可以从当前选择集中移走该对象,对象将由高亮显示状态变为正常显示状态。

●多个(M)

指定多个点,不高亮显示对象,这种方法可以加快在复杂图形上选择对象的过程。若两个对象相交,两次指定交叉点,即可选中该两个对象。

●前一个(P)

在提示“选择对象”并输入“P”(Previous)后,按 Enter 键,将选中在当前操作之前的操作中所设定好的对象。该方法适用于对同一选择集进行多种编辑操作的情况。

●放弃(U)

在提示“选择对象”并输入“U”(Undo)后,按 Enter 键,可以消除最后选择的对象。

●自动(AU)

选择结果视用户在屏幕上的选择操作而定。如果选择单个对象,则该对象为自动选择的结果;如果选择点在对象内部或外部的空白处,命令行提示“指定对角点”来执行窗口选择方式,对象被选中后,变为虚线形式,并高亮显示。

●单个(SI)

选择指定的第一个对象或对象集,而不继续提示进行下一步操作。

(2)删除对象。

主要执行方式包括:

●菜单栏:“修改”→“删除”。

●命令行:ERASE。

●功能区:“默认”→“修改”→“删除”。

操作时,可以先选择对象再调用命令,或先调用命令再选择对象。选择对象的方法可以选择前述任一种。多个对象被选择后将被同时删除,如果选择了某对象组中的某个对象,则该对象组中的所有对象将被删除。

2.3.3.2　复制命令类

(1)“偏移”命令(OFFSET)。

偏移对象是指保持选择的对象的形状,在不同的位置以不同的尺寸新建一个对象。主要执行方式包括:

●菜单栏:“修改”→“偏移”。

●命令行:OFFSET 或 O 快捷命令。

●功能区:“默认”→“修改”→“偏移”。

常用的操作方式为执行命令后在命令行提示下先指定偏移距离,然后选择要偏移的对象,按

Enter 键结束对象选择后，指定偏移方向即可。

(2)“复制”命令(COPY)。

主要执行方式包括：

●菜单栏：“修改”→“复制”。

●命令行：COPY 或 CO 快捷命令。

●功能区：“默认”→“修改”→“复制”复制。

执行命令后在命令行提示下，先用选择对象的方法选择一个或者多个对象，按 Enter 键结束对象选择后，依次指定基点、第二点或阵列(A)，然后按 Enter 键退出即可。

(3)“镜像”命令(MIRROR)。

可以使用“镜像”命令将对象以镜像线对称复制。主要执行方式包括：

●菜单栏：“修改”→“镜像”。

●命令行：MIRROR 或 M 快捷命令。

●功能区：“默认”→“修改”→“镜像”镜像。

执行命令后在命令行提示下，先用选择对象的方法选择一个或者多个对象，按 Enter 键结束对象选择后，通过指定镜像线的两个点选定镜像线，明确是否删除源对象，然后按 Enter 键即可，系统默认镜像后不删除源对象。

在 AutoCAD 2022 中，使用系统变量 MIRRTEXT 可以控制文字对象的镜像方向。如果 MIRRTEXT 的值为 0，则文字对象方向不镜像，如图 2－63(a)所示；如果 MIRRTEXT 的值为 1，则文字对象完全镜像，镜像出来的文字变得不可读，如图 2－63(b)所示。

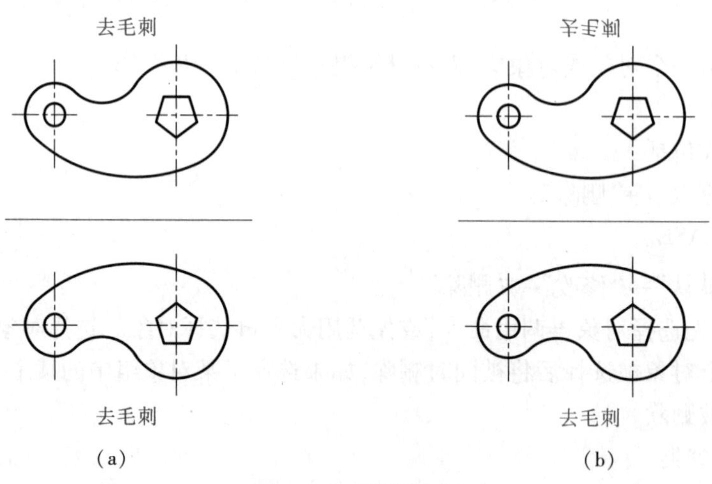

图 2－63　镜像对象

(4)“阵列”命令(ARRAY)。

阵列操作是指多重复选择对象并把这些副本按矩形或环形排列，分别形成矩形阵列或环形阵列，也可以沿着某一路径形成路径阵列。建立矩形列阵时，应控制行和列的数量及对象副本之间的距离；建立环形阵列时，应控制复制对象的次数和对象是否旋转。阵列操作后形成的图形是以块的形式存在的，如果要删除，将会删除所有阵列操作后的图形对象。

主要执行方式包括：

●菜单栏:“修改”→“阵列”→“矩形阵列”/“路径阵列”/“环形阵列”。

●命令行:ARRAY 或 AR 快捷命令。

●功能区:“默认”→“修改”→“阵列”按钮或按钮或按钮。

执行命令后在命令行提示下需要选择阵列的类型:[矩形(R)/路径(PA)/极轴(PO)]。

选项说明如下:

①矩形(R)(命令行:ARRAYRECT):选择该选项后,将选定的副本分布到行数、列数和层数任一组合,命令提示如下:

```
选择夹点以编辑阵列或[关联(AS)/基点(B)/计数(COU)/间距(S)/列数(COL)/行数(R)/层数(L)/退出(X)]<退出>:
```

此时在功能区会出现如图 2-64 所示的面板供用户进行填写。

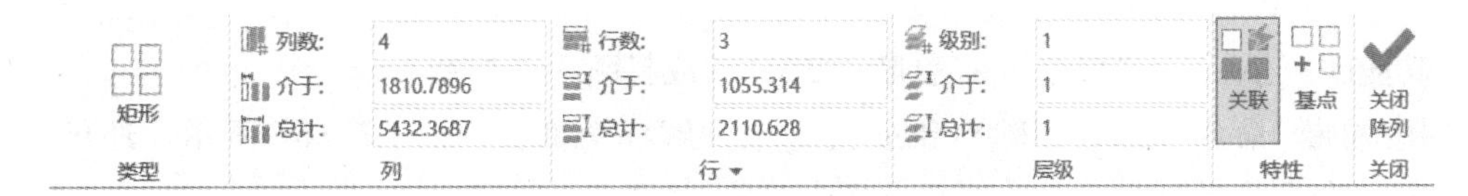

图 2-64　“矩形阵列”功能面板

②路径(PA)(命令行:ARRAYPATH):选择该选项后,将选定的副本沿路径或部分路径均匀分布,命令行提示如下:

```
选择路径曲线:              //选择一条曲线作为阵列路径
选择夹点以编辑阵列或[关联(AS)/基点(B)/计数(COU)/间距(S)/列数(COL)/行数(R)/层数(L)/退出(X)]<退出>:
```

此时在功能区会出现如图 2-65 所示的面板供用户进行填写。

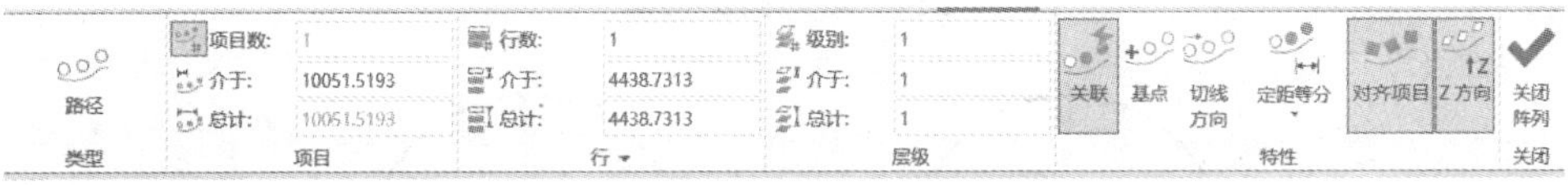

图 2-65　“路径阵列”功能面板

③极轴(PO)(命令行:ARRAYPOLAR):即环形阵列,选择该选项后,副本将均匀地围绕中心或选择轴分布,命令行提示如下:

```
指定阵列的中心点或[基点(B)/旋转轴(A)]:      //选择阵列中心或旋转轴
选择夹点以编辑阵列或[关联(AS)/基点(B)/计数(COU)/间距(S)/列数(COL)/行数(R)/层数(L)/退出(X)]<退出>:
```

此时在功能区会出现如图 2-66 所示的面板供用户进行填写。

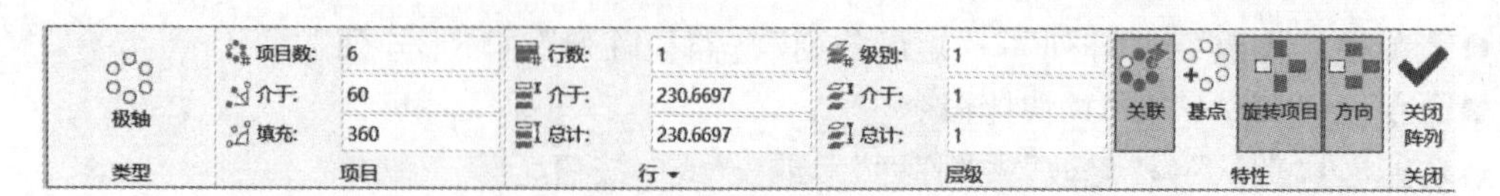

图 2-66 “环形阵列”功能面板

2.3.3.3 改变几何特性类命令

该类编辑命令在对指定对象进行编辑后,可以使边界对象的几何特性发生改变,包括“倒角”“圆角”“打断”“剪切”“延伸”“拉长”“拉伸”等。

(1)打断和打断于点(BREAK)。

主要执行方式包括:

●菜单栏:“修改”→“打断”。

●命令行:BREAK 或 BR 快捷命令。

●功能区:“默认”→“修改”→“打断”按钮 或打断于点按钮 。

使用“打断”命令可部分删除对象或把对象分解成两部分,如图 2-67 所示。还可以使用“打断于点”命令将对象在一点处断开成两个对象,如图 2-68 所示。

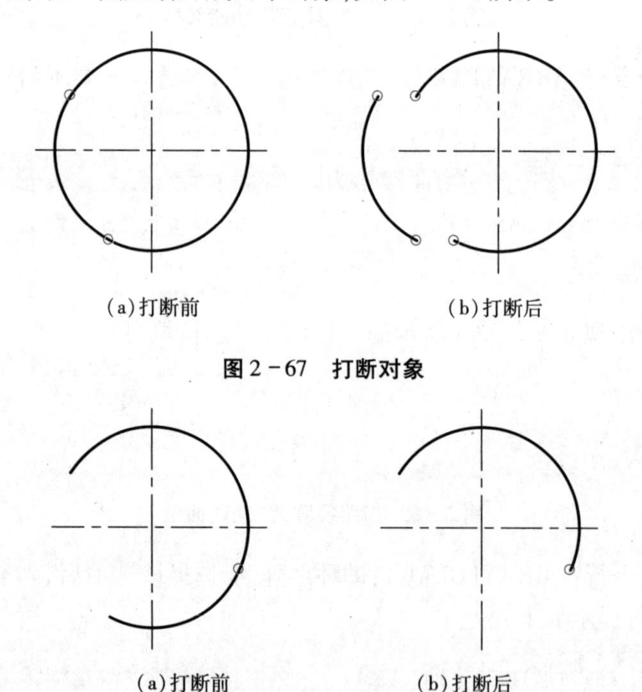

(a)打断前　(b)打断后

图 2-67 打断对象

(a)打断前　(b)打断后

图 2-68 打断于点

(2)“倒角”命令(CHAMFER)。

倒角是指用斜线连接两个不平行的线型对象,如直线段、双向无限长线、射线和多线段。主要执行方式包括:

●菜单栏:“修改”→“圆角”。

●命令行:CHAMFER 或 CHA 快捷命令。

●功能区："默认"→"修改"→"倒角"按钮 。

执行命令后在命令行提示下，首先指定倒角距离，然后选择第一条直线或[放弃(U)/多段线(P)/距离(D)/角度(A)/修剪(T)/方式(E)/多个(M)]，选择第二条直线或按住 Shift 键选择直线以应用角点或[距离(D)/角度(A)/方法(M)]即可。

部分选项说明如下：

①多线段(P)：对整体多线段的所有相邻元素边进行倒角。在进行多线段倒角操作时，可以使用相同的倒角距离值，也可以使用不同的倒角距离值。

②角度(A)：通过设置一条图线的倒角长度和倒角角度来进行倒角。

③距离(D)：直接输入两条图线上的倒角距离来进行倒角。

④修剪(T)：确定是否修剪用于倒角的源对象。

⑤方式(E)：确定采用"距离"还是"角度"方式来倒角。

⑥多个(M)：同时对多个对象进行倒角操作，如图 2-69 所示。

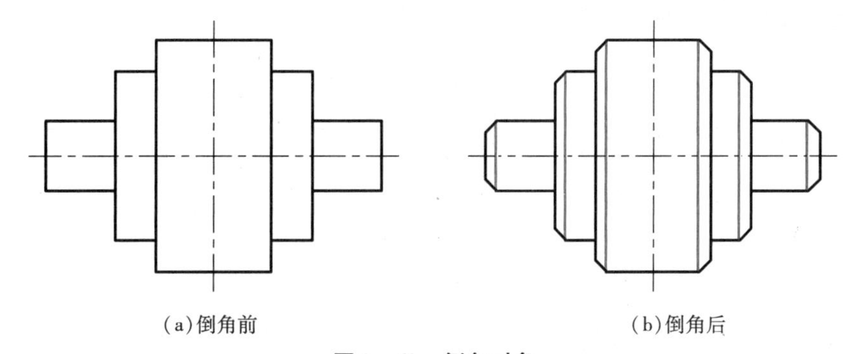

(a)倒角前　(b)倒角后

图 2-69　倒角对象

(3)"圆角"命令(FILLET)。

圆角是指用指定半径确定的一段平滑的圆弧连接两个对象，如一对直线段、非圆弧的多线段、样条曲线、双向无限长线、射线、圆、圆弧和椭圆。主要执行方式包括：

●菜单栏："修改"→"圆角"。

●命令行：FILLET 或 F 快捷命令。

●功能区："默认"→"修改"→"圆角"按钮 。

执行命令后在命令行提示下输入 r，然后指定圆角半径值，选择第一个对象或[放弃(U)/多段线(P)/半径(R)/修剪(T)/多个(M)]，选择第二个对象或按住 Shift 键选择对象以应用角点或[半径(R)]即可。

部分选项说明如下：

①多线段(P)：用于对多线段的所有相邻元素边进行圆角处理。选择多线段后，系统会根据指定的圆弧半径把多线段各顶点用圆弧连接起来。

②修剪(T)：确定在圆角连接两条边时是否修剪这两条边。

③多个(M)：可以同时对多个对象进行圆角编辑，而不必重新调用命令。

④半径(R)：按住 Shift 键并选择两条直线，可以快速创建零距离倒角或零半径圆角。

提示：

●用户可以通过系统变量 TRIMMODE 设置圆角的修剪模式。当系统变量为 0 时，保持对象不被修剪，如果设为 1，表示圆角后修剪对象。该设置同样适用于倒角命令。

●如果用于圆角的图线位于同一图层上，那么圆角也位于同一图层上；如果圆角的图线不在同一图层上，那么圆角将位于当前图层上，并遵循该图层的颜色、线型和线宽等规则。

(4)“拉伸”命令(STRETCH)。

拉伸对象是指拖拉对象使其形状发生改变。通过窗选或多边形框选的方式拉伸对象，将拉伸窗交窗口部分包围的对象，并将移动(而不是拉伸)完全包含在窗交窗口中的对象或单独选定的对象。某些对象类型，例如圆、圆弧和块，无法拉伸。执行命令时应确定拉伸的基点和移至点，可利用一些辅助功能(如捕捉、钳夹功能及相对坐标等)来提高拉伸的精度，如图 2 - 70 所示。主要执行方式包括：

●菜单栏：“修改”→“拉伸”。

●命令行：STRETCH 或 S 快捷命令。

●功能区：“默认”→“修改”→“拉伸”按钮。

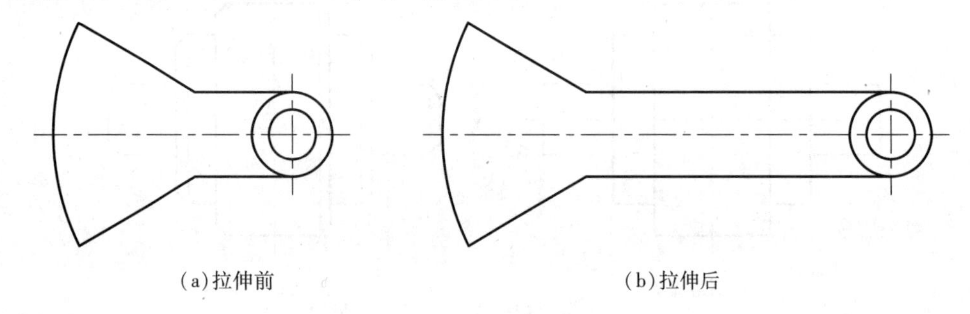

(a)拉伸前　　(b)拉伸后

图 2 - 70　拉伸对象

(5)“拉长”命令(LENGTHEN)。

该命令用于将对象拉长或缩短。在拉长过程中，不仅可以改变线对象的长度，还可以更改弧对象的角度。主要执行方式包括：

●菜单栏：“修改”→“拉长”。

●命令行：LENGTHEN 或 LEN 快捷命令。

●功能区：“默认”→“修改”→“拉长”按钮。

(6)“修剪”命令(TIRM)。

该命令用于修剪对象上指定的部分，在修剪前需要事先指定一个边界，该边界要与修剪对象相交或与延长线相交，才能成功修剪对象。主要执行方式包括：

●菜单栏：“修改”→“修剪”。

●命令行：TRIM 或 TR 快捷命令。

●功能区：“默认”→“修改”→“修剪”按钮。

系统为用户设置了“延伸”和“不延伸”两种修剪模式，默认为“不延伸”模式。以修剪与两条直线相切内部的圆弧段为例，如图 2 - 71(a)所示，输入命令后，先点击两条直线作为修剪边界，然后按 Enter 键结束对象选择，再点击两条直线间的圆弧段，则可完成如图 2 - 71(b)所示的剪切结果。

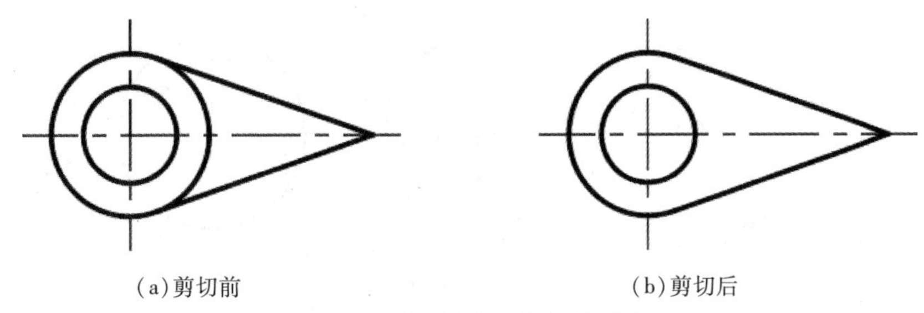

(a)剪切前　　(b)剪切后

图 2 - 71　默认模式下修剪前后结果

(7)"延伸"命令(EXTEND)。

主要执行方式包括:

●菜单栏:"修改"→"延伸"。

●命令行:STRETCH 或 S 快捷命令。

●功能区:"默认"→"修改"→"延伸"按钮 。

操作时,延伸对象也有"不延伸"和"延伸"两种模式,默认为"延伸"模式。操作过程与"拉伸"命令类似,先点击延伸边界对象,按 Enter 键后点击延伸的对象即可,如图 2 - 72 所示。系统规定可以用作边界对象的有直线段、射线、双向无限长线、圆弧、圆、椭圆、二维和三维多段线、样条曲线、文本、浮动的窗口、区域。如果选择二维多段线作为边界对象,系统会忽略其宽度而把对象延伸至多段线的中心线上。

提示:

●在指定边界时有两种情况:一种是对象延伸后与边界存在实际的交点,另一种是对象与边界的延长线相交于一点。前者为"不延伸"模式,后者为"延伸"模式。

●选择延伸对象时,要在靠近延伸边界的一段选择需要延伸的对象,否则对象将不被延伸。

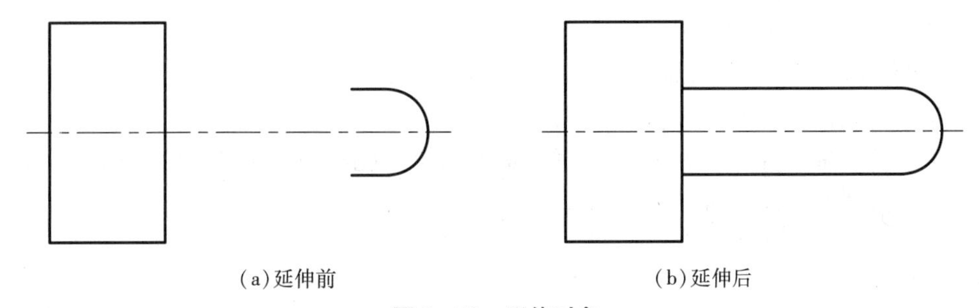

(a)延伸前　　(b)延伸后

图 2 - 72　延伸对象

(8)"合并"命令(JOINT)。

合并对象是指将同角度的两条直线或多条线段合并为一条线段,或者将圆弧或椭圆圆弧合并为一个整圆和椭圆。主要执行方式包括:

●菜单栏:"修改"→"合并"。

●命令行:JOINT 或 J 快捷命令。

●功能区:"默认"→"修改"→"合并"按钮 。

操作时,根据合并对象将多条直线合并为一条,或者将圆弧段或椭圆弧段进行闭合,如图 2 - 73所示。

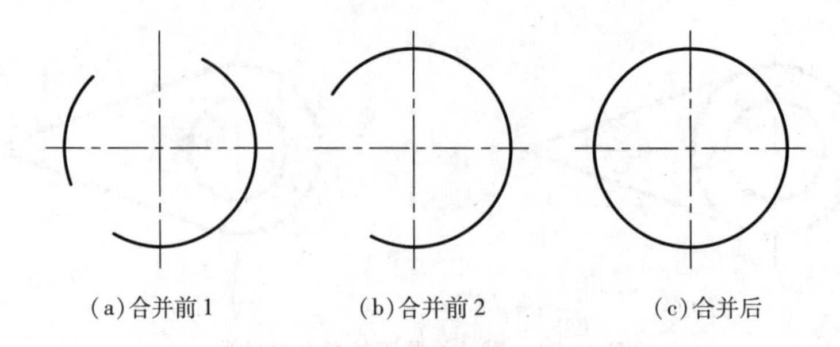

(a)合并前1　　(b)合并前2　　(c)合并后

图2－73　合并对象

(9)“分解”命令(EXPLODE)。

该命令用于将组合对象分解成各自独立的对象,以方便分解后的对象进行编辑。主要执行方式包括:

●菜单栏:“修改”→“分解”。

●命令行:EXPLODE 或 EXPL 快捷命令。

●功能区:“默认”→“修改”→“分解”按钮。

经常用于分解的组合对象有矩形、正多边形、多段线、边界以及一些图块等。在激活“分解”命令后,只要选择需要分解的对象,按 Enter 键即可将对象分解。如果要对具有一定宽度的多段线进行分解,AutoCAD 将忽略其宽度并沿多段线的中心放置分解后的多段线。

AutoCAD 一次只能删除一个编组级。如果在一个块中包含多段线或一个嵌套块,那么对该块的分解就首先分解出该多段线或嵌套块,然后分别分解该块中的各个对象。

2.3.3.4　改变位置类命令

(1)“移动”命令(MOVE)。

主要执行方式包括:

●菜单栏:“修改”→“移动”。

●命令行:MOVE 或 M 快捷命令。

●功能区:“默认”→“修改”→“移动”按钮✥。

执行命令后在命令行提示下,先选定需移动的对象,点击 Enter 键结束对象选择后,确定移动后的基点或位移即可实现移动。

(2)“旋转”命令(ROTATE)。

主要执行方式包括:

●菜单栏:“修改”→“旋转”。

●命令行:ROTATE 或 RO 快捷命令。

●功能区:“默认”→“修改”→“旋转”按钮↻。

执行命令后在命令行提示下,先选定需旋转的对象,点击 Enter 键结束对象选择后,确定旋转对象的基点、角度或者复制(C)、参照(R)来实现旋转,操作完毕后,对象被旋转至指定的角度位置或被复制。

选项说明如下:

①复制(C):选择对象的同时保留源对象。

②参照(R):采用参照方式旋转对象时,系统会提示指定参照角(默认值为0)和指定新角度

或点(P)。

提示:系统默认零角度方向是 X 轴的正方向,逆时针方向为正角度方向。

(3)“缩放”命令(SCALE)。

主要执行方式包括:

●菜单栏:“修改”→“缩放”。

●命令行:SCALE 或 SC 快捷命令。

●功能区:“默认”→“修改”→“缩放”按钮。

执行命令后在命令行提示下,先选定需缩放的对象,点击 Enter 键结束对象选择后,确定缩放对象的基点、比例因子或者复制(C)、参照(R)来实现缩放,如图 2－74 所示。

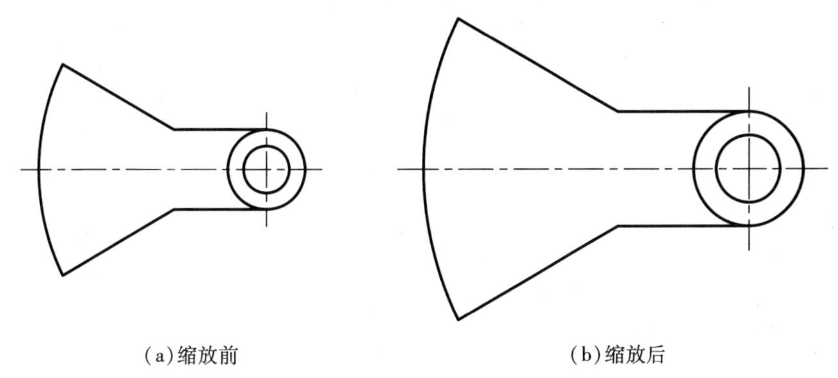

(a)缩放前　(b)缩放后

图 2－74　缩放对象

选项说明如下:

①复制(C):选择对象的同时保留源对象。

②参照(R):采用参照方向缩放对象时,系统会继续依次提示指定参照长度、指定新长度或点(P)。若新长度大于参考长度,则放大对象,否则缩小对象。操作完毕后,系统以指定的基点按指定的比例因子缩放对象。如果选择“点(P)”选项,则指定两点来定义新的长度。

③指定比例因子:选择对象并指定基点后,从基点到点前光标位置会出现一条线段,线段的长度即为比例大小。鼠标选择的对象会动态随该连线长度的变化而缩放,按 Enter 键,确认缩放操作。也可以直接输入数字,如果数字大于 1,则放大对象,否则缩小对象。

2.3.3.5　对象编辑

(1)钳夹功能。

AutoCAD 在图形对象上定义了一些特殊点,称为夹点,如图 2－75 所示。利用夹点可以灵活地控制对象。使用夹点编辑对象时,先要选择一个夹点作为基点,称为基准夹点;然后选择一种操作,如删除、移动、复制、旋转和缩放,可以使用空格键、Enter 键或键盘上的快捷键循环选择这些功能。

(2)修改对象属性。

主要执行方式包括:

●菜单栏:“修改”→“特性”→“特性”选项板。

●命令行:DDMODIFY 或 PROPERTIES 或 DDM 快捷键命令。

●功能区:"默认"→"特性"→ 按钮。

执行上述命令后,AutoCAD 会打开"特性"选项板,可以方便地设置或修改对象的各种属性。

(3)特性匹配。

利用该命令可以将目标对象的属性与源对象的属性进行匹配,使目标对象的属性与源对象的属性相同。该命令类似 OFFICE 软件里面的格式刷 功能。主要执行方式包括:

●菜单栏:"修改"→"特性匹配"。

●命令行:MATCHPROP 或 MATC 快捷命令。

●功能区:"默认"→"特性"→"特性匹配"按钮。

执行命令后在命令行提示下,先选择匹配的源对象,然后选择目标对象或设置后按回车键退出命令即可,如图 2-76 所示。

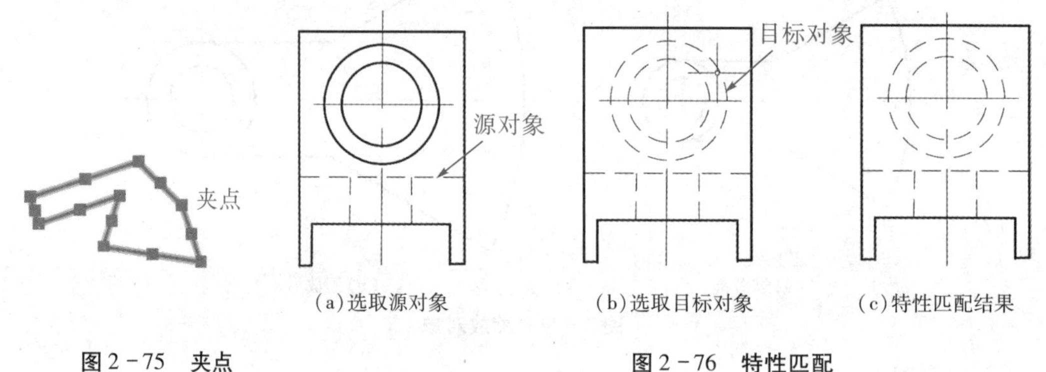

图 2-75　夹点

图 2-76　特性匹配

2.4　文字和表格

文字对象是机械制图和工程制图中不可缺少的组成部分。在一个完整的图样中,通常都包含一些文字注释来标注图样中的一些非图形信息。例如,机械工程图形中的技术要求、装配说明,以及工程制图中的材料说明、施工要求等。另外,使用表格功能可以创建不同类型的表格,还可以在其他软件中复制表格,以简化制图操作。

2.4.1　文字标注

2.4.1.1　创建文字样式

文字都有与之相关联的文字样式。在创建文字注释和尺寸标注时,通常使用当前的文字样式,也可以根据具体要求重新设置文字样式或创建新的样式。文字样式包括文字的字体、字型、高度、宽度系数、倾斜角、反向、倒置和垂直等参数。主要执行方式包括:

●菜单栏:"格式"→"文字样式"→"文字样式"对话框。

●命令行:STYLE 或 DDSTYLE 或 ST 或 DDST 快捷键。

●功能区:"默认"→"注释"→"注释"旁的按钮→"文字样式"按钮。

执行上述命令后,会弹出如图 2-77 所示的"文字样式"对话框,利用该对话框可以修改或创建文字样式,并设置文字的当前样式。

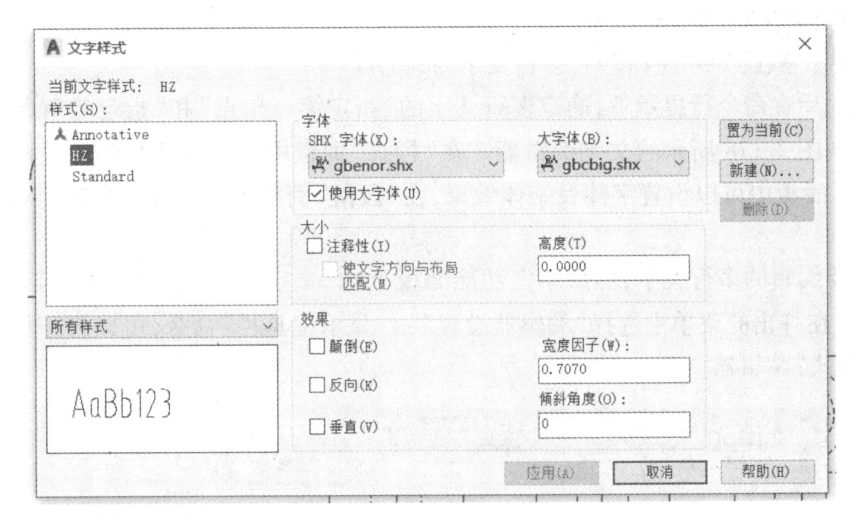

图 2-77　“文字样式”对话框

选项说明如下:

①设置字体:如果选用 Times New Roman 字体,则可在其右侧的“字体样式”文本框中设置当前字体样式;如果选用编译性(.shx)字体,且勾选了“使用大字体”复选框,则右端的文本框如图 2-77 所示。工程制图中常用的汉字字体为 gbenor.shx 字体,并选用 gbcbig.shx 大字体。

②设置字体高度:在“高度”文本框中设置字体高度。如果此处设置了字体高度,则在创建文字时,命令行就不会提示输入字体的高度。建议在此不设置字体高度。

③设置文字的效果:可以通过选择“颠倒”“反向”“垂直”“倾斜角度”等来设置文字的效果。

④设置字体宽度:在“宽度因子”文本框中设置跨度比。按照规定,工程图样的汉字应采用长宋仿体,宽高比为 0.707,当此比值大于 1 时,字体宽度放大,否则将缩小。

⑤默认的 Standard 样式、当前文字样式以及在当前文件中已使用过的文字样式都不能被删除。

2.4.1.2　创建单行文字

“单行文字”是指通过命令行创建的单行或多行的文字对象,且是一个独立的对象。主要执行方式包括:

●菜单栏:“绘图”→“文字”→“单行文字”。

●命令行:TEXT 或 DTEXT 或 T 或 TDT 快捷键。

●功能区:“默认”→“注释”→“单行文字”按钮A。

执行命令后在命令行提示下,依次确定文字的起点或[对正(J)/样式(S)]、文字的高度、旋转角度,在绘图窗口将出现单行文字的输入框,输入文字后连续两次按 Enter 键,就可以结束命令。

2.4.1.3　创建多行文字

“多行文字”命令用于标注较为复杂的文字注释,如段落性文字。“多行文字”命令创建的文字无论包含多少行、段,AutoCAD 都将其作为一个独立的对象。主要执行方式包括:

●菜单栏:“绘图”→“文字”→“多行文字”。

●命令行:MTEXT 或 T 快捷键。

●功能区:“默认”→“注释”→“多行文字”按钮A。

执行命令后在命令行提示下,确定多行文字的“指定第一角点”和“指定对角点”,系统将在功能区打开如图 2-78 所示的文字编辑器。在“样式”面板中可以设置当前位置样式及字体高度,在“格式”面板中可以设置字体及字体效果,在“段落”面板中可以设置文字的对正方式及段落特性。

双击需要编辑的多行文字,然后单击功能面板上的“文字编辑器”选项卡→“选项”面板→“更多”按钮,在弹出的菜单中选择“编辑器设置”→“显示工具栏”命令,可以打开如图 2-79 所示的“文字格式”编辑器。

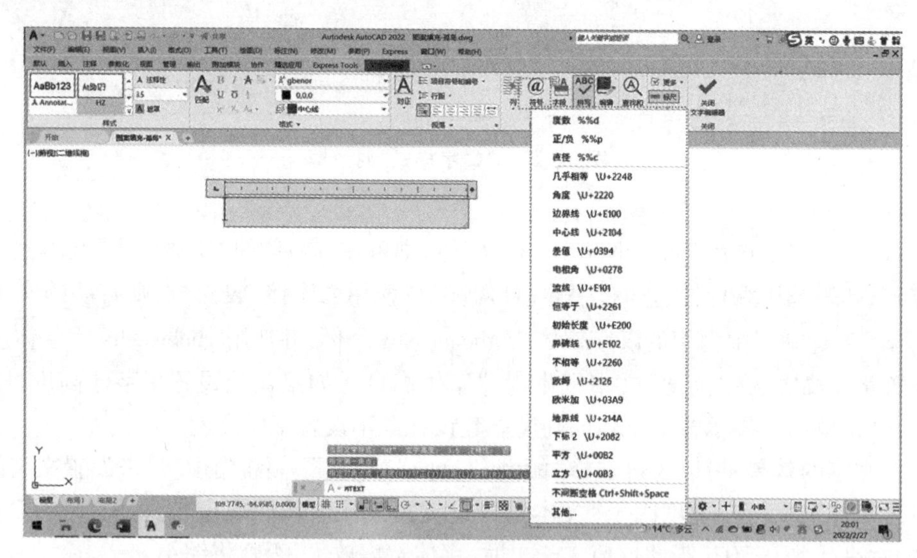

图 2-78 多行文字编辑器

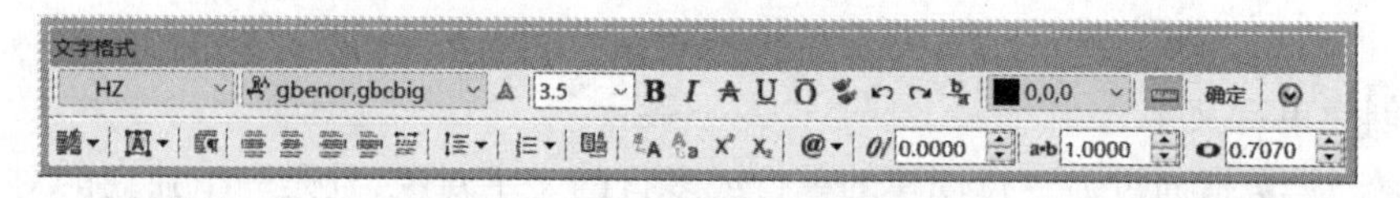

图 2-79 “文字格式”编辑器

2.4.1.4 文字的编辑

对于单行文字,可以通过双击文字打开单行文字输入框修改文字内容;如果需要修改单行文字的样式、字体、字高等特性,可以用鼠标右键单击文字,在弹出的快捷菜单中单击“特性”,在“特性”选项板中进行编辑。

对于多行文字,双击后可以激活如图 2-78 所示的多行文字编辑器进行编辑,或者像编辑单行文字一样在“特性”选项板中进行编辑。

也可以通过在命令行中输入“TEXTEDIT”或“DDEDIT”命令进行编辑。

2.4.1.5 输入特殊字符

在实际设计绘图中,往往需要标注一些特殊的字符。例如,在文字上方或下方添加划线、度数(°)、正负号(±)、直径、平方、立方等符号。这些特殊字符不能从键盘上直接输入,因此,AutoCAD 提供了相应的控制符,以实现这些标注要求。

如果在多行文字中需要输入特殊字符,可以在多行文字编辑器中选择“插入”面板→“符号”按钮,然后在弹出的菜单中选择需要插入的特殊符号,如图 2-78 所示。也可以记住常用的特殊符号的快捷输入符号,例如%%d 代表度数,%%c 代表直径,在单行文字或多行文字中直接输入,当退出命令后将显示相应的特殊字符。

2.4.2　表格

2.4.2.1　创建表格

主要执行方式包括:

●菜单栏:“绘图”→“表格”。

●命令行:TABLE 或 TB 快捷键。

●功能区:“默认”→“注释”→“表格”按钮。

执行命令后,将弹出如图 2-80 所示的“插入表格”对话框,可以设置表格样式、插入选项、插入方式、列和行、单元样式等。

2.4.2.2　编辑表格

在表格的快捷菜单中,可以对表格进行剪切、复制、删除、移动、缩放和旋转等简单操作,还可以均匀调整表格的行、列大小,删除所有特性替代。当选择“输出”命令时,可以打开“输出数据”对话框,以. csv 格式输出表格中的数据。

当选中表格后,在表格的四周、标题行上将显示许多夹点,也可以通过拖动这些夹点来编辑表格,如图 2-81 所示。

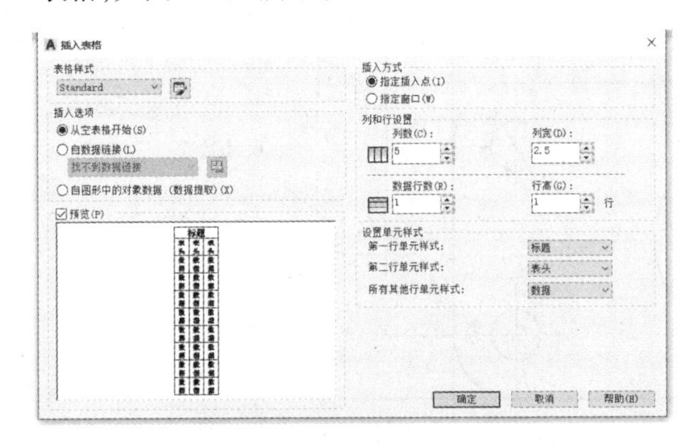

图 2-80　“插入表格”对话框

模　钻				
序号	名称	数量	材料	备注
1	底座	1	HT150	
2	钻模板	1	40	
3	钻套	3	40	
4	轴	1	40	
5	开口垫片	1	40	
6	六角螺母M8	3	35	GB/T 6170—2002

图 2-81　编辑表格

2.5　标注尺寸

AutoCAD 系统中,尺寸标注用于表明图形对象的大小或者图形对象间的相对位置,以及在图形上添加公差符号、注释等。尺寸标注包括线性标注、角度标注、多重线型标注、半径标注、直径标注和坐标标注等,使用它们可以进行角度、直径、半径、线性、对齐、连续、圆心及基线等标注,如图 2-82 所示。

在机械制图或其他工程绘图中,一个完整的尺寸标注应由标注文字、尺寸线、尺寸界线、尺寸线的端点符号及起点等组成,如图 2-83 所示。

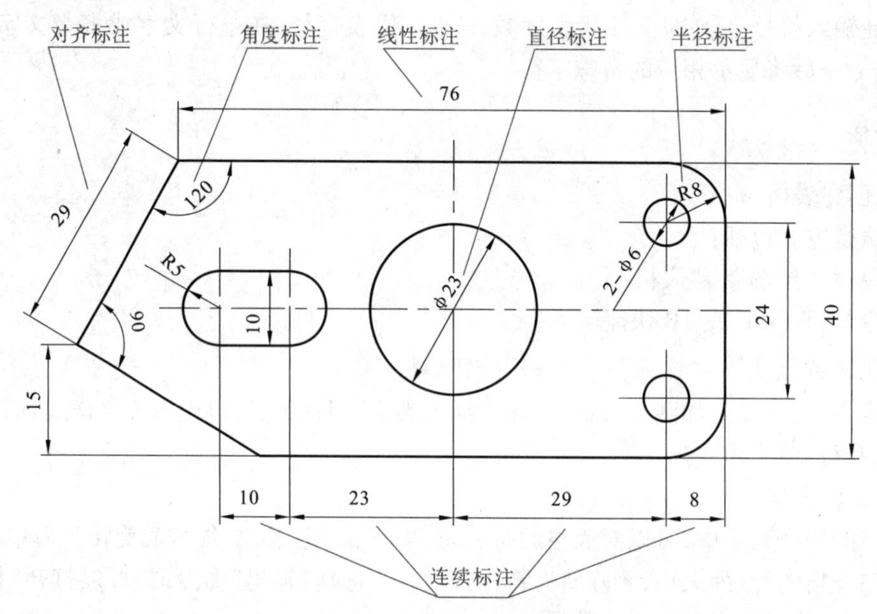

图 2-82　尺寸标注的类型

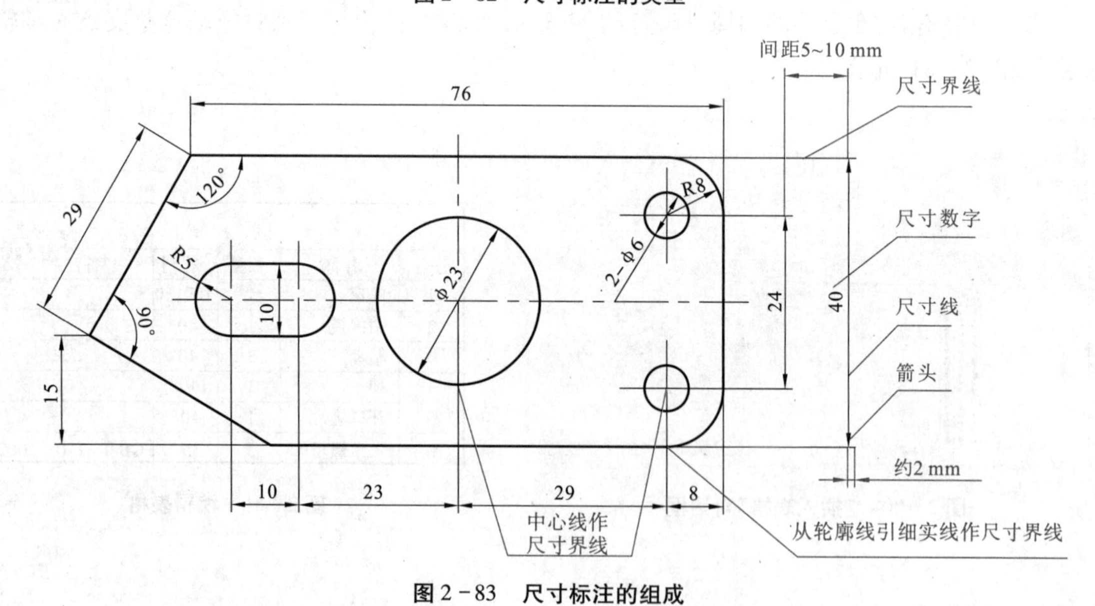

图 2-83　尺寸标注的组成

2.5.1　创建尺寸标注的基本步骤

(1)选择"格式"→"图层"命令,在打开的"图层特性管理器"对话框中创建一个独立的图层,用于尺寸标注。

(2)选择“格式”→“文字样式”命令,在打开的“文字样式”对话框中创建一种文字样式,用于尺寸标注。

(3)选择“格式”→“标注样式”命令,在打开的“标注样式管理器”对话框中设置标注样式。

(4)使用对象捕捉和标注等功能,对图形中的元素进行标注。

2.5.2　设置标注样式

主要执行方式包括:

●菜单栏:“格式”→“标注样式”。

●命令行:DIMSTYLE 或 DIMS 快捷键。

●功能区:“默认”→“注释”→“标注样式”按钮。

执行上述命令后,将弹出如图 2－84 所示的“标注样式管理器”对话框。利用此对话框可以方便直观地定制和浏览尺寸标注的样式,包括产生新的标注样式、修改已经存在的样式、设置当前尺寸标注样式、删除已有的样式等。系统默认的是 STANDARD 标注样式,保存有系统默认的尺寸标注变量的设置,该样式是根据美国国家标准协会(ANSI)标注标准设计的,但又不完全遵循该协会的设计。如果在开始绘制新图像时选择了米制单位,则 AutoCAD 将使用 ISO－25(国际标准化组织)的标注样式。

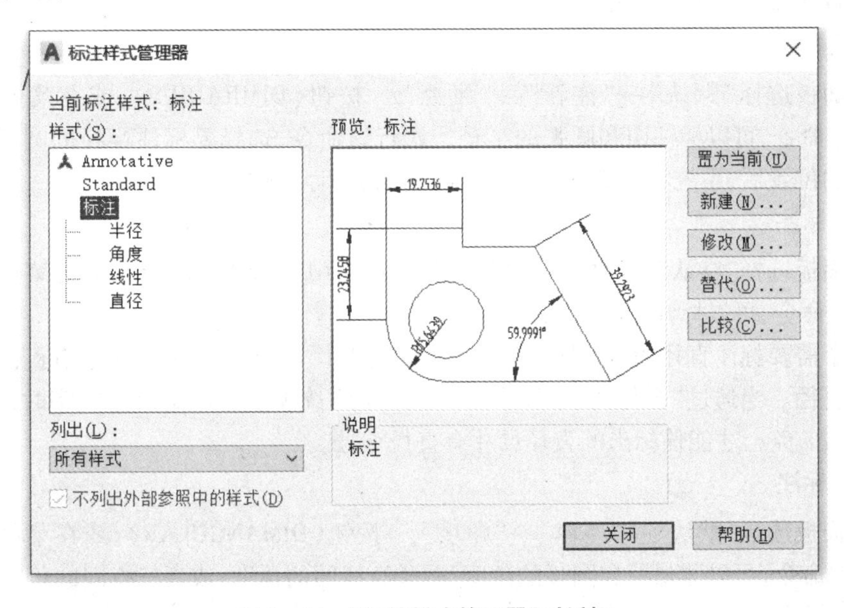

图 2－84　“标注样式管理器”对话框

单击“新建”按钮后,系统会弹出如图 2－85 所示的“创建新标注样式”对话框,当确定新样式名、基础样式和用于范围并确认后,将弹出如图 2－86 所示的“新建标注样式”对话框,其中有线、符号和箭头、文字、调整、主单位、换算单位、公差等 7 个选项。当将适用于所有标注的样式确定后,可以在如图 2－85 所示的对话框中,基于该样式分别新建半径、直径、角度、线型等标注样式,形成如图 2－84 所示的标注体系。

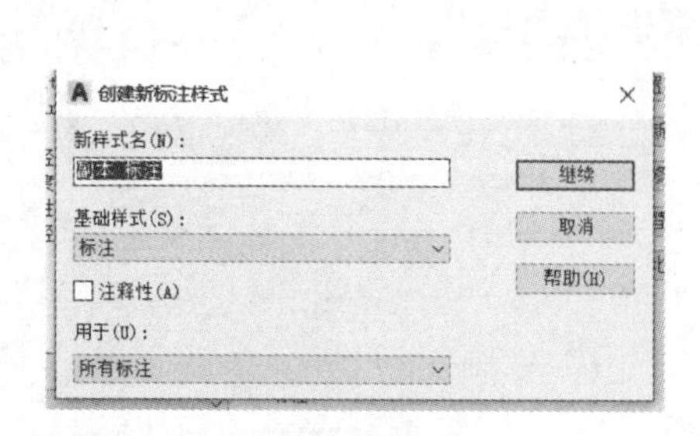

图 2-85 “创建新标注样式”对话框

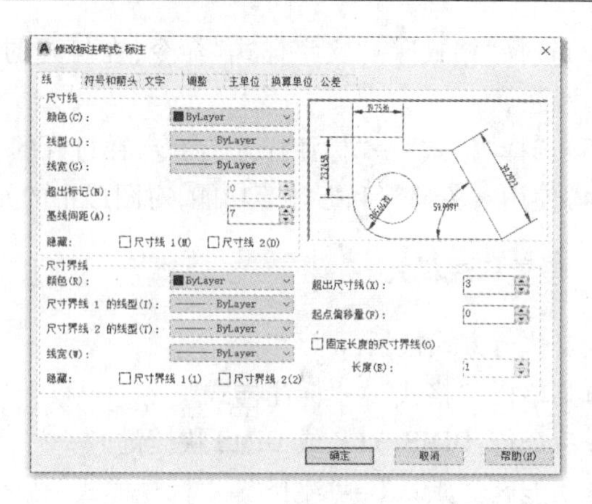

图 2-86 “新建标注样式”对话框

2.5.3 各类型尺寸标注简介

(1)线性标注。

在功能面板选择“默认”→“注释”→“线性”或“对齐”按钮(DIMLINEAR),或在菜单栏选择“标注”→“线性”命令,可创建用于标注用户坐标系 *XY* 平面中的两个点之间的距离测量值,并通过指定点或选择一个对象来实现。

(2)半径标注。

在功能面板选择“默认”→“注释”→“半径”按钮(DIMRADIUS),或在菜单栏选择“标注”→“半径”命令,可以标注圆和圆弧的半径。执行该命令,选择要标注半径的圆弧或圆,并指定了尺寸线的位置后,系统将按实际测量值标注出圆或圆弧的半径。

(3)直径标注。

在功能面板选择“默认”→“注释”→“直径”按钮(DIMDIAMETER),或在菜单栏选择“标注”→“直径”命令,可以标注圆和圆弧的直径。

当选择了需要标注直径的圆或圆弧后,直接确定尺寸线的位置,系统将按实际测量值标注出圆或圆弧的直径。当通过“多行文字(M)”和“文字(T)”选项重新确定尺寸文字时,需要在尺寸文字前加前缀%%c,才能使标出的直径尺寸有直径符号。

(4)角度标注。

在功能面板选择“默认”→“注释”→“角度”按钮(DIMANGULAR),或在菜单栏选择“标注”→“角度”命令,可以测量圆和圆弧的角度、两条直线间的角度,或者三点间的角度。

(5)快速标注。

在功能面板选择“默认”→“注释”→“标注”按钮,或在菜单栏选择“标注”→“快速标注”命令,可以快速创建成组的基线、连续、阶梯和坐标标注,快速标注多个圆、圆弧,以及编辑现有标注的布局。

执行“快速标注”命令,并选择需要标注尺寸的各图形对象后,命令行提示如下:

DIM 选择对象或指定第一个尺寸界线原点或 [角度(A) 基线(B) 连续(C) 坐标(O) 对齐(G) 分发(D) 图层(L) 放弃(U)]:

由此可见，使用该命令可以进行“连续（C）”“并列（S）”“基线（B）”“坐标（O）”“半径（R）”“直径（D）”等一系列标注。

（6）引线标注。

在功能面板选择“默认”→“注释”→“多重引线样式”，会弹出如图 2－87 所示的“多重引线样式管理器”对话框，可以新建、置为当前或修改引线样式（如图 2－88 所示）。

在功能面板选择“默认”→“注释”→“引线”按钮（QLEADER），或在菜单栏选择“标注”→“多重引线”命令，可以创建引线和注释。在功能面板中单击引出线相关的子菜单，可以对引线进行“添加引线”“删除引线”“对齐”“合并”等操作，如图 2－89 所示。

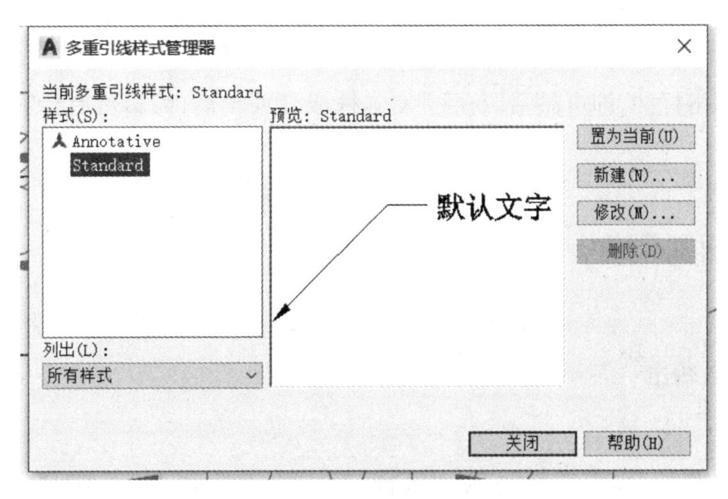

图 2－87　“多重引线样式管理器”对话框

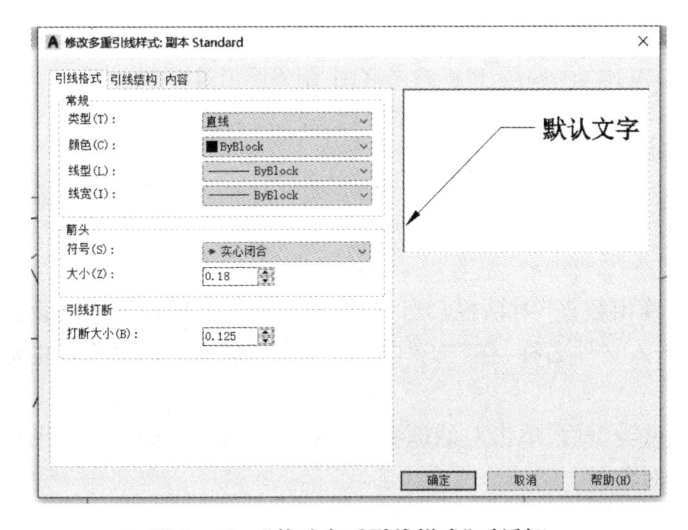

图 2－88　“修改多重引线样式”对话框

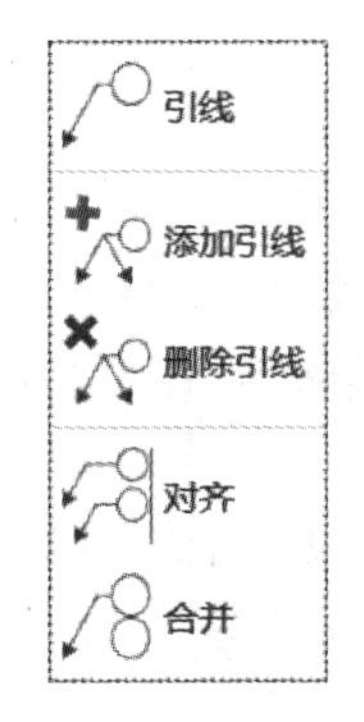

图 2－89　“引线”操作命令

（7）形位公差标注。

在菜单栏选择“标注”→“公差”命令，将打开“形位公差”对话框，可以设置公差的符号、值及基准等参数，如图 2－90 所示。

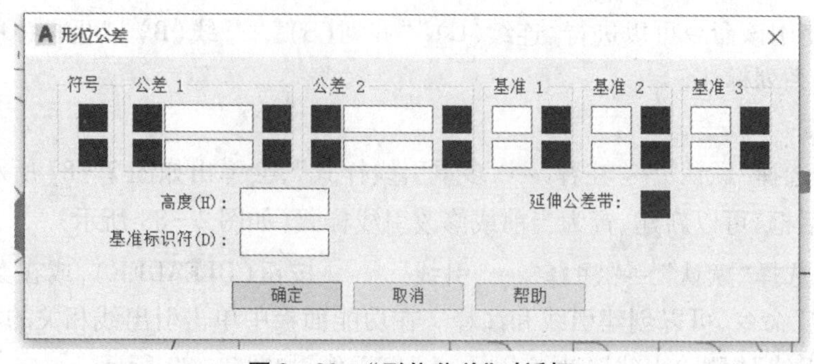

图 2-90 “形位公差”对话框

2.5.4 编辑标注

在绘图窗口双击标注,即可激活“标注”文本框或者编辑器,编辑已有标注的文字内容和放置位置。

2.6 输入输出与打印

2.6.1 图形的输入输出

(1)导入图形。

可以点击“文件”→“输入”,打开“输入文件”对话框;或者在 AutoCAD 2022 菜单栏选择“工具”→“工具栏”→“AutoCAD”→“插入”命令,打开“插入”工具栏,如图 2-91 所示,单击“输入”按钮,打开“输入文件”对话框。在“文件类型”下拉列表框中可以看到系统允许输入的图形格式的文件。“插入”工具栏还可以进行插入块、DWF 参考底图、PDF 参考底图、附着图形等操作。

图 2-91 “插入”工具栏

(2)输出图形。

选择“文件”→“输出”命令,打开“输出数据”对话框。可以在“保存于”下拉列表框中设置文件输出的路径,在“文件”文本框中输入文件名称,在“文件类型”下拉列表框中选择文件的输出类型。

设置了文件的输出路径、名称及文件类型后,单击对话框中的“保存”按钮,将切换到绘图窗口中,可以选择需要以指定格式保存的对象。

2.6.2 打印图形

模型空间是指用户在其中进行的设计绘图的工作空间。在模型空间中,用创建的模型来完成二维或三维物体的造型,标注必要的尺寸和文字说明。系统的默认状态为模型空间。当在绘图过程中只涉及一个视图时,在模型空间即可完成图形的绘制、打印等操作。

图纸空间(又称为布局)可以看作由一张图纸构成的平面,且该平面与绘图区平行。图纸空间上的所有图纸均为平面图,不能从其他角度观看图形。利用图纸空间,可以把在模型空间中绘制的三维模型在同一张图纸上以多个视图的形式排列(如主视图、俯视图、剖视图),以便在同一张图纸上输出它们,而且这些视图可以采用不同的比例。在模型空间则无法实现这一点。

(1)模型空间输出图形。

①输入"PRINT"打印命令,系统将打开"打印 - 模型"对话框,如图 2 - 92 所示。

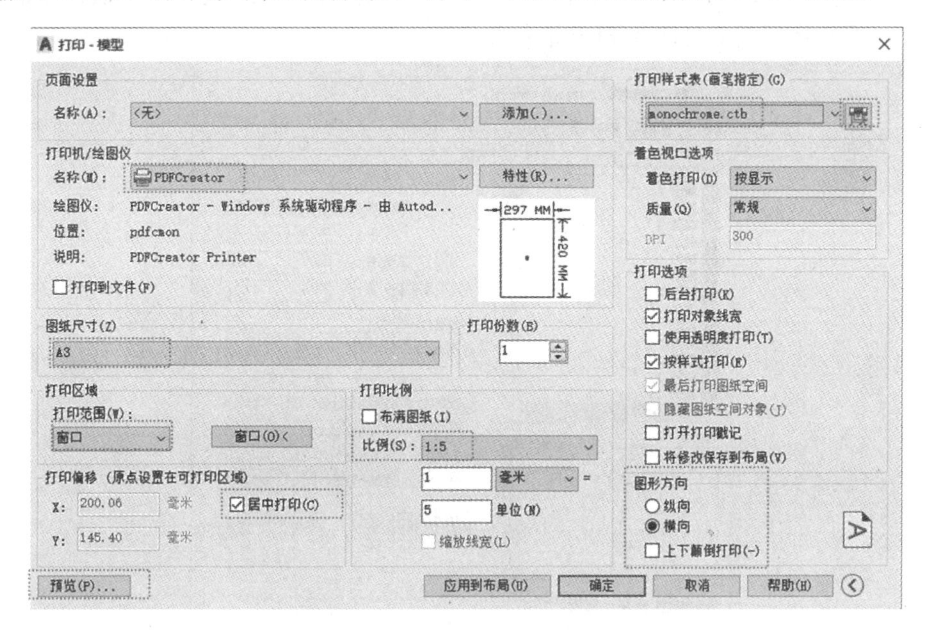

图 2 - 92　"打印 - 模型"对话框

②打印设置。在"打印 - 模型"对话框中,对"页面设置""打印区域""打印偏移""图纸尺寸""打印份数"各选项进行相应设置。

③打印预览。打印设置后,应进行打印预览。预览后要退出时,应在该预览画面上单击鼠标右键,在打开的快捷菜单中选择"退出"(Exit)选项,即可返回"打印 - 模型"对话框,或按 Esc 键退回,如果预览效果不理想,可进行修改设置。

④打印出图。预览满意后,单击"确定"按钮,开始打印出图。

(2)图纸空间输出图形。

通过图纸空间输出图形时可以在布局中规划视图的位置和大小。

在布局中输出图形前,应先对要打印的图形进行页面设置,然后输出图形。其输出的命令和操作方法与模型空间输出图形类似。

实际工程中,如果想将图纸转换为全黑色 PDF 格式进行保存,并保留线型、线宽等属性,可在图 2 - 92 中进行如下设置:

(1)打印机/绘图仪选择"PDFCreator"。

(2)选择图纸尺寸、打印比例,打印比例与绘图比例一致。

(3)用"窗口"方式选择打印区域、打印偏移,通常选择"居中打印",选择"图形方向"为横放或纵向或上下颠倒打印,并点击"预览"观察图纸布局效果。

(4)在“打印样式表”下拉菜单中选择“monochrome. ctb”,将所有图层颜色设置为一个颜色,即黑色打印。

(5)点击“monochrome. ctb”![icon],将弹出如图2-93所示的“打印样式表编辑器”对话框。

(6)如果图层中没有设置线宽,可在此根据图层颜色设置各图层线型的线宽,点击“保存并关闭”,返回到“打印-模型”对话框。

(7)在“打印-模型”对话框中点击预览,可观察调整了颜色、线宽后的图纸打印效果,然后点击“确定”,系统将把图纸打印为PDF格式并保存。

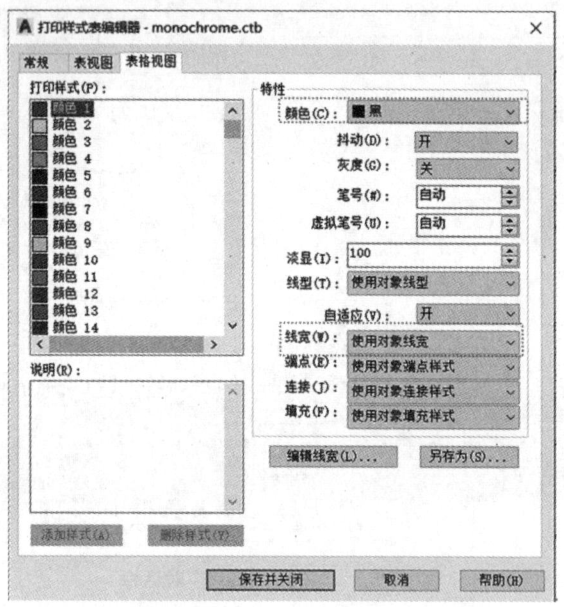

图2-93 “打印样式表编辑器”对话框

第 3 章　投影体系和基本视图

3.1　投影基础

3.1.1　投影法

在科学技术研究和工程设计中，为了达到不同目的的表达，需要采用不同的投影方法。投影法是指投射线通过物体向投影面上投影而得到图形几何要素的方法。完整的投影体系包括投影中心、投射线、物体和投影面。如图 3－1 所示，投影中心是指所有投射线的起源点 S，投射线是指源自投影中心且通过物体上各点的直线 SA，投影面是指在投影法中得到投影的面 P。

约定　空间点用大写字母表示，投影用对应的小写字母表示。如图 3－1 所示，空间一点 A 在投影面 P 上的投影为 a。

3.1.2　投影法分类

3.1.2.1　中心投影法

中心投影法是指投射线都从投射中心出发的投影法，所得的投影称为中心投影。中心投影法如图 3－1 所示，犹如点光源对物体的投影。投影在日常生活中人人都有体会，灯光下我们可以看到自己的影子，影子反映了自己的形体特征，当人沿投影面法线方向移动时，其投影大小会发生变化。照相机拍摄的物像照片，以及我们眼睛所看见的图像，都是中心投影法的图像。透视图是指中心投影法所得的图像，通常用来绘制建筑物或产品的富有逼真感的立体图或外形图。但其构图复杂，不能真实表达物体的形状和大小。

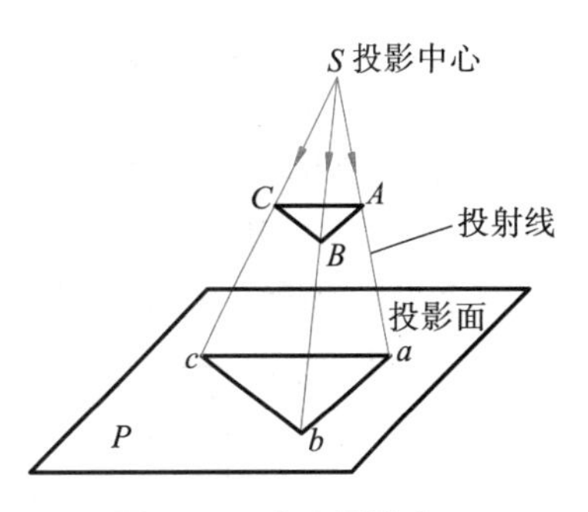

图 3－1　中心投影法

3.1.2.2　平行投影法

投射线都互相平行的投影法，称为平行投影法，所得的投影称为平行投影。太阳光对物体的投影近似于平行投影法。

平行投影法又分为正投影法和斜投影法。投射线垂直于投影面的平行投影法为正投影法，所得的投影称为正投影，如图 3－2(a)所示；投射线倾斜于投影面的平行投影法为斜投影法，所得的投影称为斜投影，如图 3－2(b)所示。

工程图样是一种技术文件，是设计者表达设计思想和进行技术交流的重要工具，也是零件加工、机器组装和工程施工的重要依据。工程图样一般采用的是正投影法，它能准确地反映物体真实的大小和结构,本书后面内容就将“正投影”简称为“投影”。

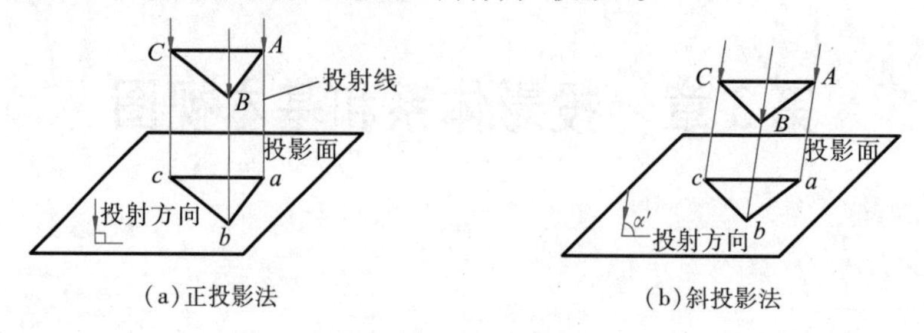

图3-2　平行投影法

3.2　投影体系的建立

为了确定点的位置,一般采用多面投影。点的两个投影能唯一确定该点在二维空间的空间位置,点的三个投影能唯一确定该点在三维空间的空间位置。

3.2.1　两投影面体系的建立

空间相互垂直相交的两个平面,构成一个两投影面体系,如图3-3所示。其中水平放置投影平面称为水平投影面 H;另一平面称为正投影面 V;两投影面的交线称为投影轴 OX。

3.2.2　三投影面体系的建立

空间相互垂直相交的三个平面构成一个三投影面体系,如图3-4所示。其中水平投影面 H(简称水平面或 H 面)和正投影面 V(简称正面或 V 面)与两投影面体系相同;另一平面称为侧面投影面(简称侧面或 W 面)。两投影面的交线称为投影轴,OX 轴为 V 面与 H 面的交线,OY 轴为 H 面与 W 面的交线,OZ 轴为 V 面与 W 面的交线,三个投影轴垂直相交的交点称为原点 O。如果把三个投影面看成坐标面,则三个相互垂直投影轴即为右手坐标体系的坐标轴。

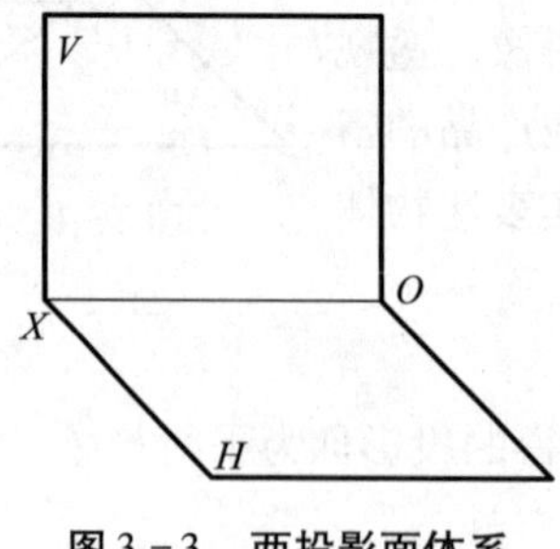

图3-3　两投影面体系

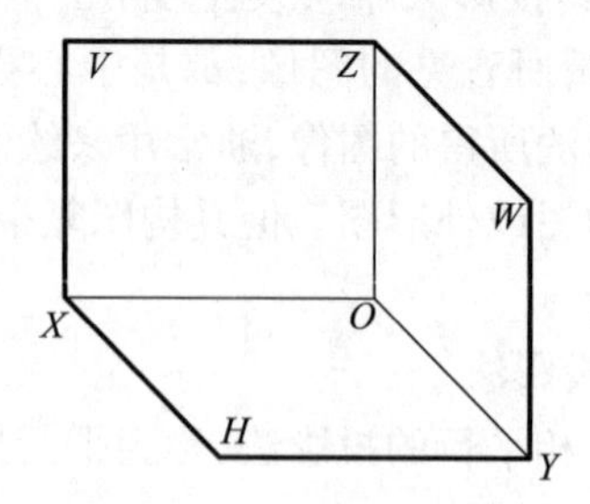

图3-4　三投影面体系

3.3　点、直线、平面的投影及基本视图的形成

3.3.1　点的投影

3.3.1.1　点在一个投影面上的投影

过空间点 A 的投射线与投影面 P 的交点 a 为点 A 在 P 面上的投影，如图 3－5(a)所示。点在一个投影面上的投影是唯一的，但仅知道点的一个投影不能确定点的空间位置。如图 3－5(b)所示，B_1、B_2、B_3 三个点的投影重合为 b。

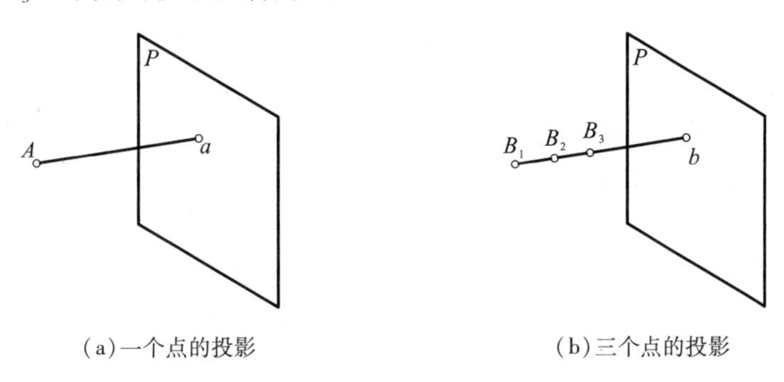

图 3－5　点在一个投影面体系中的投影

3.3.1.2　点在两投影面体系中的投影

约定　空间点用大写字母表示，该点的正面投影用对应的小写字母加一撇表示，水平投影分别用小写字母表示。如图 3－6(a)所示，空间 A 点向 H 面作垂线，其垂足 a 为 A 点的水平投影；空间 A 点向 V 面作垂线，其垂足 a' 为 A 点的正面投影。

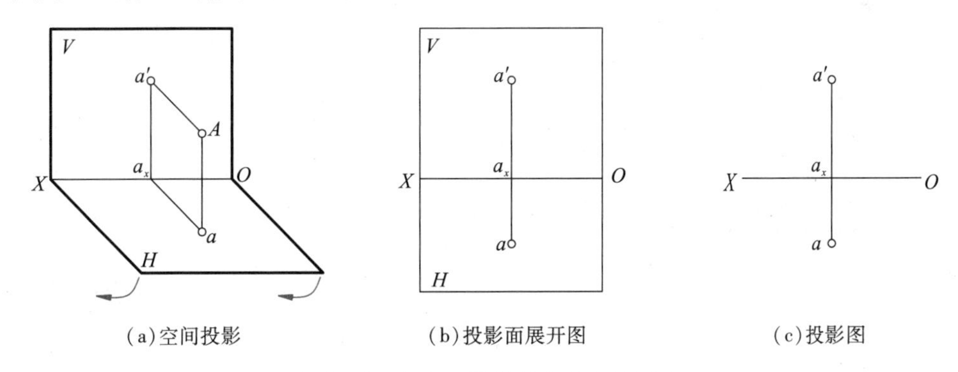

图 3－6　点在两投影面体系中的投影

两面体系的展开：V 面不动，H 面向下旋转 90°与 V 面成一平面，如图 3－6(b)所示。因为平面是无限大的，所以一般不画出平面边框，如图 3－6(c)所示为点的投影图。

由于平面 $Aa'a$ 分别与 H 面和 V 面垂直，所以这三个相互垂直的平面必有一个交点 a_x，且三交线两两相互垂直，即

$$a_x a \perp OX,\quad a_x a' \perp OX$$

因为四边形 $Aa'a_xa$ 是矩形,所以有

$$Aa' = aa_x, \quad Aa = a'a_x$$

点在两投影面体系中的投影规律:

(1)点的正面投影和水平投影的连线垂直于投影轴,即 $aa' \perp OX$。

(2)点的正面投影到 OX 轴的距离等于该点到 H 面的距离,点的水平投影到 OX 轴的距离等于该点到 V 面的距离,即

$$Aa' = aa_x, \quad Aa = a_xa'$$

点的两个投影能唯一确定该点的二维空间位置。因此,确定点的空间位置从看投影图与看空间投影图是等效的,它们也是一一对应的,这就可以用平面图形来表达空间物体。

3.3.1.3　点在三投影面体系中的投影

约定　与两面投影相同,空间点用大写字母表示,该点的正面投影用对应的小写字母加一撇,水平投影用小写字母表示,点的侧面投影则用小写字母加两撇表示。如图 3-7(a)所示,空间 A 点向 H 面作垂线,其垂足 a 为 A 点的水平投影;空间 A 点向 V 面作垂线,其垂足 a'为 A 点的正面投影;空间 A 点向 W 面作垂线,其垂足 a'' 为 A 点的侧面投影。

三投影面体系的展开:V 面不动,H 面向下旋转 90°与 V 面成一平面,W 面向右旋转 90°与 V 面成一平面,使三投影面处于同一平面,OY 轴一分为二,随 H 面旋转的用 OY_H 标记,随 W 面旋转的用 OY_W 标记,如图 3-7(b)所示。点 a_y 一分为二,在 H 面上的用 a_{yH}标记,在 W 面上的用 a_{yW} 标记。与两面投影相同,有

$$a_xa \perp OX, \quad a_xa' \perp OX, \quad a'a'' \perp OZ, \quad a_{yW}a'' \perp OY_W, \quad aa_{yH} \perp OY_H$$

因为平面是无限大的,所以一般不画出平面边框,如图 3-7(c)所示为点的三面投影图。OY 轴一分为二,为了作图方便,一般过 O 点作一 45°辅助线,aa_{yH}、$a_{yW}a''$ 的延长线必定与辅助线相交于一点。

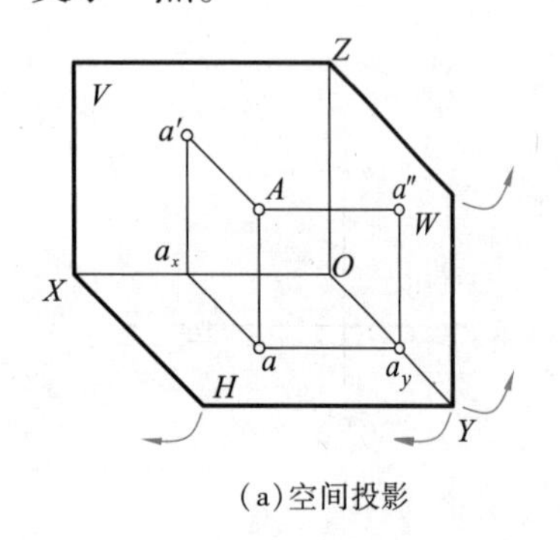

(a)空间投影　　(b)投影面展开图　　(c)投影图

图 3-7　点在三投影面体系中的投影

与两面投影相同,由于平面 $Aa'a''$ 分别与 V 面和 W 面垂直,所以这三个相互垂直的平面必有一个交点 a_Z,且三面交线相互垂直,即

$$a_Za' \perp OZ, \quad a_Za'' \perp OZ$$

因为四边形 $Aa'a_Za''$是矩形,所以有

$$Aa' = aa_X, \quad Aa = a'a_X, \quad Aa'' = a'a_Z$$

点、投影面与直角坐标的关系:

若把三投影面体系看作直角坐标体系，H、V、W 面为坐标面，OX、OY、OZ 轴为坐标轴，O 为坐标原点，则点 A 的直角坐标(x_A,y_A,z_A)分别是 A 点至 W、V、H 面的距离，即

A 点至 W 面的距离　$Aa''=x_A$；

A 点至 V 面的距离　$Aa'=y_A$；

A 点至 H 面的距离　$Aa=z_A$。

点在三投影面体系中的投影规律：

(1)点的投影连线垂直于投影轴，即 $aa'\perp OX$，$a'a''\perp OZ$。

(2)点的投影到投影轴的距离等于点的直角坐标，也就是该点到对应的相邻投影面的距离，例如，$aa_x=a_Za''$。

(3)已知一个点的两面投影，就可以确定它的第三个坐标，故可以确定它的第三个投影。

由上述可知，空间一个点到三个投影面的距离与该点的三个坐标有对应的关系。不论已知点的三个坐标还是点的三维空间距离，都可以画出其点的三面投影图。这就可以用平面投影图来表达空间点的位置。

3.3.1.4　特殊点的投影

特殊点是指投影面上的点和投影轴上的点。如图3－8所示的 A、B、C、D。它们具有以下特性：

(1)投影面上的点有一个坐标为零；在相应投影面上的投影与该点重合；在相邻面上的投影分别在对应的投影轴上。

(2)投影轴上的点有两个坐标为零；在相应两投影面上的投影与该点重合，即在相应的投影轴上；在相邻面上的投影与原点重合。

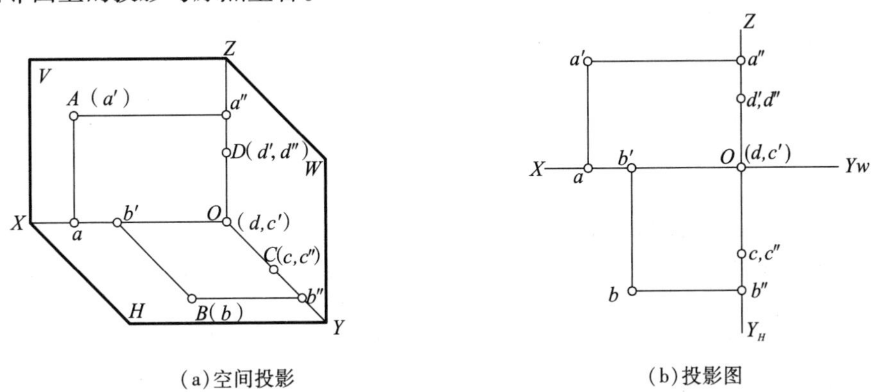

(a)空间投影　　(b)投影图

图3－8　特殊点的投影

例3－1　已知空间点 A 的坐标为(7,24,18)，B 的坐标为(12,8,23)，作 A、B 点三面投影图。

解　根据点的直角坐标和投影规律作图，如图3－9(a)所示，先画投影轴 OX、OY、OZ。以原点为中心，沿 OX 轴量取 $Oa_x=7$，过 a_x 作投影连线 $\perp OX$，在投影连线上自 a_x 向下取24，得水平投影 a；自 a_x 向上取18，得正面投影 a'；根据 a 和 a' 分别作垂直于 OY 和 OZ 的投影连线，利用45°辅助线得交点 a''。

利用相同的方法可以求得 B 点的三面投影和空间投影图，如图3－9(b)所示。

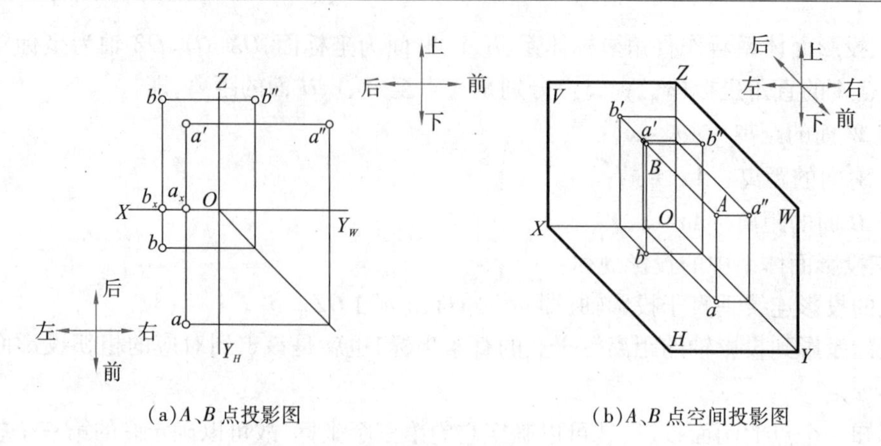

(a)A、B点投影图　　(b)A、B点空间投影图

图3－9　根据坐标作点的三面投影图

3.3.1.5　两点的相对位置

参见图3－9，两个点的投影沿左右、前后和上下三个方向所反映的坐标差，即为这两个点对W面、V面和H面的距离差，由此能确定两点的相对位置。两点中x值大的点在左，y值大的点在前，z值大的点在上。

图3－10中，A点、B点的坐标分别为(18,20,14)和(11,12,8)，A点位于B点左方7 mm($x_A-x_B=18-11=7$)，前方8 mm($y_A-y_B=20-12=8$)，上方6 mm($z_A-z_B=14-8=6$)。

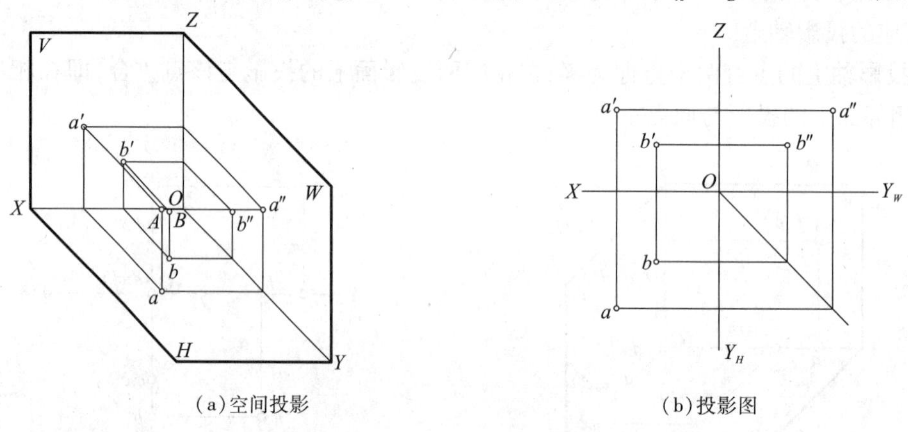

(a)空间投影　　(b)投影图

图3－10　两点的相对位置

3.3.1.6　重影点及可见性

空间两点在某一投影面上的投影重合为一点时，则称此两点为该投影面的重影点。

如图3－11所示，A点、B点为V面的重影点，C点、D点为H面的重影点，B点、C点为W面的重影点。

对重影点需要判别可见性。根据两个点的坐标值来判别可见性，坐标值大的为可见。不可见的点的投影用字母加括号(　)表示。如A点、B点的正面投影重合，因为$y_A>y_B$，故A点可见，B点不可见，A点在V面的投影记作a'，B点在V面的投影记作(b')，如图3－11所示，其他重影点的判别相同。可以根据坐标值来判别，也可以直接根据水平投影来直观判别。

例3－2　如图3－12(a)所示，已知点A的两个投影a'和a''，求第三投影。

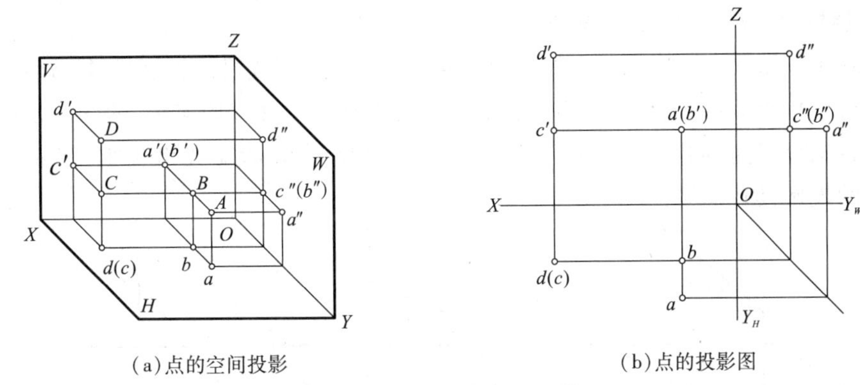

(a)点的空间投影　　(b)点的投影图

图 3－11　重影点及可见性

解法一　通过原点 O 作 45°辅助线，过 a'作 OX 轴的垂直直线即投影连线，过 a'' 作 OY_W轴的垂直直线且与 45°辅助线相交，再由该交点作 OY_H 轴的垂直直线即投影连线。这两个投影连线的交点即为空间 A 点的水平投影 a，于是 $a''a_z = aa_x$，如图 3－12(b)所示。

解法二　用绘图仪器如分规、圆规或直尺直接量取 $a''a_z = aa_x$，连线的交点即为空间 A 点的水平投影 a，如图 3－12(c)所示。

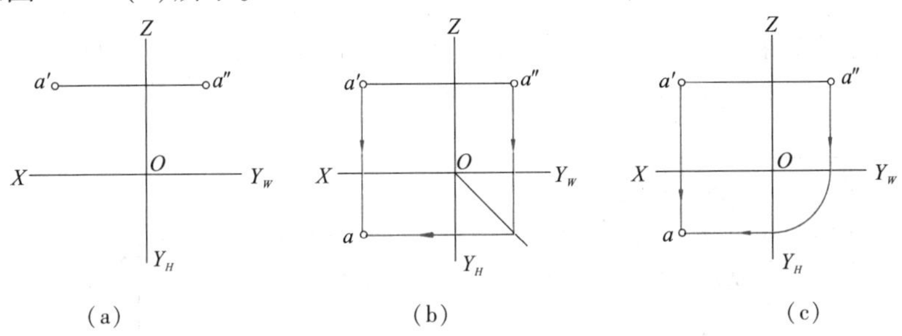

(a)　　(b)　　(c)

图 3－12　求点的第三个投影

3.3.2　直线的投影

3.3.2.1　直线投影的基本规律

(1)两点确定一条直线，将两点的同名投影用直线连接，就得到直线的在该投影面上的投影。一般取直线的两个端点的三面投影，如图 3－13(a)所示，并将同面投影连线，即得该直线的三面投影，如图 3－13(b)所示。

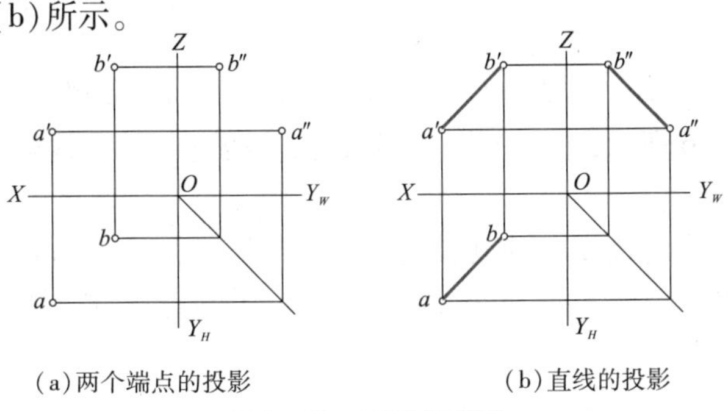

(a)两个端点的投影　　(b)直线的投影

图 3－13　直线投影图

(2)直线对一个投影面的投影特性。

直线倾斜于投影面：如图 3－14(a)所示，投影长度比空间线段的长度短，即 $ab = AB\cos\alpha$；

直线平行于投影面：如图 3－14(b)所示，投影长度反映空间线段实长，即 $ab = AB$；

直线垂直于投影面：如图 3－14(c)所示，投影重合为一点，投影长度为零，即 $ab = 0$，这种情况称为直线的投影具有积聚性。

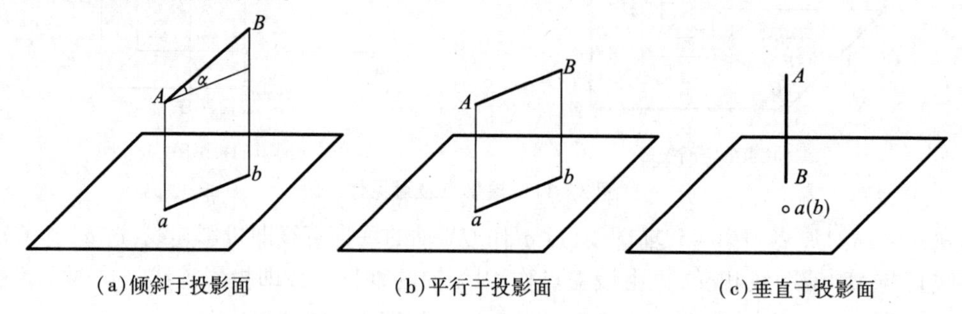

(a)倾斜于投影面 (b)平行于投影面 (c)垂直于投影面

图 3－14 直线对一个投影面的投影特性

3.3.2.2 直线上点的投影特性

(1)**从属性**：点在直线上，则点的投影必在直线的同面投影上。

这是一个充分必要条件。反之，已知一个点的三个投影都在直线的同面投影上，那么这个点必定在空间直线上，如图 3－15 所示。

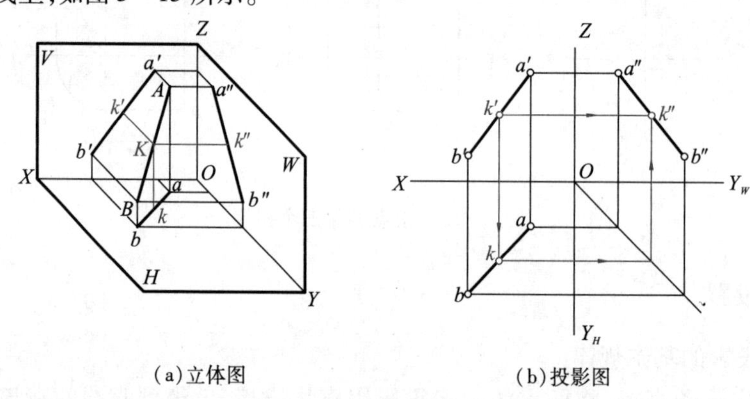

(a)立体图 (b)投影图

图 3－15 属于直线上的点

(2)**定比定理**：空间一直线上的点分割线段长度之比等于投影线段的点分割线段长度之比，如图 3－15 所示，即

$$AK : KB = ak : kb = a'k' : k'b' = a''k'' : k''b''$$

例 3－3 如图 3－16 所示，已知直线 AB 的投影，直线上点 M 分线段 AB，$AM : MB = 3 : 4$，求 M 点的三面投影。

解 过 a 作任意辅助直线 ab_0，使其长度为 7 个单位。在 ab_0 上取 m_0 点，使 $am_0 : m_0b_0 = 3 : 4$，连接 b_0 和 b 点，作 $m_0m // b_0b$，与 ab 相交得出 m。由 m 点作投影连线与 $a'b'$ 相交得出 m'，由 m' 的投影关系求得 m''。

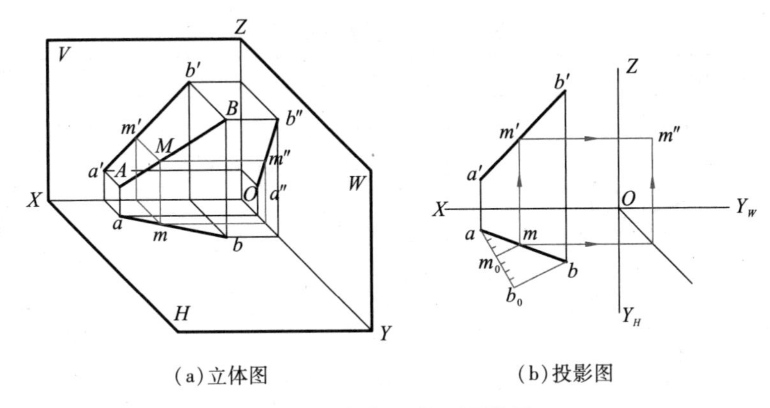

(a)立体图　　　　(b)投影图

图 3－16　点 M 的三面投影

3.3.2.3　直线对投影面的相对位置

直线对投影面的相对位置，分为以下四种情况：

(1)一般位置直线：与三个投影面都倾斜的直线。

直线与它的水平投影、正面投影和侧面投影的夹角，分别称为直线对 H、V、W 面的倾角，用 α、β、γ 来表示，如图 3－17 所示。

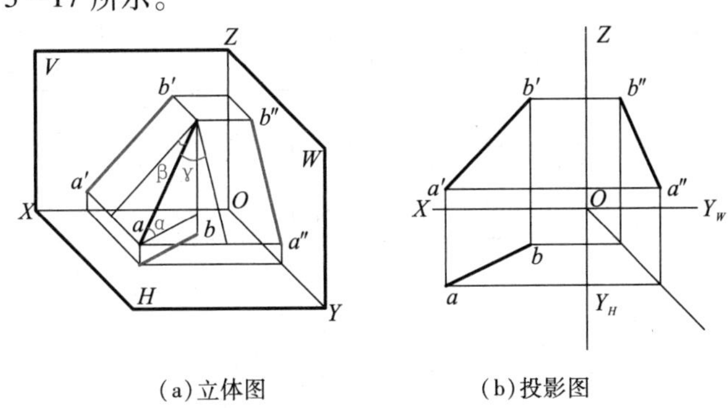

(a)立体图　　　　(b)投影图

图 3－17　一般位置直线

对于一般位置直线，有以下的投影关系：

$$ab = AB\cos\alpha$$

$$a'b' = AB\cos\beta$$

$$a''b'' = AB\cos\gamma$$

由于倾角均大于 0°，小于 90°，一般位置直线的投影长度均小于直线的真实长度。要注意，直线的投影与投影轴的夹角不反映直线与投影面的夹角 α、β、γ。

(2)投影面平行线：只平行于某一投影面而与其余两投影面倾斜，详见表 3－1。

水平线：平行于 H 面，对 V、W 面都倾斜；

正平线：平行于 V 面，对 H、W 面都倾斜；

侧平线：平行于 W 面，对 H、V 面都倾斜。

表 3－1　投影面平行线

名称	水平线	正平线	侧平线
立体图	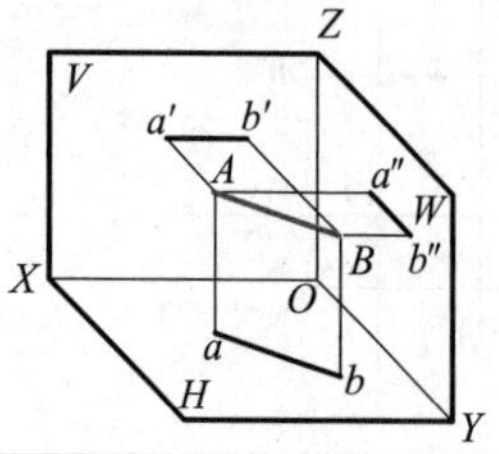 Z V a' b' a'' A W B b'' X O a H b Y	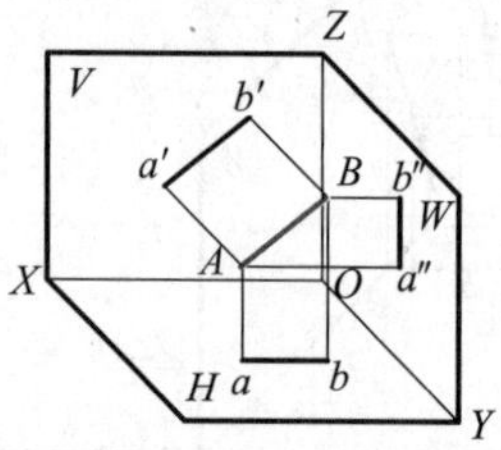 Z V b' a' B b'' W A O a'' X H a b Y	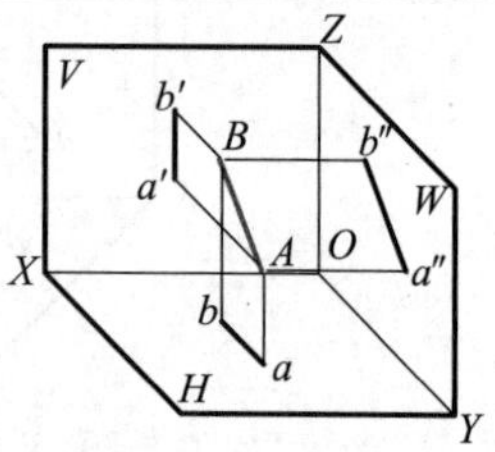 Z V b' B b'' a' W X A O a'' b H a Y
投影图	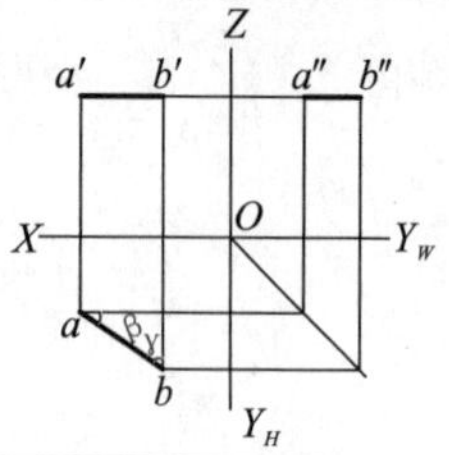 Z a' b' a'' b'' X O Y_W a β γ b Y_H	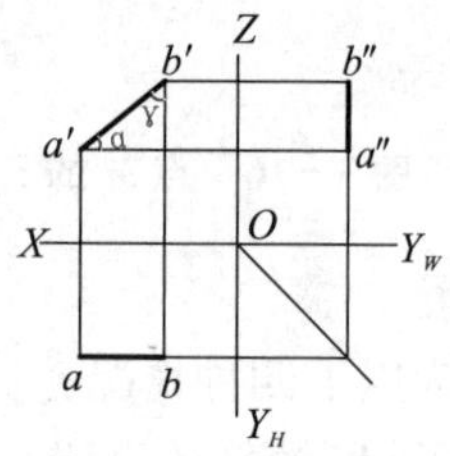 b' Z b'' a' γ α a'' X O Y_W a b Y_H	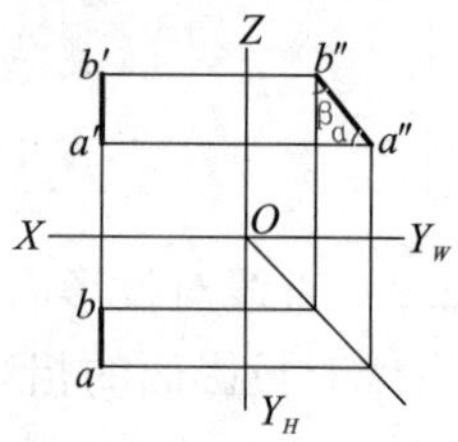 Z b' b'' a' β α a'' X O Y_W b a Y_H
投影特性	1. $a'b' /\!/ OX, a''b'' /\!/ OY$ 2. $ab = AB$ 3. 反映 β、γ 角的真实大小 4. $a'b' = AB\cos\beta$ $a''b'' = AB\cos\gamma$	1. $ab /\!/ OX, a''b'' /\!/ OZ$ 2. $a'b' = AB$ 3. 反映 α、γ 角的真实大小 4. $ab = AB\cos\alpha$ $a''b'' = AB\cos\gamma$	1. $a'b' /\!/ OZ, ab /\!/ OY$ 2. $a''b'' = AB$ 3. 反映 α、β 角的真实大小 4. $ab = AB\cos\alpha$ $a'b' = AB\cos\beta$

(3)投影面垂直线：垂直于某一投影面同时平行于另外两个投影面，详见表 3－2。

表 3－2　投影面垂直线

名称	正垂线	铅垂线	侧垂线
立体图	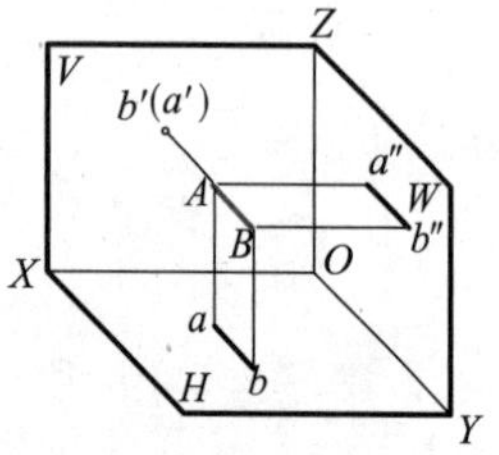 Z V b'(a') a'' A W B b'' X O a H b Y	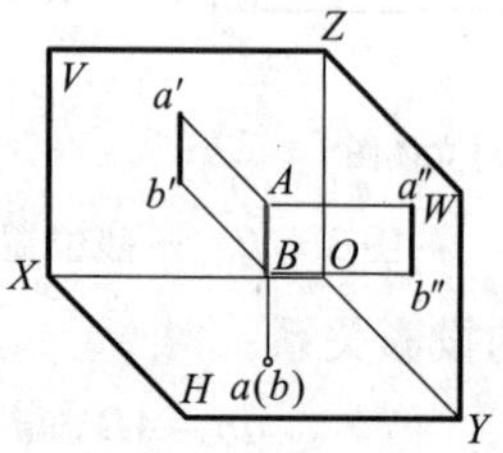 Z V a' b' A a'' W X B O b'' H a(b) Y	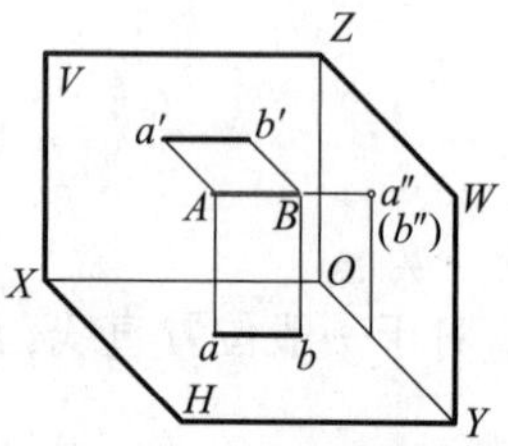 Z V a' b' A B a'' (b'') W X O a b H Y
投影图	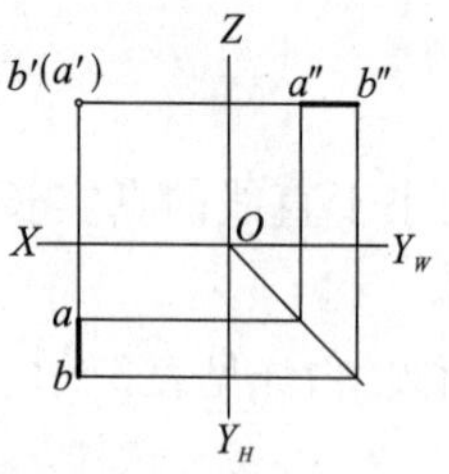 Z b'(a') a'' b'' X O Y_W a b Y_H	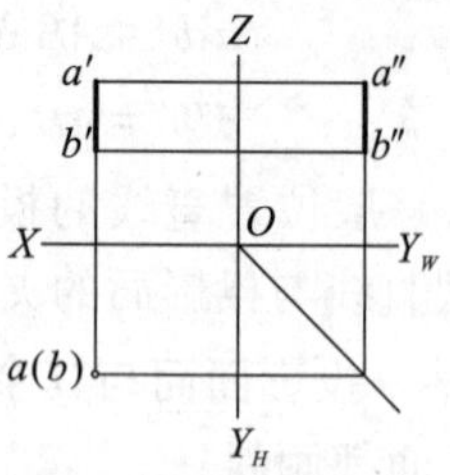 Z a' a'' b' b'' X O Y_W a(b) Y_H	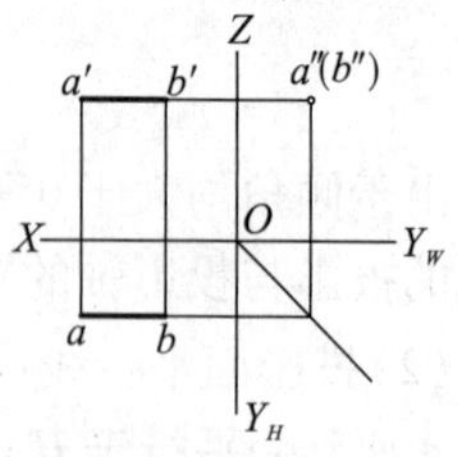 Z a' b' a''(b'') X O Y_W a b Y_H
投影特性	1. a'、b' 积聚成一点 2. $ab \perp OX$，$a''b'' \perp OZ$ 3. $ab = a''b'' = AB$ 4. $\alpha = 0°, \beta = 90°, \gamma = 0°$	1. a、b 积聚成一点 2. $a'b' \perp OX, a''b'' \perp OY$ 3. $a'b' = a''b'' = AB$ 4. $\alpha = 90°, \beta = 0°, \gamma = 0°$	1. a''、b'' 积聚成一点 2. $ab \perp OY, a'b' \perp OZ$ 3. $ab = a'b' = AB$ 4. $\alpha = 0°, \beta = 0°, \gamma = 90°$

正垂线：垂直于 V 面，平行于 H、W 面；

侧垂线：垂直于 W 面，平行于 H、V 面；

铅垂线：垂直于 H 面，平行于 V、W 面。

投影面垂直线是投影面平行线特殊位置线，因此，当直线为投影面垂直线时，描述其投影特性采用线来表达，而不是用平行于某一个平面来表达。

(4)从属于投影面的直线和从属于投影轴的直线：当直线位于投影面或投影轴上时，称之为从属于投影面的直线和从属于投影轴的直线。如从属于 H 面的直线 AB，如图 3－18(a)所示；从属于 V 投影面的侧垂线 CD，如图 3－18(b)所示；从属于 OZ 轴的直线 EF，如图 3－18(c)所示。其他特殊位置直线在此就不一一赘述。

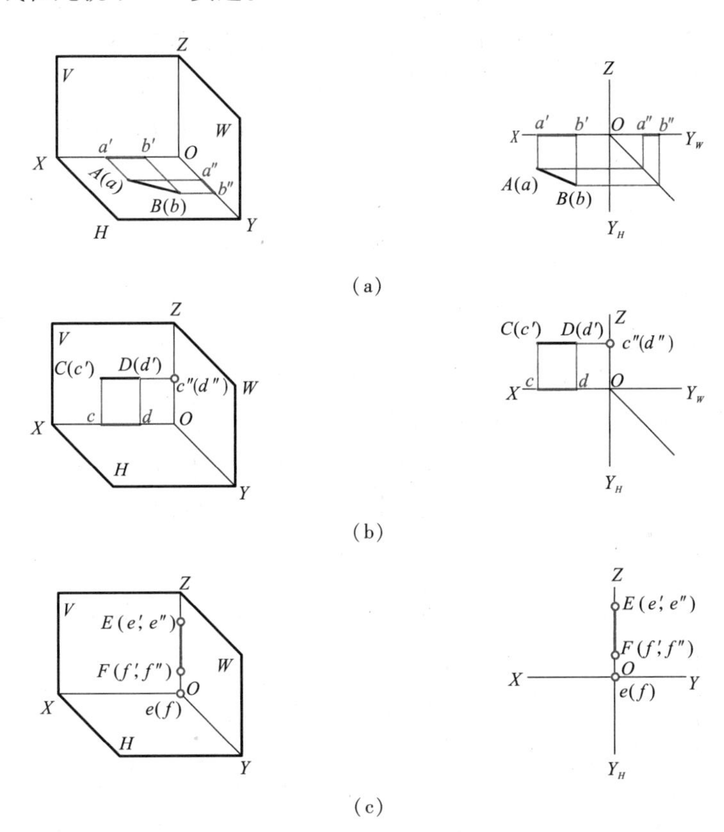

图 3－18　从属于投影面的直线和从属于投影轴的直线

例 3－4　根据图 3－19 所示投影，判定直线 AB、CD 的投影特性及名称。

解　(1)由于 $ab /\!/ OX$，$a''b'' /\!/ OZ$，可以判断 AB 为正平线；

(2)因为 $ab \perp OY$，$a'b' \perp OZ$，a''、b'' 积聚成一点，故可以判断 CD 为侧垂线。

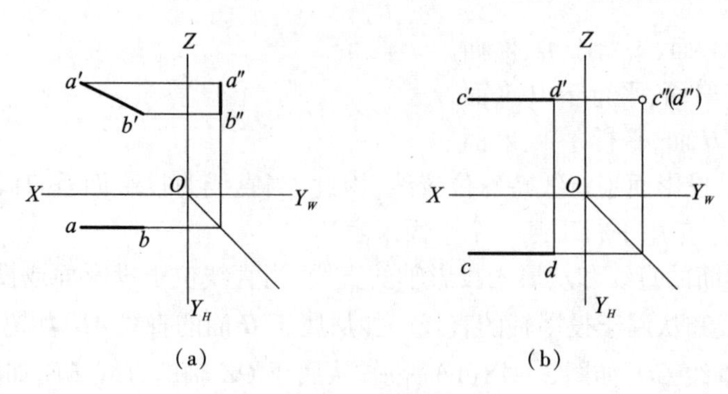

图 3-19 判定直线 AB、CD

例 3-5 如图 3-20 所示,已知点 C 在线段 AB 上,求点 C 的正面投影。

解 根据点在直线上的从属性,c'一定在直线 $a'b'$ 上。根据点在直线上的定比性,过 a'引直线辅助 $a'm'$,使 $a'm'=ab$,连接 $b'm'$,量取 $n'm'=bc$,得 n',过 n'作 $b'm'$的平行线得 c'。点 c'即为点 C 的正面投影。

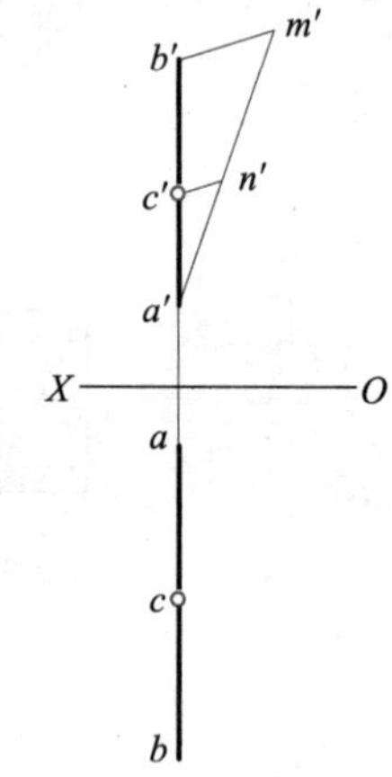

图 3-20 求点 C 的正面投影

3.3.2.4 直线与直线的相对位置

空间两条直线的相对位置有三种情况:平行、相交、交叉。平行、相交是两条线共面的情况,交叉是两条线既不相交又不平行的情况,称之为两条直线异面。

(1)平行两直线。平行两直线具有以下两个特点:

①两平行直线在同一投影面上的投影仍平行。反之,若两直线在同一投影面上的投影相互平行,则该两直线平行,如图 3-21 所示。直线 $AB /\!/ CD$,过直线 AB、CD 向各投影面作的投射线形成两两平行的平面,即 $ABba /\!/ CDdc$,因此它们在投影面上的交线也是平行的,即 $ab /\!/ cd$。同理,可以证明 $a'b' /\!/ c'd'$,$a''b'' /\!/ c''d''$。

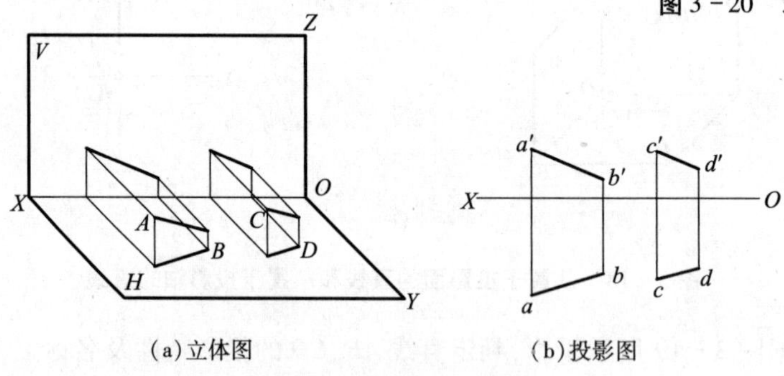

图 3-21 平行两直线

②平行两线段之比等于其投影之比。直线在投影面上的投影长度等于线段长度和线段与投影面夹角余弦的乘积,$ab=AB\cos\alpha$;$a'b'=AB\cos\beta$;$a''b''=AB\cos\gamma$。由于两线段平行,它们与投影面夹角相等,可以证明平行两线段之比等于其投影之比,即 $ab:cd=a'b':c'd'=a''b'':c''d''=AB:CD$。利用此性质可以判断两条直线的空间位置。

(2)相交两直线。相交二直线的交点是两直线的共有点,因此,若空间两直线相交,则其同名投影必相交，且交点的投影必然符合空间一点的投影规律。判别方法：交点的连线必须垂直于相应的投影轴。如图3－22所示，K点为直线AB、CD的交点，即交点的投影k在直线AB、CD的投影ab、cd上和k'在$a'b'$、$c'd'$上，同时，$kk' \perp OX$。本图只画了两面投影。同理可以推出$k'k'' \perp OZ$。

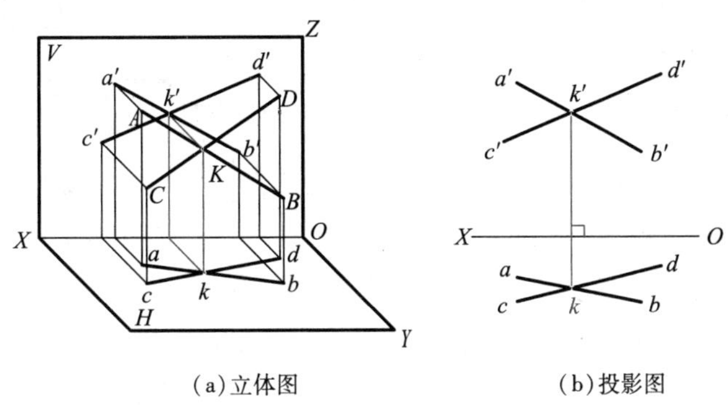

(a)立体图　　(b)投影图

图3－22　相交两直线

(3)交叉两直线。交叉是指既不相交又不平行的两条直线，这两条直线的同名投影可能相交，但“交点”不符合空间一个点的投影规律。如图3－23所示，该“交点”是两直线上的一对重影点的投影，用其可见性可帮助判断两直线的空间位置。判别方法：正面重影点，看水平投影的坐标值，坐标值大者可见，或称前面点可见后面点不可见；同样可以判断水平重影点，上面点可见下面点不可见；侧面重影点，左面点可见右面点不可见。在图3－23中，正面重影点Ⅱ点可见，Ⅰ点不可见；水平重影点Ⅲ点可见，Ⅳ点不可见。

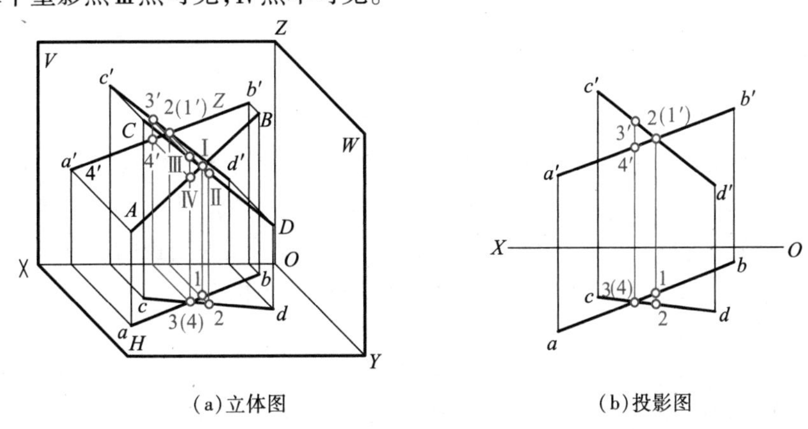

(a)立体图　　(b)投影图

图3－23　交叉两直线

例3－6　已知两条一般位置直线，两个同名投影互相平行，判断图3－24中两条直线是否平行。

解　已知两条直线两个同名投影互相平行，按照投影规律得另一面投影$a''b''$、$c''d''$，由于$ab /\!/ cd$、$a'b' /\!/ c'd'$、$a''b'' /\!/ c''d''$，可得出直线$AB /\!/ CD$。因此，对于一般位置直线，只要有两个同名投影互相平行，空间两直线就平行。

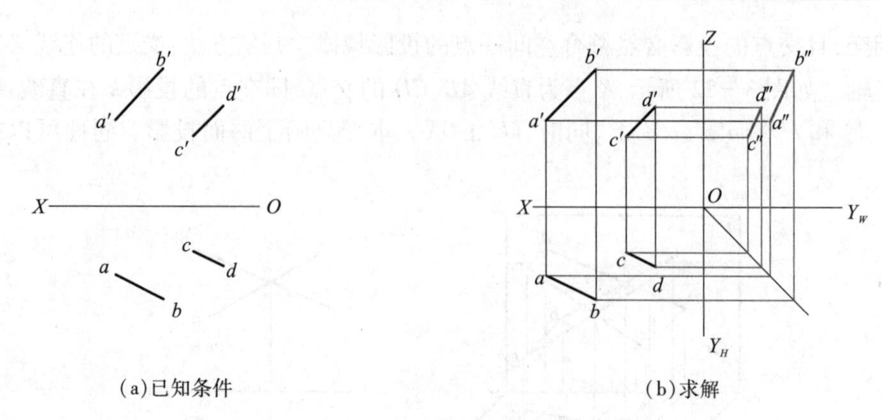

图 3-24　一般位置两条直线是否平行

例 3-7　判断图 3-25 所示的两条投影面平行直线是否平行。

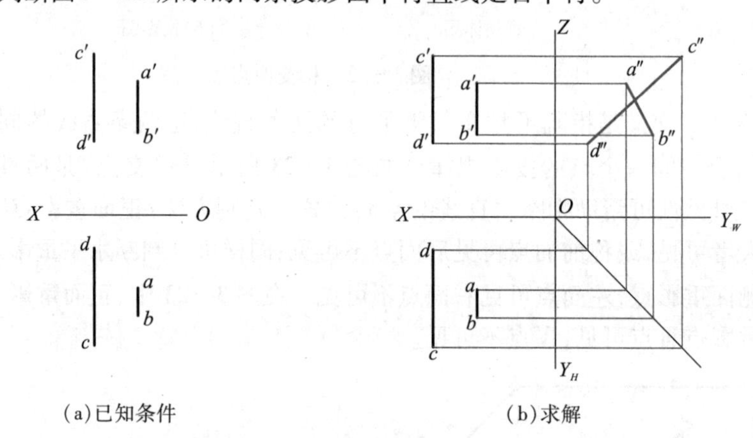

图 3-25　两条投影面平行直线是否平行

解　如图 3-25 所示，侧平行线 AB、CD 在正面和水平投影线都平行，但求出侧面投影后可知，$a''b''$ 与 $c''d''$ 不平行，故 AB 与 CD 不平行。对于投影面平行线，只有两个同名投影互相平行，空间直线不一定平行。若要用两个投影判断，其中一个应包括反映实长的投影。

例 3-8　如图 3-26 所示，过 C 点作水平线 CD 与 AB 线相交。

解　水平线的投影在 V 投影面上应平行于 OX 轴，过 c' 作水平线与 $a'b'$ 相交得 d'，然后过 d' 作垂直 OX 轴的辅助线与 ab 相交得 d 点，连接 cd 即为所求水平线 CD 在 H 投影面上的投影。

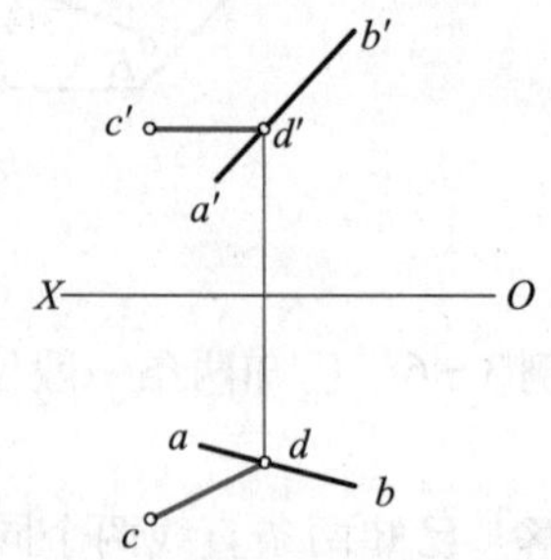

图 3-26　过 C 点作水平线与直线相交

3.3.2.5　直角投影定理

空间两条直线垂直有两种情况，即垂直相交和交叉垂直（垂直不相交），对这类问题有下面四条定理。若垂直两直线对投影面都处于一般位置，则其投影的夹角不反映两直线的实际夹角。

直角投影定理　当其中一条直线平行于一个投影面时，不论另一条直线是否平行该投影面，这两条直线在该投影面上的投影仍然垂直。

(1)垂直相交的两直线的投影。

定理 1　垂直相交的两直线，其中有一条直线平行于投影面时，两直线在该投影面上的投影仍反映直角。

定理 2　相交两直线在同一投影面上的投影反映直角，且有一条直线平行于该投影面，则空间两直线的夹角必是直角。

(2)交叉垂直的两直线的投影。

定理 3　相互垂直的两直线，其中有一条直线平行于投影面时，两直线在该投影面上的投影仍反映直角。

定理 4　两直线在同一投影面上的投影反映直角，且有一条直线平行于该投影面，则空间两直线的夹角必是直角。

定理 1 证明如下：

已知两直线相交，$BC \perp AB$，且 $BC /\!/ H$ 面，如图 3－27(a)所示。因为 $BC \perp AB$，$BC \perp Bb$，则 $BC \perp ABba$；因为 $BC /\!/ H$ 面，所以 $bc /\!/ BC$，平面 $ABba \perp bc$，即 bc 为平面 $ABba$ 的垂线，因此 $bc \perp ba$，即 $\angle abc$ 仍然为直角。投影如图 3－27(b)所示。

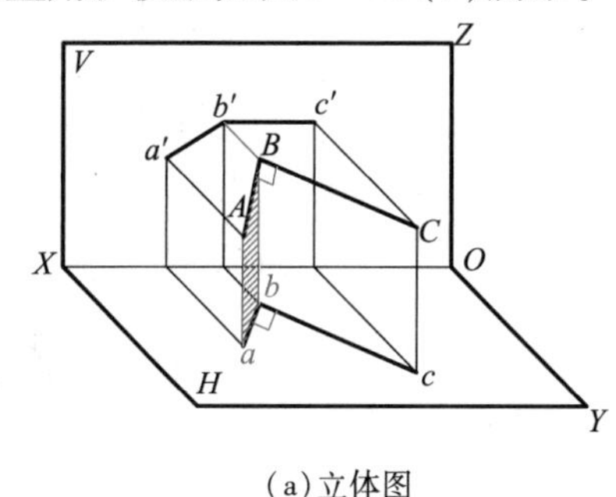

(a)立体图

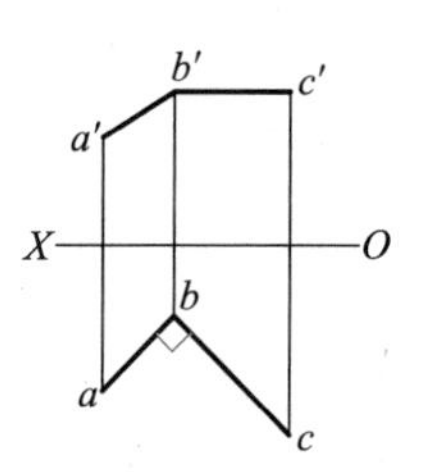

(b)投影图

图 3－27　直角定理

例 3－9　过点 A 作 EF 线段的垂直相交线 AB。

解　EF 线段为正平线，应根据直角投影定理来求解 B 点的投影。

因为 $EF /\!/ V$ 面，所以 $ef /\!/ OX$；过 a' 作一直线 $\perp e'f'$ 得交点 b'，由 b' 向下作投影连线，与 ef 交于 b；连接 ab，则 ab 和 $a'b'$ 即为过点 A 作 EF 线段的垂直相交线 AB 的两面投影，如图 3－28 所示。

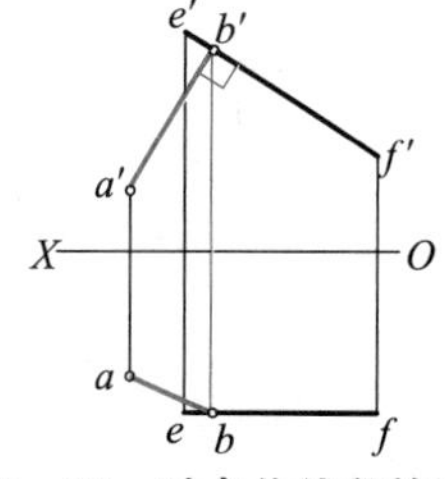

图 3－28　过点作线段的垂线

例 3－10　AB 线为一般位置直线，CD 线为铅垂线，作线段 AB、CD 的公垂线 EF。

解　CD 线为铅垂线，$CD \perp H$ 面，设 E 点在 CD 线上，利用直线的积聚性，c、d、E 点重合。公垂线 EF 是一条水平线，在 H 面上它与 AB 线的投影仍然为直角，因此，过 e 点作 ab 的垂直线与 ab 相交得 f。过 f 点作投影连线与 $a'b'$ 相交得 f'。由于 EF 为水平线，它在 V 面上的投影平行于 OX，因此，过 f' 点作水平线与 cd 相交得 e'。连接 $e'f'$ 和 ef 即为公垂线 EF 的投影。注意，ef 的长度反映了 EF 线的真实长度。如图 3－29 所示。

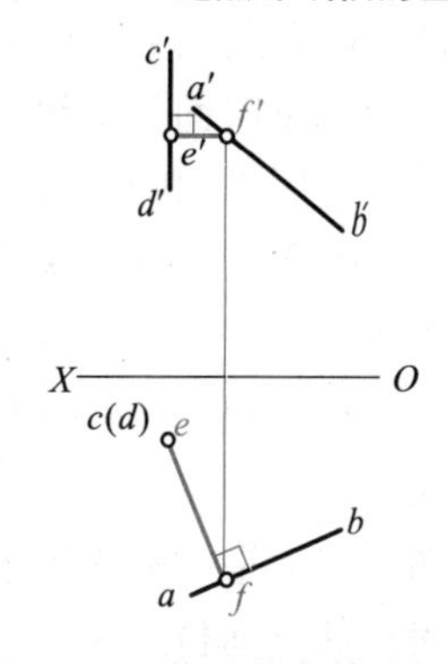

图 3－29　作两线段的公垂线

3.3.3 平面的投影

3.3.3.1 平面的表示法

(1)用几何元素表示平面,由于三点定一面,可以用几组不同的几何要素来表达。如图3-30所示的是用几何元素表示平面的投影图。

①不在同一直线上的三个点,如图3-30(a)所示;

②直线及线外一点,如图3-30(b)所示;

③两平行直线图,如图3-30(c)所示;

④两相交直线,如图3-30(d)所示;

⑤平面图形,如图3-30(e)所示。

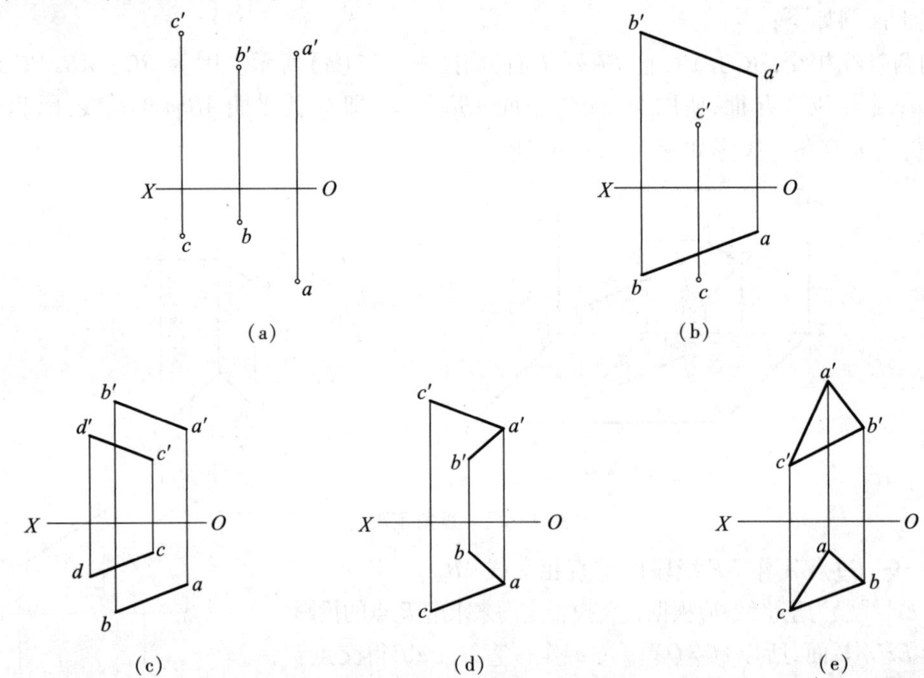

图3-30 用几何元素表示平面

(2)平面的迹线表示法。

平面与投影面的交线称为平面的迹线。空间平面 S 与 H、V 和 W 面的交线称为 S 平面的三面迹线。它用平面的名称的大写字母附加投影面名称的注脚来表示,即分别记作 S_H、S_V 和 S_W,如图3-31所示。迹线是投影面上的直线,是平面与投影面的交线,用粗实线表示。

图3-31表示了用迹线表示一般位置平面的投影,它在三个投影面上的迹线都没有积聚性,都与投影轴倾斜,每两条迹线分别相交于相应的投影轴上的同一点。由两条迹线可以求得另一条迹线。

图3-32是用迹线表示铅垂面 S,由于铅垂面 S 在 H 面上投影有积聚性,因此用一条迹线 S_H 可以表达其空间位置。

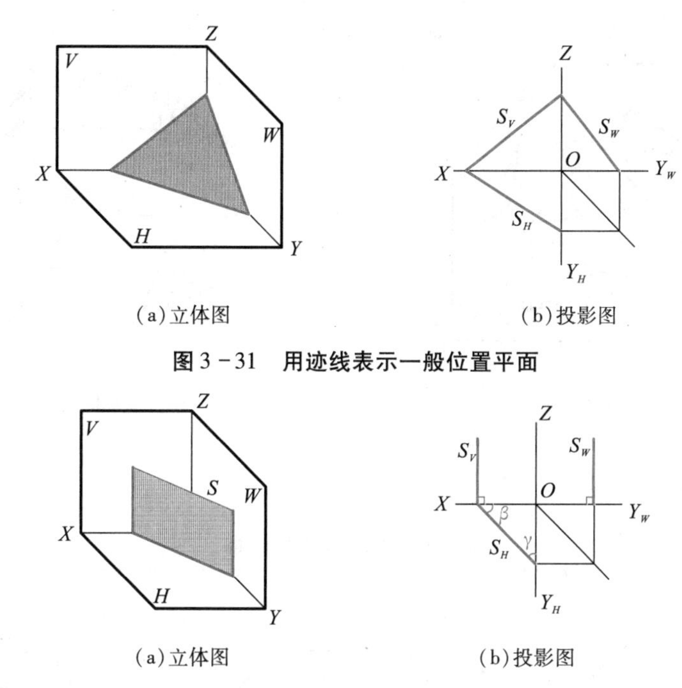

(a)立体图　　(b)投影图

图 3 - 31　用迹线表示一般位置平面

(a)立体图　　(b)投影图

图 3 - 32　用迹线表示铅垂面

3.3.3.2　平面对投影面的各种相对位置

平面分别与 H 面、V 面和 W 面形成的两面夹角，分别称为平面对投影面 H、V 和 W 的倾角 α、β、γ。当倾角为 0°时称为该投影面的平行面，当倾角为 90°时称为该投影面的垂直面，否则称为一般位置平面，一般位置平面的倾角 α、β、γ 均大于 0°，小于 90°。

因此，平面对投影面的各种相对位置有三种情况，即一般位置平面、投影面的垂直面和投影面的平行面。注意，投影面的平行面是投影面的垂直面的一个特例，它不仅平行于某个投影面，同时垂直于另外两个投影面。

平面主要用几何元素表示，一般位置平面迹线 S_H、S_V 和 S_W 与投影轴的夹角不反映平面对投影面 H、V 和 W 的倾角 α、β、γ。当平面处于特殊位置时，其迹线反映平面对投影面倾角，此时用迹线表示平面更加直观和方便。特殊位置是指投影面的垂直面和投影面的平行面。

下面分别介绍各种平面的投影特性。

(1)一般位置平面。

一般位置平面，其投影规律是投影仍为平面图形，且为缩小的类似形。如图 3 - 33 所示，三角形△ABC 的投影均为缩小的三角形△abc、△$a'b'c'$ 和△$a''b''c''$，A、B 和 C 点的投影分别满足点的投影规律。

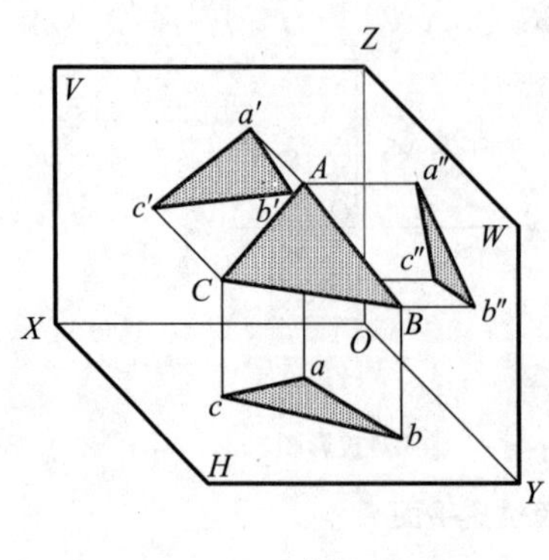

(a)立体图

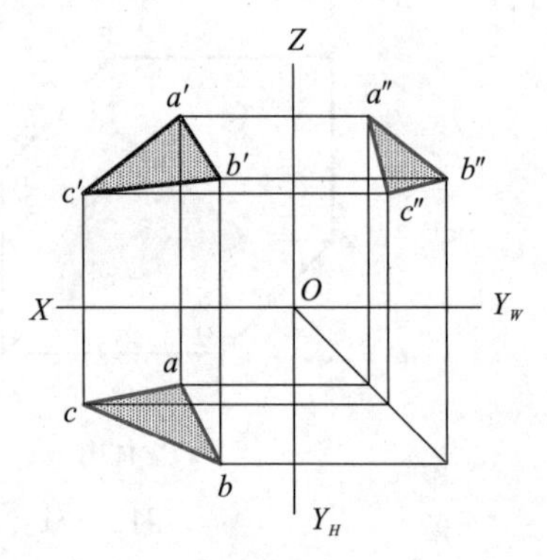

(b)投影图

图 3 - 33　一般位置平面

(2)投影面的垂直面(见表 3 - 3)。

表 3 - 3　投影面的垂直面

名称	正垂面	铅垂面	侧垂面
立体图	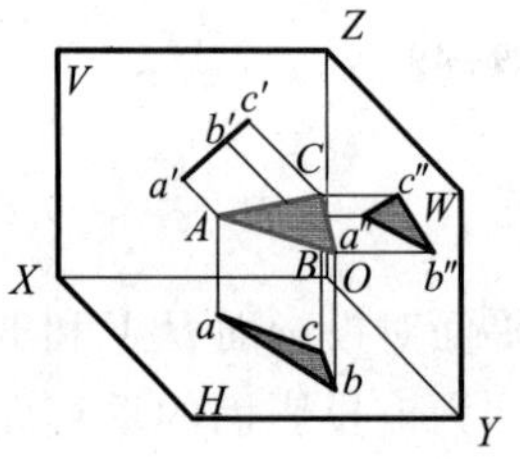	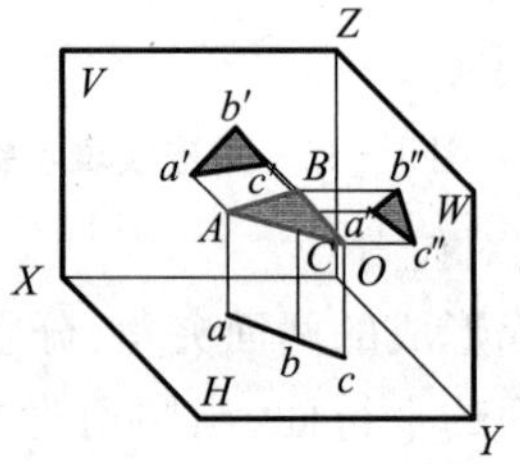	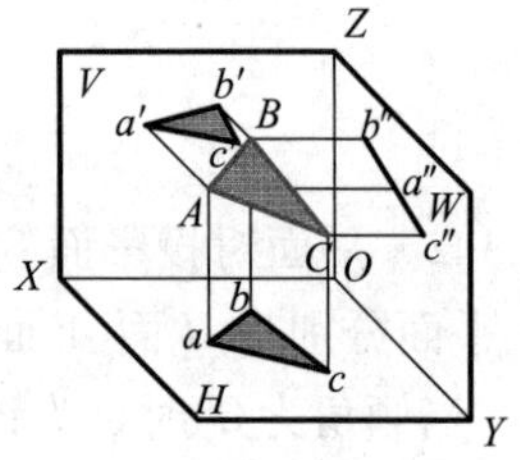
投影图	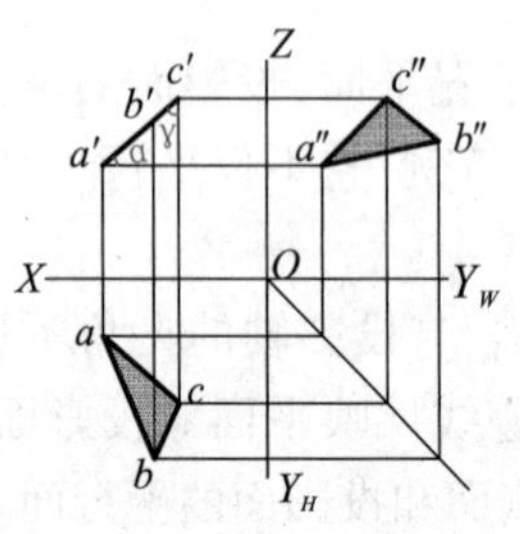	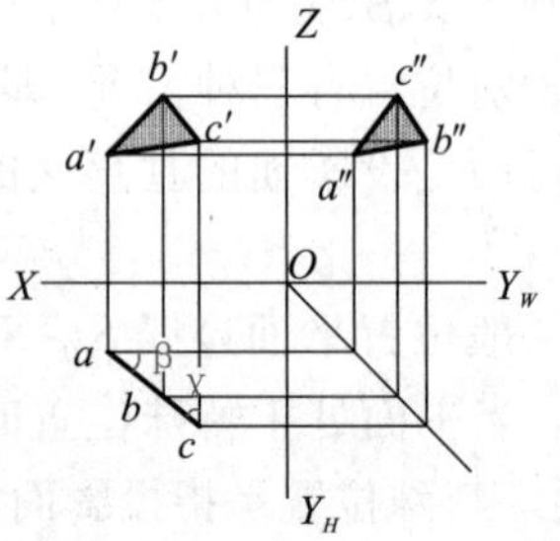	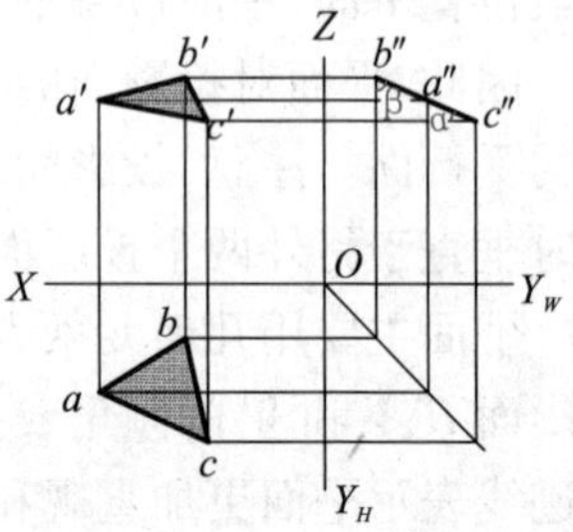
迹线表示图	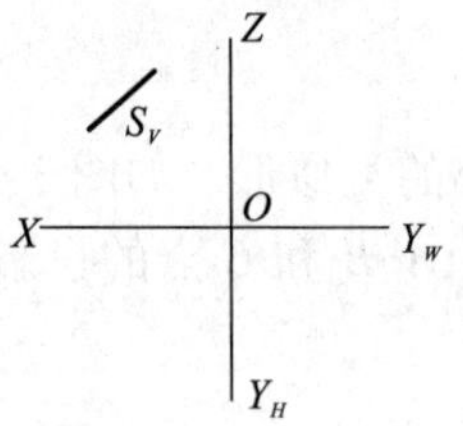	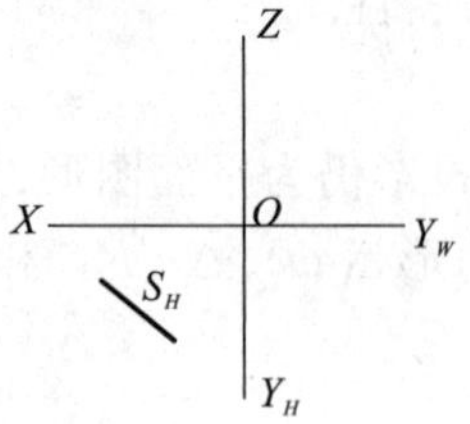	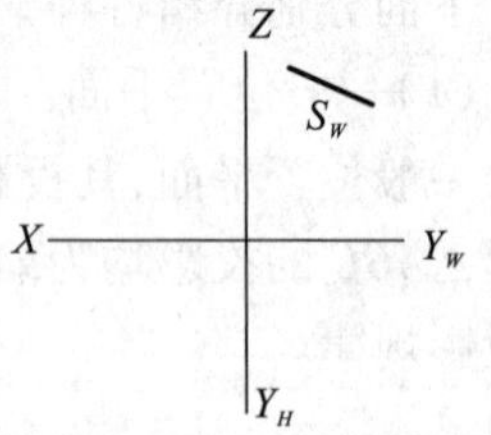
投影特性	1. 正面投影积聚为一条线，如 $a'b'c'$ 或 S_V 2. 水平投影 abc、侧面投影 $a''b''c''$ 为 $\triangle ABC$ 的类似形 3. 投影 $a'b'c'$ 或 S_V 与 OX、OZ 的夹角反映 α、γ 角的真实大小	1. 水平投影积聚为一条线，如 abc 或 S_H 2. 正面投影 $a'b'c'$、侧面投影 $a''b''c''$ 为 $\triangle ABC$ 的类似形 3. 投影 abc 或 S_H 与 OX、OY 的夹角反映 β、γ 角的真实大小	1. 侧面投影积聚为一条线，如 $a''b''c''$ 或 S_W 2. 水平投影 abc、正面投影 $a'b'c'$ 为 $\triangle ABC$ 的类似形 3. 投影 $a''b''c''$ 或 S_W 与 OZ、OY 的夹角反映 β、α 角的真实大小

(3)投影面的平行面(见表 3－4)。

表 3－4　投影面的平行面

名称	水平面	正平面	侧平面
立体图			
投影图			
迹线表示图			
投影特性	1. 水平投影面上的投影 abc 反映实形 2. 正面投影 // OX，侧面投影 // OY_W；分别积聚成直线，如 $a'b'c'$ 或 S_V、$a''b''c''$ 或 S_W	1. 正投影面上的投影 $a'b'c'$ 反映实形 2. 水平投影 // OX，侧面投影 // OZ；分别积聚成直线，如 abc 或 S_H、$a''b''c''$ 或 S_W	1. 侧投影面上的投影 $a''b''c''$ 反映实形 2. 正面投影 // OZ，水平投影 // OY_H；分别积聚成直线，如 $a'b'c'$ 或 S_W、abc 或 S_H

3.3.3.3　属于平面的点和直线

(1)平面内取点和取直线。

点和直线在平面内的几何条件有两点：

①属于平面内的点，则该点必定在这个平面的一条直线上。如图 3－34 所示，D、E 点分别在平面的 AB、BC 线上。

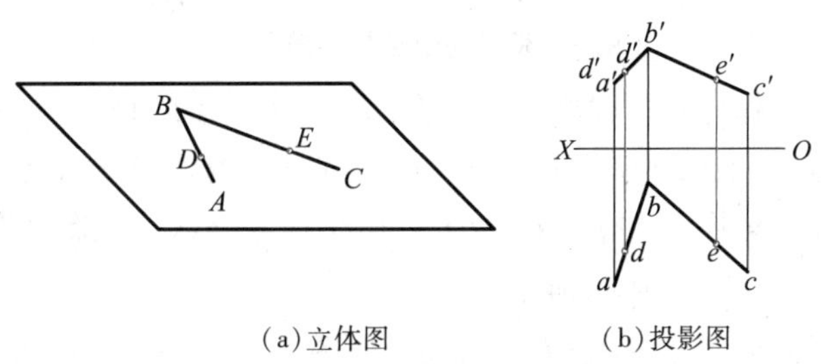

(a)立体图　　(b)投影图

图 3－34　属于平面内的点

②属于平面的直线有两条定理：

定理1 若一直线过平面内的两点，则此直线必在该平面内。如图3－35(a)、(b)所示*DE*直线。

定理2 若一直线过平面内的一点，且平行于该平面上的另一直线，则此直线在该平面内。如图3－35(c)、(d)所示*MN*直线。

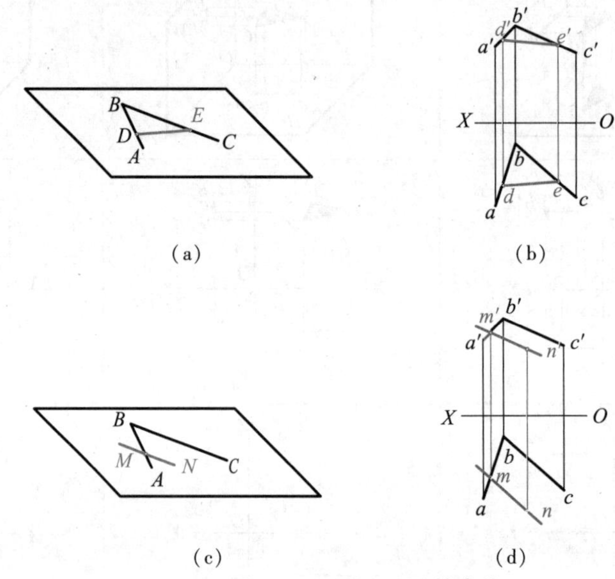

图3－35 属于平面的直线

判断直线在平面内的方法必须在平面内取点或线，判断点在平面内的方法则是看该点是否属于平面内一条直线，即必须利用平面内已知点或线的投影来判断。

例3－11 已知一平面△*ABC*，如图3－36(a)所示，试判断点*D*是否属于该平面。

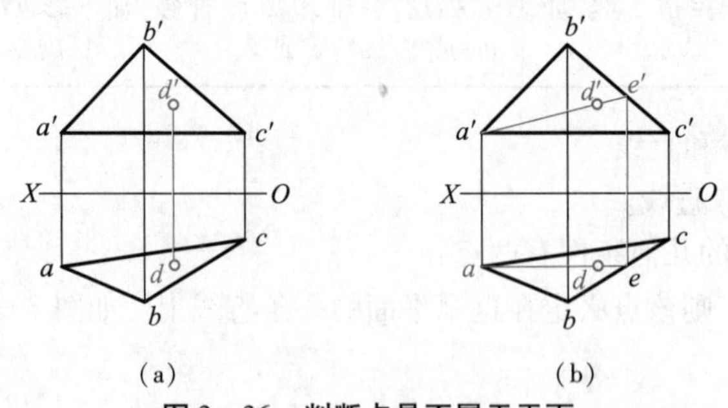

图3－36 判断点是否属于平面

解 若点*D*属于平面内的点，则该点必定在这个平面△*ABC*的一条直线内；否则，点*D*就不属于平面内的点。过点*A*在△*ABC*平面内作一辅助线*AE*，若点*D*属于平面内的点，那么正面投影d'在$a'e'$线上，则水平投影*d*也应在*ae*线上。由于本题中水平投影*d*在*ae*线上，故可以判断点*D*属于平面△*ABC*，如图3－36(b)所示。

例3－12 已知平面由直线*AB*、*CD*所确定，如图3－37(a)所示，试在平面内任意作一条直线。

解法一　根据定理1，若一直线过平面内的两点，则此直线必在该平面内。如图3－37(b)所示，分别在直线AB、CD上找到点M的投影和点N的投影，连接$m'n'$和mn，即得到平面$ABCD$内的直线MN。

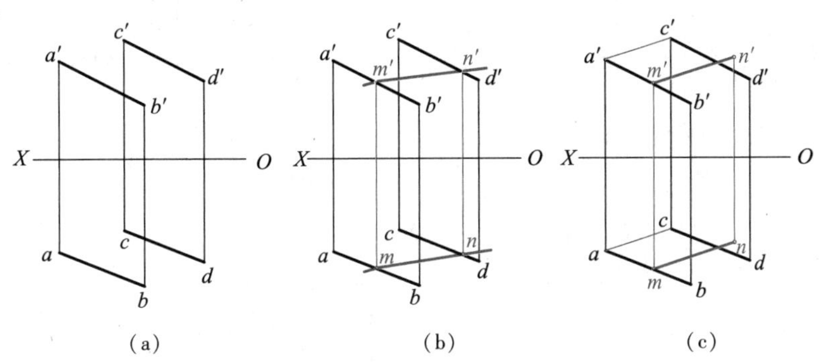

图3－37　平面内任意作一条直线

解法二　根据定理2，若一直线过平面内的一点，且平行于该平面上的另一直线，则此直线在该平面内。如图3－37(c)所示，在直线AB上找到点M的投影，作辅助AC线，即连接$a'c'$和ac，过点M作AC线的平行线MN，即$m'n' /\!/ a'c'$和$mn /\!/ ac$，便得到平面$ABCD$内的直线MN。

例3－13　已知一般平面△ABC空间立体图如图3－38(a)所示，投影图如图3－38(b)所示，在△ABC上作水平线AE和正平线CD。

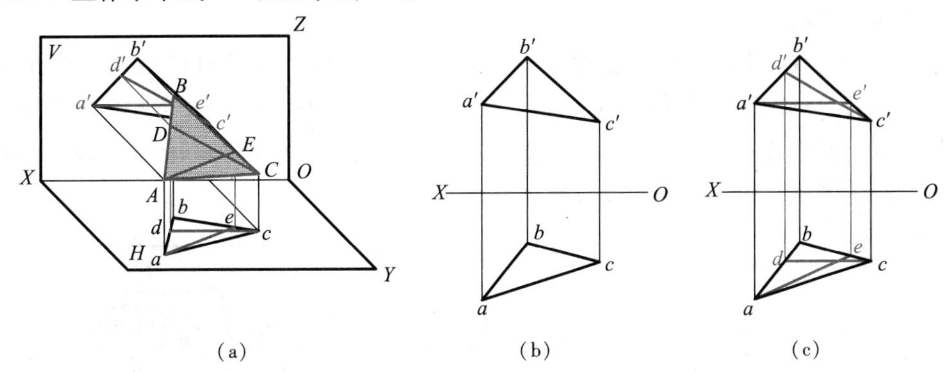

图3－38　平面上作投影面平行线

解　一般平面△ABC上，过任意一点可以作无数条直线，并总可能分别找到投影面的平行线。在图3－38(b)中，过A点作直线$AE /\!/ H$面，得BC线上的交点E，AE直线为该平面内的水平线；过C点作直线与$CD /\!/ V$面，得AB线上的交点D，CD直线为该平面内的正平线，作图结果如图3－38(c)所示。

(2)过已知点或直线作平面。

①过已知点作平面。

过已知空间点A可以作无数个平面。在点外找任意直线就可以构成一个平面，如图3－39(a)所示。过已知空间点A任意引两条线可以作投影面的无数个平面，如图3－39(b)所示，当为垂直面时，可以用迹线表示，如图3－39(c)所示。过A点的铅垂面S_H的空间图如图3－39(d)所示。

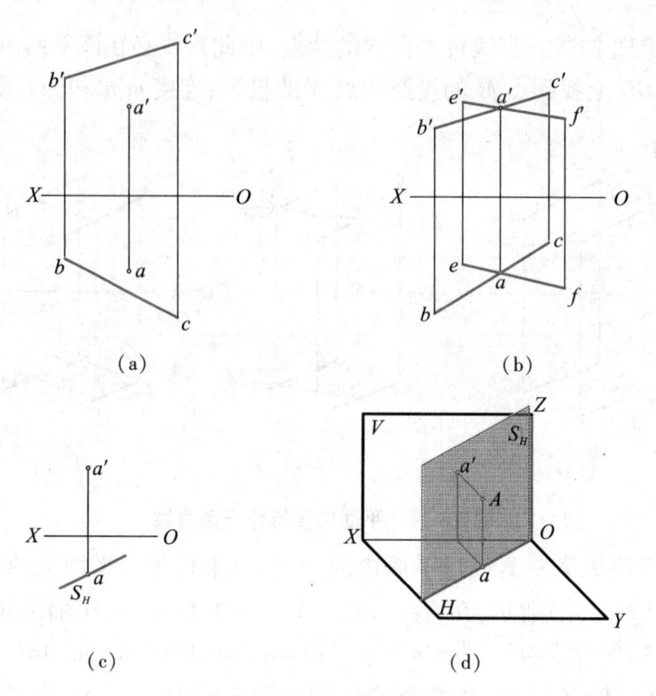

图 3 -39　过已知点作平面

②过直线作平面。

过已知空间直线 AB 可以作无数个平面。在直线外找任意点就可以构成一个平面,如图 3 -40(a)所示;过已知直线 AB 作 V 面的垂直面 S_V,如图 3 -40(b)所示,空间图如图 3 -40(c)所示;过已知直线 AB 作 H 面的垂直面 P_H,如图 3 -40(d)所示,空间图如图 3 -40(e)所示。在这里作垂直面用迹线表示法比较简单直观。

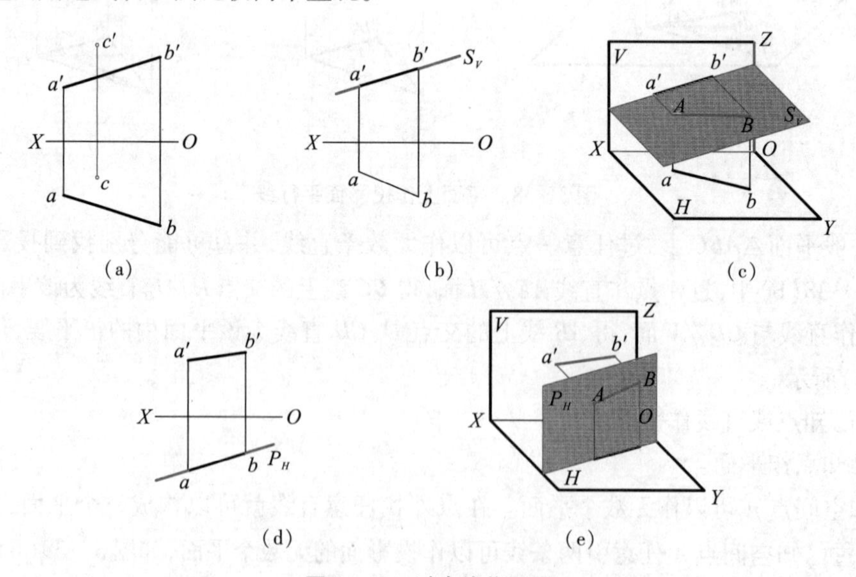

图 3 -40　过直线作平面

③过特殊位置直线作平面。

过特殊位置直线如投影面平行线作平面，可以作投影面平行平面，此外还可以作无数任意位置平面。如图3－41(a)所示，已知水平线AB，过水平线AB分别作水平面、铅垂面和作一般位置平面。作水平面如图3－41(b)所示；作铅垂面如图3－41(c)所示；作一般位置平面如图3－41(d)所示。

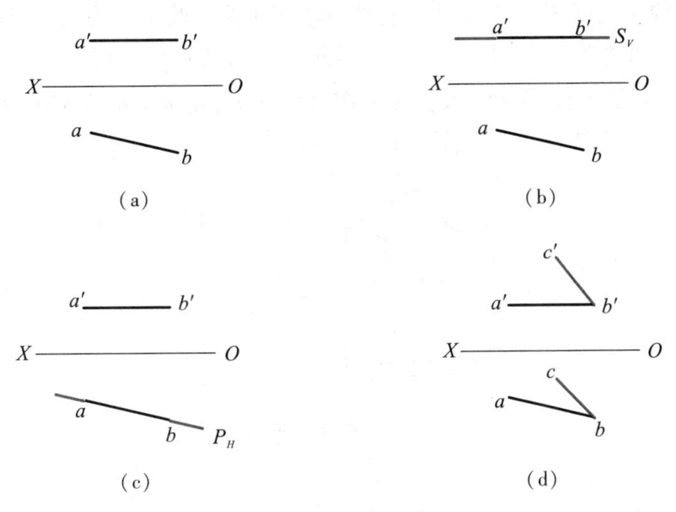

图3－41　过水平线AB作平面

例3－14　已知点M在如图3－42(a)所示的$\triangle ABC$平面上，且点M距离H面20 mm，距离V面10 mm，试求点M的投影。

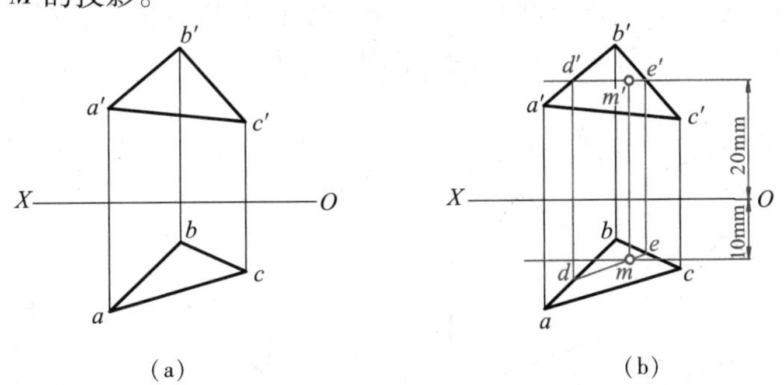

图3－42　平面上求点M的投影

解　先在$\triangle ABC$上取位于H面20 mm的水平线DE，即在OX轴上端20 mm处作出$d'e'$，再由$d'e'$求出de；再在DE线上取位于V面10 mm的点M，即在OX轴下端10 mm处水平线，水平线与de的交点就为所求点M的水平投影m。由m在$d'e'$上作投影，得到点M的正面投影m'，如图3－42(b)所示。

3.4　直线与平面、平面与平面的相对位置

直线与平面、平面与平面的相对位置分别有三种情况：平行、相交和垂直。垂直是相交的特

例。本节仅讨论一些处于特殊位置的直线或平面的投影。

3.4.1 平行问题

3.4.1.1 直线与平面平行

定理 若一直线平行于平面上的某一直线,则该直线与此平面必相互平行;反之,如果在一平面内能找到一条直线平行于平面外一直线,则此平面与该直线平行。

如图 3-43 所示,在平面△ABC 上过点 a'作直线 $a'd'$,要求 $a'd' /\!/ m'n'$,在水平投影中得 ad。由于 $ad /\!/ mn$,可以判断直线 MN 与平面△ABC 平行。

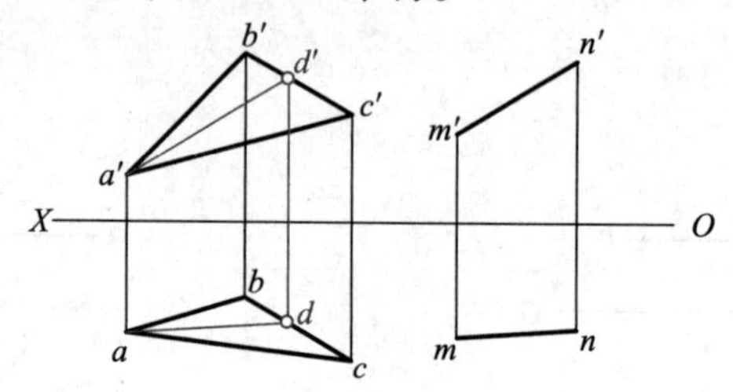

图 3-43 直线与平面平行

3.4.1.2 两平面平行

定理 若属于一平面的相交两直线对应平行于属于另一平面的相交两直线,则此两平面平行;反之,如果两平面平行,则可以在一平面内找到相交两直线对应平行于属于另一平面的相交两直线。

如图 3-44 所示,在平面 S 内相交直线 AB、BC 与平面 P 内相交直线 ED、EF 分别平行,即 $a'b' /\!/ d'e'$,$ab /\!/ de$ 和 $b'c' /\!/ e'f'$,$bc /\!/ ef$。因此,平面 S 与平面 P 平行。

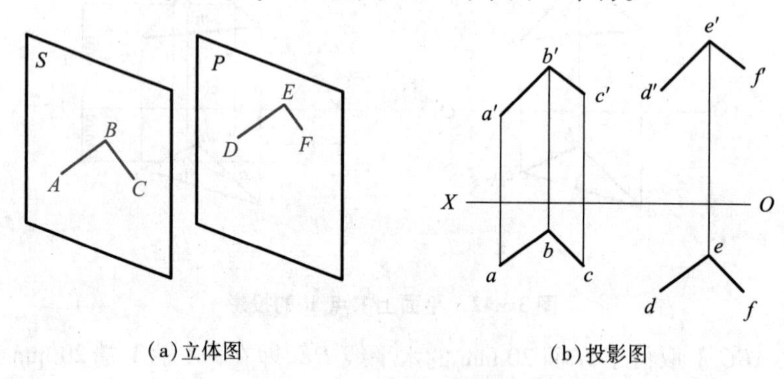

(a)立体图 (b)投影图

图 3-44 平面与平面平行

例 3-15 判断如图 3-45 所示直线 MN 是否平行于已知平面△ABC。

解 在△ABC 上过 a'点作直线 $a'd'$,$a'd' /\!/ m'n'$,在 bc 线上作 D 点的水平投影 d,由于 ad 不平行于 mn,所以,直线 MN 与已知平面△ABC 不平行。

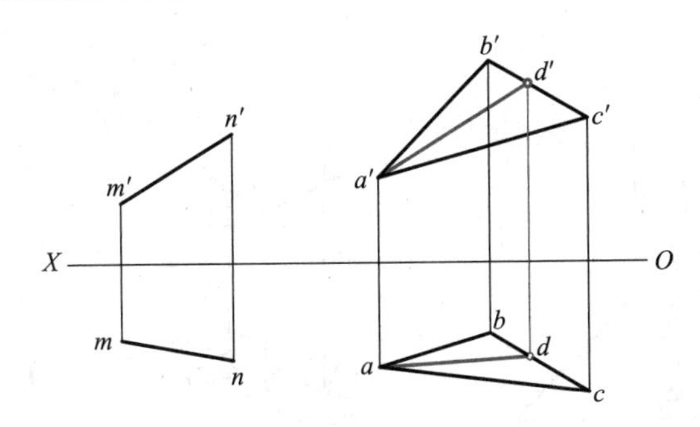

图 3-45　判断直线是否平行于已知平面

例 3-16　过如图 3-46(a)所示 M 点作一平面平行于平面△ABC。

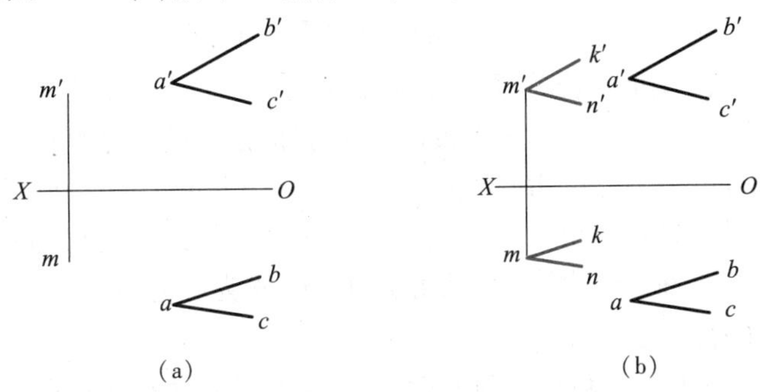

图 3-46　过 M 点作一平面平行于平面△ABC

解　根据两平面平行的定理，过 M 点作一对相交直线，分别平行于△ABC 内的任意相交直线便可。作直线 $MK /\!/ AB$，直线 $MN /\!/ AC$，即过 m' 点作直线 $m'k' /\!/ a'b'$，$m'n' /\!/ a'c'$，过 m 点作直线 $mk /\!/ ab$，$mn /\!/ ac$。故平面△MNK 与已知平面△ABC 平行，如图 3-46(b)所示。

3.4.2　相交问题

直线与平面相交，必有一个交点，它是直线与平面的共有点。

两平面相交，必有一条直线，这条直线为两平面所共有，它由两平面上一系列共有点组成。

研究相交问题，即在投影图上作出交点或交线的投影后，必须在各同面投影的重影部分进行可见性判别。判别过程中重影点部分先画成双点划线，可见性判别后再根据情况分别画成粗实线或虚线。交点是线与面投影后可见性的分界点，交线是面与面投影后可见性的分界线。判别可见性的原理是利用重影点的另外两坐标值的大小来决定。

当相交两几何要素之一与投影面处于特殊位置时，可以利用投影的积聚性及交点、交线的共有性，在投影图上确定交点、交线的投影。

3.4.2.1　直线与平面相交

(1)求一般位置直线与特殊位置平面的交点，利用交点的共有性和平面的积聚性直接求解。

例 3-17　如图 3-47(a)所示，平面 ABC 是一正垂面，求直线 MN 与平面 ABC 的交点 K。

解　平面 ABC 是一正垂面，$ABC \perp V$ 面，其正面投影 $a'b'c'$ 积聚成一条直线，该直线与 $m'n'$ 的交点 k' 即为 K 点的正面投影，在 mn 直线上对应找到水平投影 k，如图 3-47(b)所示。水平投影中，直线 mn 与平面 abc 有一部分重叠，先画成双点划线，需要判别重影点可见性，如图 3-47(b)

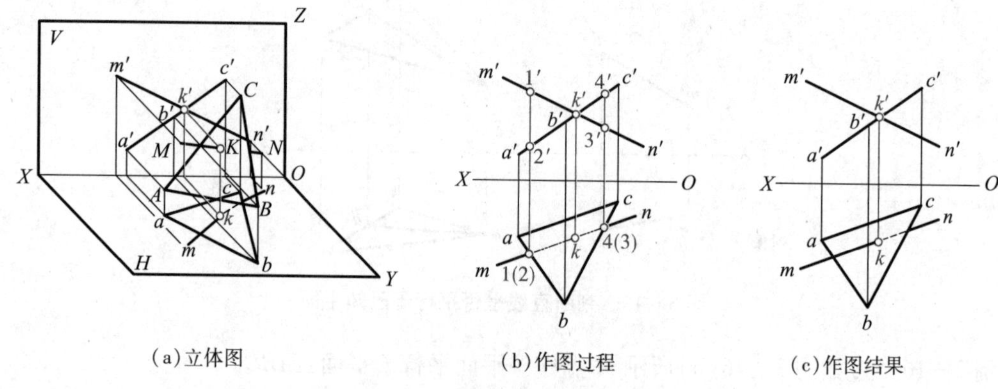

(a)立体图　　(b)作图过程　　(c)作图结果

图 3-47　直线与特殊位置平面的交点

所示。判别方法是:任意取重影点左侧一对重影点Ⅰ、Ⅱ。点Ⅰ(1′、1)在直线 MN 上,点Ⅱ(2′、2)在平面 ABC 的 AB 直线上。由正面投影坐标可知,点Ⅰ的 Z 坐标值大于点Ⅱ的 Z 坐标值,因此,直线 MK 段在平面 ABC 之上,MK 可见,故水平投影上 mk 为可见,画成粗实线。同理,正面投影中线段 $4'k'$ 在线段 $3'k'$ 之上,水平投影直线 MN 的 KⅢ线段不可见,即 $k3$ 不可见,画成虚线;水平投影ⅢN 线段未被平面 ABC 挡住,仍然可见,即 $3n$ 段为可见,画成粗实线。判别可见性后,作图结果如图 3-47(c)所示。

(2)求投影面垂直线与一般位置平面的交点,利用交点的共有性和直线的积聚性,采取平面上取点的方法求解。

例 3-18　求如图 3-48(a)所示铅垂线 MN 与平面 $ABCD$ 交点 K,并判别可见性。

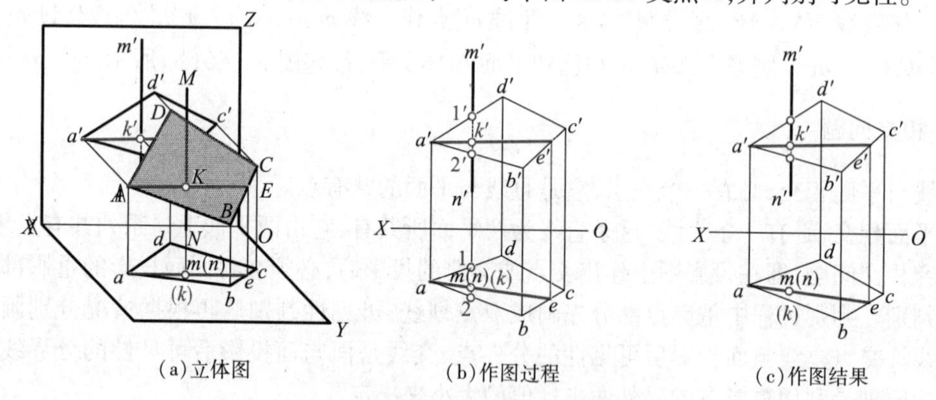

(a)立体图　　(b)作图过程　　(c)作图结果

图 3-48　特殊位置直线与平面的交点

解　直线 MN 为铅垂线,其水平投影积聚成一个点,故交点 K 的水平投影也积聚在该点上。

用平面上取点法可求得 k' 的投影。如图 3-48(b)所示,过 a 点连接 k 点(即 m 点)与 bc 相交于 e 点。由 e 点投影找到 e' 的投影,连接 $a'e'$,$m'n'$ 与 $a'e'$ 的交点就为 k'。对于正面投影直线与平面的重叠部分,需判别可见性,在图 3-48(b)中点Ⅱ位于平面 AB 线上,点Ⅰ位于平面 AD 线上,而水平投影中,直线 ab 在 k 点之前,直线 ad 在 k 点之后;故正面投影中铅垂线 MN 中 K,Ⅱ线段被平面 $ABCD$ 挡住,$k'2'$ 为不可见,画成虚线;ⅡN、KⅠ及ⅠM 线段未被平面 $ABCD$ 挡住,故 $2'k'$、$1'k'$ 段和 $1'm'$ 段为可见,画成粗实线。判别可见性后,作图结果如图 3-48(c)所示。

3.4.2.2　两平面相交

(1)两特殊位置平面相交,分析交线的空间位置,根据交线的投影特性,有时可找出两平面的一个共有点,画出交线的投影。

例 3-19　如图 3-49(a)所示,求两平面的交线 MN,并判别可见性。

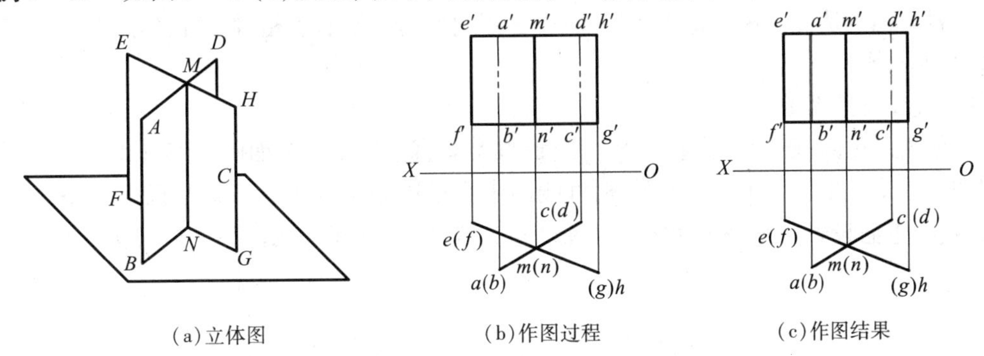

(a)立体图　(b)作图过程　(c)作图结果

图 3-49　两铅垂面相交

解　平面 $ABCD$ 与 $EFGH$ 都为铅垂面,它们的水平投影都积聚成直线。交线必为一条铅垂线,由水平投影交点便可找出交线的投影,如图 3-49(b)所示。从水平投影上可看出,在交线右侧,平面 $ABCD$ 在后,其正面投影 $c'd'$ 不可见,画成虚线;在交线左侧,平面 $ABCD$ 在前,其正面投影 $a'b'$ 可见,画成粗实线。判别可见性后,作图结果如图 3-49(c)所示。

(2)一般位置平面与特殊位置平面相交,可利用特殊位置平面的投影积聚性,找出两平面的两个共有点,交线可直接求出。

例 3-20　如图 3-50(a)所示,求平面 ABC 与铅垂面 $EFGH$ 的交线 MN,并判别可见性。

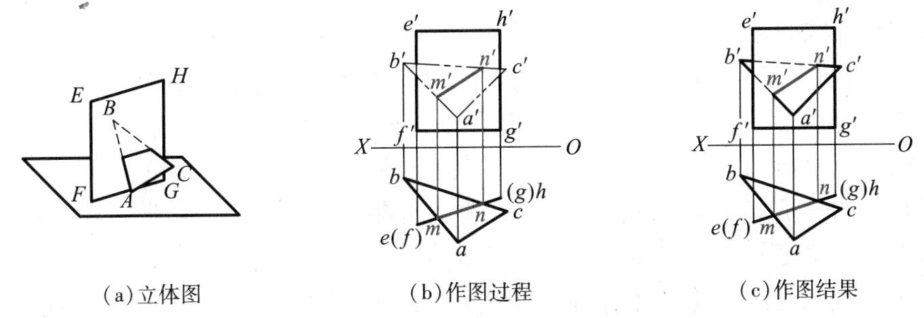

(a)立体图　(b)作图过程　(c)作图结果

图 3-50　平面与铅垂面相交

解　铅垂面 $EFGH$ 的水平投影积聚成直线,由水平投影便可作出交线的投影 mn。因为 M 点的正面投影 m' 在平面 ABC 的 $b'c'$ 直线上,故求得 m' 的投影;同理求得 n' 的投影,如图 3-50(b)所示。对于重叠部分投影线,需要判别可见性。由水平投影可看出,以交线 mn 为界,平面 ABC 在铅垂面 $EFGH$ 前,其 ABC 正面投影可见,即 $a'c'$、$c'n'$ 和 $a'm'$ 及 $m'n'$ 可见,画成粗实线;反之,以交线为界,平面 ABC 在铅垂面 $EFGH$ 后,其被铅垂面挡住部分的正面投影不可见,即 $b'n'$ 和 $a'b'$ 被平面 $EFGH$ 挡住部分为虚线,未被挡住部分仍然为粗实线。同理,平面 $EFGH$ 被平面 ABC 挡住部分为虚线。判别可见性后,作图结果如图 3-50(c)所示。

两个一般位置平面相交,求交线的方法:用平面边界的直线与另一平面求交点的方法求出交线的两个端点,连接两个端点即可。求交线其实就是求两平面的共有点。

3.4.3 垂直问题

垂直问题包括直线与平面垂直、两平面垂直的问题。应用几何学垂直问题的定理可以解决绘图问题。这里仅研究特殊位置的直线与平面垂直、两平面垂直的问题,即直线或平面至少有一个垂直于投影面的情况。解决这类问题,首先分析它们与投影面的相对位置,然后分析它们的垂直关系,再作投影图。

3.4.3.1 直线与平面垂直

由几何关系可知,若一直线垂直于一平面,则必垂直于属于该平面的一切直线。

定理1 若一直线垂直于一平面,则直线的水平投影必垂直于属于该平面的水平线的水平投影;直线的正面投影必垂直于属于该平面的正平线的正面投影。如图3-51所示。

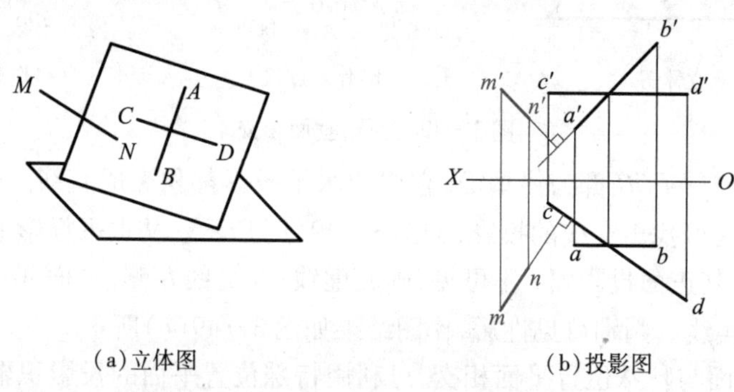

(a)立体图　　(b)投影图

图3-51 直线与一般位置平面垂直

定理2 若一直线水平的投影垂直于属于平面的水平线的水平投影,直线的正面投影垂直于属于平面的正平线的正面投影,则直线必垂直于该平面。

例3-21 已知平面△*ABC*,如图3-52所示,试过点*K*作该平面的法线。

解 平面△*ABC*为一般位置平面,过点*K*作平面的垂直线即为平面的法线。根据定理2,只要直线*KL*水平投影垂直于属于平面△*ABC*上的一条水平线的投影,直线*KL*的正面投影垂直于属于平面上的一条正平线的投影,则直线必垂直于该平面。先过*A*点作水平线*AD*、正平线*AE*的投影,如图3-52所示。再过*k'*点作正平线*a'e'*的垂直线,垂直线与投影连线得出交点*l'*,并由*l'*点作投影连线。过*k*点作水平线*ad*的垂直线,该垂直线与投影连线的交点即为*l*。那么直线*KL*就为已知平面△*ABC*的法线。

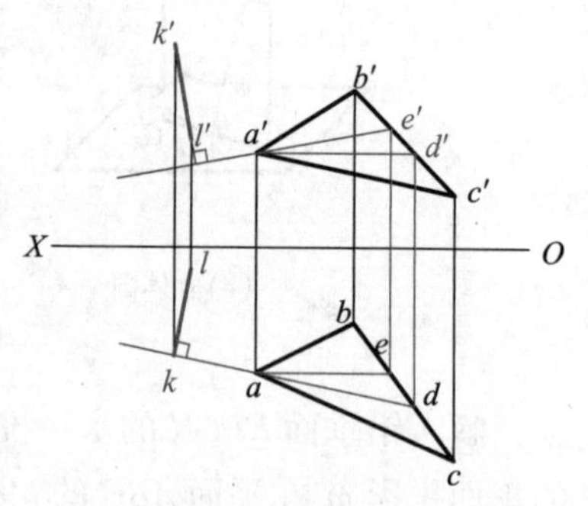

图3-52 过点作平面的法线

对于特殊位置平面的垂直线,可以由特殊位置平面投影的积聚性直接求得。

例3-22 铅垂面△*ABC*如图3-53所示,求点*K*到铅垂面△*ABC*的距离。

解 过点*K*作平面的垂线与平面△*ABC*的交点*L*为垂足。垂线*KL*的长度就为点*K*到铅垂面△*ABC*的距离。铅垂面△*ABC*在水平投影中有积聚性,*abc*为一直线。由于△*ABC*为铅垂面,垂线*KL*就应为一水平线。根据直角定理,在水平投影中反映直角,即$kl \perp abc$。正面投影*k'l'*平行于投影轴。在水平投影中,*kl*反映*K*点到铅垂面△*ABC*的真实距离,直接量取便可。

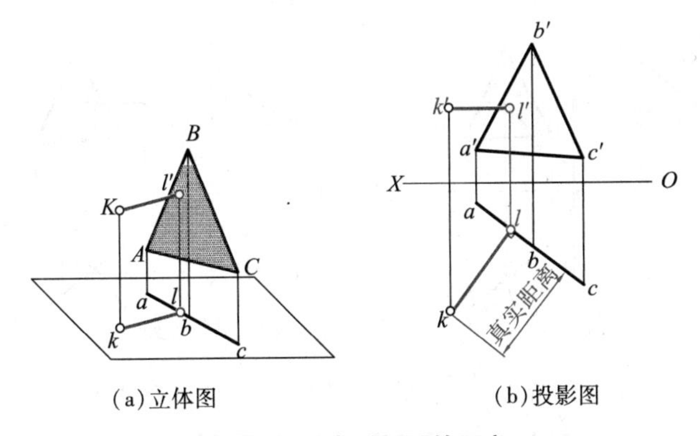

(a)立体图　　(b)投影图

图 3-53　点到平面的距离

作图过程如图 3-53(b)所示,过 k 点作直线 abc 的垂直线 kl,$kl \perp abc$,l 为两垂直线的交点,由 l 点作投影连线。过 k' 点作投影轴平行线,平行线与投影连线得出交点 l'。

3.4.3.2　两平面垂直

定理　若一直线垂直于一个平面,则包含这条直线的所有平面都垂直于该平面;反之,若两平面相互垂直,则由属于第一个平面的任意一点向第二个平面作的垂线必属于第一个平面。

例 3-23　求如图 3-54(a)所示两平面的交线 MN,并判别可见性。

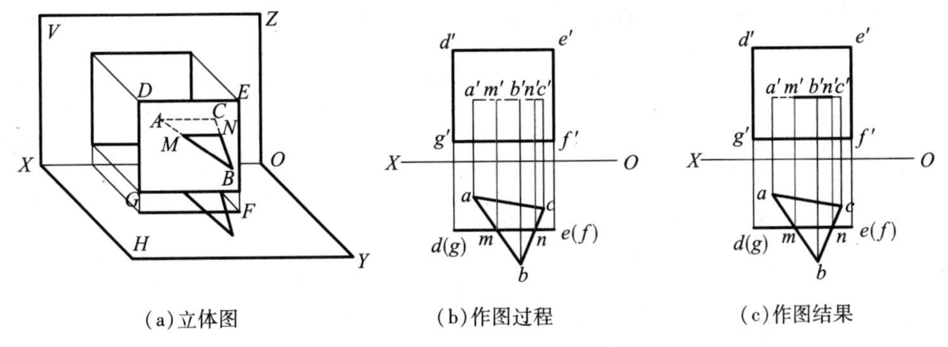

(a)立体图　　(b)作图过程　　(c)作图结果

图 3-54　特殊位置两平面的交线

解　水平面 $\triangle ABC$ 与正垂面 $DEFG$ 都为特殊位置平面,它们的水平投影和正面投影分别都有一个平面积聚成直线,其交线必为一条侧垂线,交线的投影分别与两积聚直线重合。关键是求得交线上的两端点,由从水平投影可以求出交线 MN 的两端点投影,如图 3-54(b)所示。对于 ABC 正面投影,需要进行可见性判别。由水平投影可看出,在交线 mn 左侧,正垂面 $DEFG$ 在前,水平面 ABC 在后,故其正面投影 $a'm'$不可见,同理,其正面投影 $n'c'$不可见,均画成虚线。$m'n'$可见,画成粗实线。水平投影 mn 可见,画成粗实线。判别可见性后,作图结果如图 3-54(c)所示。

例 3-24　如图 3-55(a)所示,过点 K 作一平面垂直于已知铅垂面 $\triangle ABC$ 并平行于直线 DE。

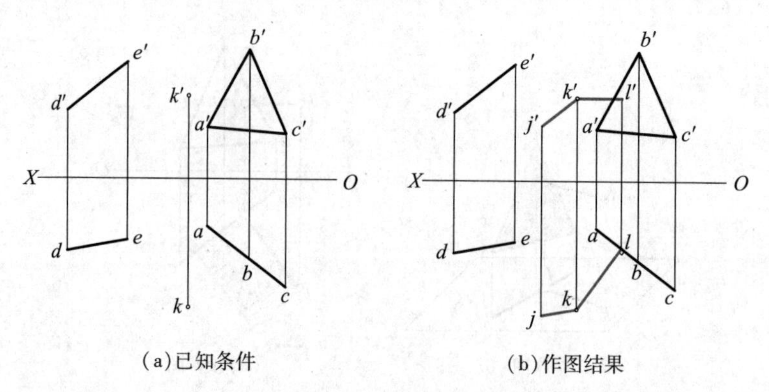

(a)已知条件　　(b)作图结果

图3－55　过点作一平面垂直于已知铅垂面并平行于一直线

解　平面可以由相交两直线确定。根据两平面垂直定理，过点 K 作一直线垂直于铅垂面 $\triangle ABC$，则包含这条直线的所有平面都垂直于该平面。根据直线与平面平行定理，过点 K 作的平面上有某一直线平行于直线 DE，则该平面与直线 DE 必然相互平行。因此，过点 K 分别作两条直线，$KL\perp\triangle ABC$，$KJ/\!/DE$，那么，由直线 KL、KJ 构成的平面就为所求平面。过 k 点作平面 abc 的垂直线 kl，$kl\perp ac$，l 为两垂直线的交点，由 l 点作投影连线。过 k' 点作投影轴平行线，平行线与投影连线得出交点 l'。过 k 点作直线 de 的平行线 kj，$kj/\!/de$；过 k' 点作直线 $d'e'$ 的平行线 $k'j'$，$k'j'/\!/d'e'$。作图结果如图3－55(b)所示。

第4章　立体的投影

任何立体都是由表面围成的,占有一定空间,具有一定形状和大小。根据立体表面的几何性质的不同,可将立体分为平面立体和曲面立体(或平面基本体、曲面基本体)。本章将讨论这两类立体的形成及其三视图和表面取点、线,以及立体被平面截取和两立体相交的投影。

前面已介绍了点、线、面在三投影面体系中投影的概念和规律。立体的投影实质上是构成该立体的所有表面的三视图投影总和,如图4-1所示。

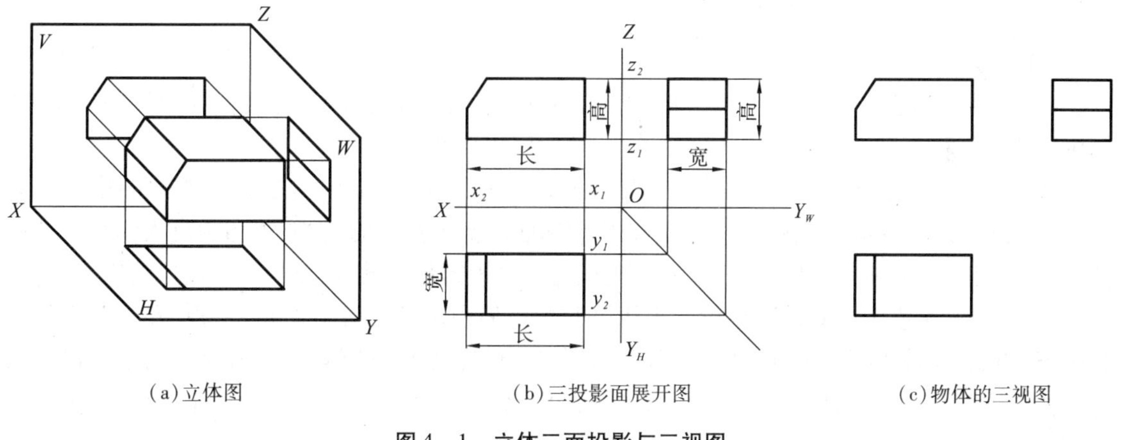

(a)立体图　　(b)三投影面展开图　　(c)物体的三视图

图4-1　立体三面投影与三视图

在工程中通常采用直角坐标体系下的三视图来表达。坐标值差(x_2-x_1)代表物体的长度,坐标值差(y_2-y_1)代表物体的宽度,坐标值差(z_2-z_1)代表物体的高度,如图4-1(b)所示。

三视图分析:

主视图:观察者从正前方看物体在正投影面 V 上得到的视图;主视图反映物体长、高,用坐标 x、z 来度量物体的大小和位置。

俯视图:观察者从上向下看物体在水平投影面 H 上得到的视图;俯视图反映物体长、宽,用坐标 x、y 来度量物体的大小和位置。

左视图:观察者从左向右看物体在侧投影面 W 上得到的视图;左视图反映物体高、宽,用坐标 z、y 来度量物体的大小和位置。

视图之间的投影规律:立体的主视图、俯视图,长相等且对正;主视图、左视图,高相等且平齐;俯视图、左视图,宽相等且对应。

作立体的投影图时,立体对投影面的远近位置不影响立体的投影形状大小。画图时主要应考虑在投影体系中如何放置立体,使投影图简单明了。当立体有对称性或基本对称时,首先要用点划线画出对称平面,且对称线应超出图形轮廓线3~5 mm。画立体的投影图时,可以根据立体上各点的相对坐标来画,因此可不画投影轴,该投影图被称为无轴投影图,简称投影图。在工程图中,不画投影轴。本书从本章起,在投影图中不再画投影轴,如图 4 -1(c)所示。

4.1 平面立体

平面立体由若干多边形平面围成, 所以,画平面立体的投影就是画构成平面立体各平面的投影。平面与平面相交得直线,通常称为边,边也称为平面立体的轮廓线。边与边的交点称为顶点。那么,平面立体的投影就是平面立体的轮廓线和顶点的投影。当轮廓线可见时,画粗实线;当轮廓线不可见时,画虚线;当轮廓线和虚线重合时,画粗实线。

工程上常用的平面立体是棱柱、棱锥及棱台,棱台是棱锥被平面截取后的特殊情况。

4.1.1 平面立体的投影与表面取点、线

4.1.1.1 棱柱

(1)棱柱的组成。棱柱由顶面、底面和几个侧棱面组成。侧棱面与侧棱面的交线叫侧棱线,侧棱线相互平行。有六根侧棱线的棱柱称为六棱柱,以此类推。

(2)棱柱的三视图。一般在画投影图时,要选择投影位置,以便清楚表达物体的形状和大小。在图 4 -2(a)所示位置时,正五棱柱的顶面和底面都为水平面,在俯视图中反映实形。前侧棱面是正平面,其余四个侧棱面是铅垂面,它们的水平投影都积聚成直线,与五边形的边重合。

注意,在三个投影中必须满足投影规律,即主视、俯视图长相等且对正;主视、左视图高相等且平齐;俯视、左视图宽相等且对应着一定的规律。俯视、左视图宽相等且对应的关系可以用两种方法来体现:一种是直接量取相等距离作图,如图 4 -2(b)所示 y_1、y_2;另一种是引 45°辅助线作图,如图4 -2(c)所示;由于棱线 $d'd_1'$不可见,故画成虚线。

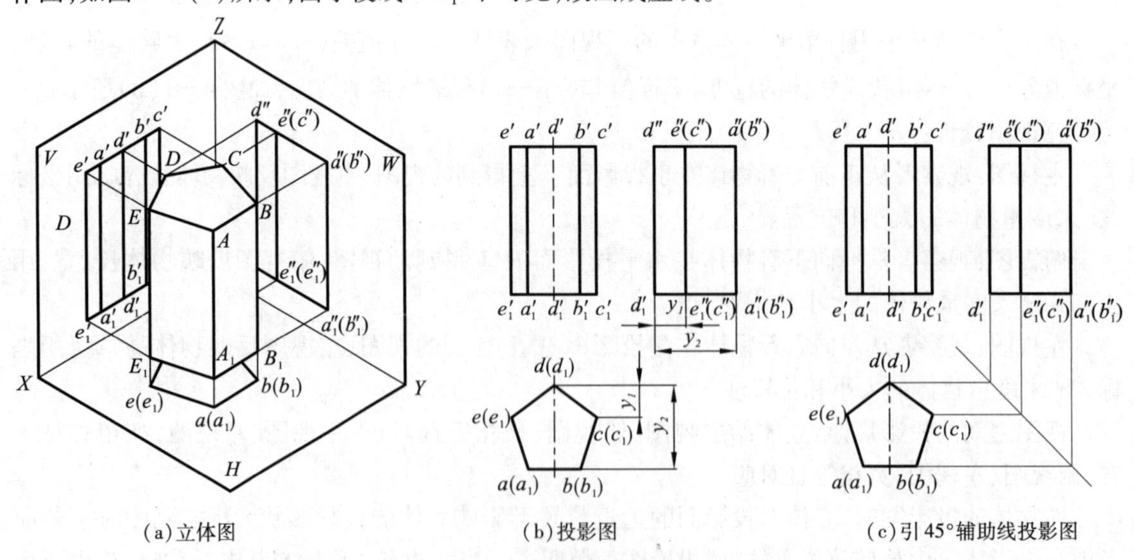

(a)立体图　　(b)投影图　　(c)引 45°辅助线投影图

图 4 -2　正五棱柱的投影

(3)棱柱表面上取点。由于棱柱的表面都是平面,所以在棱柱的表面上取点与在平面上取

点的方法相同。

点的可见性规定：若点所在的平面的投影可见，则点的投影也可见；若平面的投影积聚成直线，则点的投影也可见。否则为不可见，相应的投影字母加括号。

图 4－3(a)所示正三棱柱的顶面和底面都为水平面，在俯视图中反映实形。后侧棱面是正平面，其余两个侧棱面是铅垂面，它们的水平投影都积聚成直线，与三边形的边重合。已知正面投影 k'、m'、n'，求 K、M、N 点的其余投影。

K 点在棱柱 BB_1 上，直接根据在直线上投影规律可知，由于 BB_1 在左视图和俯视图均为可见，故 k、k'' 可见。

M 点在平面 AA_1BB_1 上，平面 AA_1BB_1 的水平投影积聚成直线，过 m' 画铅垂投影连线与直线 ab 相交得 m。再引 45°辅助线画线与 m' 的水平投影连线相交得 m''。由于平面 AA_1BB_1 在正三棱柱的左侧，所以 M 点在左视图和俯视图上均为可见，如图 4－3(a)所示。

N 点的正面投影加括号，说明它在平面 AA_1CC_1 上。平面 AA_1CC_1 的水平投影积聚成直线，平面 AA_1CC_1 的侧面投影也积聚成直线，因此，过 n' 直接画水平投影连线与直线 $a''a_1''$ 相交得 n''，过 n' 画铅垂投影连线与直线 ac 相交得 n。N 点在左视图和俯视图上均为可见，如图 4－3(a)所示。

由此可见，平面立体的投影的外轮廓总是可见的，应画粗实线。外轮廓内部的线、面应根据前面讲的可见性判断原则来进行分析，从而决定画粗实线还是虚线。

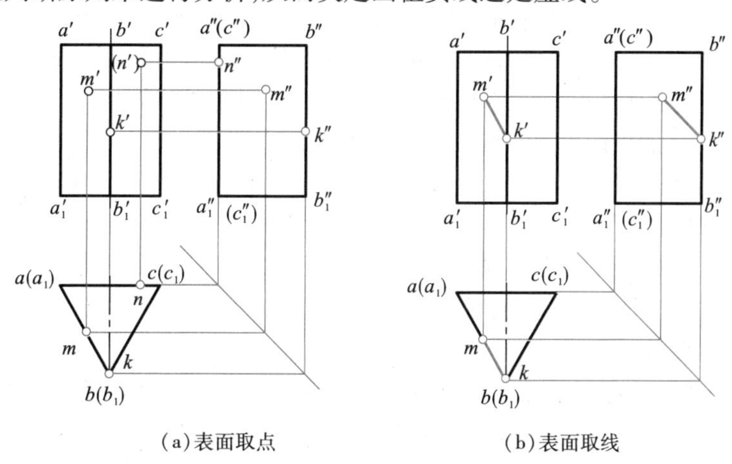

(a)表面取点　　(b)表面取线

图 4－3　正三棱柱的表面取点、取线

(4)棱柱表面上取线。在表面 AA_1BB_1 上取直线，只要求得直线两端点的投影，便可连线分别得到直线在三个视图中的投影。如图 4－3(b)所示，已知 K、M 点的投影，就可以求得直线 KM 的投影，KM 可见，画粗实线。

4.1.1.2　棱锥

(1)棱锥的组成。棱锥由一个底面和几个侧棱面组成。侧棱线交于一点，该点称为锥顶。

棱锥的投影，当棱锥处于如图 4－4 所示的位置时，其底面△ABC 是水平面，在俯视图上反映实形。棱线 AC 为侧垂线，侧棱面△SAC 为侧垂面，另两个侧棱面为一般位置平面。

(2)棱锥的三视图及棱锥表面上取点。正三棱锥的三视图如图 4－4(b)所示，画图时，先画水平投影，再画正面投影，然后由各点的两个投影，根据投影规律画出侧面投影。注意，前棱面的正面投影可见，后棱面的正面投影不可见；左棱面的侧面投影可见，右棱面的侧面投影不可见。

对于棱锥表面上取点，就是平面上的取点的投影，前面一章的概念可以直接应用。

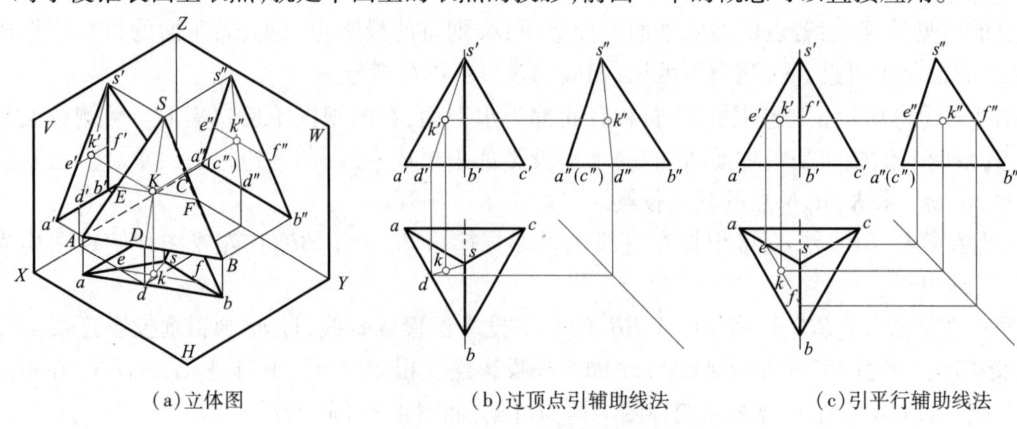

图4-4　正三棱锥的表面取点

例4-1　如图4-4(a)所示，已知正三棱锥的平面△*SAB*上*K*点的正面投影*k′*，求*K*点的另外两个投影。

解　由于平面△*SAB*为一般位置平面，三面投影无积聚性，在表面上取点就需要引辅助线。实际上只要过*K*点在平面△*SAB*上任意引一条直线，便可以简捷求出*K*点的另外两个投影。这里推荐常用的两个方法，过顶点*S*引辅助线法和引平行于底边*AB*的平行辅助线法。

过顶点引辅助线法是在正面投影中，连接*s′k′*并延长交棱边投影*a′b′*于*d′*点。由于*D*点在底边*AB*上，可以直接找到*D*点的投影*d*、*d″*。由于*K*点在辅助线*SD*上，可以由投影连线与辅助线*SD*的交点得到*K*点的投影*k*、*k″*，如图4-4(b)所示。

引平行辅助线法是在正面投影中，过*k′*作平行于*a′b′*的直线*e′f′*。由于*E*点在棱边*SA*上，可以直接在俯视图找到*E*点投影*e*，由于*EF*//*AB*，故在俯视图中作直线*ef*//*ab*，得到*F*点的投影*f*。由于*K*点在辅助线*EF*上，过*k′*作投影垂直连线与辅助线*EF*的交点得到*K*点的投影*k*，再由*k′*和*k*的投影求得*k″*，如图4-4(c)所示。

(3)棱锥表面上取线。

例4-2　如图4-5(a)所示，已知正三棱锥的表面上直线*KM*、*MN*的正面投影，求直线*KM*、*MN*的俯视图和左视图。

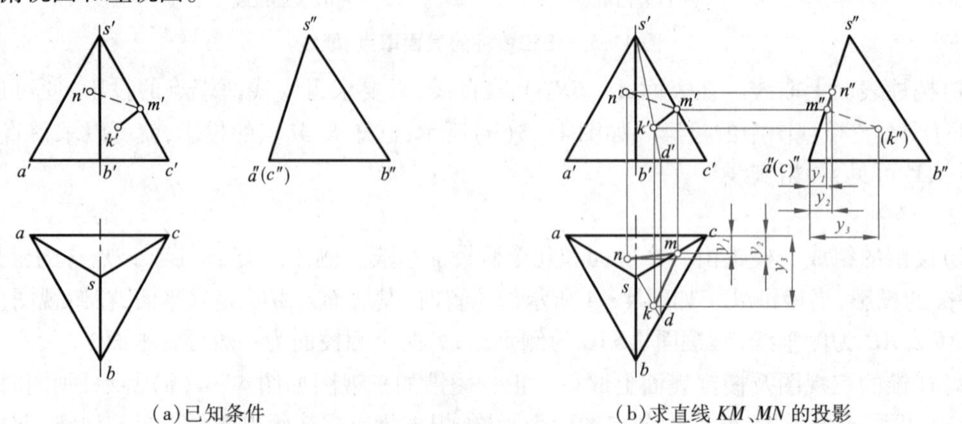

图4-5　正三棱锥的表面取线

解　在如图 4－5(a)所示正三棱锥的表面上直线 KM、MN 的正面投影中，M 点位于棱边上，可以直接根据投影规律求得 M 点的投影 m、m''。直线 MN 正面投影为虚线，因此它位于平面 $\triangle SAC$ 上；$\triangle SAC$ 为侧垂面，左视图有积聚性，可以直接根据投影规律，求得 N 点的投影 n、n''。

直线 KM 正面投影为粗实线，位于平面 $\triangle SBC$ 上，$\triangle SBC$ 为一般位置平面，三面投影无积聚性，在表面上取点就需要引辅助线。在正面投影中，采用过顶点引辅助线法，连接 $s'k'$，直线延长线与 $b'c'$ 相交于 d' 点。由于 D 点在底边 BC 上，可以直接找到 D 点的投影 d、d''。由于 K 点在辅助线 SD 上，过 k' 作投影连线与辅助线 SD 的交点得到 K 点的投影 k，再根据投影规律求得 k''，如图 4－5(b)所示。

对于直线 KM、MN 的俯视和左视两个投影，还需要进行可见性判别。俯视图中直线 km、mn 均为可见，画粗实线；左视图中直线 $k''m''$ 被平面 $\triangle SAB$ 挡住，为不可见，画虚实线。直线 mn 位于侧垂面 s 上，为可见，画粗实线。

4.1.2　平面立体被平面截切

立体表面与截切平面的交线，称为截交线。当平面截切平面立体时，截交线是一个由直线组成的封闭的多边形平面图形，该平面图形称为断面，其形状取决于平面立体的形状及截平面对平面立体的截切相对位置。多边形的各个顶点就是截切平面与平面立体各棱线的交点。因此，求截切断面的投影，实质是求截交线的投影，求截交线关键是正确地画出各个顶点的投影，连线并判别其可见性即可。被截切掉的部分仍然用双点划线表示。

例 4－3　如图 4－6(a)所示，正四棱锥 $SABCD$ 被正垂平面 P_V 截切，求四棱锥被截切后的投影。

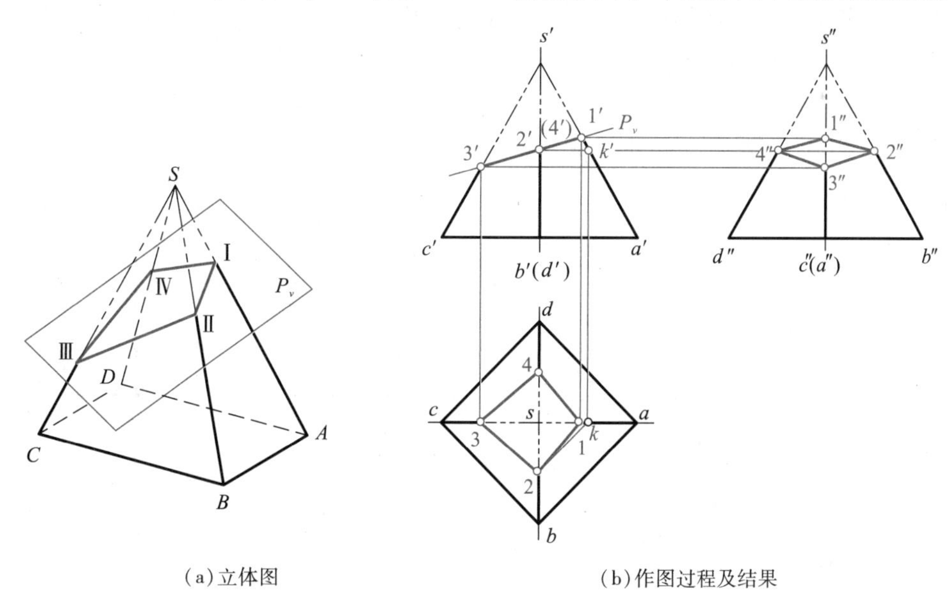

(a)立体图　　(b)作图过程及结果

图 4－6　平面截切正四棱锥

解　如图 4－6(b)所示，截切平面为正垂平面 P_V，主视图上投影有积聚性，与四个棱面的交线在正面投影中可以直接求出。设它们与各棱边的交点分别为Ⅰ、Ⅱ、Ⅲ、Ⅳ，那么在正面投影中，可以找到截交线与棱边的交点的投影 1′、2′、3′、4′。其中 2′、4′点为重影点，4′被 2′点挡住。

由于Ⅰ、Ⅲ分别是 SA、SC 线上的点，分别过点 $1'$、$3'$引的投影连线与 sa、sc 的交点便是1、3。由于Ⅱ、Ⅳ在侧平线 SB、SD 上，俯视图中无法直接求得2、4点，需用表面取点的方法求解。作 $2'k' \parallel b'a'$，得到 K 点的正面投影 k'，再过 k 作 $2k \parallel ba$，得到2。根据投影规律得到 $2''$。同理，得到 $4''$。分别连接1、2、3、4和 $1''$、$2''$、$3''$、$4''$ 点，其为截切断面的水平投影和侧面投影。

如图4-7所示，当截切正垂平面 P_V 与正四棱锥 $SABCD$ 的轴线处于相互垂直的位置时，截切后的立体通常称为正四棱台。

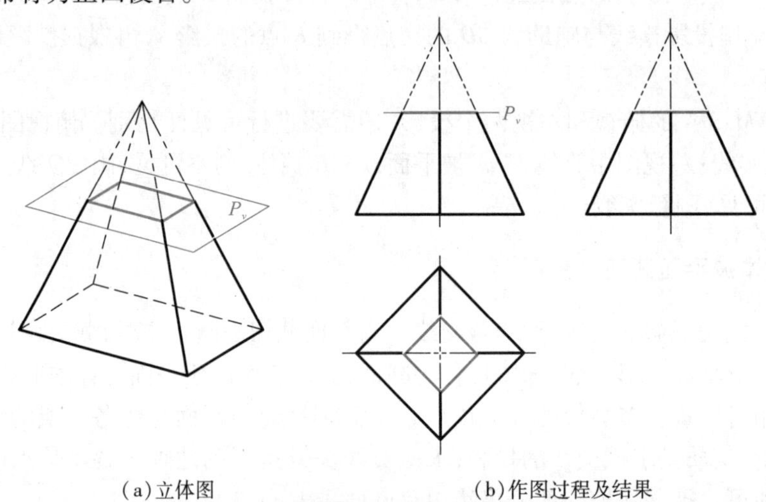

(a)立体图　　(b)作图过程及结果

图4-7　正四棱台的投影

由此可见，截平面与立体的相对位置决定截交线形状；截交线多边形的边数取决于截平面截到的棱面数；截平面与投影面的相对位置决定截交线的投影形状。

例4-4　如图4-8(a)所示，已知三棱柱的投影，用正垂平面 P_V 截切掉左上面的一块，被截切掉的部分仍然用双点划线表示，求三棱柱被截切后立体的三面投影。

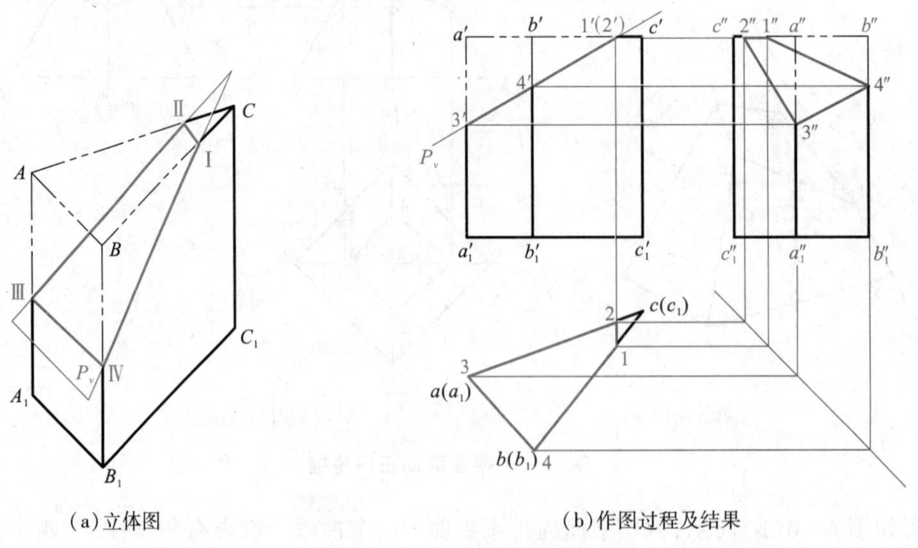

(a)立体图　　(b)作图过程及结果

图4-8　平面截切三棱柱

解　如图4-8(b)所示，截切平面为正垂平面 P_V，它与三个棱面以及顶面相交，因此有四条交线。截交线在正面投影上有积聚性,在正面投影中可以直接求出,为一条直线。点Ⅰ、Ⅱ、Ⅲ、Ⅳ分别为四边形的顶点。那么在正面投影中,可以找到截交线与棱边的交点的投影 1′、2′、3′、4′。其中,1′、2′为截平面 P_V 与顶面交线(正垂线)的两个端点的正面投影,3′、4′为截平面 P_V 与两条棱线的交点的正面投影。由各点正面投影可以分别求得 1、2、3、4 和 1″、2″、3″、4″ 的投影,再分别连线可以求得截交线Ⅰ、Ⅱ、Ⅲ、Ⅳ的水平投影和侧面投影,由于截交线均为可见,故画成粗实线。

作图过程:在正面投影中,标出顶面与截切正垂平面 P_V 的交点Ⅰ、Ⅱ的投影 1′、2′;棱线与截切正垂平面 P_V 的交点Ⅲ、Ⅳ的投影 3′、4′。棱边 *bc* 和 *ac* 上分别求得与投影连线的交点,即分别为 1′、2′点的水平投影 1、2;3′、4′点的水平投影分别与棱线 AA_1、BB_1 的水平投影重合。连接 1、2、3、4,即为截交线四边形的水平投影。画 45°辅助线,根据投影规律,分别求得1″、2″、3″、4″的投影。连接 1″、2″、3″、4″,即得到截交线四边形的侧面投影。

例 4－5　已知正六棱柱被截切的立体图如图 4－9(a)所示。求立体截切后的三面投影。

解　图 4－9(a)是正六棱柱顶部被两个对称的侧平面 *R* 和一个水平面 *S* 截切,去掉三平面截切部分得到的新平面立体。每一侧平面 *R* 和六棱柱的顶面及 *S* 面相交,其交线为正垂线;每一侧平面 *R* 与正六棱柱的前后两棱面相交,其交线为铅垂线。故侧平面 *R* 截切断面为矩形的侧平面。

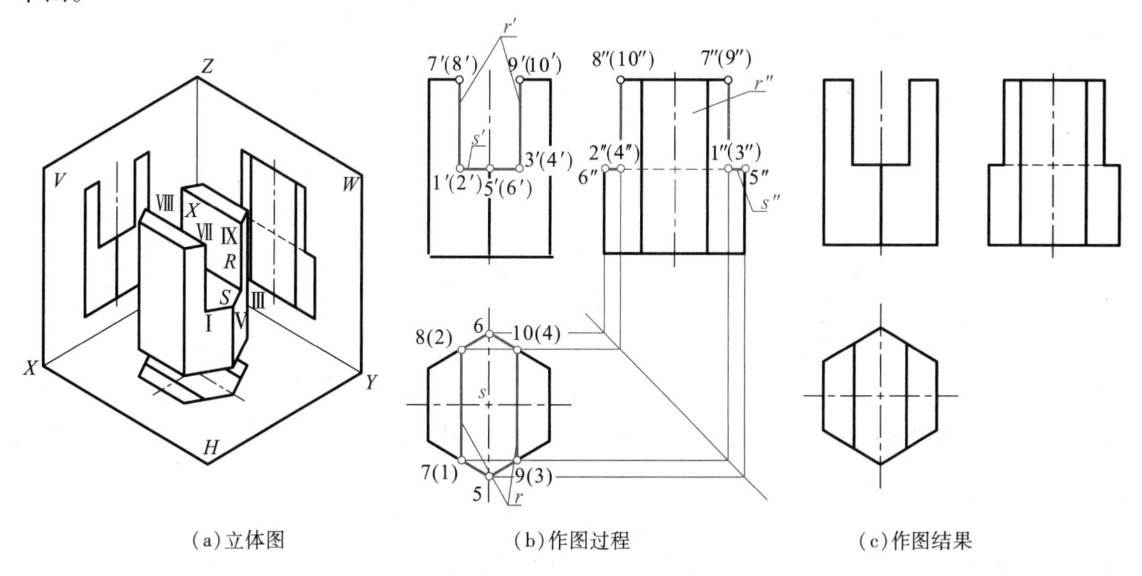

(a)立体图　　(b)作图过程　　(c)作图结果

图 4－9　平面截切正六棱柱

水平面 *S* 与正六棱柱的前后四棱面相交,其交线为水平线;同时它与两侧平面 *R* 相交,其交线为正垂线。故平面 *S* 截切断面为六边形的水平面。

在图 4－9(b)中先画正面投影,由于三个截切平面在正面投影中有积聚性,所以平面 *r*′、*s*′积聚为直线。再根据正面投影画水平投影。两侧平面 *R* 的水平投影仍然有积聚性,为 *r* 两直线。平面 *S* 为水平面反映截交线的实形,即六边形。然后根据正面投影和水平投影规律画 *r*″、*s*″ 平面的截交线。在侧面投影中,截交线 1″ 2″ 和 3″ 4″ 被正六棱柱的棱面挡住,图中用虚线画出。

作图过程:根据截切位置画出 *r*′、*s*′平面。由 1′2′和 3′4′画投影连线,分别与棱线相交得截交线 12、34 的投影。同样,得到点 5′、6′的水平的投影 5、6。画 45°辅助线,根据投影规律,分别求得投影点 1″、2″、3″、4″、5″、6″。然后进行可见性的判别，1″ 2″ 和 3″ 4″ 线段不可见且重合，画虚线；1″ 5″、2″ 6″直线可见，画实线，5″ 3″ 和 6″ 4″ 两直线分别与上述两直线重合。

同理，1′7′、2′8′、3′9′、4′10′直线可见，画实线；7′8′、9′10′直线积聚成一个点。17、28、39、410 直线积聚成一个点；直线 78、910 直线可见，画实线。1″ 7″、2″ 8″、3″ 9″、4″ 10″ 及 7″ 8″、9″ 10″ 直线可见，画实线。由此就画出了三平面截切正六棱柱的投影图，作图最后结果如图 4－9(c)所示。

例 4－6　求图 4－10(a)所示正四棱台被三个两两相交平面穿通孔的立体的投影。

解　由图 4－10(a)可知，正四棱台被三个两两相交的正垂面穿通孔，得到新平面立体。其中正垂面 R_1、R_2 与中心轴对称，S 面为水平面。每一正垂面 R_1、R_2 与正四棱台的前后两棱面相交，其交线为一般位置直线。水平面 S 与正四棱台前后四棱面相交，其交线为水平线。同时 S 面与两侧平面 R_1、R_2 相交，其交线为正垂线。故 R_1、R_2 面的截切断面分别为四边形的正垂面；S 面截切断面为六边形的水平面。

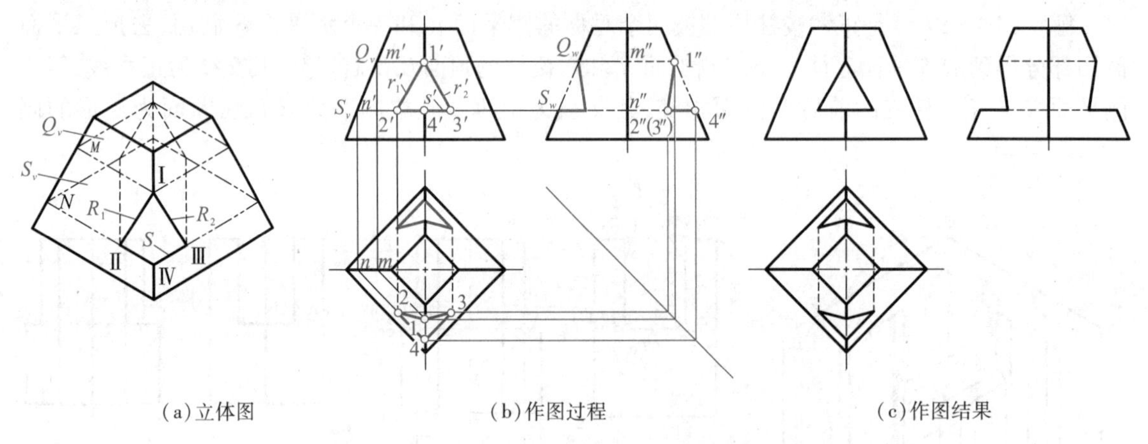

(a) 立体图　　(b) 作图过程　　(c) 作图结果

图 4－10　正四棱台被三个两两相交的平面穿通孔的视图

图 4－10(b)为三面投影图。先画正面投影，由于三个截切平面在正面投影中有积聚性，所以，平面 r_1'、r_2'和 s'积聚为直线。再根据正面投影画水平投影。两正垂面 R_1、R_2 的投影没有积聚性，要求它与棱台的前表面的截交线 Ⅰ Ⅱ、Ⅰ Ⅲ，需要引辅助水平面。过 Ⅰ 点引辅助水平面 Q_V，它与左棱边的交点为 M，得点的正面投影 m'。S 面延长得辅助水平面 S_V，它与左棱边的交点为 N 点的正面投影 n'。根据投影规律求得 m、n，然后过 m、n 分别作 Q_V、S_V 面和棱台左棱面的截交线的水平投影，即为棱台底边的平行线。再由 1′、2′、3′和 4′点的投影连线分别求得水平投影 1、2、3 和 4。在水平投影中，S_V 面与两正垂面 R_1、R_2的交线是不可见的，应画成虚线。

在画侧面投影中，先根据正面投影和水平投影规律画出各点的投影，再判断线段的可见性。作图时利用图形的对称性可以求得另一侧的投影。

作图过程：根据截切位置画出 r_1'、r_2'和 s'平面。再过 1′点画辅助水平面 Q_V，它与左棱边的交点 M 的正面投影 m'。过 2′、3′和 4′点画 S_V，它与左棱边的交点 N 的正面投影 n'。根据投影规律求得 m、n，然后过 m、n 分别作棱台底边的平行线，分别与中心棱边相交得 1、4。然后再根据投影连线与平行线的交点得 2、3。利用对称性画完水平投影。在水平投影中，S 面与两正垂面 R_1、R_2的交线是不可见的，应画成虚线。

画 45°辅助线，根据投影规律，分别求得 1″、2″、3″、4″ 的投影。然后进行可见性的判别，连接

1″2″和1″3″、2″4″和3″4″线段可见,画成粗实线。截切掉的棱边1″4″不存在了,用双点划线表达。两正垂面 R_1、R_2 相交线为侧平线,不可见,应画成虚线。S 面与两正垂面 R_1、R_2 的交线被正四棱台挡住部分是不可见的,画成虚线。由此就画出了三平面截切正四棱台的投影图,作图最后结果如图 4 - 10(c)所示。

4.2　曲面立体

曲面立体是指由曲面或曲面和平面所围成的立体。有的曲面立体有轮廓线,即表面之间的交线,如圆柱的顶面与圆柱面的交线圆;有的曲面立体有尖点,如圆锥的锥顶;有的曲面立体全部由光滑的曲面所围成,如球。在画曲面的投影时,除了画出轮廓线和尖点外,还要画出曲面投影的转向轮廓线。

所谓转向轮廓线,是指切于曲面(即过素线上的点)的各条投影线所组成的平面或柱面与投影面的交线,也称为转向素线,实际上它是可见投影与不可见投影的分界线。如图 4 - 11 所示。

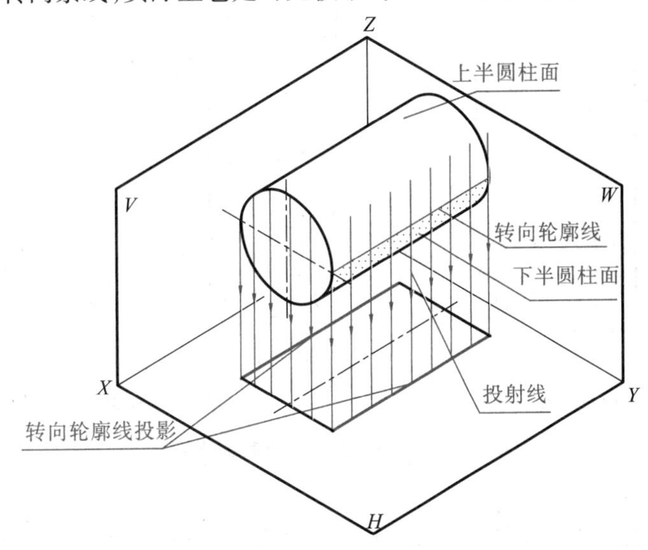

图 4 - 11　圆柱的水平投影的转向轮廓线

4.2.1　回转体

工程上常见圆柱体、圆锥体和球。由于这些曲面立体的表面都是回转面,所以它们又称为回转体。回转体是由回转面或回转面与平面围成的。本节主要研究圆柱体、圆锥体和球。

4.2.1.1　圆柱

(1)圆柱体的组成。圆柱体由圆柱面和上下底面组成,如图 4 - 12(a)所示。圆柱面是由直线 AA_1 绕与它平行的轴线 OO_1 旋转而成,直线 AA_1 称为母线。圆柱面上与轴线平行的任一直线称为圆柱面的素线。

(2)圆柱体的三视图。圆柱面的俯视图即水平投影积聚为圆。在另两个视图上分别以两个方向的转向轮廓素线的投影表示。正面投影中 $a'a_1'$ 和 $c'c_1'$ 分别是圆柱面的最左和最右的素线;侧面投影中 $b''b_1''$ 和$d''d_1''$分别是圆柱面的最前和最后的素线。AA_1、CC_1 和 BB_1、DD_1 分别称为主视转向线和侧视转向线。

画圆柱体时,先画圆的中心线和圆柱体的轴线(点划线),然后画圆的投影,再根据投影规律画圆柱面的投影转向轮廓线及上下底面的投影即可,如图 4-12(b)所示。

(3)圆柱表面上取点。与平面上作点的原理相似,即一点属于曲面,则必属于该曲面的一条线。当某一回转面的投影有积聚性时,则在该回转面上的点的投影必重合投影在其有积聚性的同面投影上。作图时要充分利用投影的积聚性这个性质。

圆柱表面上取点 K,如图 4-12 所示,已知 K 点的正面投影 k',由于 k'可见,K 点在圆柱表面的前半圆柱表面上。利用圆柱面的俯视图即水平投影积聚为圆,可以直接确定水平投影 k,利用 45°线作图可以根据 k'和 k 求得 k''。k'' 在右半圆柱表面上,故左视图上 k'' 为不可见,加括号。

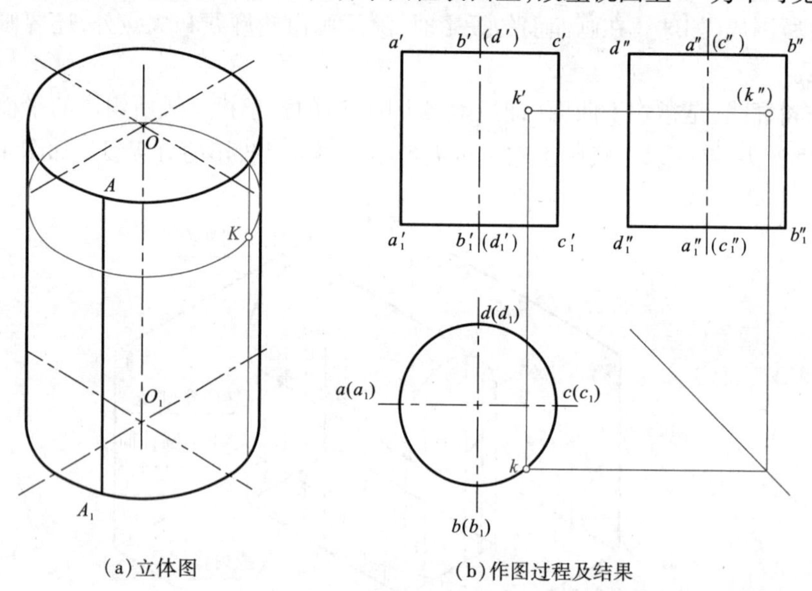

(a)立体图　　(b)作图过程及结果

图 4-12　圆柱的投影及表面上取点

4.2.1.2　圆锥

(1)圆锥体的组成。圆锥体是由直线 SA 绕与它相交的轴线 OO_1 旋转而成的圆锥面和底面组成的。如图 4-13(a)所示,S 称为锥顶,直线 SA 称为母线。圆锥面上过锥顶的任一直线称为圆锥面的素线。在图示位置,俯视图为一圆。另两个视图为等边三角形,三角形的底边为圆锥底面的投影,两腰分别为圆锥面不同方向的两条轮廓素线的投影。

(2)圆锥体的三视图。圆锥体的三个视图都没有积聚性。当轴线 OO_1 垂直于水平投影面时,圆锥底面水平投影为圆,如图 4-13(b)所示。在另两个视图上,分别以两个方向的转向轮廓素线的投影表示。正面投影中 $s'a'$和 $s'c'$分别是圆柱面的最左和最右的素线;侧面投影中 $s''a''$ 和 $s''c''$ 分别是圆柱面的最前和最后的素线。SA、SC 和 SB、SD 分别称为主视转向线和侧视转向线。

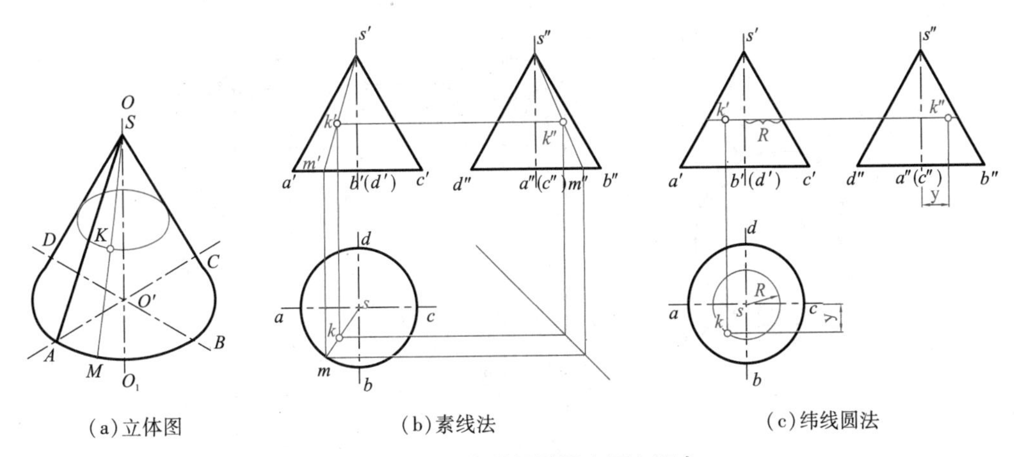

(a)立体图　　(b)素线法　　(c)纬线圆法

图 4－13　圆锥的投影及表面上取点

画圆锥体时，先画圆的中心线和圆锥体的轴线（点划线），然后画圆的投影，再根据圆锥体的夹角或高度画出另两个的投影即可，如图 4－13（b）所示。

（3）圆锥体表面上取点。由于三个视图都没有积聚性，只能引辅助线方法取点。有两种方法，即素线法和纬线圆法，任意选择一种即可。

素线法：圆锥面上取点 K，如图 4－13（b）所示，已知 K 点的正面投影 k'，由于 k' 可见，K 点在圆锥面的左前半圆锥面上。过锥顶点和 K 点作一条素线，与底面得交点 M，利用圆的水平投影为圆，可以直接确定水平投影 m，连接 sm。由于 k 必在 sm 上，由 k' 得 k，再由 k、k' 得 k''。k'' 在左半圆锥表面上，故左视图上 k'' 为可见。

纬线圆法：过 k' 作平行于 $a'b'$ 的直线，然后作出该纬线的水平投影，即以 R 为半径，s 为圆心画圆，则 k 必在该纬线圆上。由 k' 得 k，再由 k、k' 得 k''。如图 4－13（c）所示。

4.2.1.3　圆球

（1）圆球的形成。圆母线以它的直径为轴旋转而成圆球，如图 4－14（a）所示。

（2）圆球的投影。三个视图分别为三个和圆球的直径相等的圆，它们分别是圆球三个方向转向轮廓线的投影。正面投影是正面转向轮廓线素线圆 A 的投影。素线圆 A 将球分为前、后半球面。位于前半球面上的点可见，位于后半球面上的点不可见。同理，水平投影是水平转向轮廓线素线圆 B 的投影，位于上半球面上的点可见，位于下半球面上的点不可见。侧面投影是侧面转向轮廓线素线圆 C 的投影。位于左半球面上的点可见，位于右半球面上的点不可见，如图 4－14（b）所示。

（3）圆球表面上取点。由于三个视图都没有积聚性，只能采用纬线圆法。

作图过程：过 k' 作平行于水平圆 b' 的直线，然后作出该纬线圆的水平投影，即以 R 为半径画圆，则 k 必在该纬线圆上。由 k' 得 k，再由 k、k' 得 k''。k'' 在左半圆锥表面上，故左视图上 k'' 为可见。

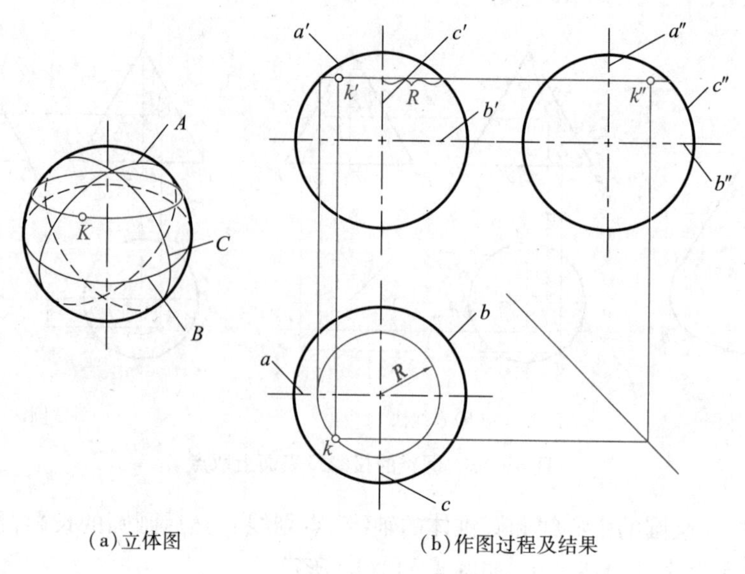

（a）立体图　　（b）作图过程及结果

图 4-14　圆球的投影及表面上取点

4.2.2　平面与回转体表面相交

曲面体被平面截切是指用一个平面与立体相交，截去立体的一部分。用以截切物体的平面称为截平面，截平面的截切在物体上形成的平面称为截断面。其截交线是平面曲线或由直线和曲线围成封闭的平面图形。

截交线的性质：截交线是截平面与曲面体表面的共有线。截交线的形状取决于曲面体表面的形状及截平面与曲面体轴线的相对位置。下面研究常见回转体截切的基本形式和截交线的求法。

求曲面立体的截交线的作图步骤如下：

①投影分析；

②求特殊位置点；

③求一般位置点；

④连接各点；

⑤判断可见性；

⑥整理轮廓线。

截交线上有一些能确定截交线的形状和范围的特殊点，包括曲面投影的转向轮廓线上的点，以及最高、最低、最左、最右、最前、最后点等。求作曲面立体的截交线时，通常先作出这些特殊点，然后按需要再作一些一般位置点，最后连成截交线的投影并标明可见性。

4.2.2.1　圆柱的截切

圆柱体被平面截切，由于截平面对轴线的相对位置不同，截交线有三种情况，即圆、椭圆和矩形，如表 4-1 所示。

表 4－1　圆柱体被平面截切的截交线

立体图	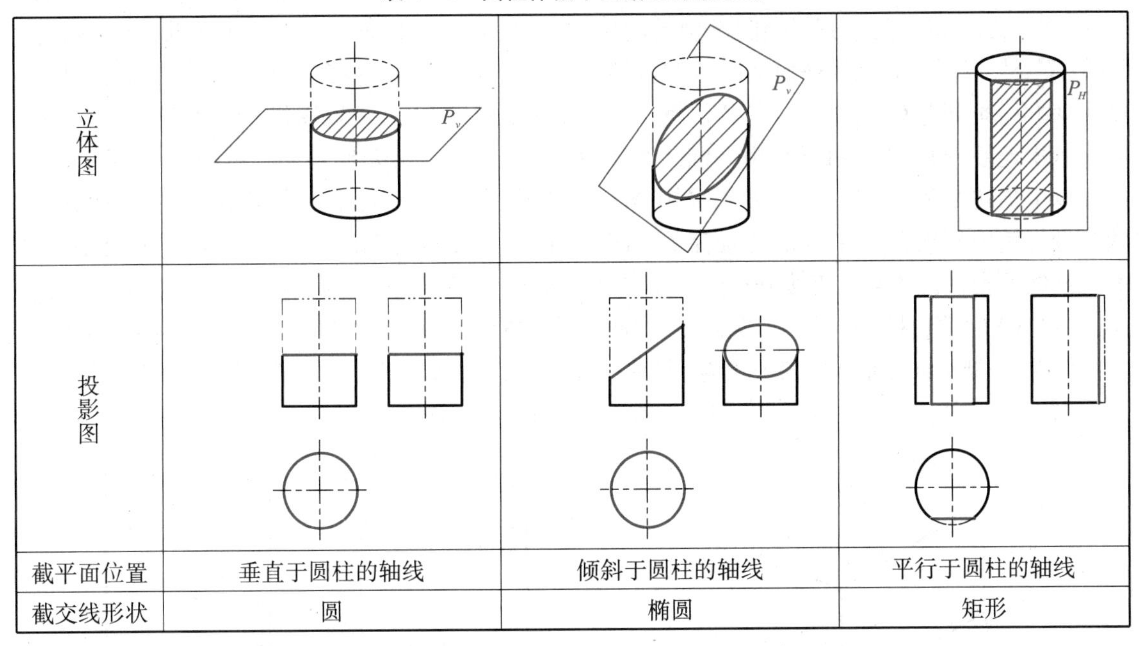		
投影图			
截平面位置	垂直于圆柱的轴线	倾斜于圆柱的轴线	平行于圆柱的轴线
截交线形状	圆	椭圆	矩形

求共有点的方法是利用积聚性法和素线法。

例 4－7　如图 4－15 所示，求圆柱体被倾斜于圆柱的轴线的正垂面 P_V 截切后的投影。

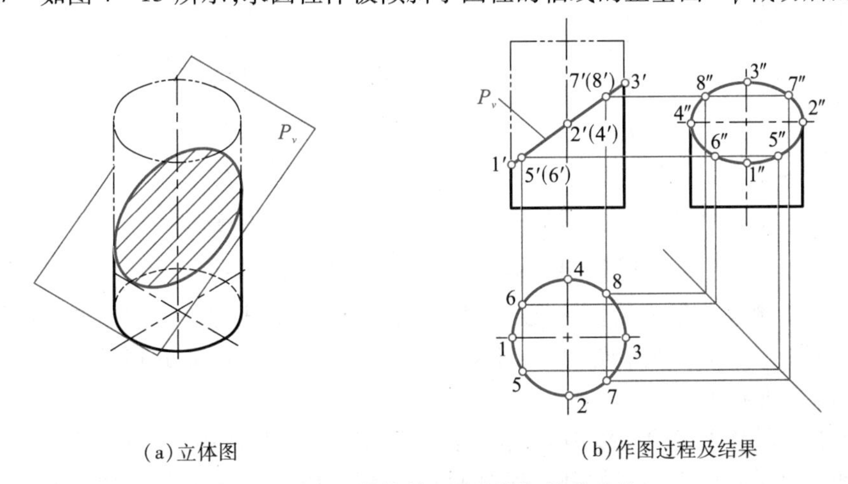

（a）立体图　　（b）作图过程及结果

图 4－15　圆柱体被正垂面截切的截交线

解　分析图 4－15（a），由于圆柱体被倾斜于圆柱的轴线的正垂面 P_V 截切，且仅与圆柱面相交，所以，截交线为一椭圆。椭圆的正面投影与 P_V 重合，积聚为直线 1′3′；椭圆的水平投影与圆柱面重合，积聚为圆；椭圆的侧面投影仍然为椭圆，该椭圆的水平投影和正面投影为已知，需用圆柱面上取点的方法求出侧面投影。

截平面与轴线倾斜时，椭圆长、短轴如何确定呢？首先分析正面投影，找出特殊点。正面投影有积聚性。1′和 3′点分别是截交线的最低点和最高点，同时又是最左点和最右点，也是圆柱正面转向素线上的点。由水平投影可以找到 2、4 点分别为椭圆的最前、最后点。同理，它们是侧面转向素线上的点。根据投影规律，分别求得 1″、2″、3″、4″ 的投影。在侧面投影中，椭圆长轴为 2″ 4″，短轴为 1″ 3″。为了获得椭圆准确的轮廓线，需要求一般位置点。在正面投影中先找到点 5′、6′、7′、8′，根据它们是圆柱面上的点的特性，在水平投影中分别找到 5、6、7、8 的投影，然后根据 5′、6′、7′、8′和 5、6、7、8，分别求得 5″、6″、7″、8″。采用同样方法，可以获得一定数量的一般位置点。依次连接，便获得该截交线为一椭圆的侧面投影。作图过程及结果如图 4－15(b)所示。

以上描述为手工作图过程，如果采用 AutoCAD 软件绘制，任意平面上椭圆只需要找到椭圆的长轴和短轴的端点便可，步骤更加简单。图 4－15 左视图的椭圆的绘制步骤：由正面投影和正面转向线的投影规律可以直接分析到 1、3 点和 2、4 点分别为椭圆的短轴、长轴的端点，因此，利用 AutoCAD 软件选择“绘图”→“椭圆”→“轴、端点”命令，分别点取任意三点即可绘制出椭圆。

注意，当截平面与轴线倾斜夹角为 45°时，截交线空间形状仍然为一椭圆，但其侧面投影为圆。

例 4－8 如图 4－16 所示，求圆柱体被多个平面截切后的三面投影。

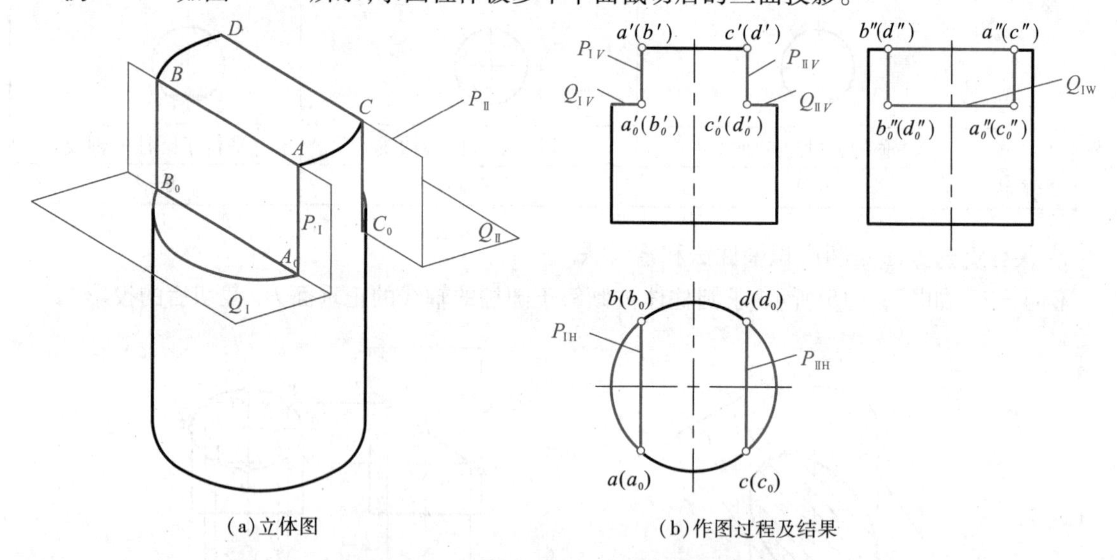

(a)立体图　　(b)作图过程及结果

图 4－16　圆柱体被多个平面截切的投影

解　同一立体被多个平面截切，要逐个对截平面进行截交线的分析和作图。首先进行立体空间及投影分析，再进行截平面与立体的相对位置和截平面与投影面的相对位置的分析。分别求截交线，最后判断可见性。

先画出圆柱体轮廓素线的投影，圆柱体被平行于轴线的侧平面 $P_{Ⅰ}$、$P_{Ⅱ}$和垂直于轴线的两水平面 $Q_{Ⅰ}$、$Q_{Ⅱ}$截切。$P_{Ⅰ}$平面与圆柱面的截交线为两直线 AA_0、BB_0，$Q_{Ⅰ}$平面与圆柱面的截交线为圆弧 $\overset{\frown}{A_0B_0}$，$P_{Ⅰ}$与 $Q_{Ⅰ}$平面的交线为直线 A_0B_0，$P_{Ⅱ}$、$Q_{Ⅱ}$与圆柱面的截交线与左边相同，不一一赘述。

由于 $P_{Ⅰ}$、$P_{Ⅱ}$、$Q_{Ⅰ}$、$Q_{Ⅱ}$平面在正面投影中有积聚性，如图所示直线 $P_{ⅠV}$、$P_{ⅡV}$、$Q_{ⅠV}$、$Q_{ⅡV}$，故截交线的正面投影为四条直线，即 $a'a_0'$、$b'b_0'$、$c'c_0'$、$d'd_0'$。$Q_{Ⅰ}$、$Q_{Ⅱ}$平面在侧面投影中也有积聚性，如图所示直线 $Q_{ⅠW}$和 $Q_{ⅡW}$。侧平面 $P_{Ⅰ}$及 $Q_{Ⅰ}$的截交线为矩形，故截交线的侧面投影为四条直线，即 $a''a_0''$、$b''b_0''$、$a''b''$和 $a_0''b_0''$，$P_{Ⅱ}$及 $Q_{Ⅱ}$平面的截交线仍然为矩形，与侧平面 $P_{Ⅰ}$和 $Q_{Ⅰ}$的截交线重合，见图中 $c''c_0''$、$c''d''$、$d''d_0''$、$c_0''d_0''$ 的投影；水平投影中，$P_{Ⅰ}$、$P_{Ⅱ}$平面仍然有积聚性，ab、a_0b_0、cd、c_0d_0 反映为直线；直线 aa_0、bb_0、cc_0、dd_0 分别积聚为点，$Q_{Ⅰ}$、$Q_{Ⅱ}$平面与圆柱面截交线反映实形，为圆弧 $\overset{\frown}{a_0b_0}$、$\overset{\frown}{c_0d_0}$，如图 4－16 所示。

判断可见性，本题中，截交线侧面投影有重合部分，粗实线挡住了虚线。

例 4-9　如图 4-17 所示，求空心圆柱体被三个正垂面在中间开槽后的三面投影。

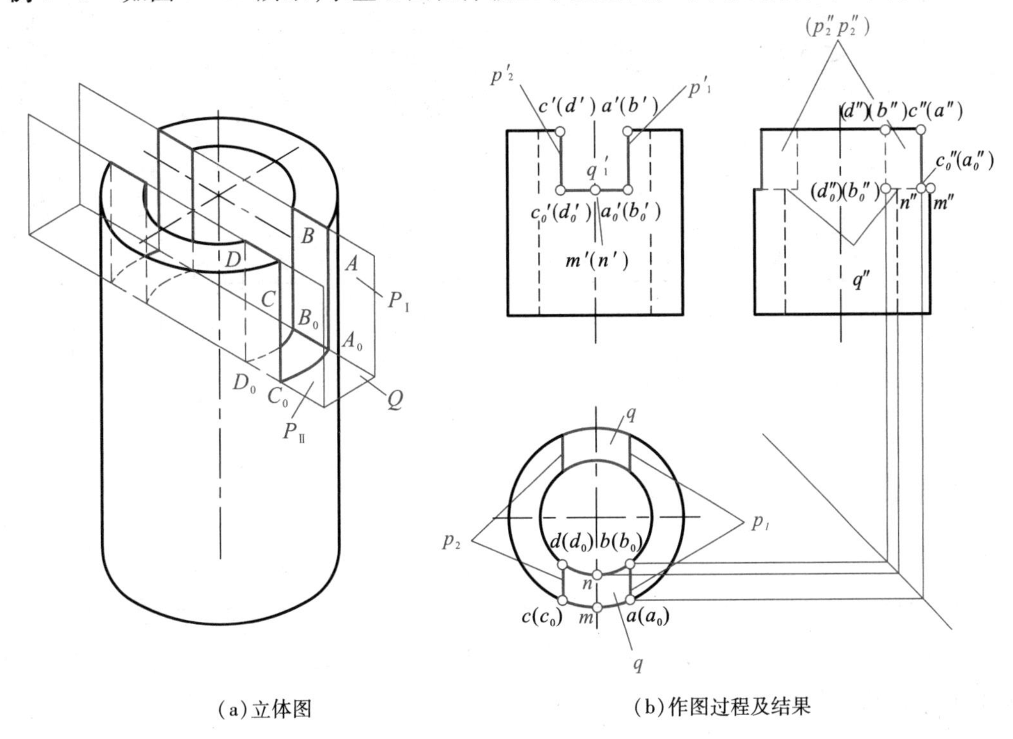

(a) 立体图　　　　(b) 作图过程及结果

图 4-17　空心圆柱体中间开槽的投影

解　先画出空心圆柱体轮廓素线的投影，区分外圆柱面和内圆柱面在三投影图中的粗实线和虚线的画法。内外圆柱面被平行于轴线的两侧平面 $P_{Ⅰ}$、$P_{Ⅱ}$ 和垂直于轴线的一个水平面 Q 截切，因此，在外圆柱面和内圆柱面分别有截交线。由于有对称性，取前半部分分析。

$P_{Ⅰ}$、$P_{Ⅱ}$ 平面与外圆柱面的截交线分别为两直线 AA_0、CC_0，与内圆柱面的截交线分别为两直线 BB_0、DD_0；Q 平面与外圆柱面的截交线为圆弧 $\overset{\frown}{A_0C_0}$，与内圆柱面的截交线为圆弧 $\overset{\frown}{B_0D_0}$。由于 $P_{Ⅰ}$、$P_{Ⅱ}$、Q 平面在正面投影中有积聚性，故截交线的正面投影也有积聚性，反映为三条粗实线 $a'a_0'$、$c'c_0'$ 和 $a_0'c_0'$ 以及被挡住的另三条虚线（$b'b_0'$）、（$d'd_0'$）和（$b_0'd_0'$）。如图 4-17(b) 主视图所示。

由于截平面 $P_{Ⅰ}$、$P_{Ⅱ}$ 和 Q 的截交线被内圆柱面切割成前后两段，中间部分不存在，所以在水平投影中，内圆柱面内是空的。图 4-17(b) 中直线 $ab(a_0b_0)$、$cd(c_0d_0)$ 和两段圆弧 $\overset{\frown}{a_0c_0}$、$\overset{\frown}{b_0d_0}$ 为截交线。根据投影规律，分别求得 A、A_0、C、C_0，B、B_0、D、D_0 点的侧面投影。分别连直线 $c''c_0''$（$a''a_0''$）、（$d''d_0''$）和（$b''b_0''$）。注意外、内圆柱的转向轮廓线上的点 M、N 的投影，由于 Q 平面在侧面投影中有积聚性，故截交线的侧面投影为两条直线，由于直线 $d_0''c_0''$ 被外圆柱面挡住，为虚线，而直线段 $c_0''m''$ 没有被外圆柱面挡住，故为粗实线。由于空心圆柱体前后及左右对称，故截交线的投影前后、左右对称，如图 4-17(b) 所示。

4.2.2.2　圆锥的截切

圆锥被平面截切，由于截平面对轴线的相对位置不同，截交线有五种情况，即圆、椭圆、抛物线和一直线、双曲线（一叶）和一直线及等腰三角形（相交两直线和一直线构成），如表 4-2 所示。

表 4－2　圆锥体被平面截切的截交线

立体图					
投影图					
截平面位置	垂直于圆锥体的轴线	倾斜于圆锥体的轴线	平行于圆锥体的一条素线	平行于圆锥体的轴线	过圆锥体顶点
截交线形状	圆	椭圆	抛物线和一直线	双曲线和一直线	相交两直线和一直线

例 4－10　如图 4－18 所示，求圆锥体被倾斜于圆锥体轴线的平面截切后的截交线及圆锥体被平面截切后的侧面投影。

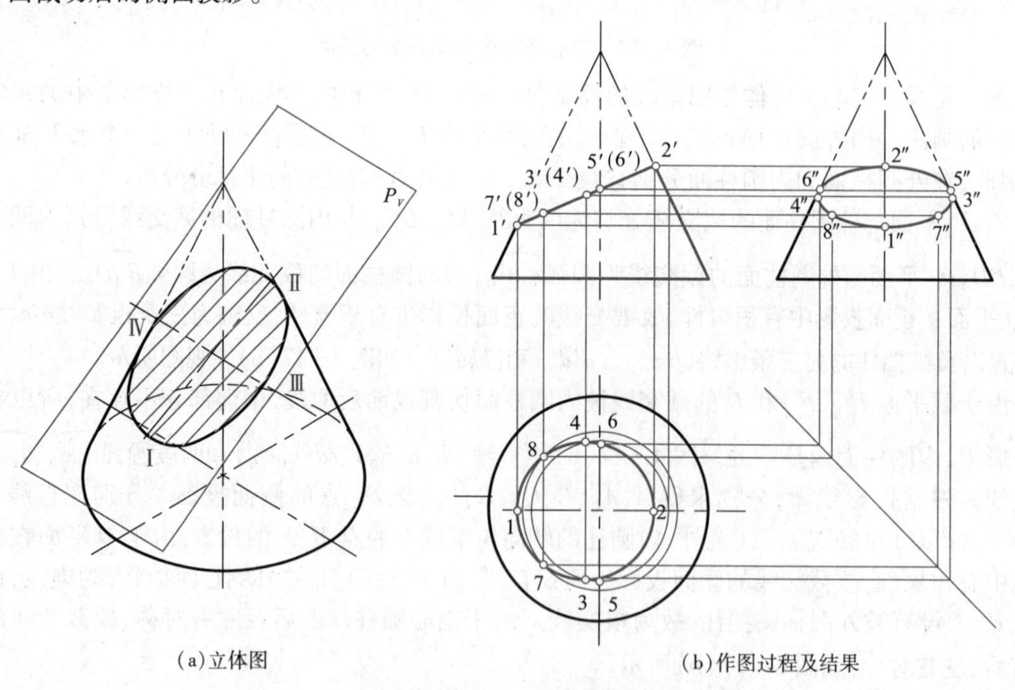

(a)立体图　　(b)作图过程及结果

图 4－18　圆锥体被倾斜于圆锥体轴线的平面截切

解　分析图 4－18(a)，由于圆锥体被倾斜于圆锥体的轴线的正垂面 P_V 截切，它与圆锥体的所有素线都相交，所以，截交线为一椭圆。椭圆的正面投影与 P_V 重合，积聚为直线 1′2′；椭圆的水平投影和侧面投影仍然为椭圆,由于圆锥面的三面投影无积聚性,需要采用如前所述的纬圆法或素线法求点。本题选用纬圆法。

首先分析正面投影,找出特殊点。截交线正面投影有积聚性。1′和 2′点分别是截交线的最低点和最高点,同时又是最左点和最右点,也是圆锥体正面转向素线上的点。由正面投影和正面转向素线的投影规律可以直接得到水平投影 1、2 和侧面投影 1″、2″。由于 5″、6″是侧面转向轮廓线上的点,可以直接求得。在正面投影中还可以找到侧面转向素线上的点 5′、6′,5′、6′的水平投影无法直接得到,采用水平纬圆法得 5、6;也可以由 5′、6′和 5″、6″求得 5、6。本图中省略了该水平纬圆,画图时读者可以先画,再擦掉,以保持图面清爽。

根据投影规律,先找到圆锥体假想侧面投影(用双点划线),1′2′为椭圆长轴,1′2′线段的中点 3′(4′)为椭圆短轴的投影。用水平纬圆法可以找到 3、4,3、4 点分别为椭圆的最前、最后点,再分别求得 3″、4″ 的投影。在侧面投影中,椭圆长轴为 1″ 2″,短轴为 3″ 4″。为了获得椭圆准确的轮廓线,在截交线上的稀疏处需要找几个一般位置点。在正面投影中任意先找到点 7′、8′。采用水平纬圆法可在水平投影中分别找到 7、8 的投影,然后根据 7′、8′和 7、8 分别求得 7″、8″。采用同样方法,可以获得一定数量的一般位置点。用粗实线依次连接点 2″、5″、3″、7″、1″、8″、4″、6″,便获得该截交线为一椭圆的侧面投影。

由于侧面转向素线上的点 5″、6″ 是圆锥面侧面转向素线被截切后实体与假想圆锥体的分界端点,故用粗实线分别从点 5″、6″ 与圆锥体底面端点相连接,截切平面切掉的圆锥顶仍然保持双点划线,这样得到圆锥体被倾斜于圆锥体轴线的平面截切后的侧面投影。作图过程及结果如图 4 - 18(b)所示。

采用 AutoCAD 软件绘制可以方便获得图 4 - 18 的俯视图、左视图中的椭圆。因为该椭圆的截切面为正垂面,因此在 *V* 面投影积聚线 1′2′上很容易确定椭圆长轴和短轴的端点,即与主视图 *V* 面的回转轮廓线相交的点 1′、2′,以及 1′2′线的中点 3′、4′,因此 *H* 面和 *W* 面上的椭圆,只要确定了该四点的投影(3、4 和 3″、4″),选择“绘图”→“椭圆”→“轴、端点”命令,即可很方便地绘制椭圆。注意,该积聚线 1′2′与对称轴的交点(5、6 和 5″、6″)并不是椭圆轴的端点。

例 4 - 11　如图 4 - 19 所示,求圆锥体被平行于圆锥体轴线的平面截切的截交线及侧面投影。

解　分析图 4 - 19,由于圆锥体被平行于圆锥体的轴线的侧平面 P_V 截切,它与圆锥体的截交线为双曲线的一叶和一直线。截交线正面投影与 P_V 重合,积聚为直线 1′6′;截交线水平投影与 P_V 重合,积聚为直线 67;由于截切平面未切掉圆锥体的侧面转向素线,故圆锥体截切后的侧面投影的最大轮廓仍然为一三角形,用实线画出。由于截切平面平行于侧面投影面,截交线的侧面投影反映真实截交线的形状。

首先分析正面投影,找出特殊点。截交线正面投影有积聚性。1′是截交线最高点,6′(7′)是截交线的最低点。截交线水平投影有积聚性。由于 Ⅰ 点在正面转向素线上,可以找到 1 的投影。6 点为截交线的最前点,7 点为截交线的最后点。6、7 点既是圆锥面一条素线上的点,又是圆锥体底面圆的点,可直接求得。根据投影规律求得 6″、7″ 点及 1″ 点。

在截交线上其余点,属于圆锥面上的一般位置点,需要采用如前所述的纬圆法或素线法求解,本题选用素线法。任意取几个点 Ⅱ、Ⅲ 和 Ⅳ、Ⅴ,其水平投影如图中 2、3 和 4、5 所示。连接 2*s* 和 3*s* 线,分别与圆锥体底面圆水平投影相交 *m*、*n* 点,则 Ⅱ、Ⅲ 点分别是素线 *SM*、*SN* 上的点。先找到素线 *s′m′*、*s′n′*和 *s″m″*、*s″n″* 的投影,过 2、3 点分别引投影连线,在正面投影和侧面投影中分

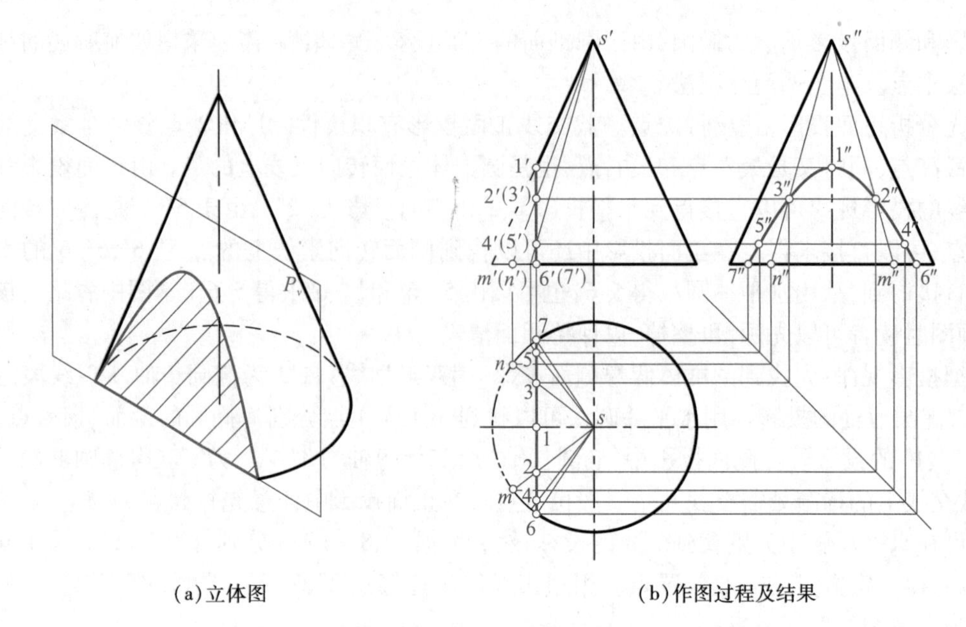

(a)立体图　　(b)作图过程及结果

图 4-19　圆锥体被平行于圆锥体轴线的平面截切

别得到素线 $s'm'$、$s'n'$和 $s''m''$、$s''n''$ 与投影连线的交点 2′、3′和 2″、3″。同理,得 4″、5″ 点和 4′、5′点的投影。由于截交线均为可见,用实线画出。

例 4-12　如图 4-20 所示,求圆锥体被三个正垂平面截切开槽的截交线及侧面投影。

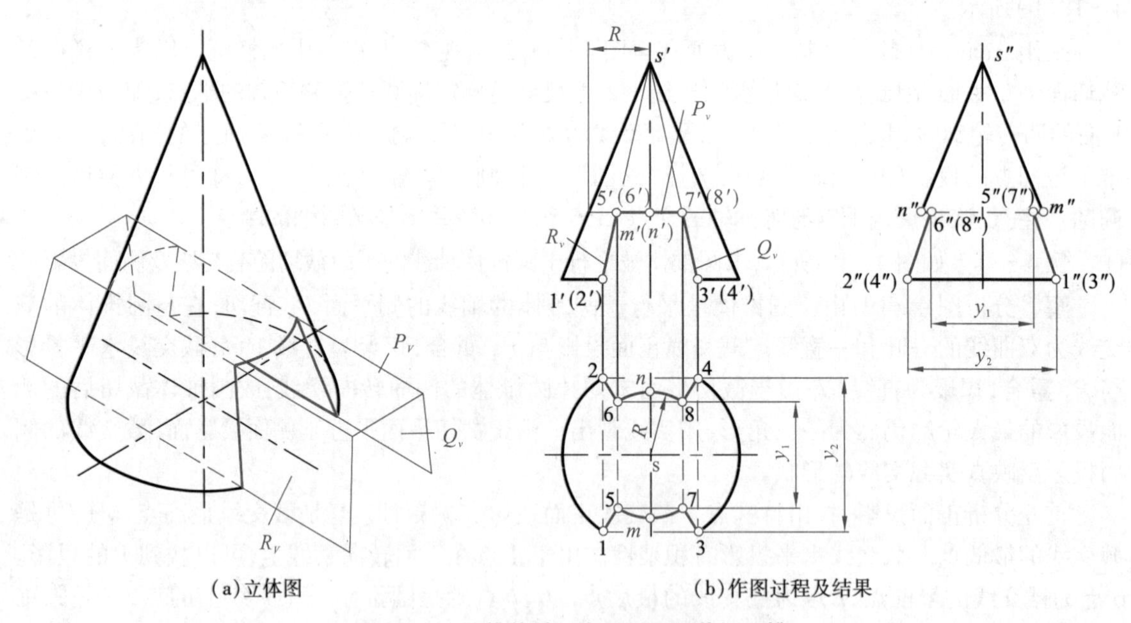

(a)立体图　　(b)作图过程及结果

图 4-20　圆锥体被三个正垂平面截切开槽

解　分析图 4-20(a),圆锥体被正垂面 P_V、Q_V、R_V 截切,Q_V、R_V 平面与轴中心线对称。正面投影中,P_V 平面与圆锥面的截交线为圆,但它同时与 Q_V、R_V 分别相交,两两平面相交为正垂线 5′6′和 7′8′,故 P_V 与圆锥面的截交线实际上是半径为 R 的两段圆弧,正面投影积聚为直线 5′7′(或 6′8′),侧面投影为直线 5″m″和 6″n″。注意 M、N 两点分别为半径为 R 的圆弧的侧面转向素线上的点。在该侧面投影中，$5''m''$ 和 $6''n''$ 线段可见，画实线；$5''6''$ 和 $7''8''$ 线段为两两平面交线，被圆锥表面挡住，不可见，画虚线。截交线水平投影反映实形，圆弧部分线段可见，画实线；直线 12、34、56、78 不可见，画虚线。

Q_V、R_V 平面过圆锥顶点，与圆锥的截交线为两个等腰三角形，但由于 Q_V、R_V 同时与 P_V 相交，两两平面相交为直线；故 Q_V、R_V 平面的截交线就变成两个等腰梯形。该等腰梯形位于正垂面 P_V 上，水平投影和侧面投影为类似形。注意，四条直线ⅠⅤ(ⅡⅥ)和ⅢⅦ(ⅣⅧ)，它们分别是圆锥面上的四条素线。根据 $1'5'(2'6')$ 和 $3'7'(4'8')$ 分别求得两截交线投影水平投影和侧面投影，由于 Q_V、R_V 与轴对称，所以在侧面投影中，两截交线投影重合。直线 $1''2''$ 和 $3''4''$ 与圆锥底的投影重合。

作图过程如图 4-20(b)所示。先用细实线画出完整的圆锥体的三个投影，然后根据 P_V 的位置找到圆弧半径 R。在水平投影中，以 R 为半径画圆，由 $5'$、$6'$、$7'$ 和 $8'$ 得水平投影 5、6、7 和 8，再求得侧面投影 $5''$、$6''$、$7''$ 和 $8''$。用虚线连接直线 12、34、56 和 78。侧面投影中 $5''6''$ 和 $7''8''$ 重合，用虚线连接。本图擦掉了被截立体部分的线条。

4.2.2.3　球的截切

平面与圆球相交所得截交线实际形状均为圆，其中截平面过球心时，圆的直径最大，为球的直径；其余位置的平面截得的圆的直径均小于该球的直径。根据截平面与投影平面的相对位置不同，截交线的投影表现为圆、直线和椭圆三种形式。当截平面平行于投影面时，截交线的投影为圆；当截平面垂直于投影面时，截交线的投影为直线，该直线的长度等于截交圆直径的实长；当截平面倾斜于投影面时，截交线的投影为椭圆。

圆球上的截交线采用纬圆法求共有点。根据点的位置，分别采用水平纬圆或者正平纬圆及侧平纬圆求点的投影。作图步骤参考例题。

例 4-13　如图 4-21 所示，求球被正垂平面截切右上冠，截切掉部分用双点划线画出，求截交线及球被正垂平面截切后另外两个投影。

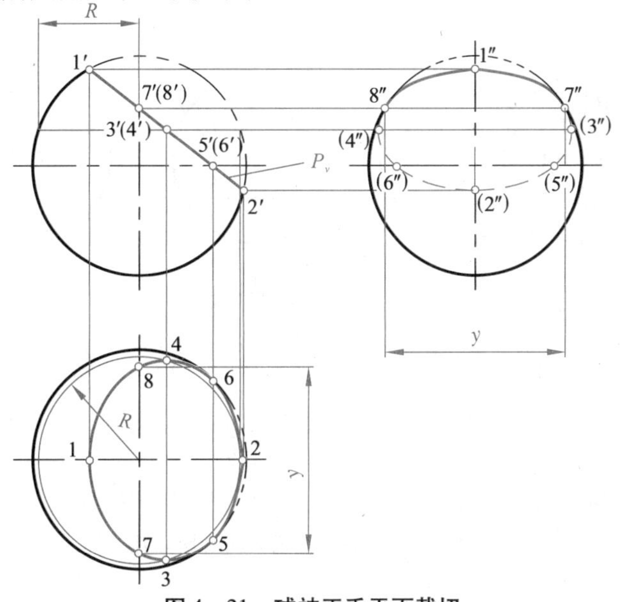

图 4-21　球被正垂平面截切

解　分析图 4 - 21 正面投影,球被倾斜于轴线的正垂面 P_V 截切右上冠,它与球的截交线为一圆。圆的正面投影与 P_V 重合,积聚为直线 1′2′;圆的水平投影和侧面投影均为椭圆,由于球的三面投影无积聚性,本题采用水平纬圆法求点。

首先分析正面投影,找出特殊点。截切面的正面投影有积聚性。1′和 2′点分别是截交线的最高点和最低点,同时又是最左点和最右点。1′、2′点同时是正面转向素线上的点。由正面投影和正面转向素线的投影规律可以直接得到水平投影 1、2 和侧面投影 1″、2″。在正面投影中还可以找到水平转向素线上的点 5′、6′,可以直接由投影连线与球的水平投影圆的交点得到水平投影 5、6。同理,求得侧面转向素线上的点 7′、8′的侧面投影 7″、8″。从而得到 7、8 的投影,如图 4 - 21 所示。

已知当截平面垂直于投影面时,截交线的投影为直线,该直线的长度等于截交圆直径的实长。那么空间Ⅲ、Ⅲ Ⅳ直线分别为水平投影和侧面投影中椭圆短轴、长轴。取 1′2′线段的中点 3′(4′),即椭圆轴中心线的投影。由于Ⅲ Ⅳ线为正垂线,在水平投影和侧面投影中反映实长,即长度等于截交圆直径的实长 1′2′。也可以如本题所示,通过水平纬圆法可以找到 3、4,从而求得 3″、4″ 的投影。Ⅲ Ⅳ点分别为椭圆的最前、最后点。注意图中水平纬圆的半径 R 的取值与正面投影的关系。

为了获得椭圆准确的轮廓线,在截交线上的稀疏处需要找两个一般位置点。通过水平纬圆法求得相应点的投影。在水平投影中,截交线可见,用粗实线依次连接 2、5、3、7、1、8、4、6 点,便获得该截交线为一椭圆的水平投影。由于点Ⅴ、Ⅵ为水平转向素线上的点,故截切右上冠的球的投影在 5、6 点左侧部分为粗实线,右侧部分为双点划线,表示该部分球冠已被切掉。

在侧面投影中,Ⅶ、Ⅷ点位于侧面转向素线上,截交线在 7″、8″ 点上部分为可见,画粗实线,依次连接 7″、1″、8″;下部分为不可见,画成虚线,依次连接 8″、4″、6″、2″、5″、3″、7″,便获得该截交线为一椭圆的侧面投影。同理,截切右上冠的球的侧面投影在 7″、8″ 点下部分为粗实线,上部分为双点划线,表示该部分球冠已被切掉(即假想球体)。作图过程及结果如图 4 - 21 所示。

例 4 - 14　如图 4 - 22(a)所示正面投影,求球被四正垂平面截切穿孔,两两平面分别与轴线对称,求截交线及球被四正垂平面截切穿孔后另外两个投影。

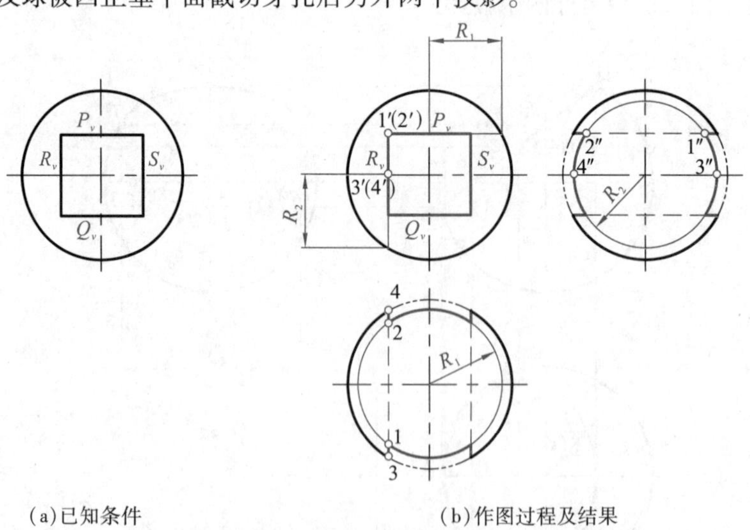

(a)已知条件　　　　(b)作图过程及结果

图 4 - 22　球被四正垂平面截切穿孔

分析　分析图4-22(a)正面投影,球被四个相互垂直的正垂面 P_V、Q_V、R_V、S_V 截切穿孔,两两平面分别与轴线对称。两两平面的交线为侧平线,如直线ⅠⅡ所示,它在水平投影和侧面投影中被球表面挡住不可见,故直线12、1″2″均为虚线,直线1′2′积聚为一点。当截平面平行于投影面时,球的截交线投影为实形,即圆;当截平面垂直于投影面时,截交线的投影为直线。因此,球与 P_V、Q_V 平面的截交线的水平投影为两段圆弧,侧面投影积聚为两条短直线,为粗实线;同理,球与 R_V、S_V 平面的截交线的水平投影为两条短直线,侧面投影为两段圆弧,为粗实线。由于四正垂平面两两相交,交线为直线,因被球表面挡住为虚线。由于球的三面投影无积聚性,需要采用纬圆法求点。

解　作图过程如图4-22(b)所示。用细实线画出球的三个投影草图,在水平投影中以 R_1 画辅助圆,得到水平投影1、2;在侧面投影中以 R_2 画辅助圆,得3″、4″点的投影。根据正面投影中正垂面 P_V、Q_V、R_V、S_V 的投影规律,分别画出水平投影中直线和圆弧、侧面投影中直线和圆弧。在水平投影中直线和侧面投影中,圆弧段画成粗实线,正垂面 P_V、Q_V、R_V、S_V 使球的部分转向素线被截切掉,因此,相应段只能画成双点划线或擦掉,其余部分球的投影画成粗实线。

4.2.2.4　复合回转体的截切

零件往往是由不同的回转体和各种平面组合而成的,有些零件会有平面与复合回转体截交线。这里介绍复合回转体的画法以及截交线投影,首先分析复合回转体由哪些基本回转体组成,以及它们的连接关系,然后分别求出这些基本回转体与诸平面的截交线,并依次连接即为所求复合回转体的截交线。

例4-15　如图4-23正面投影所示,顶尖被两正垂平面截切,求截交线及顶尖的另外两个投影。

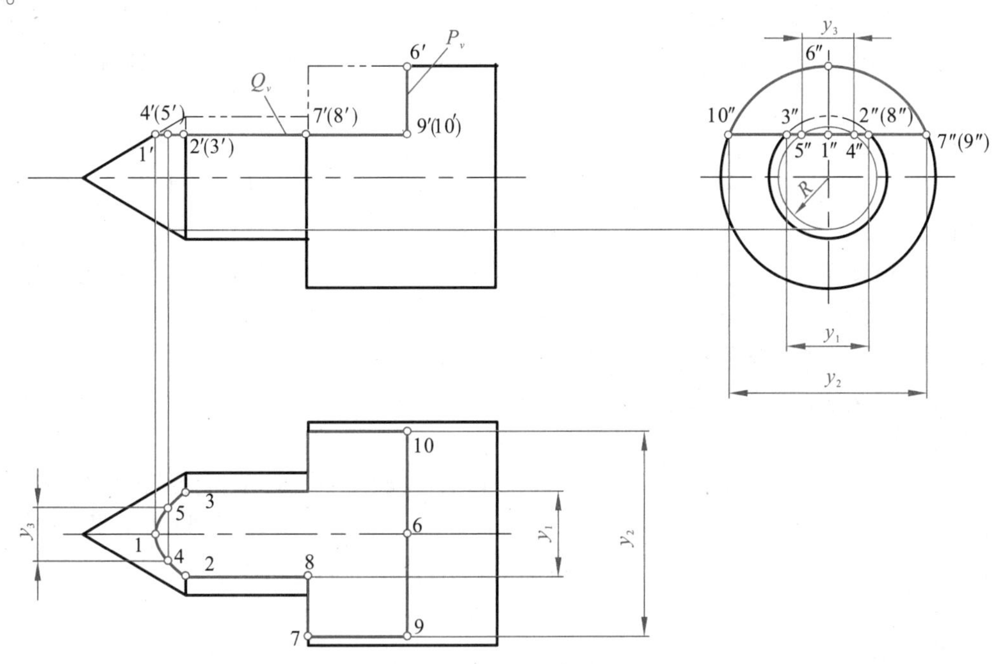

图4-23　顶尖被两正垂平面截切的投影

解　分析图4-23正面投影,顶尖表面是由圆锥面、小圆柱面和大圆柱面及大圆柱左环面和右侧圆平面组成。顶尖被垂直于轴线的正垂面 P_V 和平行于轴线的正垂面 Q_V 截切。P_V 平面与大圆柱面相交,截交线为部分圆弧,在水平投影为直线,侧面投影为实形,即圆弧。Q_V 平面与大圆柱面截交线为两条侧垂线和两条正垂线,Q_V 平面与 P_V 平面相交,交线为一条正垂线;Q_V 平面与大圆柱面截交线在水平投影为实形,即五条直线,侧面投影积聚为水平线。Q_V 平面与小圆柱面相交,截交线为两条侧垂线,在水平投影为实形,即两条直线,侧面投影积聚为点。Q_V 平面与圆锥面相交,截交线为一双曲线,在水平投影为实形,侧面投影积聚为水平线。

由于圆锥的投影无积聚性,点Ⅳ、Ⅴ需要采用纬圆法或素线法求得。本题采用侧面纬圆法。

作图过程如图 4-23 所示。先用细实线画出顶尖的三个投影草图,根据正面投影中Ⅰ~Ⅲ、Ⅵ~Ⅹ点所在位置的特点,在水平投影中直接找到 1、2、3、6、7、8、9、10 点的投影,根据正面投影中正垂面 P_V、Q_V 的投影规律,分别画出侧面投影中 1″、2″、3″、6″、7″、8″、9″、10″ 点的投影。在正面投影中,找到 4′、5′点对应的纬圆半径,用侧面纬圆与直线 9″10″ 的交点求得 4″、5″的投影。再根据投影规律 y_3 相等找到 4、5 点的投影。光滑连接 2、4、1、5、3 点,就求得圆锥被 Q_V 平面截切的截交线的水平投影。P_V 平面的截交线比较简单,就不一一叙述。图中截切掉的部分画成双点划线,其余部分的投影画成粗实线。求得的截交线和顶尖的另外两个投影如图 4-23 所示。

4.3 立体与立体相交

两立体相交叫作相贯,其表面产生的交线叫作相贯线。相贯线也是相交两立体表面的分界线。两立体表面相交,按表面的性质可以分为:平面立体与平面立体相交、平面立体与曲面立体相交和两曲面立体相交。本节主要讨论常用不同立体相交时其表面相贯线的投影特性及画法。

(1)相贯线的主要性质。

表面性:相贯线位于两立体的表面上,即外表面或内表面上。

封闭性:由于立体是有限的,所以相贯线一般是封闭的空间折线(通常由直线和曲线组成)或空间曲线。

共有性:相贯线是两立体表面的共有线。相贯线上的点是两立体表面的共有点。

相贯线的作图实质是找出相贯的两立体表面的若干共有点的投影。

(2)相贯线的形式取决于两立体的性质、大小和相对位置。

(3)求相贯线的基本方法:面上找点法和辅助平面法。

(4)相贯线的作图步骤:

①投影分析,分析相交两立体的表面形状、形体大小及相对位置,预见交线的形状;

②找特殊位置点,特殊点包括曲面投影的转向轮廓线上的点,以及相贯线上最高、最低、最左、最右、最前、最后点等,这些能确定相贯线的形状、范围及变化趋势;

③补充一般位置点;

④依次连接各点的投影;

⑤判断可见性,可见画粗实线,不可见画虚线;

⑥检查、加深,尤其应注意检查回转体轮廓素线的投影。

4.3.1　平面立体与平面立体相交

两平面立体的相贯线是两平面立体表面的共有线，是由若干直线所组成的空间折线，每一段是平面体的棱面与另一立体表面的交线。各段直线，就是平面体上各侧面截割另一立体表面所得的。这些相贯线的求法与平面立体被若干平面截取是完全相同的。

例 4－16　如图 4－24(a)所示，四棱柱与四棱锥相交，求相贯线的投影。

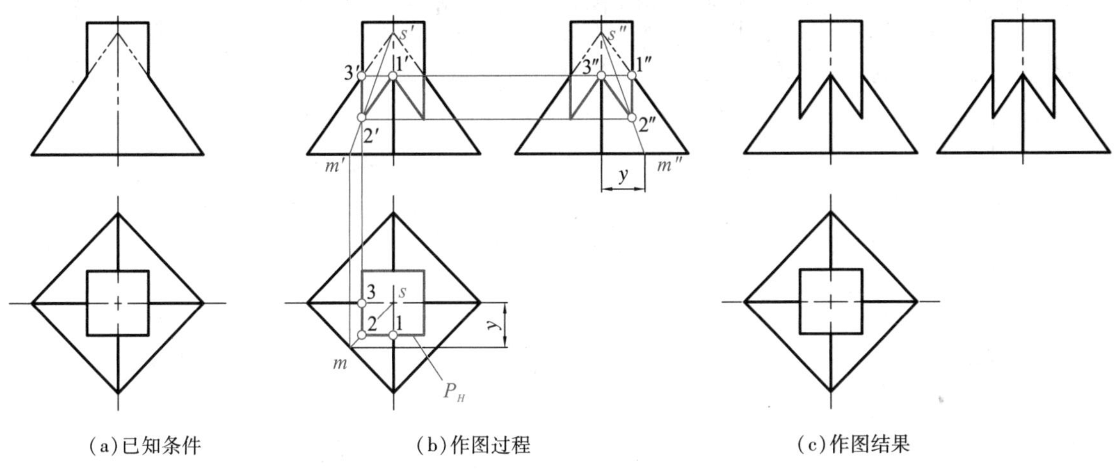

(a)已知条件　(b)作图过程　(c)作图结果

图 4－24　四棱柱与四棱锥相交

分析　根据图 4－24(a)所示四棱柱与四棱锥的两个投影，求得四棱柱与四棱锥的另一个投影。由于四棱柱两两平面分别与轴线对称，四棱柱在水平投影中有积聚性，因此应从水平投影中来求相贯线。已知两两平面的交线为直线，那么，在图 4－24 中的相贯位置，相贯线是八条直线所组成的空间折线。取图中 P_H 平面为例，P_H 平面分别与四棱锥的前面两个棱面相交，有两条截交线。由于在正平面 P_H 上，故为两条正平线。

解　作图过程如图 4－24(b)所示。在水平投影中找到直线的两个端点Ⅰ、Ⅱ的水平投影。由于Ⅰ点在四棱锥的侧面转向线上，因此可以直接在侧面投影中找到 1″，再根据投影规律找到 1′。Ⅱ点属于四棱锥棱面上一般位置的点，需要引辅助线求得点的投影。连接 2s，与四棱锥的底边相交于 m 点，在正面投影中找到 m'，连接 $m's'$，过 2 作投影连线，与 $m's'$相交，其交点即为 2′，再得到 2″。Ⅲ点在四棱锥的正面转向线上，故投影 3′可以直接找到。分别连接Ⅰ、Ⅱ和Ⅱ、Ⅲ点可以得到两条截交线，其他的截交线也可以类似找到，在此不再赘述。作图的结果如图 4－24(c)所示。

4.3.2　平面立体与曲面立体相交

平面立体与回转体相贯，相贯线是由若干段平面曲线(或直线)所组成的空间曲线，每一段是平面体的棱面与回转体表面的交线。相邻两段平面曲线的交点称为结合点，它是平面立体的棱线与回转体表面的交点。因此，该相贯线的求法与曲面立体被若干平面截取是完全相同的，分别求得交点，再依次连接。求交线的实质是求各棱面与回转面的截交线。分析各棱面与回转体表面的相对位置，从而确定截交线的形状。求出各棱面与回转体表面的截交线，连接各段交线，并判断可见性。

例 4－17 如图 4－25(a)所示，四棱柱与圆锥相交，求相贯线的投影。

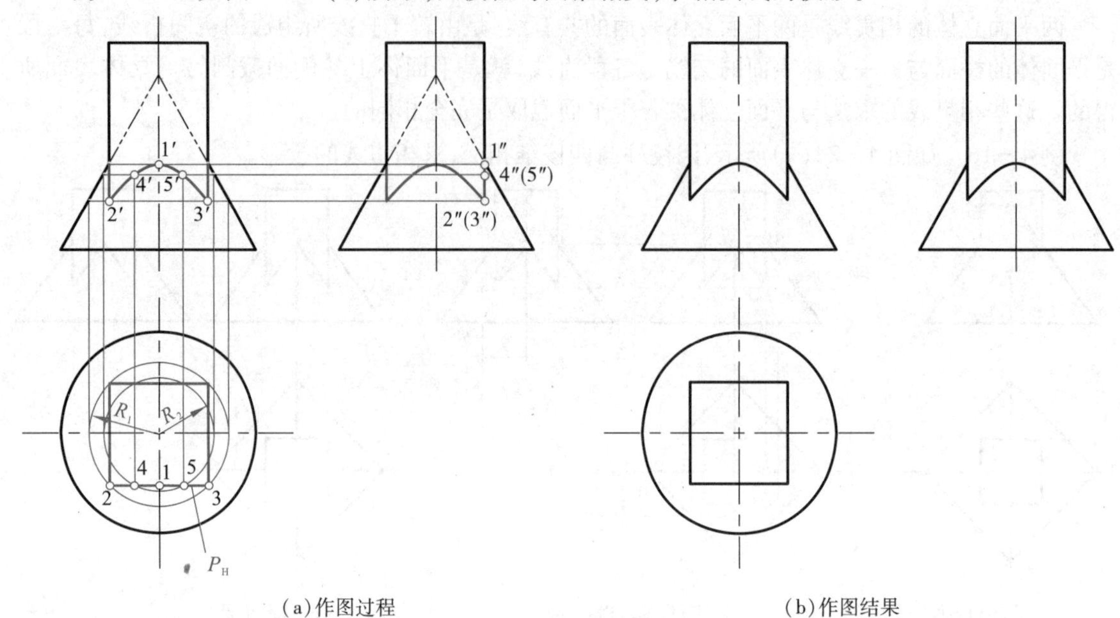

(a)作图过程　　(b)作图结果

图 4－25　四棱柱与圆锥相交

分析　已知四棱柱与圆锥的三个投影，如图 4－25(a)所示。由于四棱柱两两平面分别与轴线对称，四棱柱在水平投影中有积聚性，因此，仍然应从水平投影中来求相贯线。已知当截平面平行于圆锥体的轴线时，其截交线为双曲线。那么，在图 4－25 中的相贯位置，相贯线是四条双曲线所组成的空间曲线。取图中 P_H 平面为例，P_H 平面与圆锥相交。截交线为一条双曲线，由于在正平面 P_H 上，故为一条正平双曲线，水平投影、侧面投影为直线。

解　作图过程如图 4－25(a)所示。在水平投影中找到双曲线的顶点Ⅰ的水平投影 1。由于 1 点在圆锥的侧面转向线上，因此，可以直接在侧面投影中找到 1″，再根据投影规律找到 1′。Ⅱ、Ⅲ点是相贯线的起始点，Ⅱ、Ⅲ点属于圆锥面上一般位置的点，需要引辅助纬圆求得点的投影。过 2 点作纬圆(以 R_1 为半径作圆)找到纬圆的正面投影，再作 2 点的投影连线，该投影连线与纬圆的正面投影的交点即为 2′，然后由 2、2′得 2″，同理得 3′、3″。为了获得光滑的截交线，需要再求得两个一般位置的点Ⅳ、Ⅴ。作图方法与Ⅱ、Ⅲ点相同，注意此时纬圆半径为 R_2。四棱柱其他表面的截交线也可以类似找到，在此不再赘述。作图的结果如图 4－25(b)所示。

圆柱与六面长方体相交的截交线投影图如图 4－26 所示，作图过程省略。

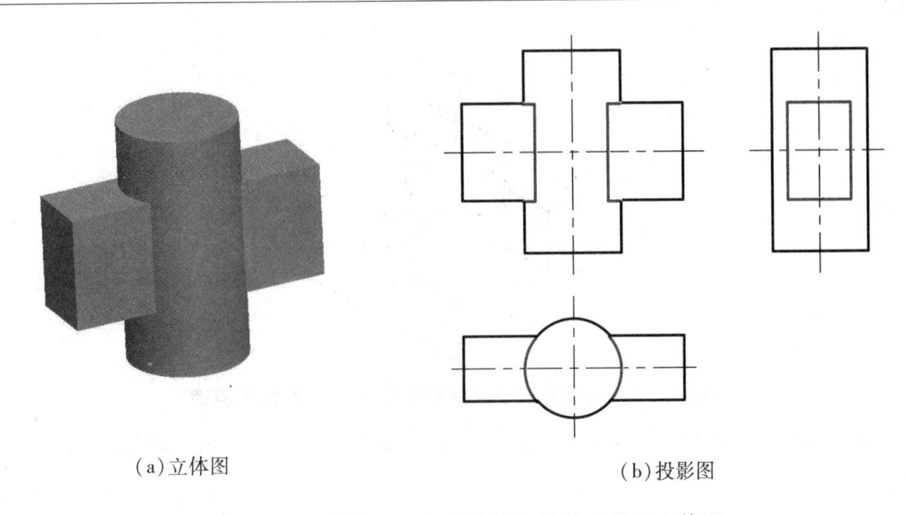

图 4－26　圆柱与六面立方体相交的截交线及立体图

4.3.3　两曲面立体相交

4.3.3.1　相贯线的求法和原理

两回转体相交,当两回转体的轴心线重合时,其相贯线为平面曲线。如图 4－27 所示,圆柱体与圆锥体相交,这时相贯线为水平圆,在正面和侧面投影中为直线。

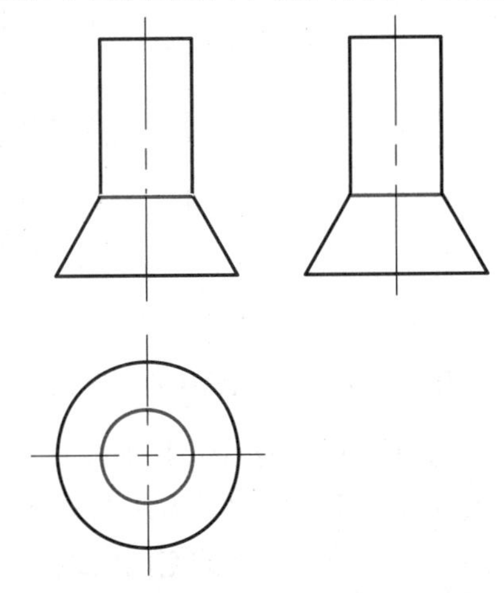

图 4－27　圆柱与圆锥相交的相贯线

两回转体相交,当两回转体的轴心线不重合时,其相贯线为空间曲线。一般情况采用辅助平面法,其作图原理是三面共点。三面是指辅助平面和两回转体表面,如图 4－28 所示。两个直径不相等的圆柱体,轴心线垂直相交。为求表面的相贯线,采用平行于轴线的辅助平面 P,P 平面同时截切两圆柱体,截交线 AE、CE 的交点为 E,BF、DF 的交点为 F,点 E、F 既属于辅助平面 P 又属于两圆柱体表面,即为三面共有点。采用相同的方法可以求得一系列相贯线上的点,连接这些点就得到两回转体相交的相贯线。

两个直径不相等的圆柱正交,其相贯线的具体求解过程见例 4－18。

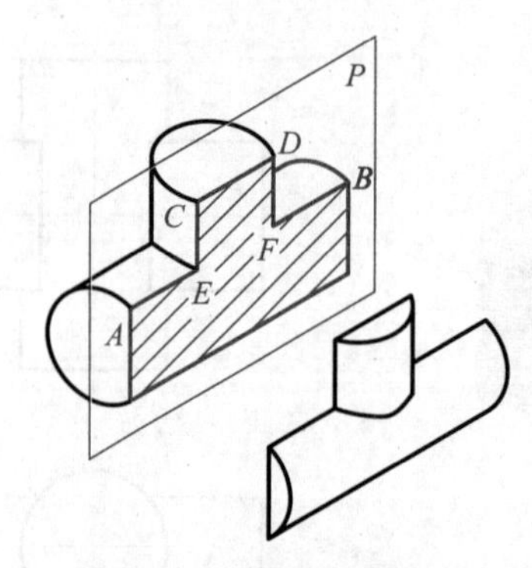

图 4－28　两圆柱正交时辅助平面中的三面共点原理

例 4－18　如图 4－29(a)所示，两个直径不相等的圆柱正交，求相贯线的投影。

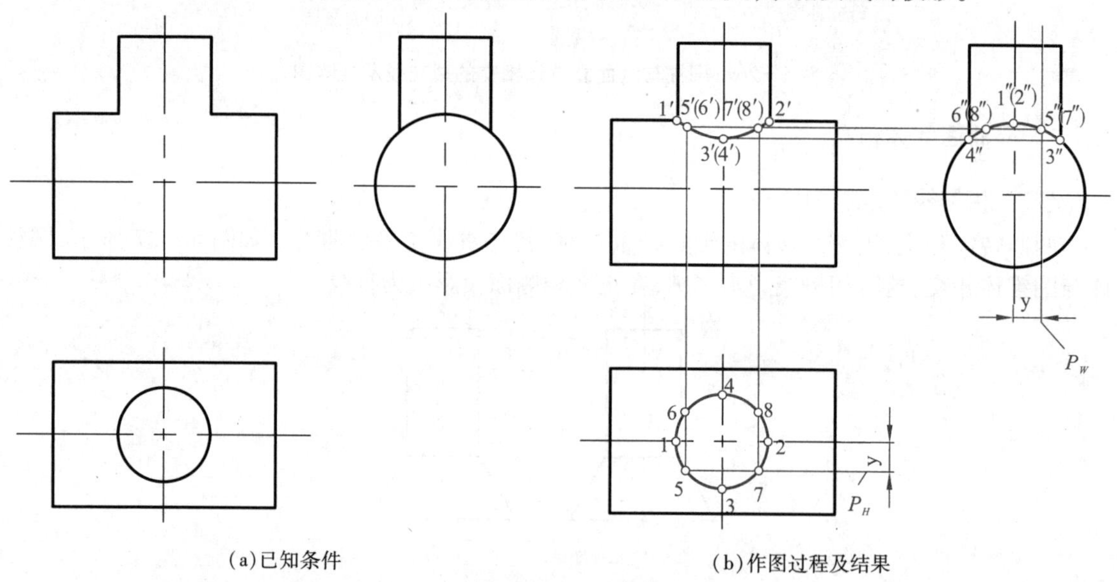

(a)已知条件　　(b)作图过程及结果

图 4－29　正交两圆柱的相贯线

分析　已知两个直径不相等的圆柱的三个投影，其轴线垂直相交，如图 4－29(a)所示。图形具有左右对称、前后对称的特点，因此，相贯线也具有左右对称、前后对称的特点。小圆柱穿进大圆柱。所以，相贯线是位于小圆柱上的一条封闭的空间曲线。

由于小圆柱在水平投影有积聚性，故相贯线的水平投影与小圆柱的投影重合。大圆柱在侧面中有积聚性，因此相贯线的侧面投影就在小圆柱穿进大圆柱的一段圆弧上。由于相贯线左右对称，故左半和右半相贯线在侧面投影中重合，如图 4－29(b)图中的红色圆弧。对于正面投影，由于没有积聚性，故采用辅助平面方法求解。

解　求相贯线的具体步骤如下：

(1)作特殊位置点：确定相贯线上最高、最低、最左、最右、最前、最后以及回转体转向线上的点。

如图 4－29(b)所示，在水平投影中找到最左、最右、最前、最后点分别为Ⅰ、Ⅱ、Ⅲ、Ⅳ点。它们分别位于小圆柱的正面转向线和侧面转向线上，因此，可以直接在正面投影中直接找到 1′、2′，侧面投影中找到3″、4″，再根据投影规律找到1″、2″和3′、4′以及1、2、3、4。

在侧面投影中找到相贯线的最上点为Ⅰ、Ⅱ，最下点为Ⅲ、Ⅳ点。在本题中小圆柱转向线上的点与相贯线上最高、最低、最左、最右、最前、最后点重合。

（2）作一般位置点。

采用图4－29（b）所示辅助正平面P，其水平投影为P_H平面，它与圆相交分别得到5、7点。再利用投影中y值相等的原理得侧面投影P_W平面，它与大圆柱的侧面投影的交点为5″、7″点。根据对称性得到6、8和6″、8″点。再根据投影规律得到5′、7′和6′、8′点。用相同的方法可以得到其他点的正面投影。注意Ⅴ、Ⅵ、Ⅶ、Ⅷ点属于一般位置点，需要利用三面共点原理求得。根据图形的大小适当作出几个一般位置点便可。

（3）按照相贯线水平投影所显示的诸点的顺序，光滑连接诸点的正面投影，即得相贯线的正面投影。

（4）判别可见性：当两立体表面均可见时，相贯线可见，由于相贯线前后对称，故其正面投影前后重合为非圆曲线。正面投影中1′5′3′7′2′线段可见，1′6′4′8′2′线段不可见，且两线重合，用粗实线依次连接1′5′3′7′2′，即为相贯线正面投影。作图的结果如图4－29（b）所示，红色粗实线线段部分为相贯线三个投影。

例4－19　如图4－30（a）所示，圆柱与圆锥正交，求相贯线的投影。

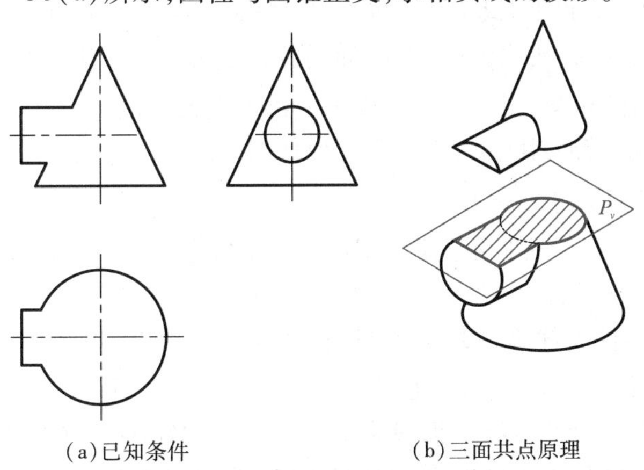

（a）已知条件　　　　（b）三面共点原理

图4－30　圆柱与圆锥正交时辅助平面中的三面共点原理

分析　已知圆柱与圆锥的三个投影，其轴线垂直相交，如图4－30（a）所示。图形具有前后对称的特点，因此相贯线也具有前后对称的特点。

空间及投影分析：圆柱从左侧全部穿进圆锥，相贯线为一光滑封闭的空间曲线。它的侧面投影有积聚性，正面投影、水平投影没有积聚性，应分别求出。

解题方法：辅助平面法。

辅助平面的选择原则：使辅助平面与两回转体表面的截交线的投影简单易画，例如直线或圆，一般选择投影面平行面。

由于圆柱在侧面投影有积聚性，那么相贯线的侧面投影与圆柱的侧面投影重合。由于相贯线前后对称，故前半和后半相贯线在正面投影中重合。对于水平投影和正面投影，由于没有积聚性，需要采用辅助平面方法求解。对于本题中的结构，宜选择一系列水平辅助平面，如图4－30

(b)所示 P_V 平面。由于圆锥与水平辅助平面的截交线为一定半径的水平纬线圆,故圆柱表面与水平辅助平面的截交线为两条直线。两截交线即纬线圆与两条直线的交点就是相贯线上的点。作一系列水平辅助平面便可以得到相贯线上若干点的投影。

解 求相贯线的具体步骤如下:

(1)相贯线的侧面投影与圆柱的侧面投影的部分圆弧重合。

(2)作特殊位置点,即相贯线上最高、最低、最左、最右、最前、最后点以及回转体转向线上的点。

在图4-31的侧面投影中找到相贯线的最上、最下、最前、最后点分别为Ⅰ、Ⅱ、Ⅲ、Ⅳ点。在本题中,相贯线最高、最低、最前、最后点与圆柱转向线重合。因此,可以在侧面投影中直接找到1″、2″、3″、4″。由于Ⅰ、Ⅱ点同时在圆锥的正面转向线上,正面投影1′、2′可直接找到,再求得水平投影1、2。对于Ⅲ、Ⅳ点的正面投影和水平投影,需要引辅助平面来求得。如图4-31所示,过3″、4″作辅助水平面与圆锥相交,以 R_2 为半径在水平投影中画纬线圆,与圆柱的水平转向线相交(或利用 y_2 相等的规律),得3、4点的投影。再根据投影,规律找3′、4′点的投影。

(3)作一般位置点。

采用如图4-30(b)所示圆柱与圆锥正交时辅助平面中的三面共点原理,求Ⅴ、Ⅵ点的投影。过5″、6″作辅助水平面 P,分别得到 P_H 平面和 P_W 平面。辅助水平面与圆锥相交,截交线为圆,以 R_1 为半径在水平投影中画纬线圆;辅助平面与圆柱表面相交,截交线为两直线,以 y_1 距离在水平投影中画线,与 R_1 圆相交,得5、6点的投影。再根据投影规律,找5′、6′的投影。同理,可以找到其他一般位置点的正面投影和水平投影。根据图形的大小,适当作出几个一般位置点便可,作图的过程如图4-31所示。

(4)按照相贯线水平投影所显示的诸点的顺序,光滑连接诸点的正面投影和水平投影,即得相贯线的正面投影和水平投影。

(5)判别可见性:当两立体表面均可见时,相贯线可见。由于相贯线前后对称,故其正面投影前后重合为非圆曲线。正面投影中线段1′5′3′2′可见,线段1′6′4′2′不可见且两曲线重合,用粗实线依次连接1′5′3″2′,即为相贯线正面投影。水平投影中线段35164可见,线段324被圆柱表面挡住不可见。用粗实线依次连接线段35164,用虚线依次连接线段324,即为相贯线水平投影。

4.3.3.2 相贯线的三种基本形式

(1)两实心立体相交,如图4-29所示圆柱与圆柱表面相交和如图4-31所示圆柱与圆锥表面相交的相贯线。

(2)实心立体与空心立体相交,如图4-32所示圆柱表面与空心圆柱(或称圆柱表面被钻孔)表面相交的相贯线。

图4-33所示为圆管被钻孔的相贯线,在圆管的外表面和内表面均产生相贯线。注意相贯线在非积聚性投影上总是向被穿的圆柱体里面弯曲。

(3)两空心立体相交,如图4-33所示圆管内表面与被钻孔的相贯线,如图4-34所示两空心圆柱(或称两孔)相贯的情况。注意相贯线在非积聚性投影上由于是两空心圆柱相交,相交区域内不应有圆柱体轮廓线的投影。

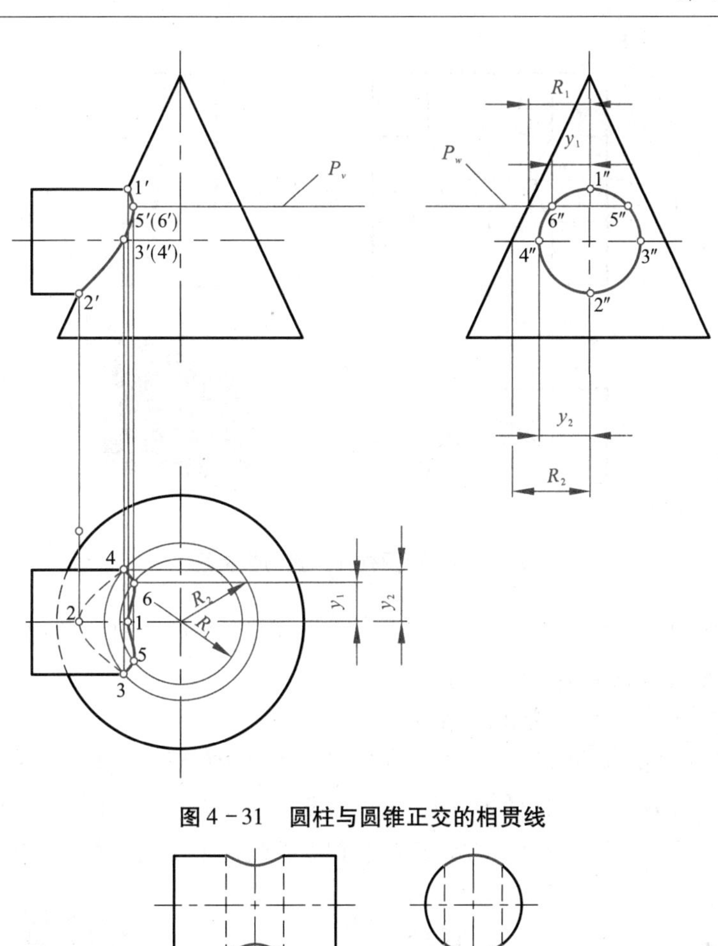

图 4－31　圆柱与圆锥正交的相贯线

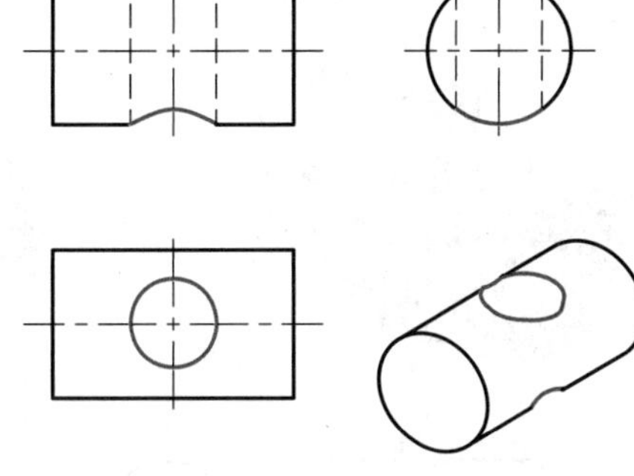

图 4－32　圆柱与圆柱孔相贯的相贯线

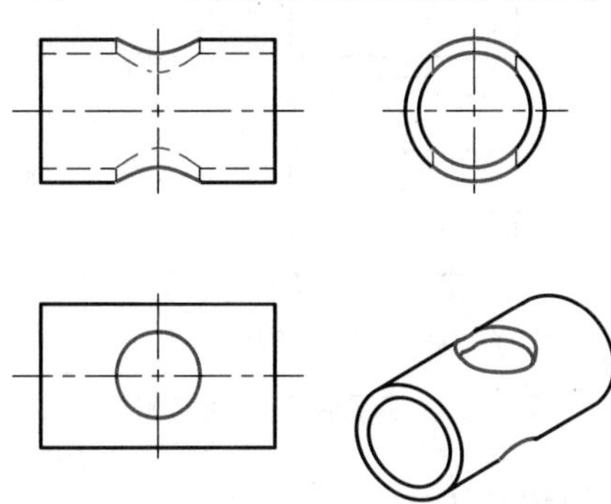

图 4－33　圆管圆柱孔相贯的相贯线

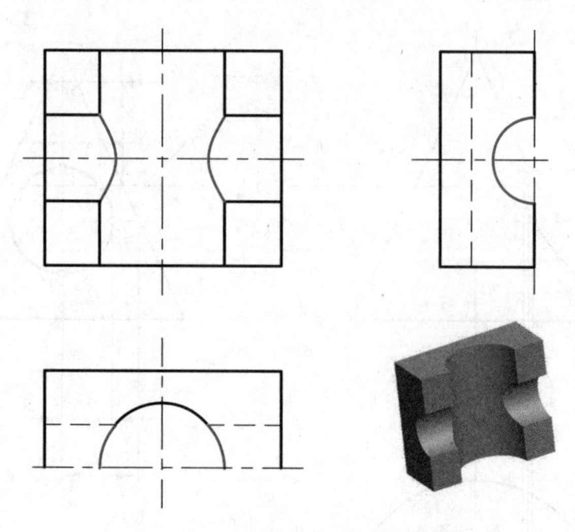

图 4-34　两圆柱孔相贯的相贯线

这三种相贯线实质都是两圆柱表面的相交，具有相同的形状，而且这些相贯线的作图方法和步骤是相同的，只是要注意虚实线的区别。

4. 3. 3. 3　两圆柱正交相贯线的变化趋势

垂直正交的两圆柱的相贯线为光滑封闭的空间曲线。相贯线在非积聚性投影上总是突向直径大的圆柱的轴线，而且两圆柱直径越接近，相贯线越是接近直径大的圆柱的轴线。当两圆柱直径相等时，相贯线在空间为两个平面椭圆，其在非积聚性投影上变为直线，如图 4-35 所示。

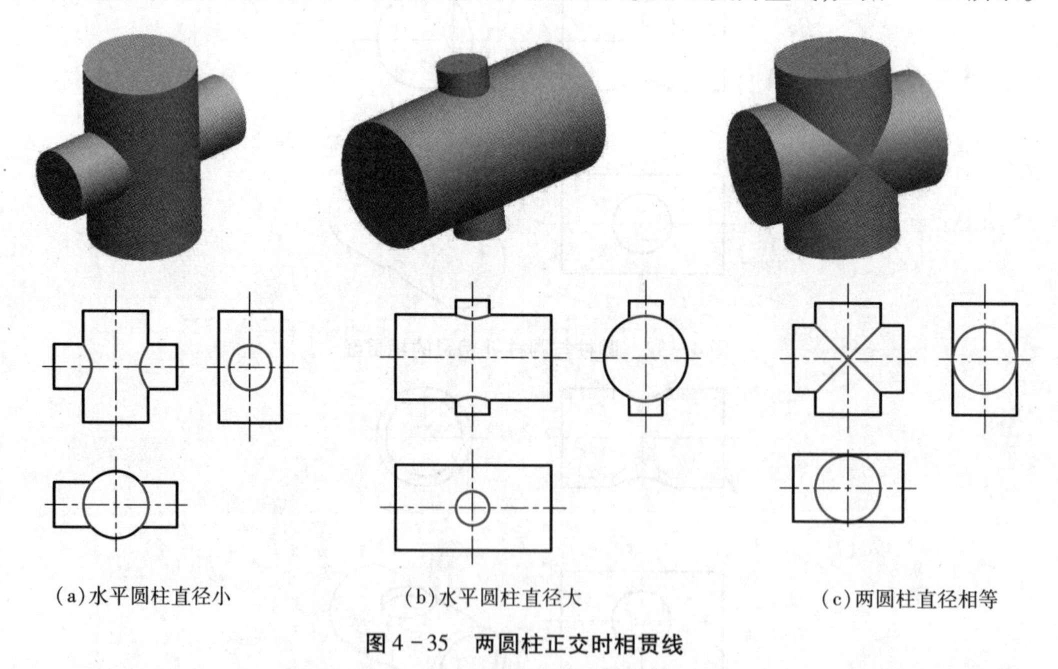

(a)水平圆柱直径小　　(b)水平圆柱直径大　　(c)两圆柱直径相等

图 4-35　两圆柱正交时相贯线

4. 3. 3. 4　两圆柱正交相贯线的简化画法

两圆柱的轴线垂直正交且正交轴线平行于某个投影面时，相贯线在该投影面上的非圆投影曲线可以用圆弧代替。圆弧的半径大小等于大圆柱的半径,其圆心在小圆柱的轴线上。具体画法如图 4 -36 所示。以大小圆柱轮廓线的交点为圆心,大圆柱的半径为半径画圆弧,与小圆柱的轴线相交,其交点为 O,然后以 O 为圆心,仍以相同的半径 R 画圆弧,即为小圆柱与大圆柱的相贯线。

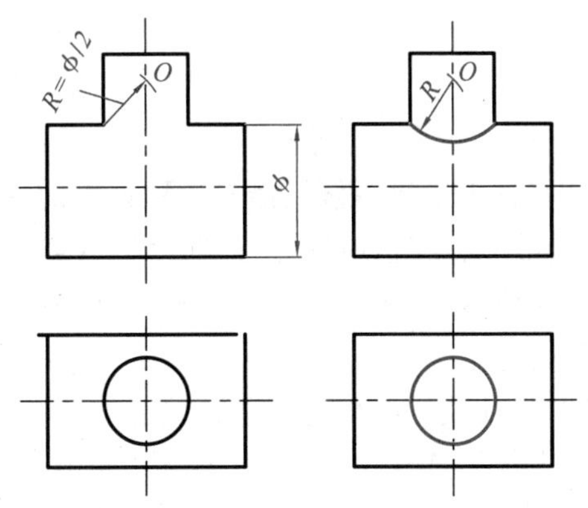

图 4 -36　垂直正交两圆柱孔相贯线的简化画法

4.3.3.5　两立体轴线平行时的相贯线

例 4 -20　如图 4 -37(a)所示,圆柱与半圆球轴线平行时相交,求相贯线的投影。

分析　已知圆柱与半圆球的三个投影,其轴线平行,如图 4 -37(a)所示。图形具有前后对称的特点,因此相贯线也具有前后对称的特点。

空间及投影分析:圆柱与半圆球相交,相贯线为一光滑的封闭的空间曲线。圆柱的水平投影有积聚性,而正面投影、侧面投影没有积聚性,应分别求出。

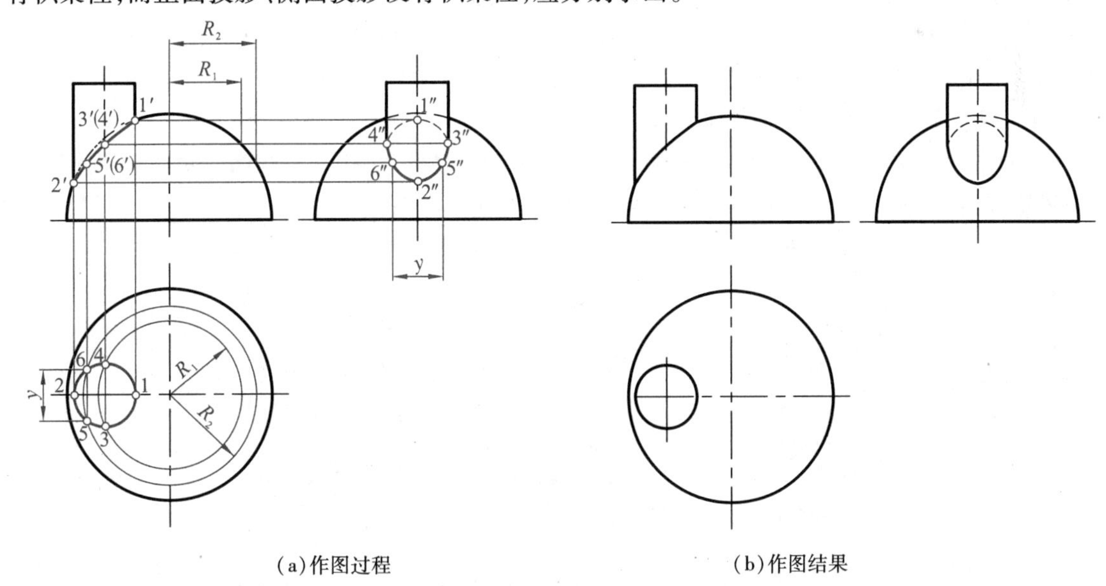

(a)作图过程　　(b)作图结果

图 4 -37　圆柱与半圆球相交的相贯线

解题方法:辅助平面法。由于圆柱在水平投影有积聚性,那么相贯线的水平投影与圆柱的水平投影重合。由于相贯线前后对称,故前半相贯线和后半相贯线在正面投影中重合。对于本题中的图形宜选择一系列水平辅助平面,如图4-37(a)所示。因为半圆球与水平辅助平面的截交线为一定半径的水平纬线圆,在水平投影中找到相贯线上的一个点。在正面投影中找到水平纬线圆在半圆球上的相应投影直线,过该点的水平投影作投影连线,与水平纬线圆正面投影的交点为该点的正面投影。进一步得到该点的侧面投影,作一系列水平辅助平面便可以得到相贯线上若干点的投影。

解 求相贯线的具体步骤如下:

(1)相贯线的水平投影与圆柱的水平投影重合。

(2)作特殊位置点:确定相贯线上最高、最低、最左、最右、最前、最后点以及回转体转向线上的点。在水平投影中找到最上、最下、最前、最后点分别为Ⅰ、Ⅱ、Ⅲ、Ⅳ点。Ⅰ、Ⅱ同时也分别为最左、最右的点。它们分别位于小圆柱的正面转向线和侧面转向线上,因此可以由1、2及1′、2′得到1″、2″的投影。根据Ⅲ、Ⅳ点的水平投影3、4点,作辅助水平纬线圆。如图4-37(a)所示R_1,在半圆球正面投影中找到水平纬线圆的相应投影直线,过3、4点作投影连线,其与水平纬线圆R_1的交点为Ⅲ、Ⅳ点的正面投影3′和(4′)。由3、4和3′、(4′)的投影得到3″、4″的投影。

(3)作一般位置点:为了获得光滑的相贯线,还需要添加一些位置点,如图中Ⅴ、Ⅵ点。Ⅴ、Ⅵ点的求法与Ⅲ、Ⅳ点完全相同,只是此时水平纬线圆半径为R_2。

(4)按照相贯线水平投影所显示的诸点的顺序,光滑连接诸点的正面投影和侧面投影,即得相贯线的正面投影和侧面投影。

(5)判别可见性:当两立体表面均可见时,相贯线可见,由于相贯线前后对称,故其正面投影前后重合为非圆曲线。正面投影中1′3′5′2′可见,1′4′6′2′不可见且重合,用粗实线依次连接1′3′5′2′便可。水平投影中相贯线与圆柱表面重合均可见,用粗实线依次连接。侧面投影中由于小圆柱的轴线位于半圆球轴线的左侧,小圆柱挡住部分为半圆球的顶部,故相贯线的侧面投影在小圆柱侧面转向线左边的可见,点3″、4″为可见线段与不可见线段的分界点,用粗实线依次连接3″6″2″5″4″,用虚实线依次连接3″1″4″。最终作图结果如图4-37(b)所示。

4.3.3.6 两回转体相贯线的特殊情况

(1)两相交回转体同时公切一圆球时,相贯线在空间为两个椭圆,当两回转体的轴线都平行某个投影面时,则其在该投影面投影上变为直线,如图4-38所示。

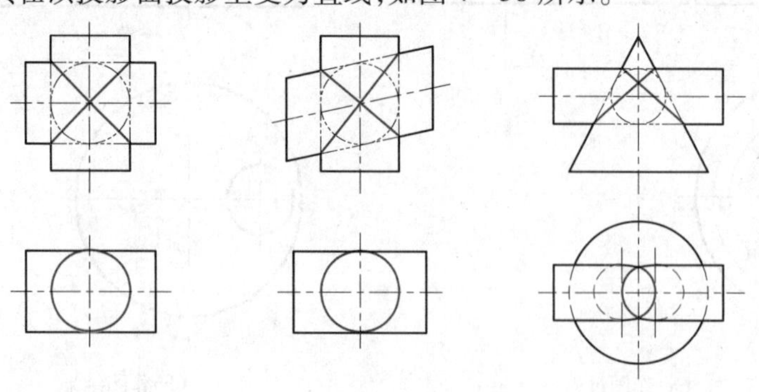

(a)两相同直径圆柱正交　(b)两相同直径圆柱斜交　(c)圆柱与圆锥正交

图4-38 相贯线为椭圆的情况

(2)两相交两回转体轴线重合时,相贯线均为垂直于该轴线的平面圆。当回转体的轴线平行投影面时,其在该投影面投影上变为直线,在垂直于轴线的投影面上的投影反映真实的圆。如图 4 -39 所示。

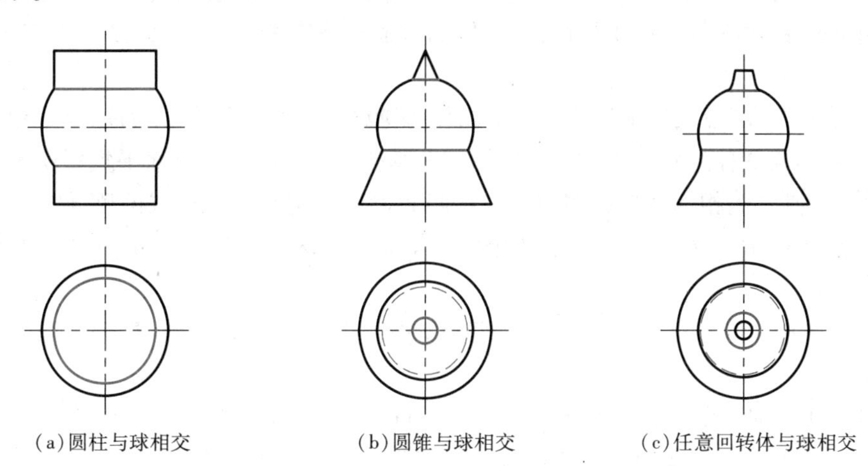

图 4 -39　相贯线为圆的情况

4.3.3.7　轴线不相交的两圆柱的相贯线

对于轴线不相交的两圆柱的相贯线的求解,需要作详细分析,两个实体相交,相贯线是空间封闭曲线。求相贯线的关键是确定相贯线的区域,并找出特殊点的投影。

对于图 4 -40 轴线不相交的两圆柱的相贯线,该空间封闭曲线分别位于两个圆柱表面,由于小圆柱、大圆柱分别在水平投影和侧面投影中有积聚性,因此问题变得容易些了。

例 4 -21　如图 4 -40(a)所示,大圆柱与小圆柱相交,其轴线垂直但不相交,求相贯线的投影。

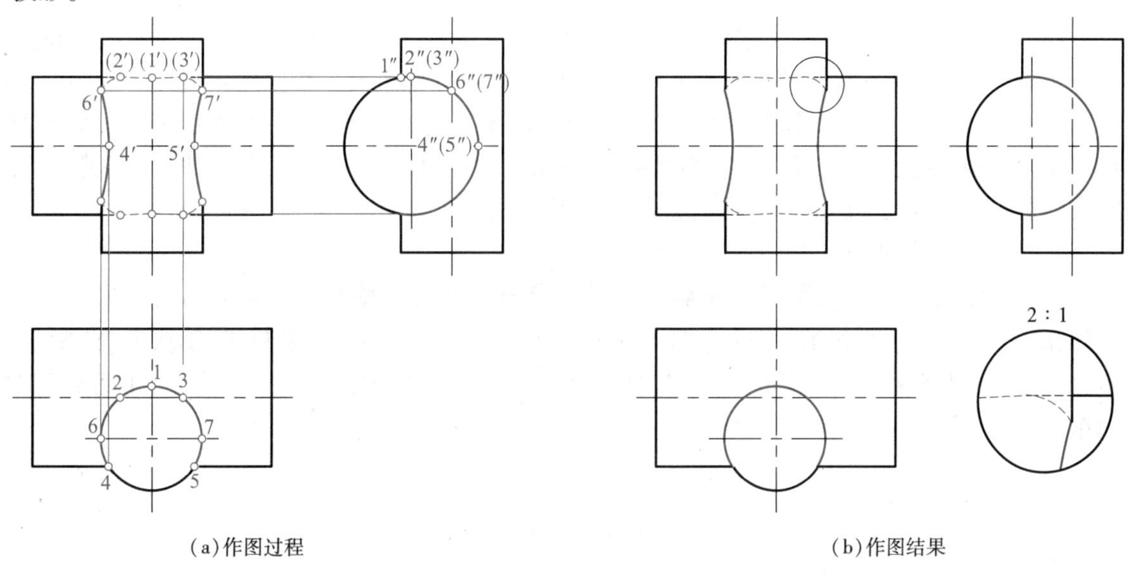

图 4 -40　轴线不相交的两圆柱的相贯线

分析 已知两圆柱的三个投影,如图4-40(a)所示。图形具有左右对称、上下对称的特点,因此相贯线也具有左右对称、上下对称的特点。

空间及投影分析:小圆柱与大圆柱相交,其轴线垂直但不相交,相贯线为一光滑的封闭的空间曲线。小圆柱的水平投影有积聚性,大圆柱的侧面投影有积聚性,正面投影没有积聚性,相贯线应求出。

解题方法:表面取点法或辅助平面法。由于小圆柱在水平投影有积聚性,那么相贯线的水平投影为小圆柱与大圆柱的水平投影重合区域部分圆弧,如图4-40(a)水平投影所示。由于相贯线左右对称,故其左侧相贯线与右侧相贯线在侧面投影中重合。相贯线的侧面投影为大圆柱与小圆柱的侧面投影重合区域部分圆弧,如图4-40(a)侧面投影所示。正面投影中相贯线上下对称。

解 (1)作特殊位置点:确定相贯线上最高、最低、最左、最右、最前、最后点以及回转体转向线上的点。

如图4-40(a)所示,在水平投影中找到最后点为Ⅰ点,最前点分别为Ⅳ、Ⅴ点。Ⅰ点位于小圆柱的侧面转向线上,Ⅳ、Ⅴ点位于大圆柱的水平转向线上。直接找到1、4、5点,再在侧面投影中找到1″、4″、5″点的投影,便得到1′、4′、5′点。在水平投影中找到小圆柱正面转向线上的点6、7,Ⅵ、Ⅶ点即为相贯线最左点和最右点。根据水平投影6、7点和侧面投影6″、7″点,可以找到6′、7′点。Ⅱ、Ⅲ点位于大圆柱的正面转向线上,因此它是相贯线的最高点,过点的2、3点和2″、3″点作投影连线,其交点分别为Ⅱ、Ⅲ点的正面投影2′点和3′点。

(2)一般位置点:为了获得光滑的相贯线,还需要添加一些位置点,其方法与表面取点的方法相同,在本题中需要利用两个圆柱具有积聚性投影求解便可,不再详细讨论。

(3)按照相贯线水平投影所显示的诸点的顺序,光滑连接诸点的正面投影和侧面投影,即得相贯线的正面投影和侧面投影。

(4)判别可见性:当两立体表面均可见时,相贯线可见,正面投影中6′、7′点为可见与不可见的分界点。小圆柱正面转向线前的相贯线可见,用粗实线分别依次连接曲线4′6′、5′7′。小圆柱正面转向线后的线不可见,曲线6′2′1′3′7′不可见,用虚实线依次连接。相贯线的水平投影和侧面投影与小圆柱面、大圆柱面的部分圆弧重合,且可见。相贯线左右对称、上下对称。注意4、6、2、1、3、7、5与4″、6″、2″、1″、3″、7″、5″的关系,最终作图的结果如图4-40(b)所示。

4.3.3.8 多体相贯

对于多体相贯,每个局部都是两体相贯,首先分析物体是由哪些基本体组成的,然后对两两立体相贯线进行分析与作图。图4-41(a)为水平圆柱分别与大小两垂直圆柱(轴线重叠)相交,且被大圆柱的顶面截切的立体图。该三圆柱相交的相贯线投影如图4-41(b)所示,在此不详细讲解。

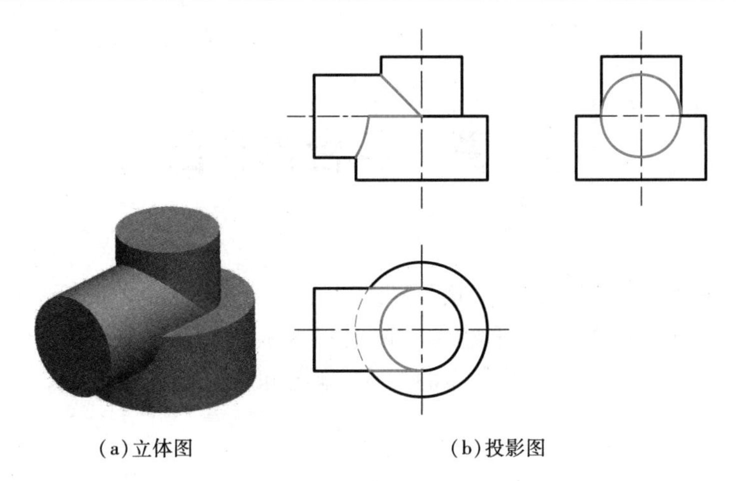

图 4 - 41　三圆柱相交的相贯线

第5章 组合体视图

机械零件因其作用的不同而结构形状各异，但从几何观点分析，它们都是由若干基本体（简单立体）按一定方式组合而成的。这种由两个以上基本体组成的物体称为组合体。本章将运用形体分析和线、面分析的方法讨论组合体的构成、画图和标注尺寸等问题，并介绍读组合体的方法。

5.1 组合体的构成形式及其视图特征

5.1.1 组合体的构成形式

组合体构成形式可以归纳为叠加型、切割型和综合型三种形式。在工程上物体往往是既有切割又有叠加的综合型，图5-1为三种组合体的实例。

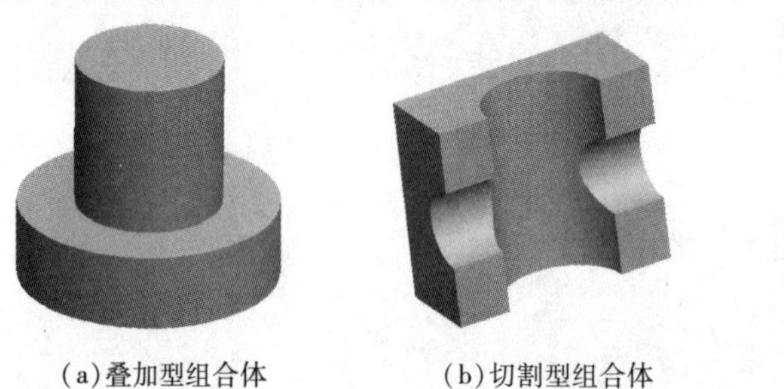

(a)叠加型组合体　(b)切割型组合体　(c)综合型组合体

图5-1　组合体构成形式

5.1.2 组合体的三个视图

在机械制图中，将组合体向投影面作正投影所得到的图形称为视图。视图主要用来表达物体的形状。组合体在正立投影面上的投影称为主视图；在水平投影面上的投影称为俯视图；在侧立投影面上的投影称为左视图。将上述三个视图按规定的方法摊在一个平面上，称为组合体的三视图，如图5-2所示。

主视图表示物体的正面形状，反映物体的长度和高度及各部分的上下、左右位置关系。俯视图表示物体顶面的形状，反映物体的长度和宽度及各部分的左右、前后位置关系。左视图表示物体左面的形状，反映物体的高度和宽度及各部分的上下、前后位置关系。物体的三个视图是从不同方向反映同一物体的形状、相互之间的联系，满足长对正、高齐平、宽相等的“三等”规律。

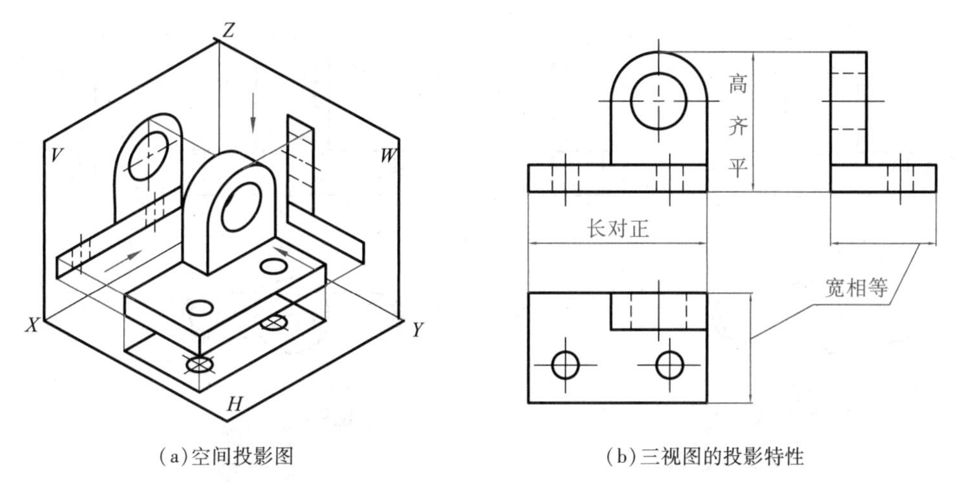

(a)空间投影图　　(b)三视图的投影特性

图 5－2　组合体的三视图

5. 1. 3　组合体相邻表面的连接方式

无论哪种形式的组合体,两个基本形体叠加时的表面过渡关系有不同的相对位置关系,并且各形体之间的表面也存在一定的连接关系。连接形式有齐平、不齐平、相交、相切四种形式,视图如图 5－3 所示。

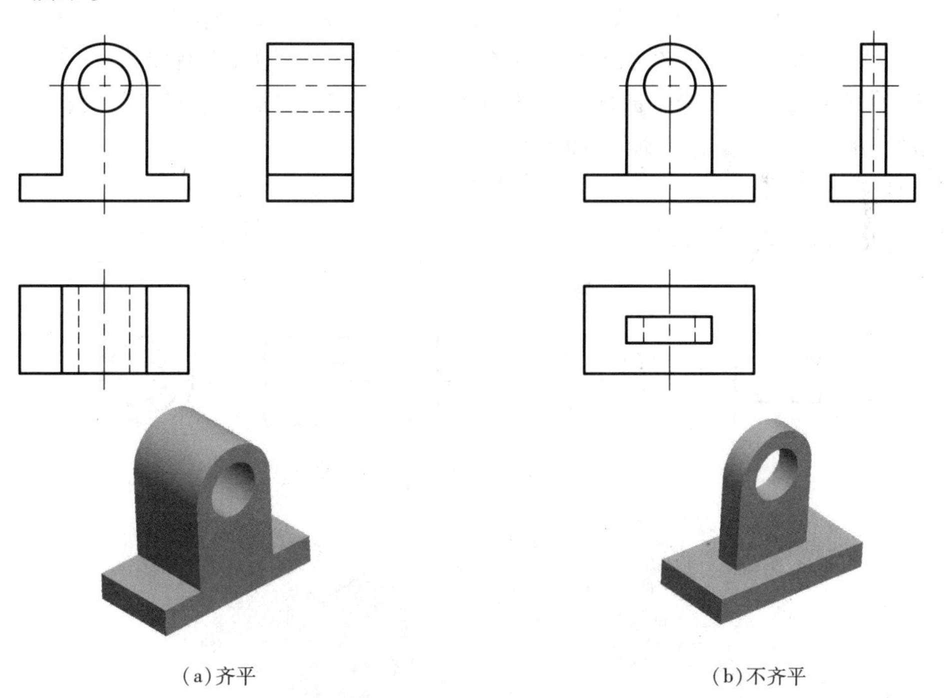

(a)齐平　　(b)不齐平

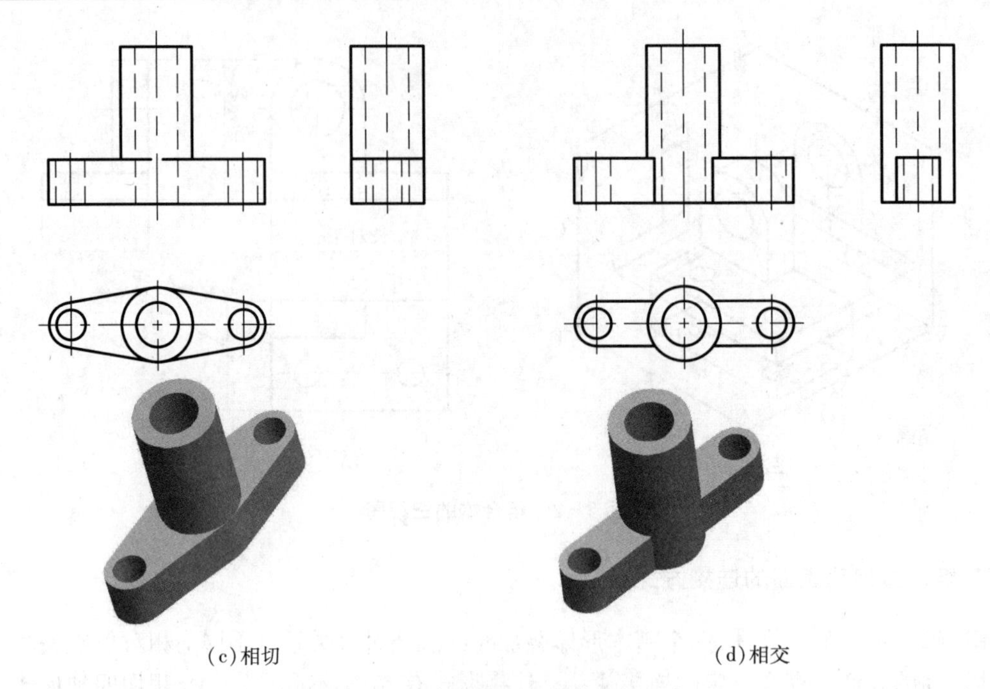

(c)相切　　(d)相交

图 5-3　组合体表面之间的连接形式

(1)当两两形体表面平齐(即共面)时,在相应视图上无分界线,如图 5-3(a)所示。

(2)当两两形体表面不齐平时,在相应视图中,两形体的分界处,应有线隔开,如图 5-3(b)所示。当两曲面立体外表面或两曲面立体的内表面不齐平时,情况是相同的。不平齐分界线可见时为实线,分界线不可见时为虚线,如图 5-4 所示。

(3)两形体表面相切时,相切处无线,如图 5-3(c)和图 5-5 所示。

(4)当两形体表面相交时,相交处必须画出交线,如图 5-3(d)和图 5-6 所示。

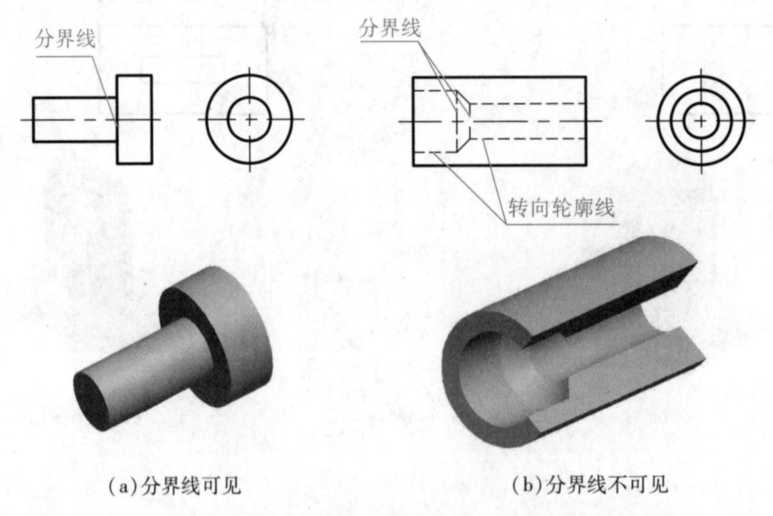

(a)分界线可见　　(b)分界线不可见

图 5-4　组合体两两形体表面不齐平时的视图和立体图

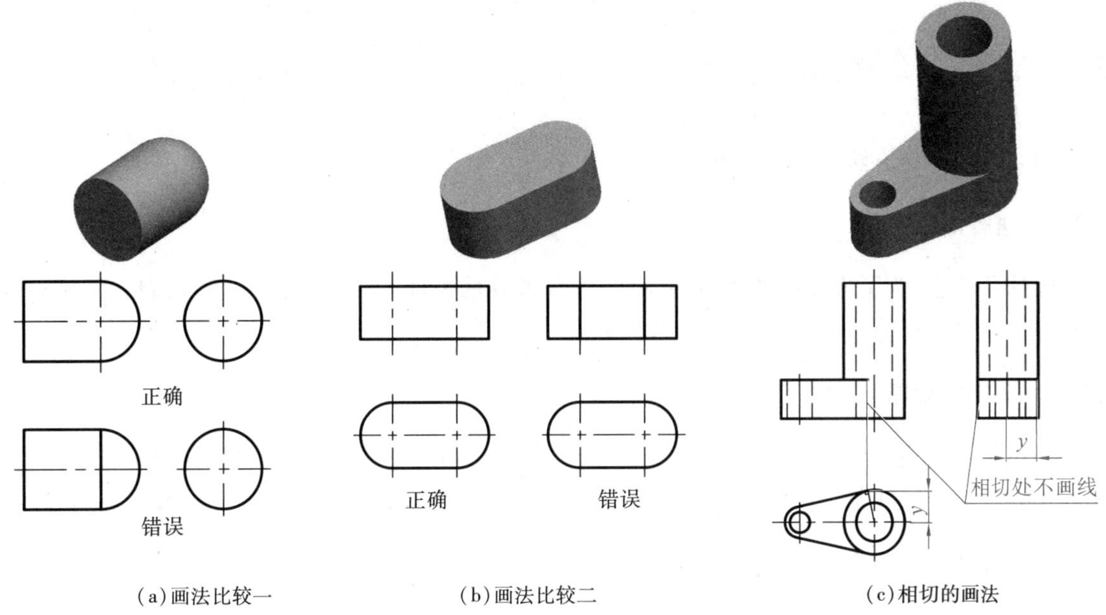

图 5-5　两立体表面相切时的视图和立体图

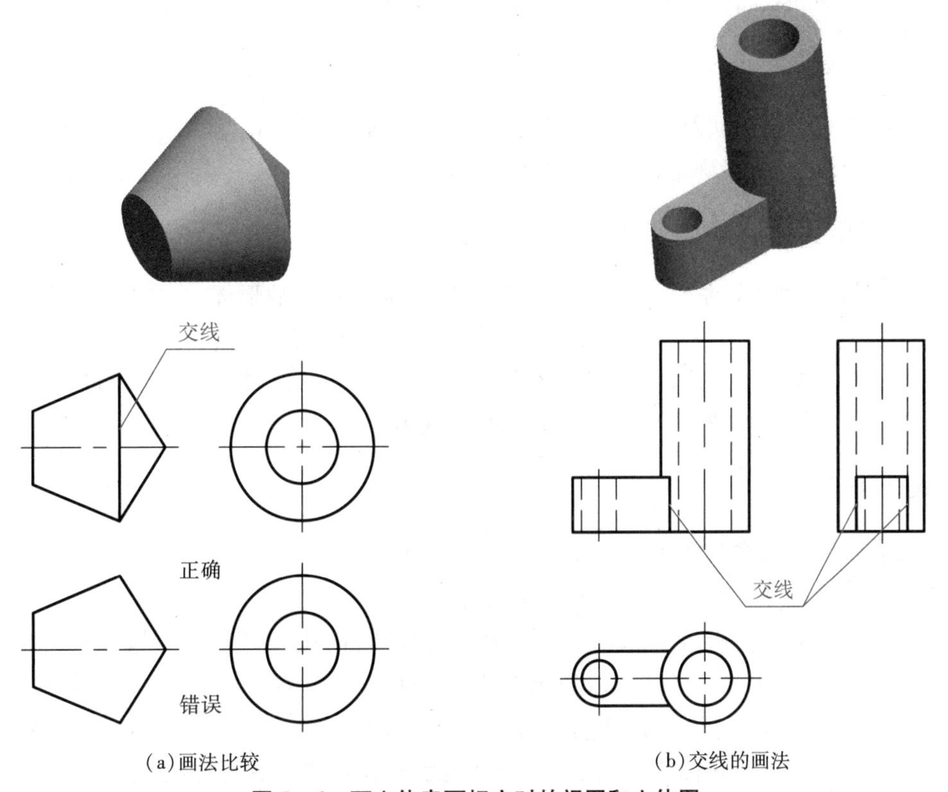

图 5-6　两立体表面相交时的视图和立体图

5.2 画组合体视图

组合体的画图方法及步骤如下。

5.2.1 进行形体分析

形体分析法：为了方便画图和看图，将物体分解并抽象成若干基本体，并对它们之间相对位置和组合形式进行分析的方法。

5.2.2 确定主视图

一组视图中最重要的是主视图，选择主视图时，一般按工作位置放置，将物体放正，即将组合体的主要平面或轴线与投影面平行或垂直，以反映机件的形状特征作为主视图的投影方向。

5.2.3 选比例、定图幅

根据三个视图及标注尺寸所需要的面积，并在视图间留出适当的间距，选用适当的标准图幅和比例。为了画图和看图的方便，尽量采用 1 ∶ 1 的比例。

5.2.4 布图、画基准线

布图时应注意各视图间及其周围要有适当的间隔，图面要匀称。常用中心线、轴线和较大的平面作各视图的基准线，以确定视图在各个方向的位置。

5.2.5 逐个画出各基本体的三视图

画图时，一般先画主要部分和大的形体，后画次要部分和小的形体；先画实体，后画虚体（挖空部分）；先画大轮廓，后画细节；每一形体从具有特征的、反映实形的或具有积聚性的视图开始，将三个视图联系起来画。但应注意，组合体是一个整体，对各部分形状和相对位置及组合方式应有明确认识。根据投影规律，逐个画出各形体的三视图。

5.2.6 检查、描深

底稿完成后应认真检查修改，然后按规定的线型加深。

例 5 -1 画出图 5 -7(a)所示的轴承座的视图。

解 首先进行形体分析，轴承座由轴承（大圆筒）、凸台（小圆筒）、支撑板、筋板和底板五部分组成，如图 5 -7(b)所示。各基本体的相对位置和表面连接关系如下：大、小圆筒轴线相互垂直，内、外表面都有相贯线；支撑板的左右两斜面和大圆筒相切，无线；筋板的左、右两侧面和大圆筒相交，有交线；支撑板和底板的后端面是平齐的，无分界线；支撑板与底板的侧面斜交，有交线；筋板在底板的中间，有分界线；底板左、右前端被挖了两个圆孔；大圆筒后端突出支撑板一段距离。

在视图中，主视图应反映机件的形状特征。轴承座按工作位置放置后，可以按照图 5 -7(a)

中箭头所示的 A、B、C、D、E 五个方向投影。由于当以 C 向投影为主视图时,不能反映机件的形状特征,故不采用;若以 B 或 E 向投影为主视图,则不能完全反映形状特征;若以 D 向投影为主视图,则主视图上虚线较多,不太好。比较 A、B、E 三个方向的投影得到的主视图,显然 A 向投影得到的主视图更能反映轴承座各部分的形状特征,故采用 A 向投影为主视图。

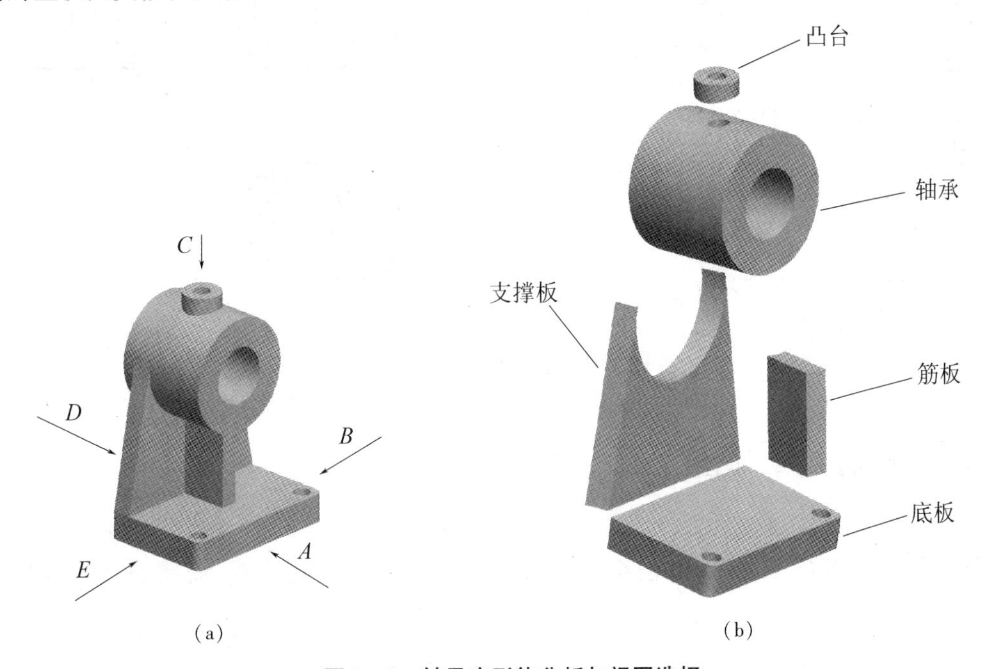

图 5-7　轴承座形体分析与视图选择

综合考虑图面清晰和合理利用图幅,作图步骤和过程如图 5-8 所示。加深后擦除多余线条。

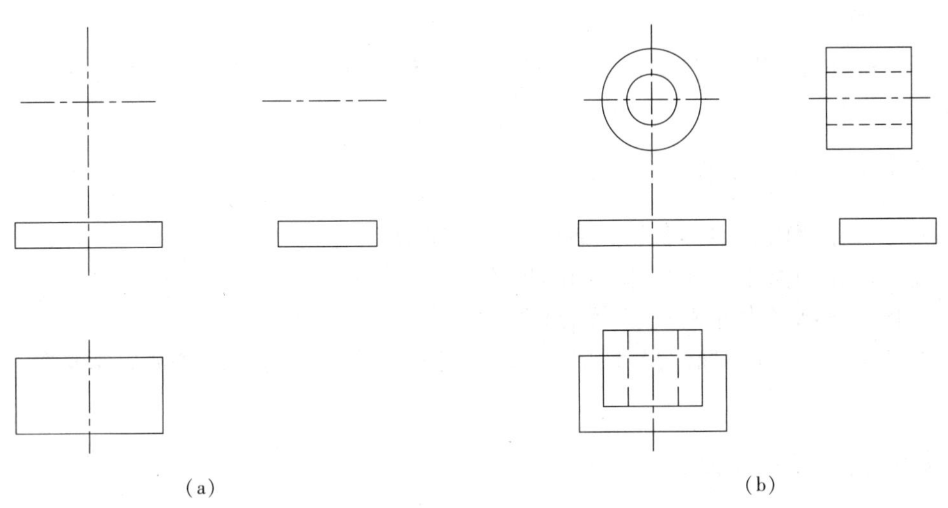

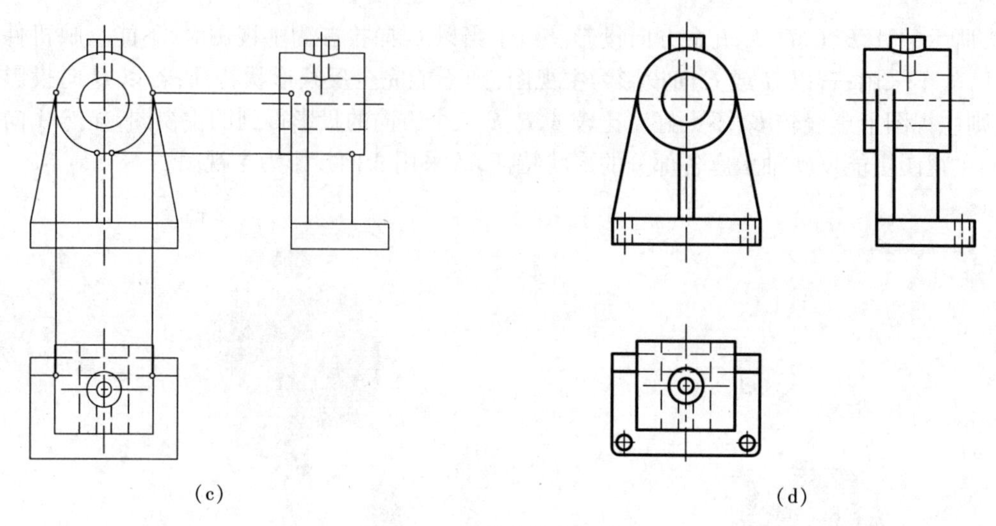

图5-8 轴承座的作图过程

5.3 组合体的尺寸标注

视图只能表达组合体的形状,但组合体各部分的大小和相对位置,需要通过尺寸标注来确定。

5.3.1 组合体尺寸标注的基本要求

(1)尺寸标注要完整,要能完全确定出物体的形状和大小,不遗漏,不重复。

(2)尺寸标注符合国家标准的规定,即严格遵守国家标准《机械制图》(GB/T 4458.4—2003)的规定。

(3)尺寸标注要合理,安排要清晰,便于读图。有关合理、清晰的问题将在后续章节中详细讲述。

5.3.2 尺寸分类和尺寸基准

(1)定形尺寸:确定组合体各组成部分形状大小的尺寸。

(2)定位尺寸:确定各基本形体之间的相对位置尺寸。

(3)总体尺寸:组合体的总长、总宽、总高尺寸。

(4)尺寸基准:度量和标注尺寸的起点就是尺寸基准。长、宽、高方向至少各有一个尺寸基准。

5.3.3 基本形体的尺寸标注

图5-9为常见基本形体的尺寸标注示例。标注平面立体时,需要标注它的底面(包括上底、下底)和高度尺寸。对于正方形平面可标注成“边长×边长”的形式。对于六棱柱底的标注有两种方法:一是标注六边形的对角尺寸(外接圆直径),二是标出标注六边形的对边尺寸(内切圆直

径)。只需标一个尺寸便能定形,若两个都标,应将另一个加括号作参考尺寸。对于回转体,只需在非圆视图上标出底径和高。当完整标注了它们的尺寸后,只用一个视图就可以确定其形状和大小,其他视图可以省略不画,如图 5－9 所示。

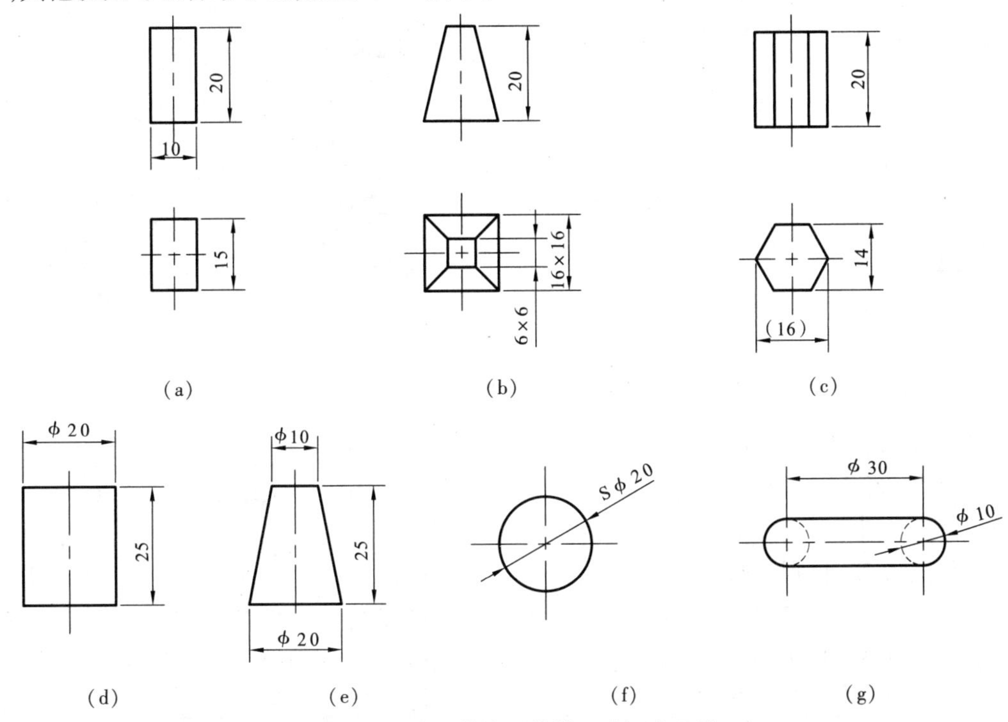

图 5－9　常见基本形体的尺寸标注示例

图 5－10 为立体相贯或被截切后的尺寸标注示例。在图中具有截平面或缺口的基本形体,应标出截平面或缺口的定位尺寸,不要标注截交线或相贯线的尺寸,图中带“ ×”的尺寸为多余尺寸,不能标出。

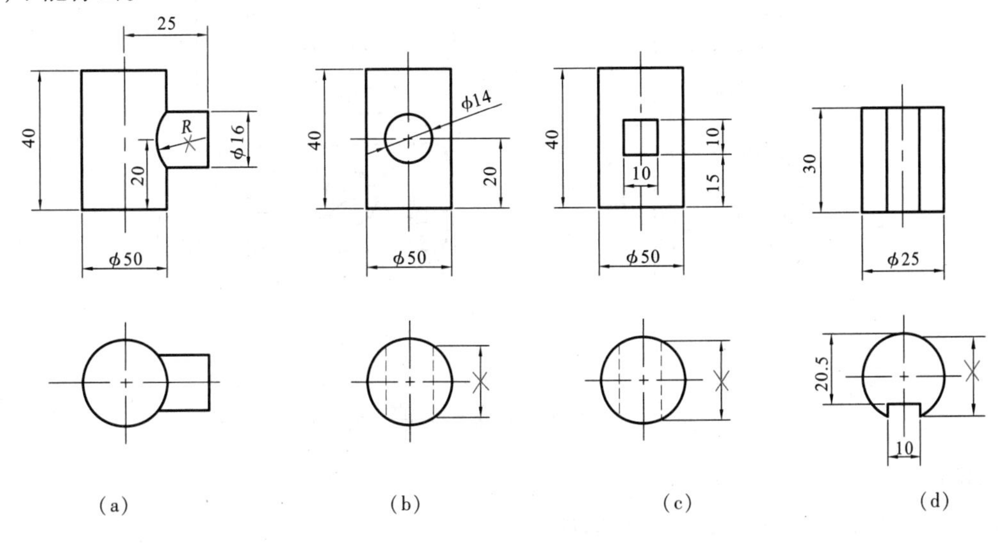

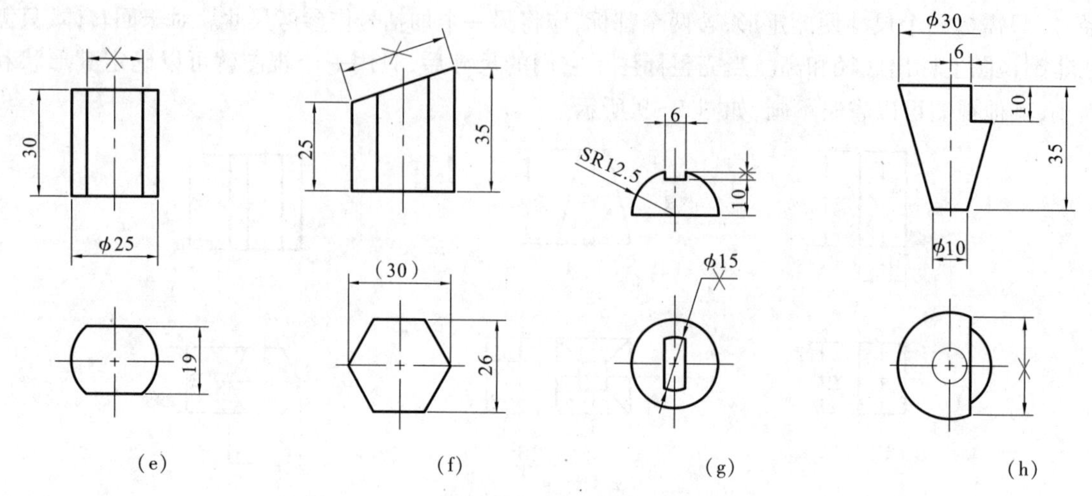

图 5－10 立体相贯或被截切后的尺寸标注示例

关于形体的总体尺寸的标注，要注意当如图 5－11 所示图形的最大轮廓为直线时，要标注图形的总长、总宽。但对于图 5－12(a)所示图形，总长分别由尺寸 18＋R 8 确定；对于图5－12(b)所示图形，总长则由尺寸 ϕ36、18 和 5 确定，不能标注出。同理，图中另打“×”的尺寸 31 也不能标注出，否则就会有多余尺寸。图 5－11 所示底板上与四个圆孔需要标注定形尺寸和定位尺寸，但由于是通孔，四个圆孔高度尺寸不需要标出，图 5－12 中的圆孔与此类似。

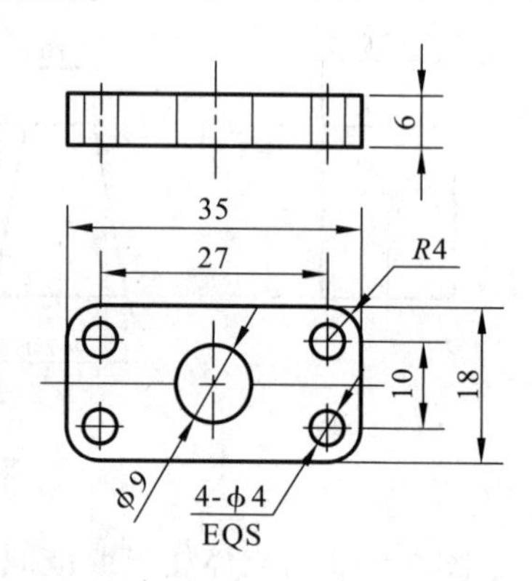

图 5－11 要标注总体尺寸的图例

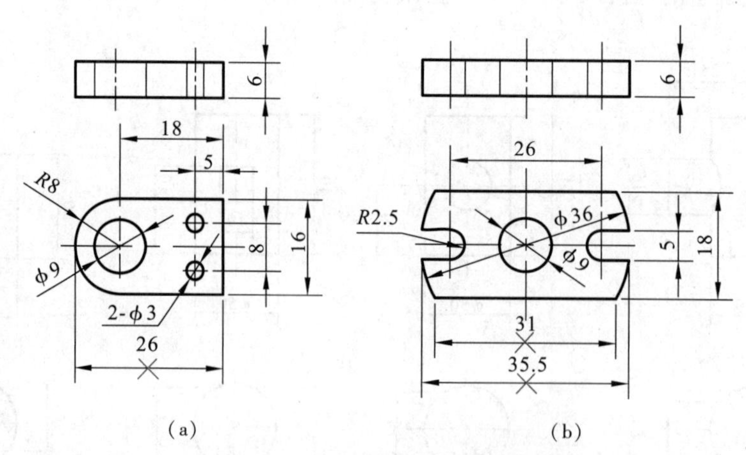

图 5－12 不直接标注总体尺寸的图例

标注尺寸应注意的问题如下：

(1)尺寸应该标注在反映形体特征的视图上。

(2)同一基本形体的定形尺寸和定位尺寸应该尽量集中标注，便于读图时查找。

(3)回转体的直径,应尽量标注在非圆视图上。

(4)交线、虚线上不能标注尺寸。

(5)相互平行的尺寸,要使小尺寸靠近图形,大尺寸依次向外排列,避免尺寸线和尺寸线或尺寸界线相交。

(6)同一个方向上连续标注的几个尺寸应该尽量配置在少数几条线上,并避免标注封闭尺寸。

(7)尺寸应该尽可能标注在轮廓线外面,配置在两个视图之间。

5.3.4　标注尺寸的方法和步骤

下面以图 5 - 13 所示的轴承座为例说明标注尺寸的方法和步骤。

5.3.4.1　形体分析和基本体的定形尺寸分析

绘制图形时,往往作了形体分析,用一定比例绘制图形的过程,很接近标注尺寸的顺序。在标注物体的尺寸时要注意,各基本体之间的关系,有的尺寸是不同形体共同的定形尺寸,只能标注一次,不能重复。如图 5 - 13(a)所示,底板的长度与支撑板的长度一致,只需要标注一次。又如支撑板和大圆筒是相切关系,所以支撑板的定形尺寸只需要标注一个厚度尺寸 14 即可。底板上的两孔是通孔,底板的高度就是通孔的高度。凸台(小圆筒)的高度尺寸取决于它和轴承(大圆筒)的相对位置,所以不注。底板上两圆孔大小相同用“2 - ϕ12”形式标注一次,而底板上两圆角尺寸相同,但不能用“2 × *R*6”的形式标注,只用“*R*6”的形式标注一次即可。

5.3.4.2　选定尺寸基准

组合体的长、宽、高三个方向至少有一个尺寸基准。一般常用轴线、中心线、对称平面、大的底面和端面作基准。对于 5 - 13(a)所示轴承座高度方向的尺寸基准是底板的底面;长度方向的尺寸基准是对称中心平面;宽度方向的尺寸基准是轴承(大圆筒)的后端面,如图 5 - 13(b)所示。

5.3.4.3　标注各基本体定位尺寸和定形尺寸

首先标注组合体中最重要的基本体,轴承(大圆筒)、凸台(小圆筒)先标注,轴承的高度定位尺寸为 115,定形尺寸为 ϕ40、ϕ80 和 70。凸台的宽度定位尺寸为 35,长度定位尺寸就是对称中心平面,定形尺寸为 ϕ12、ϕ28,由高度定位尺寸 165 定出凸台顶面位置,由于凸台和轴承都定位,则凸台的高度确定,如图 5 - 13(b)所示。

底板的宽度方向定位尺寸为 10,高度方向的尺寸基准是底板的底面;长度方向的尺寸基准是对称中心平面。由此基准标出底板定形尺寸为 120、80 和 20;对于底板上两圆孔,定位尺寸为 100、70,定形尺寸为 2 - ϕ12,底板上两圆角只需要标出 *R*6 便可。

支撑板的宽度方向和长度方向的定位尺寸与底板相同,不需要再标注;定形尺寸中,长度与底板相同,不需要再标注;支撑板宽度为 14,高度尺寸由轴承与支撑板相贯形成,由底板高度 20、轴承定位尺寸 115 和定形尺寸 ϕ80 决定,因此,不需要标注。

筋板的高度方向和宽度方向定位尺寸分别由底板的高度尺寸 20 和支撑板宽度尺寸 14 确定,不应再标注;长度方向的定位尺寸仍然是对称中心平面。定形尺寸中,厚度为 12,宽度为 36,高度尺寸则由轴承与筋板相交形成,不应再标注,如图 5 - 13(c)所示。

5.3.4.4　标注总体尺寸

一般应标注出物体外形的总长、总宽和总高，但不应与其他尺寸重复。常需对上述尺寸进行调整，在某些情况下，不直接标注总体尺寸，图 5－13(d)所示轴承座总宽尺寸由底板的宽度“80”和水平圆筒向后凸出的尺寸“10”而定，一般不标出总宽度，以利于表示底板的宽度和支撑板的定位。底板的长度即为轴承座总长，轴承座的总高为 165。最后标注完的轴承座尺寸如图 5－13(d)所示。

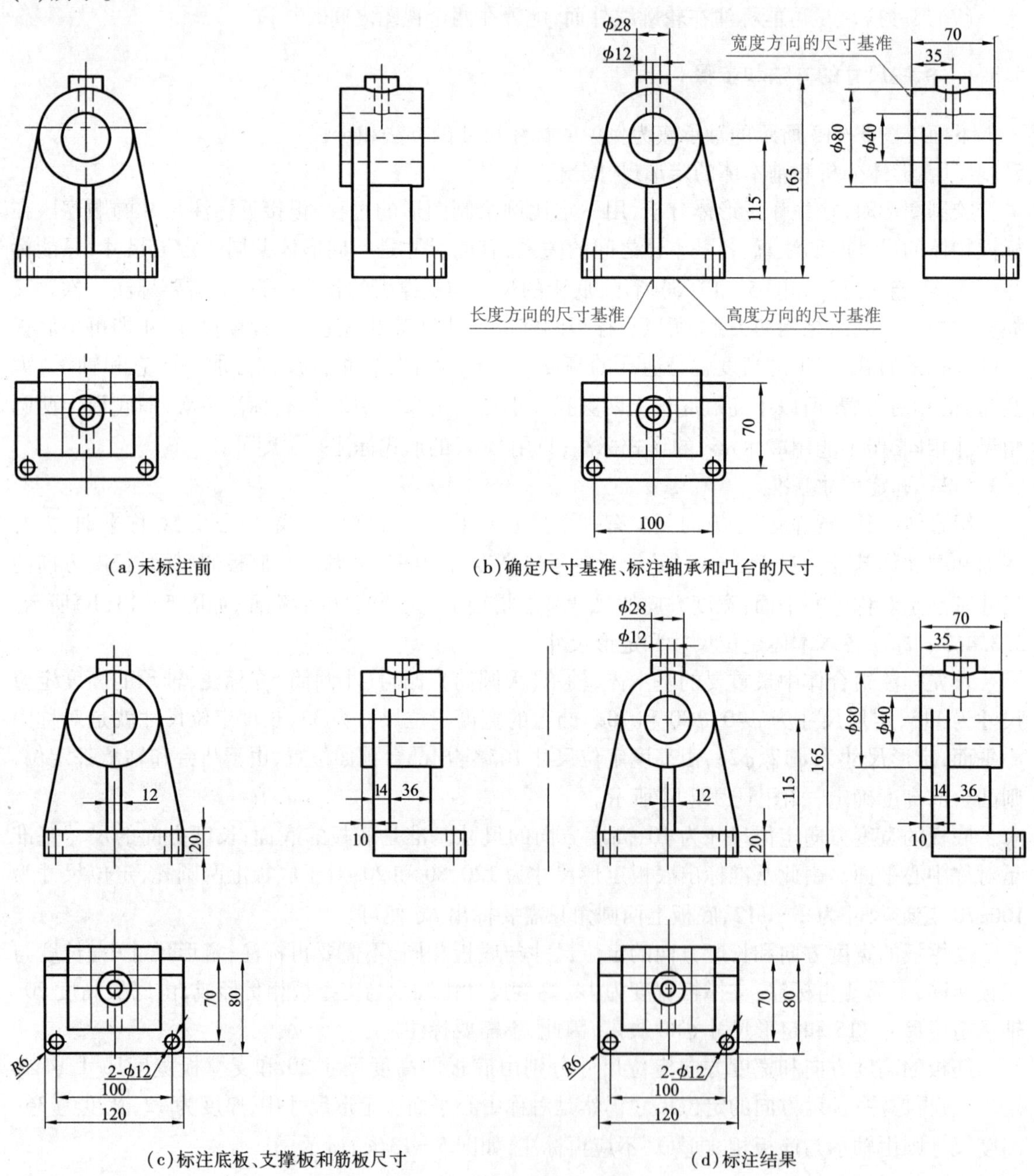

图 5－13　标注轴承座尺寸

5.4　读组合体视图

5.4.1　读图几个基本要领

读图即看图，是画图的逆过程，画图是将空间物体以视图的形式表达在平面上，而读图是通过视图来研究、分析结构，最后想象出它的空间形状和大小。

(1)掌握常见组合体的投影特点。

(2)以主视图为主，配合其他视图，进行初步的投影分析和空间分析，找出特征视图。特征视图是指最能反映物体形状特征和位置特征的那个视图。

(3)将几个视图联系起来看，善于构思物体的形状。一个视图不能确定组合体的形状和相邻表面之间的相互位置，必须将几个视图联系来看。如图 5 - 14 所示，虽然主视图、俯视图是相同的，但左视图不同，它们就是不同的形体。对应可以想象出其立体图的不同之处。图 5 - 15 可以很好地体现视图与立体的相互关系。

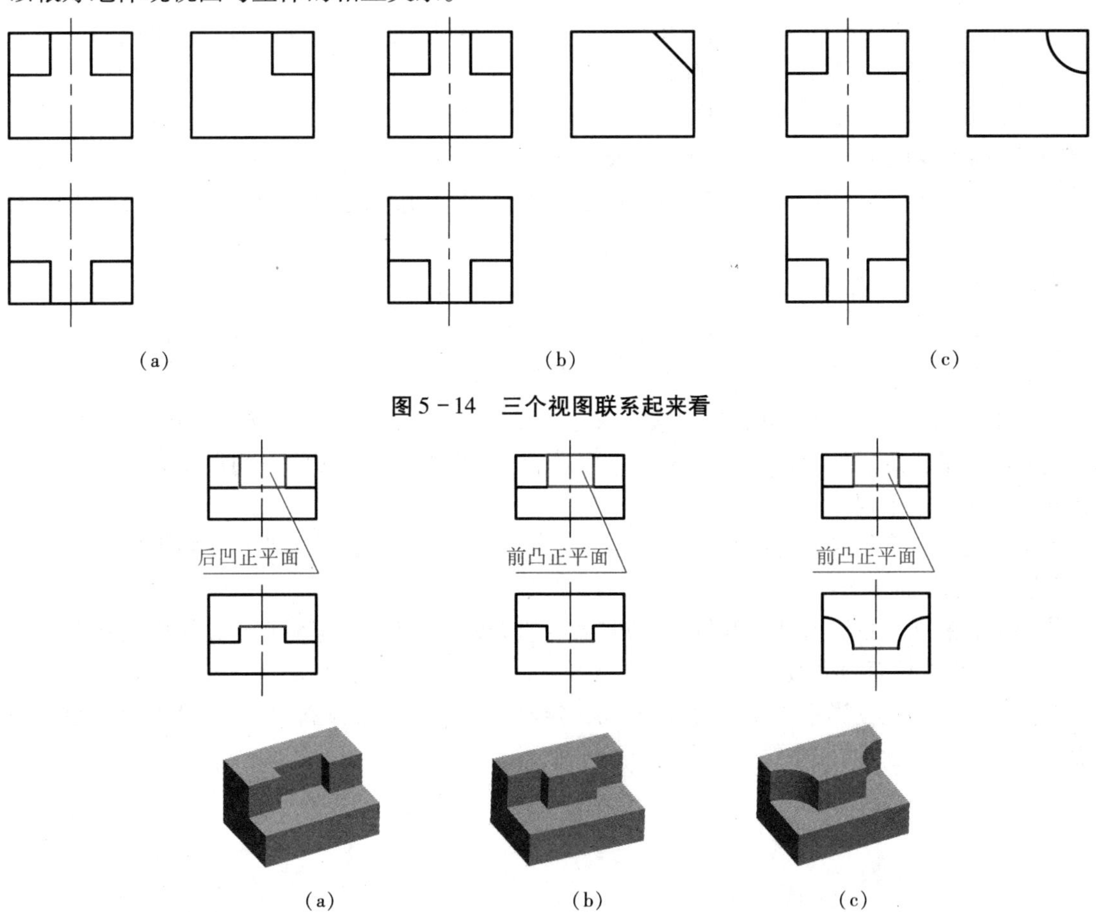

图 5 - 14　三个视图联系起来看

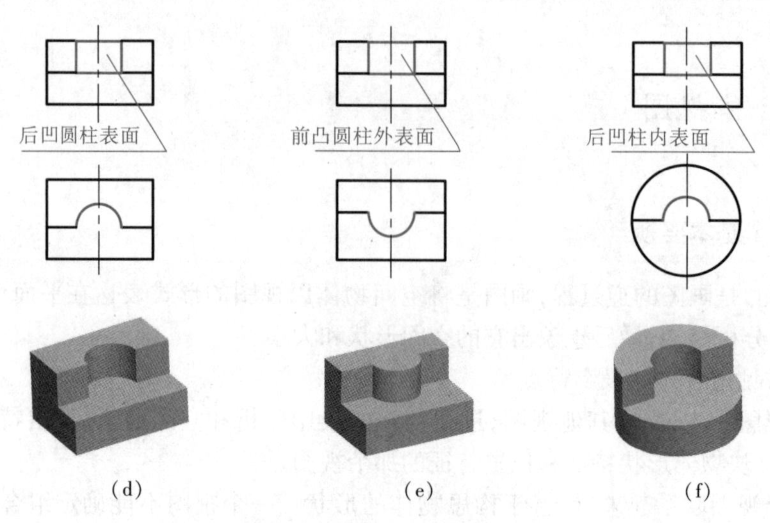

图 5-15　视图中线框的含义

(4)进行线、面分析,弄清视图中"线条"的含义,弄清视图中"线框"的含义。

1)视图上的一个封闭线框,一般情况下代表不与该投影面垂直于一个平面或曲面的投影;如图 5-15 所示,对应主视图中红色的矩形线框。俯视图不同,代表了不同的面。突出或凹进的平面(或曲面)只有联系主俯视图才能确定。

可以看出视图上相邻的封闭线框必定是物体上下列情况之一:相交的两个面,有前后(或上下、左右)关系的两个面,一个面或一个孔(或柱)。

2)如图 5-16 所示,视图上任意一条轮廓线(不论实线、虚线还是直线、圆弧线),必属于下列三种情况之一:

①两表面交线,如图 5-16(a)所示交线为水平面与正垂面的交线;

②投影面垂直面,这种面称为有积聚性的面,如图 5-16 中正垂面和铅垂圆柱面;

③曲面转向轮廓线,图 5-16 中指回转体的转向线。虚线表示不可见。

3)当平面图形倾斜于投影面时,在该投影面的投影与空间平面的类似形。如图 5-16(a)中的正垂面的水平投影仍然为矩形。利用该特性,便可以想象出该平面的空间形状。结合平面投影特性可以找出以下规律:

①当平面的三个投影只有一个线框,其余为平行直线时,该平面一定平行于线框所在的投影面,而线框反映平面实形;

②当平面的三个投影有两个线框,对应投影为直线时,该平面一定垂直于无线框的那个投影面,而两线框都是平面的类似形;

③当平面的三个投影都是线框时,该平面一定与三个投影面都倾斜,与三个投影面均倾斜的平面为一般位置平面,而三个线框都是平面的类似形。

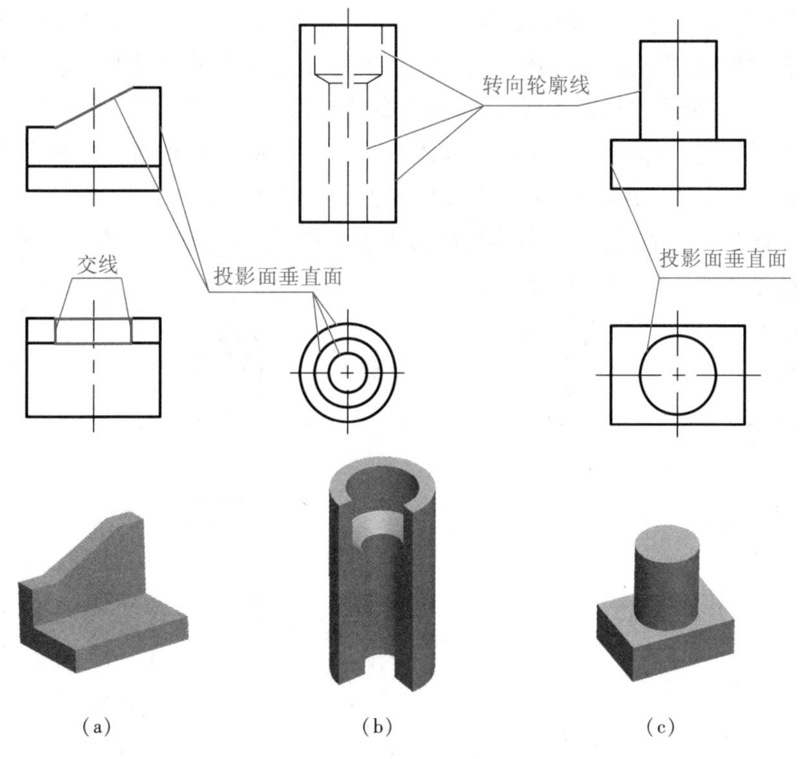

图5-16 视图中线条的含义

5.4.2 读图的方法和步骤

5.4.2.1 形体分析法

看视图抓特征,如图5-17(a)所示工件架,基本体是图5-17(b)所示正六面体,挖切掉上边"Y形"块后形成图5-17(c)所示物体,再挖切下边的长方块,如图5-17(d)所示,从而形成工件架。

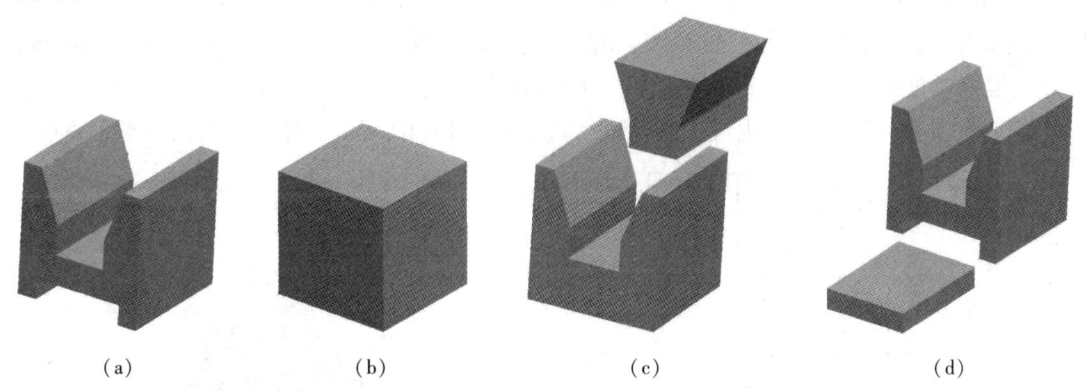

图5-17 用形体分析法读图(一)

对于组合体,常运用形体分析法分解物体,结合图5-18(a)总结组合体读图如下:

(1)在表达该组合体形状特征较明显的视图中分基本体。主视图中有上、下两个封闭线框,对应俯视图和左视图,该组合体有两个基本体,如图5-18所示。

(2)分别按照各线框投影,想象出各部分的形状。主视图 1′、俯视图 1 和左视图 1″ 所示的线框代表了如图 5 - 18(b)所示的基本体。它是一个正平板,主视图反映实形。板上有一个圆形通孔,它在俯视图 1 和左视图中投影为虚线;板的上部为半圆形。主视图 2′、俯视图 2 和左视图 2″ 所示的线框代表了如图 5 - 18(c)所示的基本体。它是一个水平板,俯视图反映实形。

(3)将各部分联系起来想整体,注意各基本体之间的相对位置关系。在图 5 - 18(a)中,正平板与水平板在后面是齐平的,两个基本体俯视图中心线是重合的,故组合体左右对称。可以想象出组合体的整体形状如图 5 - 18(d)所示。

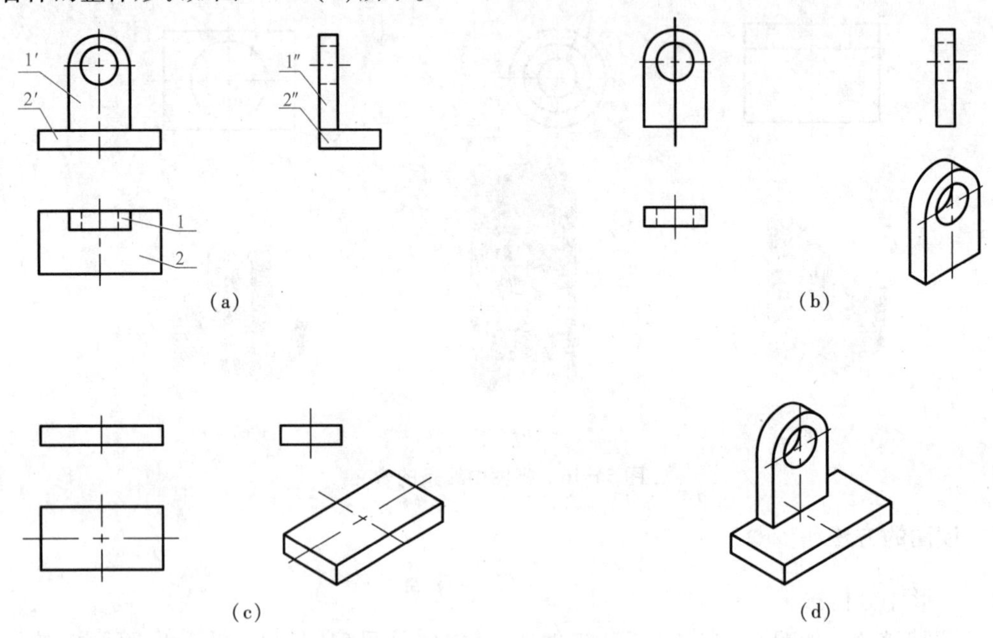

图 5 - 18　用形体分析法读图(二)

5.4.2.2　线、面分析法

读形状比较复杂的组合体的视图时,在运用形体分析法的同时,对于不容易读懂的部分,还常用线、面分析法来帮助想象和读懂这些局部形状。对于图 5 - 19(a)所示物体的主视图中倾斜直线 S,根据对投影的规律,可以找到直线 S 的俯视图和左视图,可以看出除主视图上的投影积聚成直线外,其余视图都投影成八边形,故它为如图 5 - 19(b)所示立体图中的八边形正垂面。

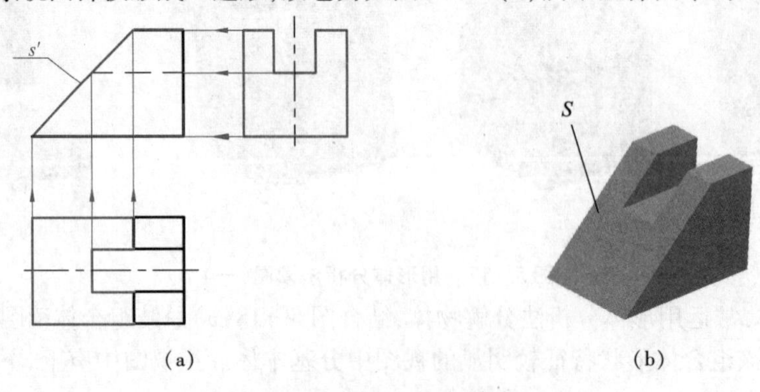

图 5 - 19　用线、面分析法读图(一)

对于复杂立体,需要对不清楚的表面一一分析,下面用图 5－20 所示压板进一步说明线、面分析法的应用。

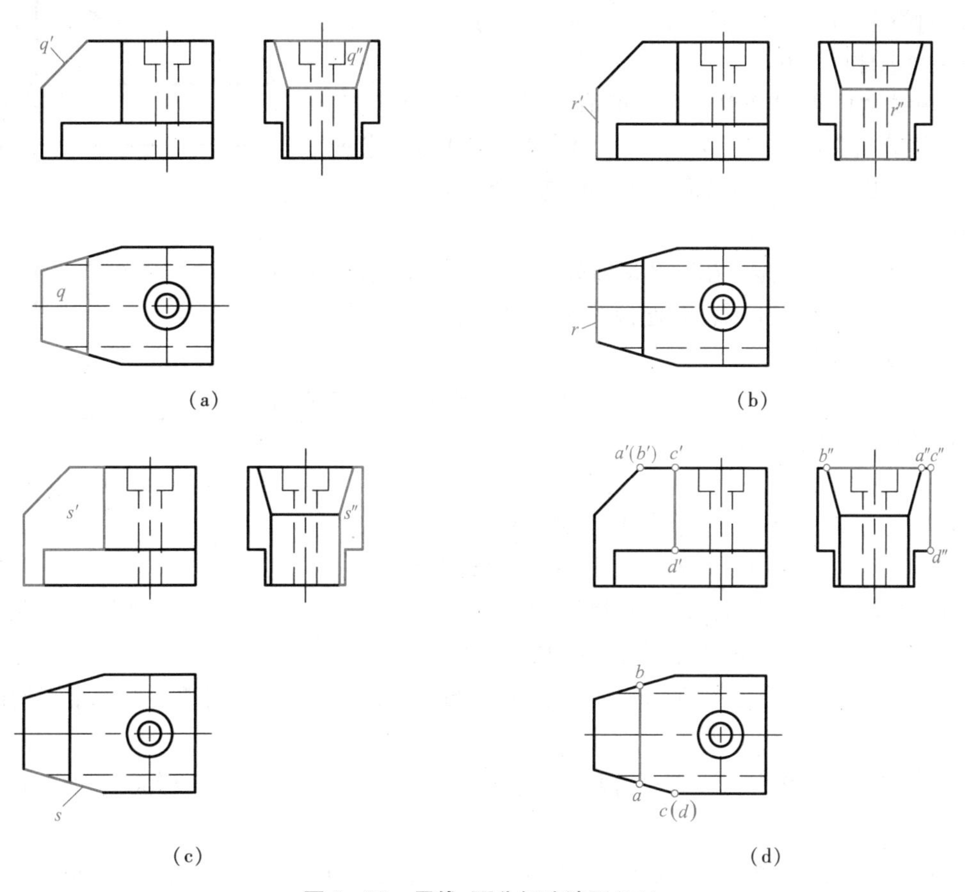

图 5－20　用线、面分析法读图(二)

如图 5－20(a)所示,从俯视图四边形线框 q 出发找到它对应的投影 q'、q''。可知 Q 平面是垂直于正投影面的四边形。压板的左上角就是这个平面切割而成的。再看图 5－20(b),由左视图中矩形线框 r'' 出发找到它对应的投影 r、r',r、r' 均为直线。可知 R 平面是平行于侧面投影面的矩形。压板的左侧就是这个平面切割而成的。然后看图 5－20(c),主视图中 s' 为七边形,找到对应投影 s、s'',s 为斜线,s'' 仍然为七边形,故 S 平面为铅垂面。压板的左前角和左后角就是由两个这样的平面切割而成的。

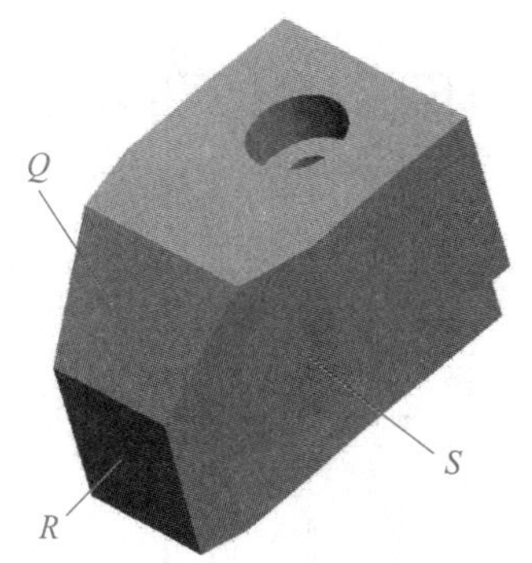

图 5－21　压块的立体图

在图 5－20(d)中,a'' b''、$c''d''$ 两条直线的投影分别对应为点和直线,因此,它们不是平面的投影,而是直线的投影,AB 线是正垂线(水平面和正垂面的交线),CD 线为铅垂线(两个铅垂面的交线)。其余的表面、线,照此方法都可以分析出来。弄清楚整个压块的三面视图,可以想象出压块的空间形状,如图 5－21 所示。

5.4.2.3　读图的步骤

(1)根据线框,照特征视图,分解形体。

(2)对投影(利用"三等"关系,找出每一部分的三个投影),想象出各基本体的形状。

(3)用线、面分析法攻难点。一般情况下,形体清晰的零件,用上述形体分析方法看图就可以解决。但对于一些较复杂的零件,特别是由切割体组成的零件,单用形体分析法还不够,需采用线、面分析法。

(4)综合起来想整体。在看懂每部分形体的基础上,进一步分析它们之间的组合方式(表面连接关系)和相对位置关系,从而想象出整体的形状。

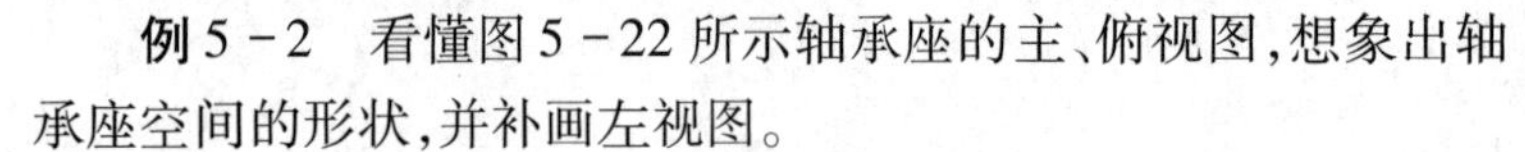

例 5-2　看懂图 5-22 所示轴承座的主、俯视图,想象出轴承座空间的形状,并补画左视图。

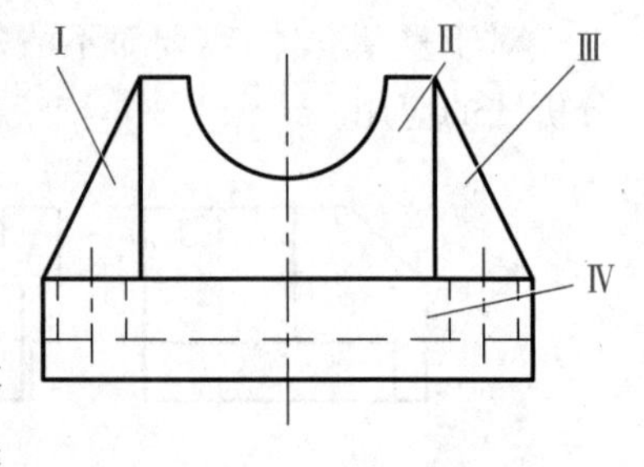

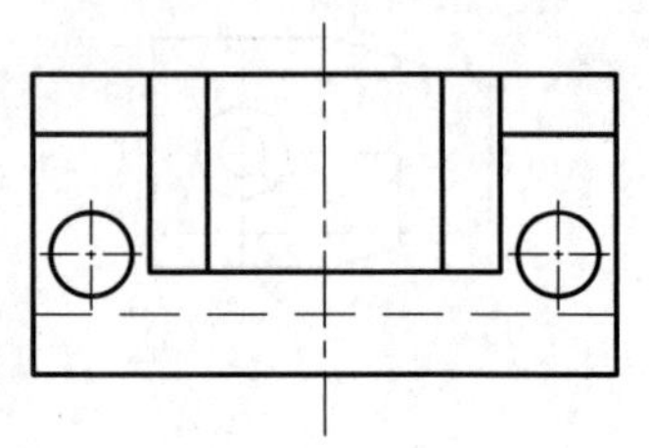

图 5-22　轴承座的主、俯视图

解　(1)根据线框,分解形体:从主视图入手,根据"三等"对应关系对照投影,了解视图间的线条和线框之间的关系,将主视图划分为Ⅰ、Ⅱ、Ⅲ、Ⅳ四部分,其中Ⅱ、Ⅲ为两对称形体。

(2)对照投影,想象出各部分形体的形状:根据投影关系,现分别找出俯视图和主视图中 1、2、3、4 相对应的部分,而后想象出各部分的形状,如图 5-23(a)~(c)所示。

形体Ⅱ:由反映特征轮廓的主视图,对照俯视图,可想象出是上部挖去了一个半圆槽的长方体,如图5-23(a)所示;

形体Ⅰ、Ⅲ:主视图为三角形,俯视图为矩形线框,可想象成为一个三角形筋板,如图5-23(b)所示;

形体Ⅳ:由主、俯两视图,可想象其为侧面为 L 形的左右有小圆孔的四方底板,如图5-23(c)所示。各部分立体的形状如图 5-23(d)所示。

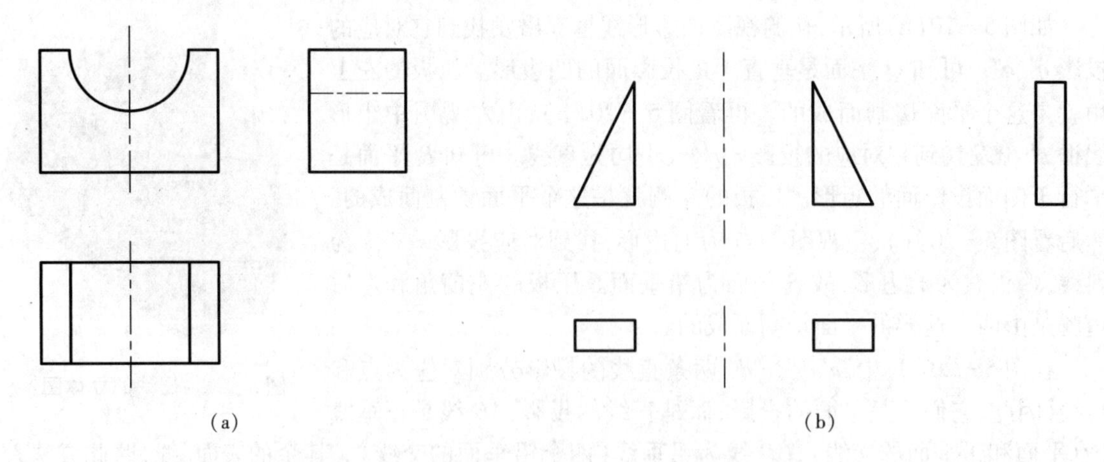

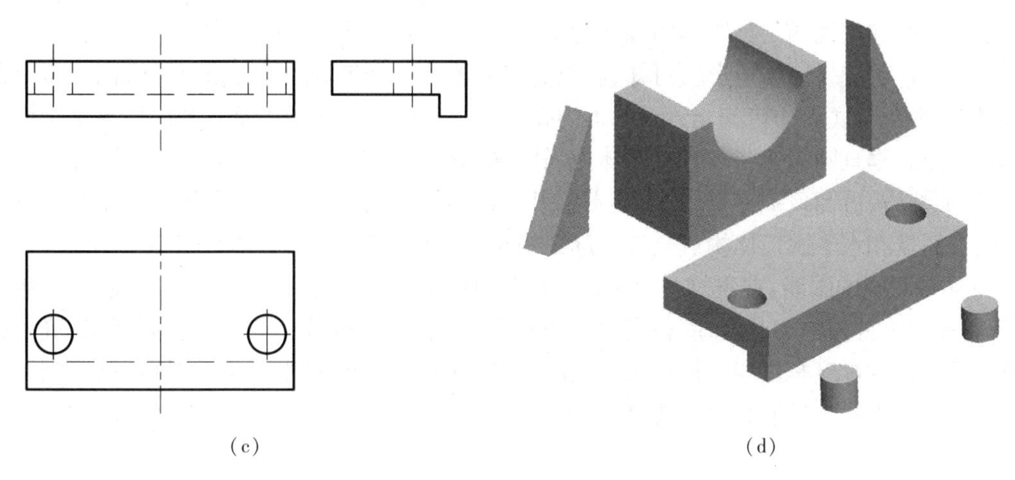

(c)　　　　(d)

图 5 - 23　轴承座的形体分析

(3)综合起来想整体,在视图中可以看到,形体Ⅱ在底板Ⅳ的上面,其位置为中间靠后,形体Ⅰ、Ⅲ在形体Ⅱ左右两侧,并且与所有形体的后面平齐。可知该轴承座的空间形状如图 5 - 24(a)所示。

(4)补画左视图:根据所想象出的形体,按三视图的投影关系和画组合体视图的步骤,逐个画出左视图。注意形体各个部分的相对位置关系和表面间的关系,以及对应的投影关系。最后得到轴承座的三视图如图 5 - 24(b)所示。

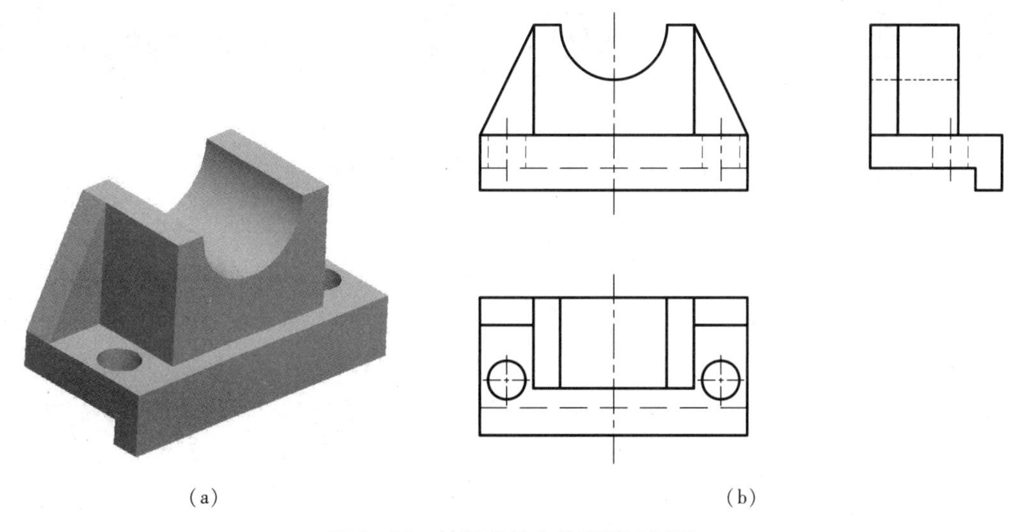

(a)　　　　(b)

图 5 - 24　轴承座的立体图及三视图

例 5 - 3　补画图 5 - 25(a)所示物体的三视图中所缺的图线。

解　(1)对照已知三视图投影,根据线框和线的投影进行线面分析。俯视图中有两个同心圆,对应主视图和左视图投影为矩形框,可以判断为垂直圆筒体;同理,找到主视图中两个同心圆的投影,代表水平圆筒体;主视图中垂直圆筒体两侧的三角形框对应投影分别为矩形,故它们空间为长方体。俯视图中的两圆弧和两直线组成的封闭线框,对应的投影基本形状为矩形,可以判断,它是由圆板被两平面截切形成底板。在底板俯视图中对称有四个圆,它们对应的投影为矩形;由于主视图和左视图中该矩形的投影为虚线。可知,它们是挖空的圆柱孔。在底板主视图中的底部有凹口,对应投影为矩形。可知,底板的底部挖了一个正垂的矩形槽。主视图中垂直圆筒体内孔的投影线与底板凹口相交,可知,该内孔为通孔。根据俯视图中垂直圆筒体与水平圆筒体的投影线可知,垂直圆筒体与水平圆筒体内、外两处分别相贯,水平内孔与垂直内孔相通。

概括了解后,可知该物体是由底板(对称开有两带沉孔的四个圆孔、底部中央开槽)、垂直圆筒体、两个筋板和水平圆筒体构成。综合起来想象其整体空间形状,如图 5 -25(c)所示。

(2)补画所缺的图线:首先看主视图,垂直圆筒体部分,它与筋板相交应有交线,根据俯视图和左视图补画主视图中的交线,底板是由圆板被平面截切,应有截交线。再看俯视图,底板挖的正垂矩形槽,其投影应有虚线。最后看左视图,垂直圆筒体与水平圆筒体内、外两处分别相贯,应有相贯线,水平内孔与垂直内孔相贯线不可见,为虚线。补画后的零件三视图如图 5 -25(b)所示。

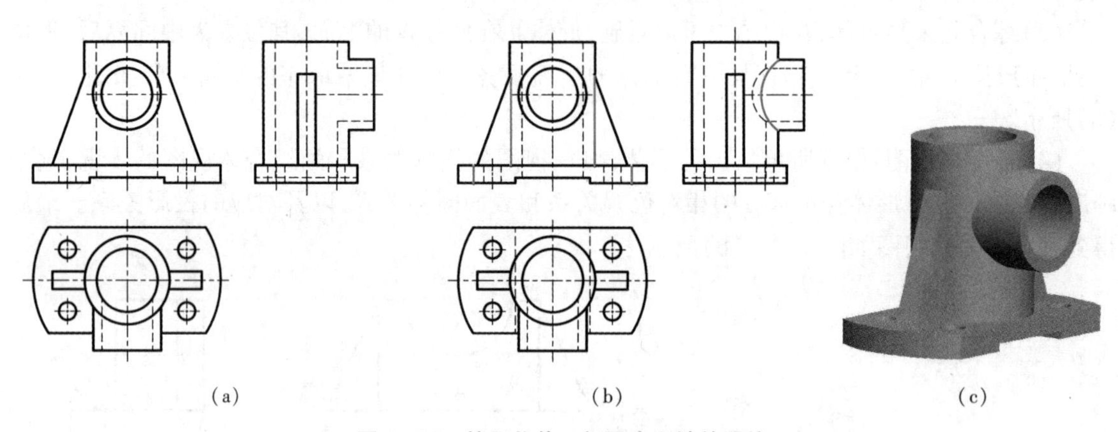

图 5 -25　补画物体三视图中所缺的图线

第 6 章　机件的表达方法

在工程实际中,机件的形状和结构多种多样、错综复杂,有时仅用前面所讲的三视图很难把机件的内外形状和结构准确、完整、清晰地表达出来。为此,国家标准《机械制图》(GB/T 4458.1 和 GB/T 4458.6)中规定了表达机件图样的画法。本章主要介绍视图、剖视图、断面图、局部放大图、简化画法等常用的表达方法。

6.1　视图

视图是用正投影法将机件向多个投影面投射所得的图形。国家标准中规定把视图分为基本视图、向视图、斜视图和局部视图,主要用于表达机件的外部形状。

6.1.1　基本视图

基本视图是机件向基本投影面投射所得的视图。国家标准中规定用正六面体的六个面作为基本投影面,机件的图形按正投影法绘制。将机件置于正六面体中,分别由前、后、左、右、上、下六个方向,向六个基本投影面作正投射,即可得到机件的六个基本视图。

六个基本视图的名称及投射方向规定如下:①主视图。由前向后投射所得的视图。②俯视图。由上向下投射所得的视图。③左视图。由左向右投射所得的视图。④右视图。由右向左投射所得的视图。⑤仰视图。由下向上投射所得的视图。⑥后视图。由后向前投射所得的视图。

六个基本投影面的展开方法如图 6-1 所示,正投影面保持不动,其他投影面按箭头所指方向展开至与正投影面在同一个平面上。展开后六个基本视图的配置如图 6-2 所示。

六个基本视图按图 6-2 所示配置时,一律不标注视图名称。它们的投影对应关系如下:

(1)度量对应关系仍保持"长对正,高平齐,宽相等"的投影规律。主视图、后视图、俯视图、仰视图等长,主视图、左视图、右视图、后视图等高,左视图、右视图、俯视图、仰视图等宽。

(2)方位对应关系以主视图为基准,除后视图外,其他视图中靠近主视图的一边为机件的后面,远离主视图的一边为机件的前面。

实际画图时应根据机件的结构特点和复杂程度,灵活地选用必要的基本视图,一般优先选用主视图、俯视图和左视图三个基本视图,然后再考虑其他基本视图。

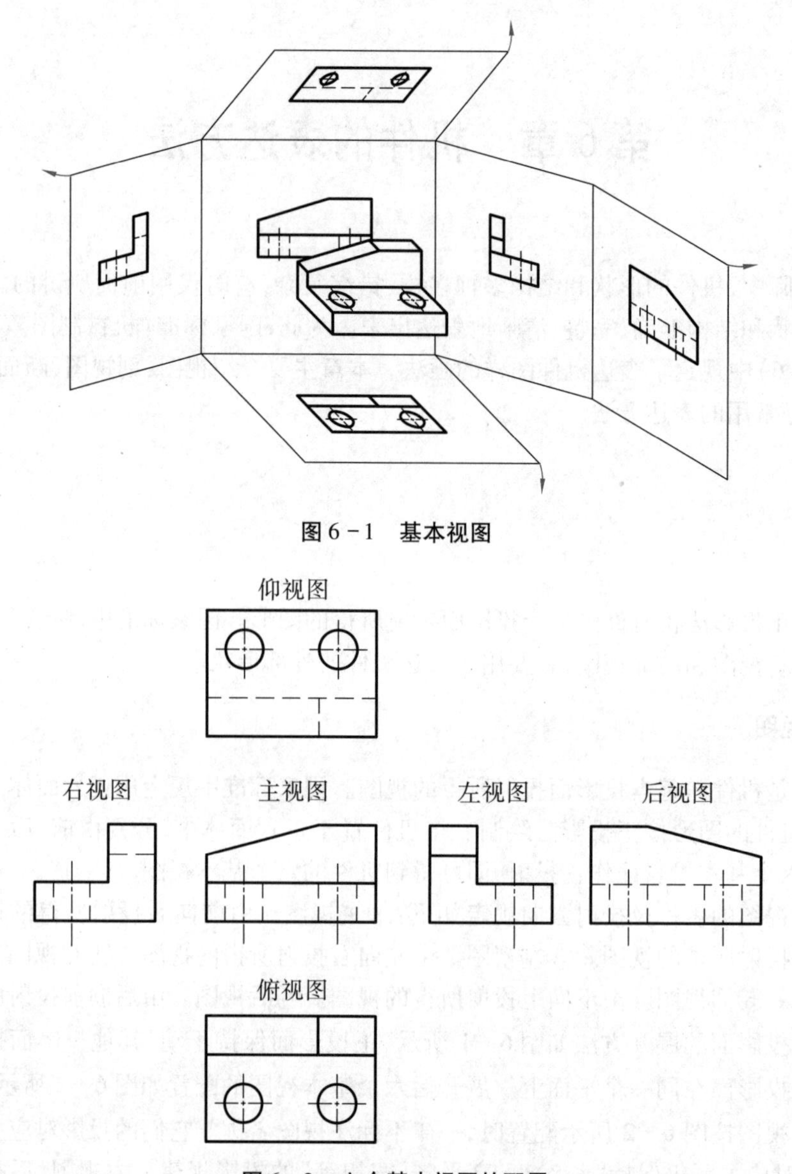

图 6-1　基本视图

图 6-2　六个基本视图的配置

6.1.2　向视图

向视图是可以自由配置的视图。向视图是基本视图的另一种表现形式，是基本视图的灵活配置、位移（不旋转）。为了便于看图，应在向视图的上方用大写字母标出该向视图的名称（如“*A*”“*B*”等），且在相应的视图附近用箭头指明投射方向，并标注同样的字母，如图 6-3 所示的 *A* 向视图、*B* 向视图和 *C* 向视图。

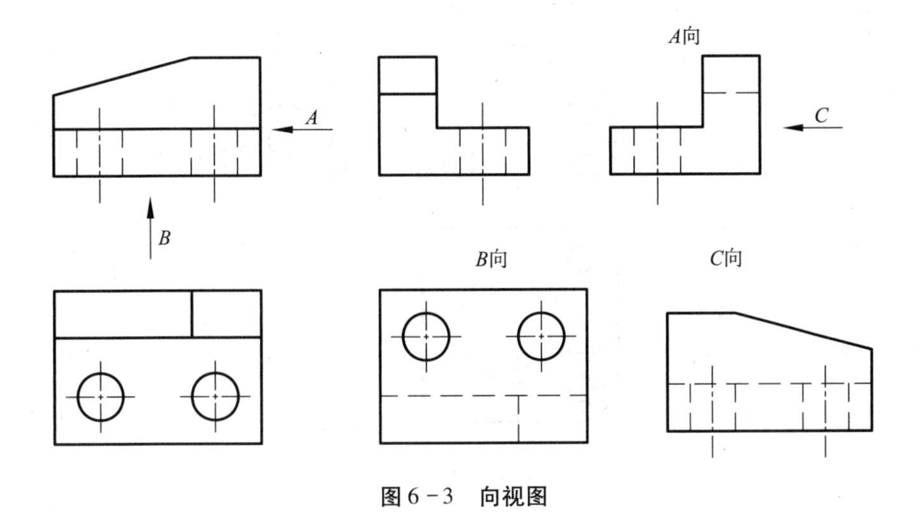

图 6－3　向视图

在表达机件形状时,并非要全部画出六个基本视图,而是根据机件结构的特点和复杂程度选择恰当的基本视图,其中主视图是必不可少的。

例 6－1　如图 6－4 所示的机件,选用了主、左、右三个视图来表达其主体和左、右凸缘的形状,且省略了一些不必要的虚线。此三个视图加上尺寸标注就可以完整清晰地表达出机件的结构和尺寸。

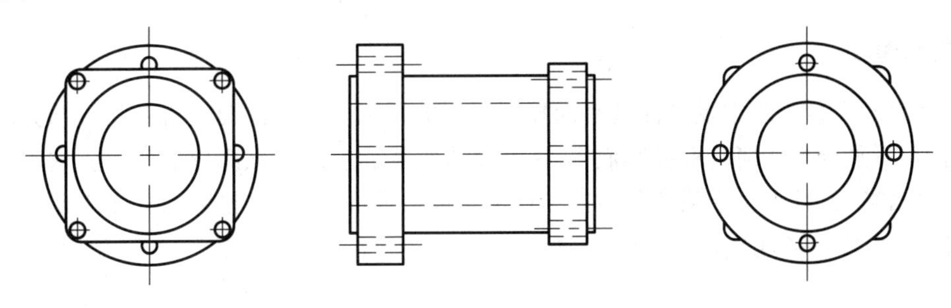

图 6－4　基本视图应用举例

6.1.3　局部视图

将机件的某一部分向基本投影面投影所得的视图称为局部视图。当机件在某个方向仅有部分形状需要表达,又没有必要画出其他完整的基本视图时,可采用局部视图。如图 6－5 所示的机件,在画出主视图和俯视图后,仍有一侧的凸台形状没有表达清楚,因此需要画出表达该部分的局部视图 A。

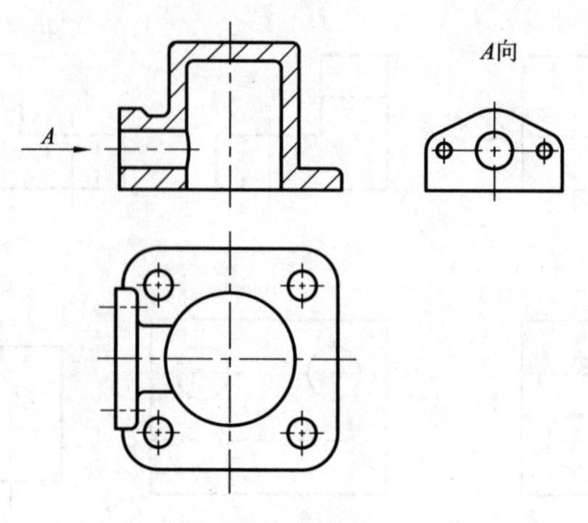

图 6-5 局部视图

绘制局部视图时应注意以下两个方面:

(1)局部视图可按基本视图配置,视图名称可省略标注,也可按向视图形式配置并标注,如图 6-5 中的局部视图 A。

(2)当所表示的局部结构是完整的,且外轮廓线封闭时,不必画出其断裂边界线,如图 6-5 中的局部视图。局部视图的断裂处边界线用波浪线表示,如图 6-18 所示。

6.1.4 斜视图

将机件向不平行于基本投影面的平面投射所得的视图称为斜视图。机件某一部分的结构形状是倾斜的,不平行于任何基本投影面,无法在基本投影面上表达该部分的实形。这时可增设一个与倾斜表面平行,且垂直于某个基本投影面的辅助投影面,并在该投影面上作出反映倾斜部分实形的投影,如图 6-6(b)、(c)所示。

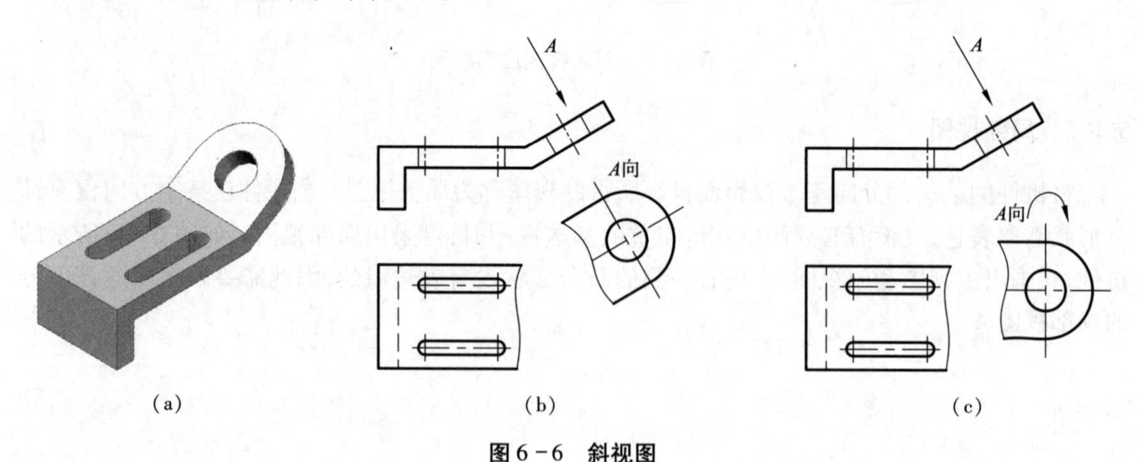

图 6-6 斜视图

绘制斜视图时应注意以下两个方面:

(1)斜视图一般只表达倾斜部分的局部形状,其余部分的结构不必画出,只须用波浪线断开。

(2)斜视图一般按投影关系配置,也可按向视图形式配置,如图 6－6(b)所示。必要时也可以将斜视图旋转配置,但要标注旋转符号,如图 6－6(c)所示。

6.1.5　旋转视图

当机件的某一部分倾斜于基本投影面时,假想将机件的部分旋转到与某一基本投影面平行,再向该投影面投影,所得的视图称为旋转视图。旋转视图不需要任何标注,如图 6－7 所示。

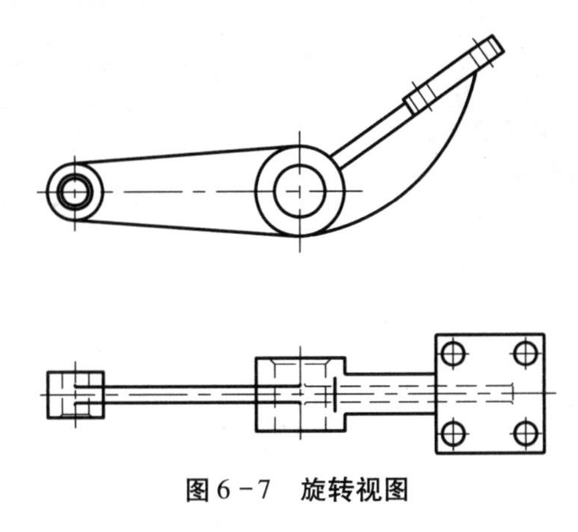

图 6－7　旋转视图

6.2　剖视图

6.2.1　剖视图的概念

视图主要是表达机件外部的结构形状,而机件内部的结构形状在前述视图中是用虚线表示的。当机件内部结构比较复杂时,视图中就会出现较多的虚线,为了解决该问题,假想用一个剖切平面剖开机件,如图 6－8(a)所示,将处在观察者与剖切面之间的部分移去,如图 6－8(b)所示,将余下的部分向投影面投射,并在剖切面与机件的接触部分画上剖面符号,这样得到的图形称为剖视图。画剖视图的目的主要是表达机件内部的空与实的关系,以便更清晰地反映结构形状。

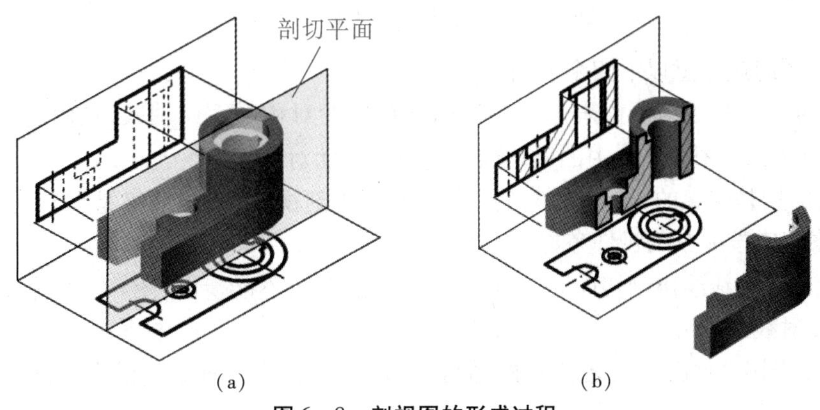

图 6－8　剖视图的形成过程

例 6-2　一构件如图 6-9(a)所示,采用如图 6-9(b)所示的视图表达,主视图既影响图形的清晰,又不利于看图和标注尺寸。如果主视图采用全剖视图方法,如图 6-10(a)所示,则可以清晰地表达其内部结构,如图 6-10(b)所示的剖视图可以更清晰地反映结构形状。

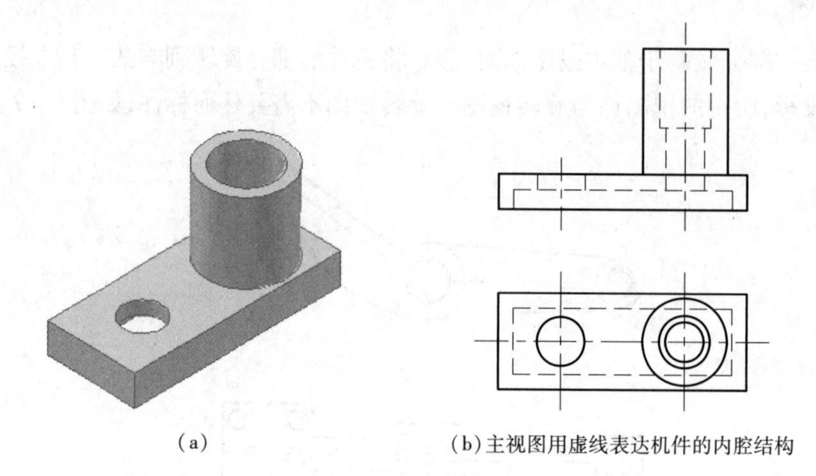

(a)　　(b)主视图用虚线表达机件的内腔结构

图 6-9　机件及其视图

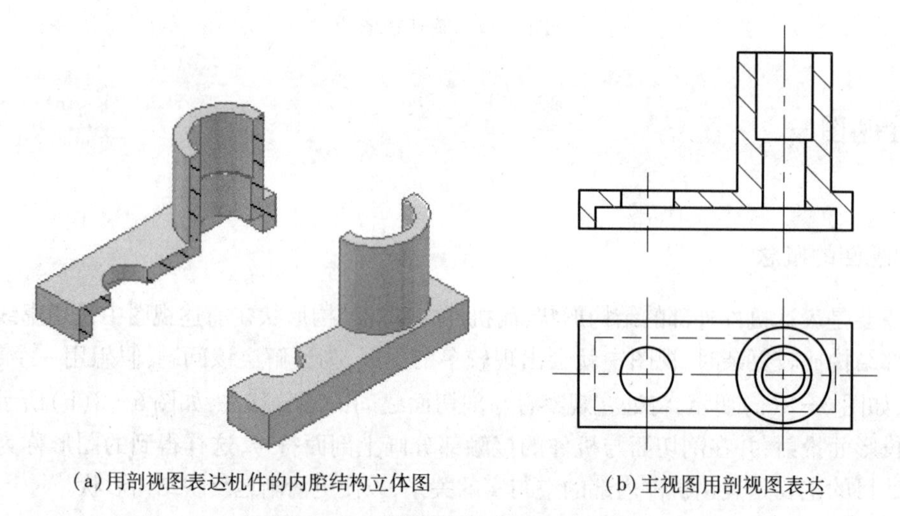

(a)用剖视图表达机件的内腔结构立体图　　(b)主视图用剖视图表达

图 6-10　剖视图及机件剖视立体图

绘制剖视图时应注意以下四个方面:

(1)剖切面一般应通过所需表达的机件内部结构的对称平面或轴线,且使其平行或垂直于某一投影面,图 6-8、图 6-10 中的剖切面是通过机件的对称平面。

(2)因为剖切是假想的,虽然机件的某个视图画成剖视图,但机件仍是完整的,所以其他视图的表达方案仍需按完整的机件考虑。

(3)必须用粗实线绘出剖切面后方所有的可见轮廓线,不能遗漏,图 6-11 中的主视图漏画了台阶面的投射线。

(4)在剖视图中,对已经表达清楚的结构,虚线可以省略不画。对没有表达清楚的内部结构,才用虚线画出。

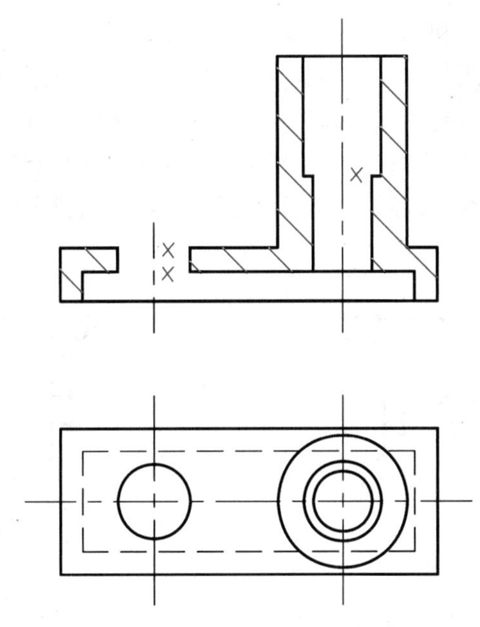

图 6－11　画剖视图时常见的错误

剖视图在剖切面与机件相接触的实体剖面区域应画出剖面符号。因机件材料的不同，剖面符号也不同。常用材料的剖面符号见表 6－1。

表 6－1　常用材料的剖面符号

<table>
<tr><th colspan="2">材料名称</th><th>剖面符号</th></tr>
<tr><td colspan="2">金属材料
（已有规定剖面符号者除外）</td><td></td></tr>
<tr><td colspan="2">非金属材料
（已有规定剖面符号者除外）</td><td></td></tr>
<tr><td colspan="2">钢筋混凝土</td><td></td></tr>
<tr><td rowspan="2">木材</td><td>纵剖面</td><td></td></tr>
<tr><td>横剖面</td><td></td></tr>
</table>

对于机械制图,国家标准《机械制图》(GB/T 4457.5—2013)规定了更多的剖面符号画法。

金属材料的剖面符号是用与水平线倾斜 45°且间隔均匀的细实线画出,向左或向右倾斜均可。但在表达同一机件的所有视图上,倾斜方向应相同,间隔要大致相等,如图 6-12 所示。当图形主要轮廓线或剖面区域的对称线与水平线夹角成 45°或接近 45°时,该图形的剖面线可画成与主要轮廓线或剖面区域的对称线成 30°或 60°的平行线,其倾斜方向仍与其他图形的剖面线方向一致,如图 6-13 所示。

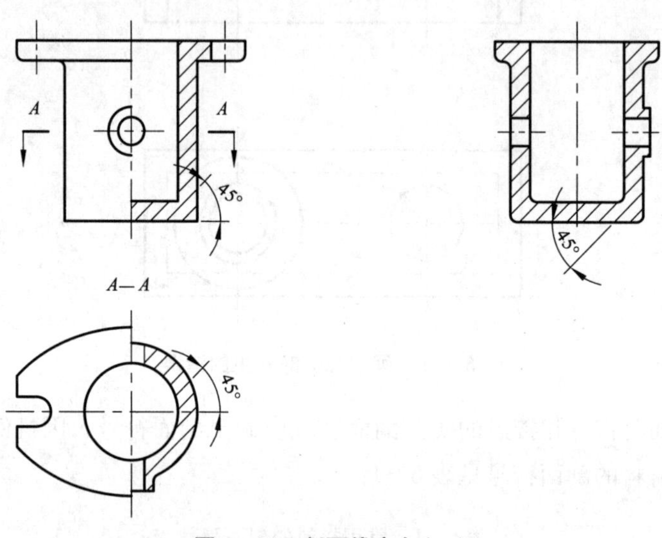

图 6-12　剖面线方向(一)

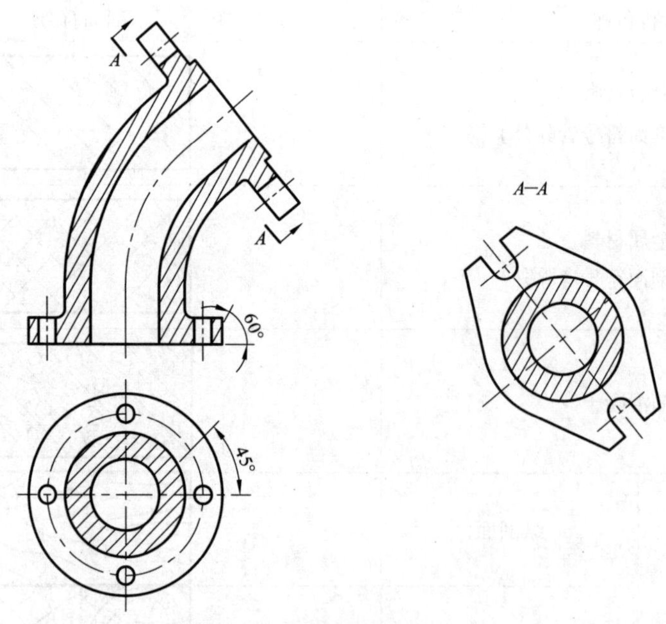

图 6-13　剖面线方向(二)

剖视图标注的主要内容有剖切符号和剖视图名称。

剖切符号是表示剖切面起、止和转折位置及投射方向的符号。用粗短线表示剖切平面的位置，用箭头表示投影方向，即在剖切面起、止和转折位置画粗短线，线宽为 1 ~ 1.5d，线长为 5 ~ 10 mm，并尽可能不与图形轮廓线相交，在两端粗短线的外侧用箭头表示投影方向，并与剖切符号末端垂直。

在剖视图的上方用大写字母标出剖视图的名称“X—X”，并在剖切符号的附近注上同样的字母“X”，如图 6 - 14 所示。

当剖视图按投影关系配置，且中间没有其他图形隔开时，可省略箭头。当剖切面与机件的对称平面重合，且剖视图按投影关系配置，中间没有其他图形隔开时，可省略全部标注。

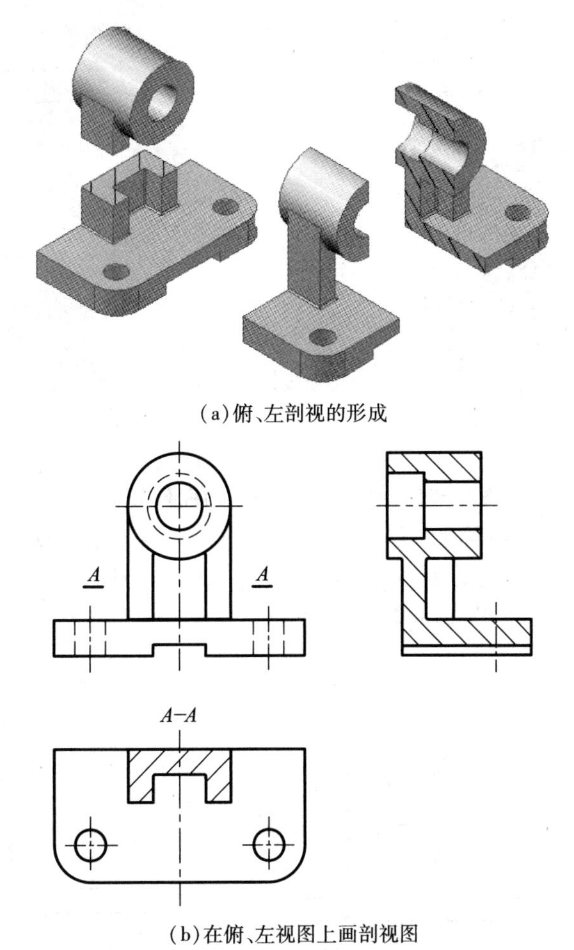

(a) 俯、左剖视的形成

(b) 在俯、左视图上画剖视图

图 6 - 14　机件的剖视图及标注

6.2.2　剖视图的种类

根据机件被剖开的范围，可将剖视图分为全剖视图、半剖视图和局部剖视图。

6.2.2.1　全剖视图

用一个或几个剖切面完全剖开机件后所得到的剖视图称为全剖视图，如图 6 - 14 所示。全剖视图一般用于内部结构较复杂、外形较简单的机件。全剖视图的标注遵循上述剖视图标注的规定。

6.2.2.2 半剖视图

当机件具有对称平面时，在垂直于对称平面的投影面上投影所得到的图形，允许以对称中心线为界，一半画成视图，另一半画成剖视图。半剖视图适用于内外形状都需要表达的对称机件或基本对称的机件。

图6-15(a)为支架的立体图，可以看出，该支架内、外形状都比较复杂，若主视图采用全剖视图，则顶部方板下的凸台外形状表示不清楚；若俯视图采用全剖视图，则顶部方板形状和四个小孔位置又表示不清楚，如图6-15(b)所示。

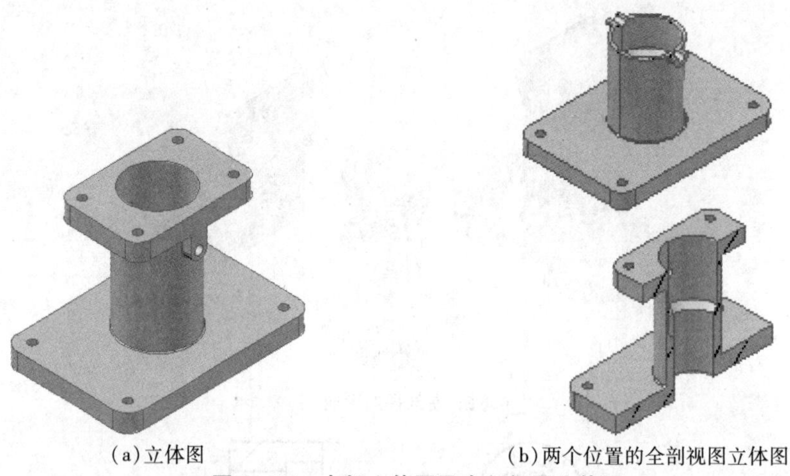

(a)立体图　　(b)两个位置的全剖视图立体图

图6-15　支架立体图及全剖视图立体图

由于该支架前后、左右是对称的，为了清楚地表达它的内、外形状，可将图6-16(a)的视图和图6-16(b)的剖视各取一半，以对称中心线为界合成一个图形，如图6-17所示。这种在垂直于对称平面的投影面上的投影，以对称中心线为界，一半画成剖视，另一半画成视图，所得图形称为半剖视图。

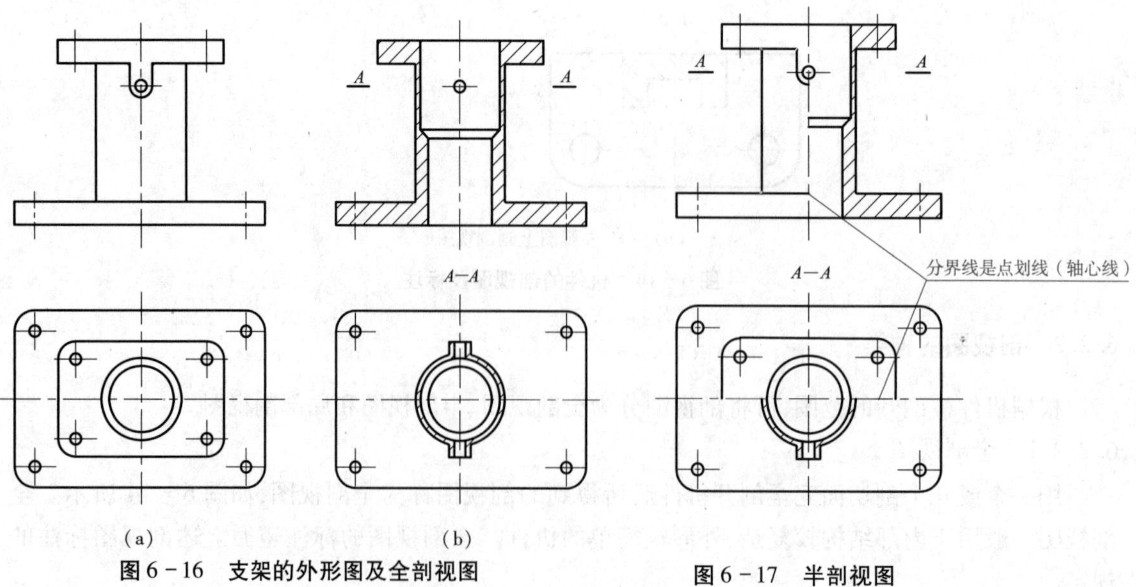

图6-16　支架的外形图及全剖视图　　**图6-17　半剖视图**

绘制半剖视图时应注意以下几点：

(1)半个剖视图和半个视图的分界线是对称中心线或轴线，应画成细点画线，不能画成粗实线。如果轮廓线与对称中心线重合，应采取其他剖视图。

(2)由于图形对称，机件的内部结构已在剖视中表达清楚，因此外形视图上表示内部结构的虚线不必画出。

(3)半剖视图的标注与全剖视图的标注完全相同，如图 6－17 所示。

(4)若机件结构接近对称，且不对称部分已另有图形表达清楚，也可画成半剖视图。

6.2.2.3　局部剖视图

用剖切面局部地剖开机件所得到的剖视图称为局部剖视图。局部剖视图既能把机件局部的内部形状表达清楚，又能保留机件的某些外形，剖切位置和剖切范围根据需要而定，是一种比较灵活的表达方法。通常适用于以下几种情况：

(1)对于内外形状都比较复杂而又不对称的机件，为了把内外形状都表达清楚，不必或不宜采用全剖视图时，可采用局部剖视图，如图 6－18 所示。

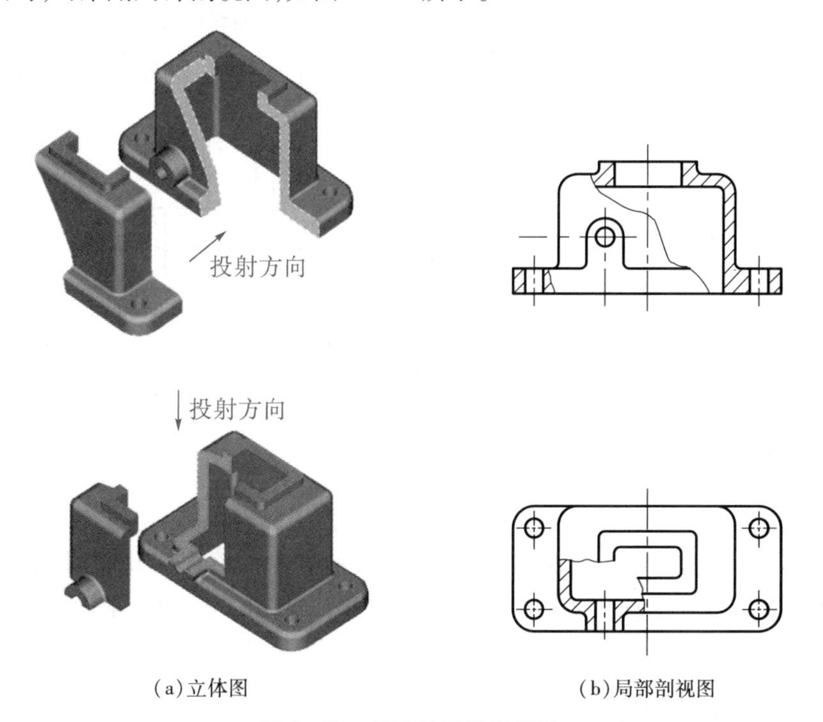

(a)立体图　　(b)局部剖视图

图 6－18　箱体的局部剖视图

(2)当机件的轮廓线与对称中心线重合时，不宜画成半剖视图，应画成局部剖视图，如图 6－19所示。

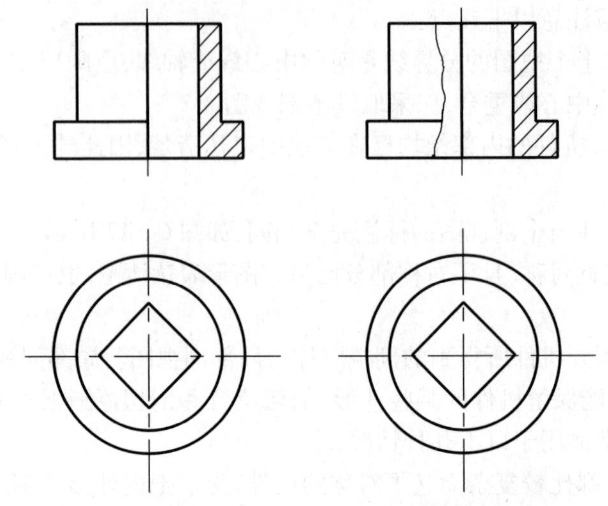

(a)采用半剖视图表达不合适　　(b)采用局部剖视图表达好

图 6－19　轮廓线和对称中心线重合时的局部剖视图

(3)当轴、杆等实心杆件上有孔或键槽时,应采用局部剖视图,如图 6－20 所示。

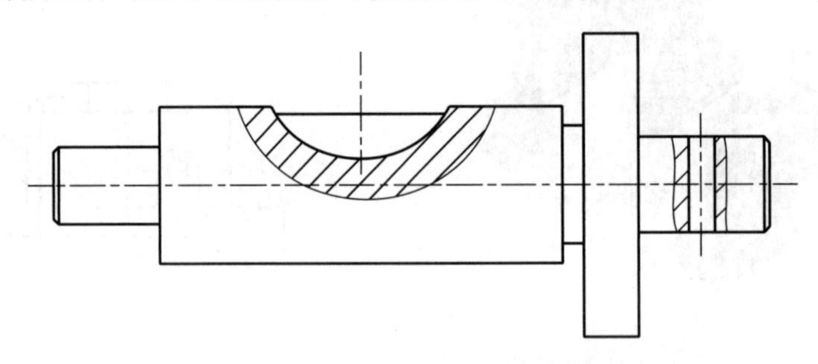

图 6－20　实心杆件的局部剖视图

绘制局部剖视图时应注意以下几点:

(1)局部剖视图用波浪线作为剖开部分与未剖部分的分界线。画波浪线时不应与图样上的其他图线重合或画在轮廓线的延长线上;应画在机件的实体上,不能超出视图的轮廓线。若遇到孔和槽等空洞结构,不应使波浪线穿空而过,即不能画在机件的空洞处。图 6－21 为画波浪线的一些错误画法。

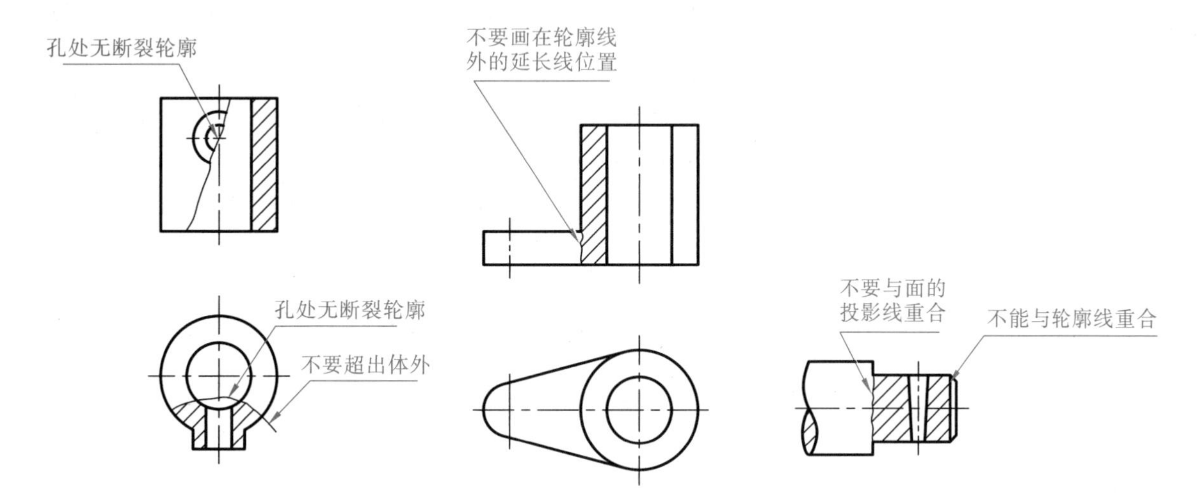

图6-21　剖视图中波浪线的错误画法

(2)当被剖切的结构为回转体时,允许将其中心线作为局部剖视图与视图的分界线,如图6-22所示。

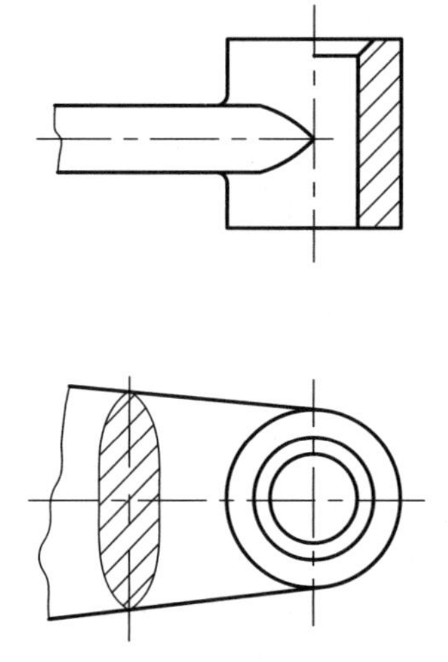

图6-22　中心线作为局部剖视图与视图的分界线

(3)对于剖切位置比较明显的局部剖视图,一般不需要标注。

(4)在一个视图上局部剖的数量不宜过多。

例6-3　零件剖视图上标注尺寸。一个零件采用了半剖视图表达并用此图标注了其全部尺寸,如图6-23所示。标注时需要注意以下方面:

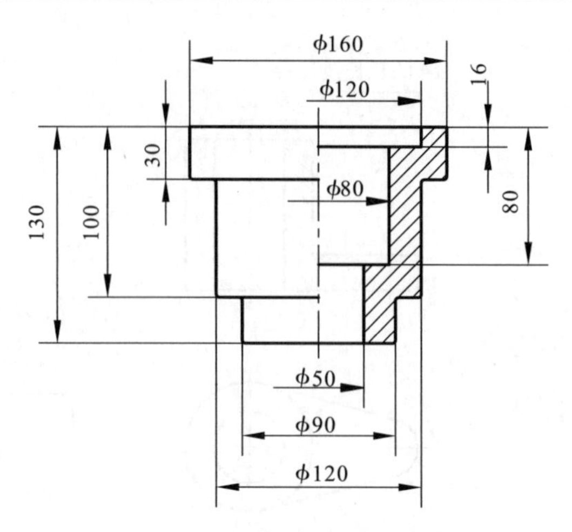

图6－23　剖视图中的尺寸标注

(1)尽量把外形尺寸集中在视图的一侧,而内形尺寸集中在剖视的另一侧,以便于看图。如外形的高度尺寸130、100、30标注在视图的一侧,内形尺寸80、16标注在另一侧。

(2)在剖视图中,当形状轮廓只画出一半或部分,而必须标注完整的尺寸时,可使尺寸的一端用箭头指向轮廓,另一端超过中心,但不画箭头,数值应按完整的尺寸注出,如 $\phi120$、$\phi80$ 和 $\phi50$ 等。

(3)如果必须在剖面线中注写尺寸数值,应将剖面线断开,以保证数字的清晰。

(4)采用剖视后,一般不应在虚线上标注尺寸。

6.2.3　剖切面的种类

剖视图的剖切面有四种类型,即单一剖切面、几个平行的剖切面、两个相交的剖切面和组合剖切面。根据剖切面的位置和数量不同,可以得到各种剖切方法。在作剖视图时,应根据零件的结构特点,恰当地选用不同的剖切面。

6.2.3.1　斜剖(单一剖切面)

除了上述的用一个平行于基本投影面的平面进行剖切,还可以用一个斜剖切平面进行剖切。斜剖切平面剖切是指用不平行于任何基本投影面的剖切平面剖开机件,再投影到与剖切平面平行的投影面上,这种剖切方法称为斜剖。如图6－24中的剖切面“*A*”及剖视图“*A*—*A*”。

图6－24(a)是机油尺管座的立体图,它的上部具有倾斜结构,在它上面有螺纹孔和开槽,为了清晰地表达螺纹孔的深度及开槽部分的结构,必须采用通过螺孔轴线并与倾斜结构轴线垂直的剖切面进行剖切,斜剖视的剖切面不平行于基本投影面,画图时移去观察者与剖切面之间的部分,然后将剩余部分投影到与剖切面平行的投影面上,所得图形为斜剖视图,如图6－24(b)所示。斜剖视一般按投影关系配置在与剖切符号相对应的位置上,且剖面线方向仍与水平线成45°,如图6－24(b)中的*A*—*A*,必要时也可将它配置在其他适当的位置,如图6－24(c)所示位置。在不致引起误解的情况下,允许将图形旋转,此时必须标注旋转符号,如图6－24(d)所示。斜剖视的标注特点是剖切面是斜的,但标注的字母必须水平书写。为看图方便,应尽量使斜剖视图与剖切面的投影关系相对应,如图6－24(b)所示。

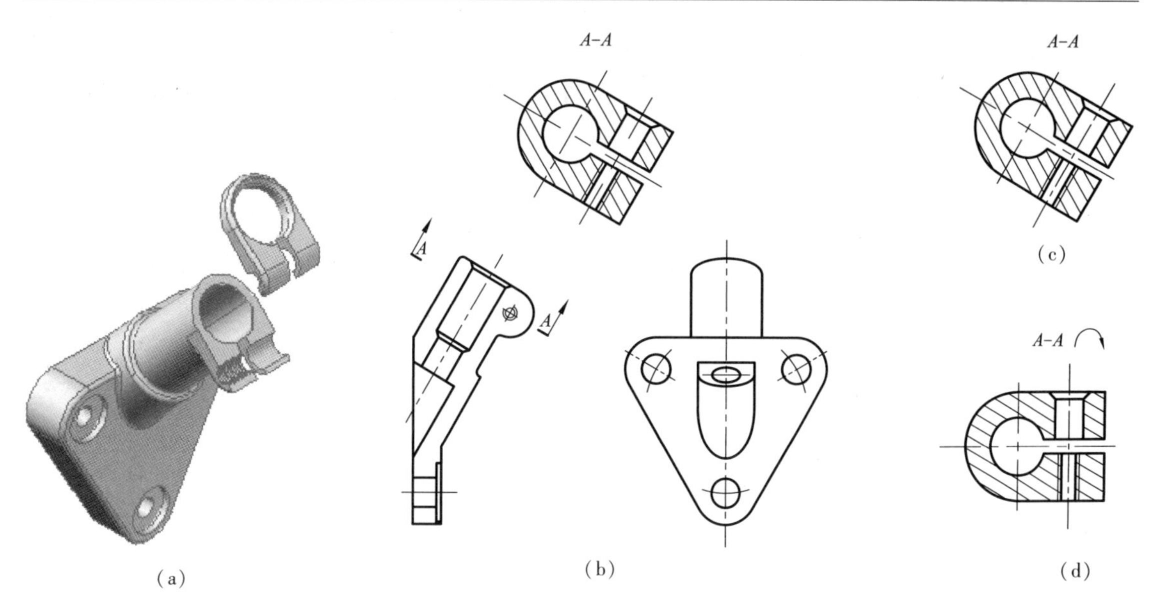

图6-24　斜剖视图

6.2.3.2　阶梯剖(几个平行的剖切面)

有些机件内部层次较多,用单一剖切面不能将机件的内部结构都剖开,这时可采用几个互相平行的剖切平面去剖开机件,这种剖切方法称为阶梯剖,如图6-25所示。

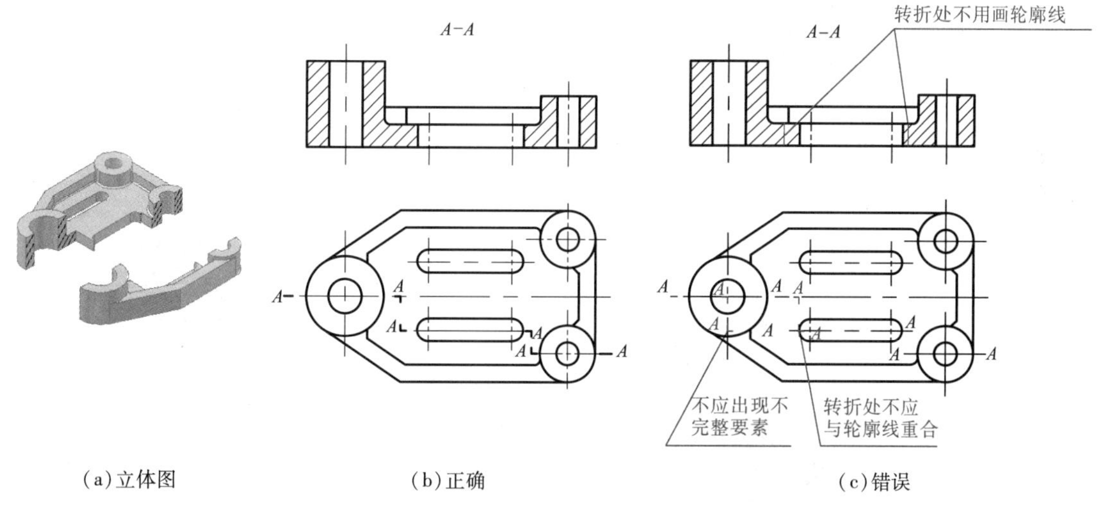

图6-25　阶梯剖

采用这种剖切方法时应注意以下三点:

(1)采用这种剖切方法画剖视图时必须加以标注,其标注形式如图6-25(b)所示,在剖切平面的起始、转折、终止处均用粗短线画出剖切符号,并注上同一字母。当转折处空间有限,又不会引起误解时,允许省略字母。剖视图的投射方向明确时,箭头也可以省略。

(2)因为剖切是假想的,所以在剖视图中不应画出两个剖切平面转折处的投影,且剖切位置符号的转折处不应与轮廓线重合,如图6-25(c)所示。

(3)在图形内不应出现不完整的要素。如图 6－25(c)所示,由于剖切面只剖到半个孔,因此在剖视图中出现了不完整的孔的投影。只有当两个要素在图形上具有公共对称中心线或轴线时,才允许各绘制一半,此时,应以对称中心线或轴线为界,如图 6－26 所示。

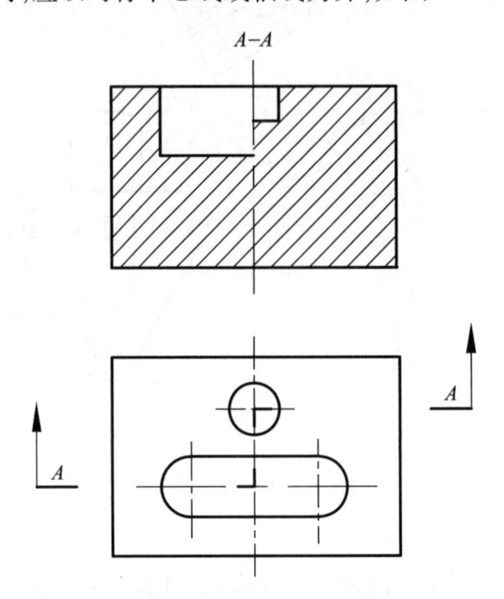

图 6－26　具有公共对称中心线时的阶梯剖

6.2.3.3　旋转剖(两个相交的剖切面)

当机件的内部结构形状用一个剖切面剖切不能完全表达,而这个机件在整体上又具有回转轴时,可用两个相交的剖切面剖开机件,如图 6－27 所示。用两个相交的剖切面(交线垂直于某一基本投影面)剖开机件的方法,习惯上称为旋转剖。

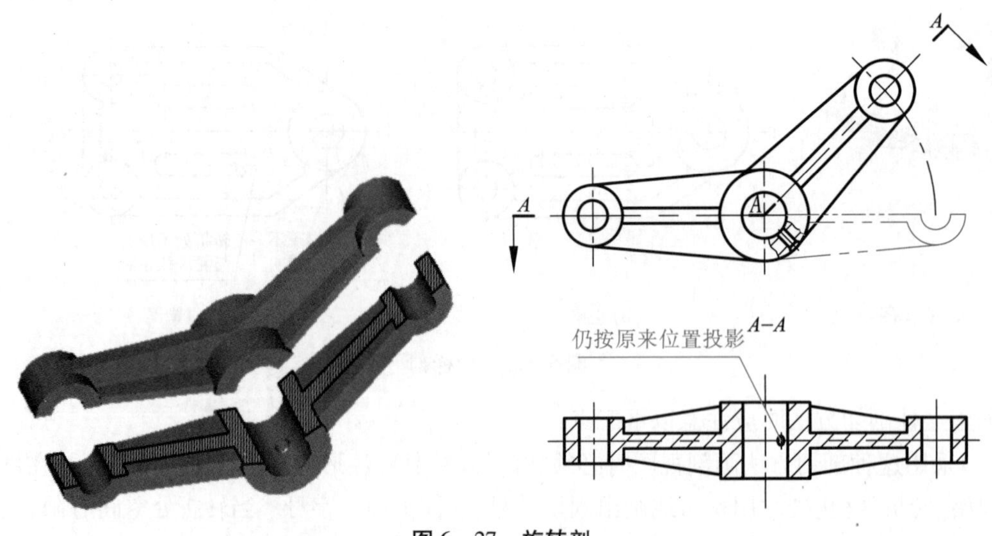

图 6－27　旋转剖

采用这种方法画剖视图时，先假设按剖切位置剖开机件，然后将剖切面剖开的结构及其有关部分旋转到与选定的投影面平行位置再进行投射。两个相交的剖切面必须保证其交线垂直于某一投影面，通常是基本投影面。如图6－27所示，*A*—*A*是两个相交的剖切面，其中一个平行于侧立投影面（*W*面），另一个与侧立投影面相倾斜，但其交线垂直于正立投影面（*V*面）。交线是机件整体上具有的回转轴。

旋转剖适合于盘、盖类零件，这类零件一般具有回转轴线。应用旋转剖时应注意以下几点：

（1）采用旋转剖画剖视图时，首先把由倾斜面剖开的结构连同有关部分旋转到与选定的基本投影面平行位置，然后再进行投影（如主视图双点划线），使剖视图既反映实形又便于画图，如图6－27中的“*A*—*A*”全剖视图。

（2）在剖切面后的其他结构一般仍按原来位置投影，如图6－27中小油孔的两面投影。

（3）由于连杆之间用的是十字筋连接，俯视图的剖面线采用了平行筋板的剖面不剖的原则，故正确的剖面线画法如图6－27所示。

（4）旋转剖必须标注。标注时在剖切面的起、迄、转折处画上剖切符号，注上相同的大写拉丁字母，并在起、迄处画出箭头表示投影方向。在所画的剖视图的上方中间位置用同一字母写出其名称“*X*—*X*”，如图6－27所示。

6.2.3.4　复合剖（组合剖切面）

当用上述剖切方法仍不能完全、清楚地表达机件的内部结构时，可以将以上几种剖切面组合进行剖切，习惯上称这种剖切方法为复合剖，如图6－28、图6－29所示。这些剖切面有的与投影面平行，有的与投影面倾斜，但它们都同时垂直于另一投影面。

如图6－28所示的机件，为了把构件上面各部分不同形状、大小和位置的孔或键槽等结构表达清楚，可以采用组合的剖切面进行剖切。

图6－29给出三个相交的剖切面剖开机件的图例。由于两个剖切面不与基本投影面平行，其剖视图采用了展开画法，在图形上方中间位置处标注了“*A*—*A* 展开”，此处展开是将剖切面中各正垂面及其被它们剖到的结构都旋转至与侧立投影面平行后再投射。展开前后各轴线间的距离保持不变。

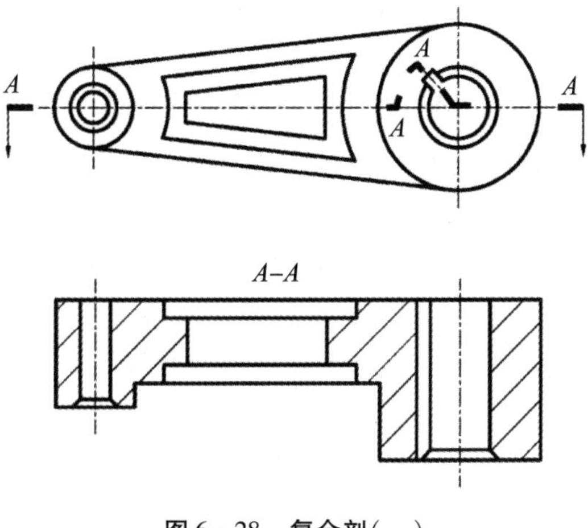

图6－28　复合剖（一）

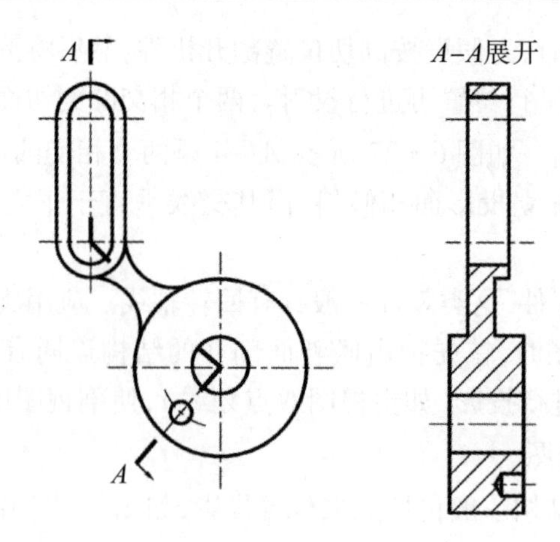

图 6-29　复合剖(二)

6.2.4　剖视图中的规定画法

6.2.4.1　肋板在剖视图中的画法

机件上通常有肋板、轮辐及薄壁等结构,当剖切面经过其厚度的对称平面(即纵向剖切)时,这些结构都不画剖面符号,用粗实线将它们与其邻接部分分开即可。但当剖切面横向剖切上述结构时,必须画出剖面符号,如图 6-30 所示。

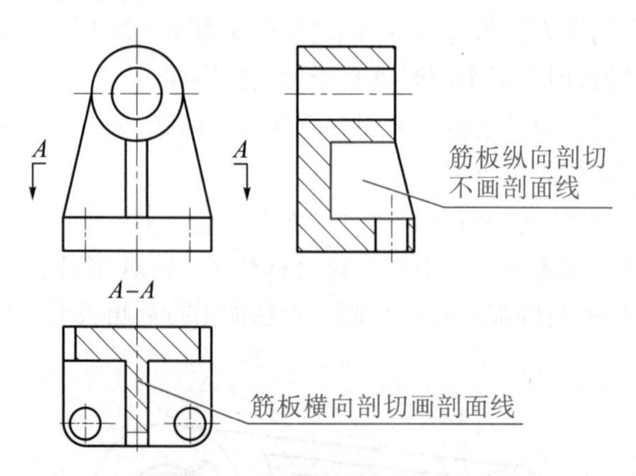

图 6-30　肋板的剖视画法

6.2.4.2　回转体均匀分布的肋板、轮辐、孔等结构的画法

当剖切面不经过回转体机件上均匀分布的肋板、轮辐、孔等结构时,可将这些结构旋转到剖切平面上绘制,如图 6-31(a)所示的孔。均匀分布的结构不对称时应按对称结构绘制,即:对于均匀分布的肋板,剖视图应画成对称形式(不论奇偶数);对于均匀分布的孔,不管剖到与否,都应将其旋转到剖切平面内画出;可以只画出一个孔,其余孔用细点画线表示其中心位置即可,如图 6-31(b)所示。

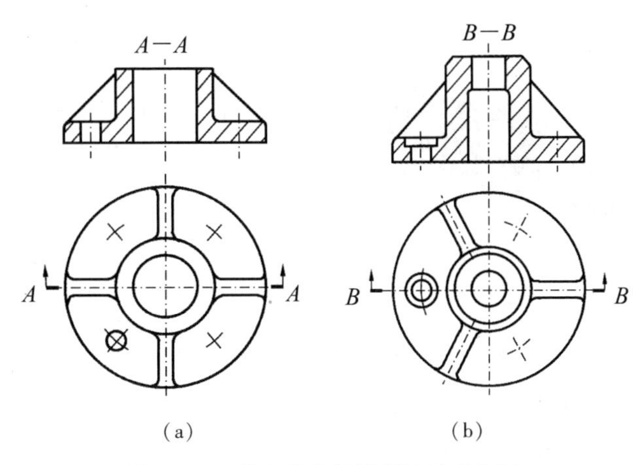

图 6-31　均匀分布的肋板及孔的画法

6.2.4.3　用两个剖切平面获得相同的剖视图的画法

用几个剖切平面分别剖开机件，得到的剖视图为相同的图形时，可按图 6-32 的形式标注。

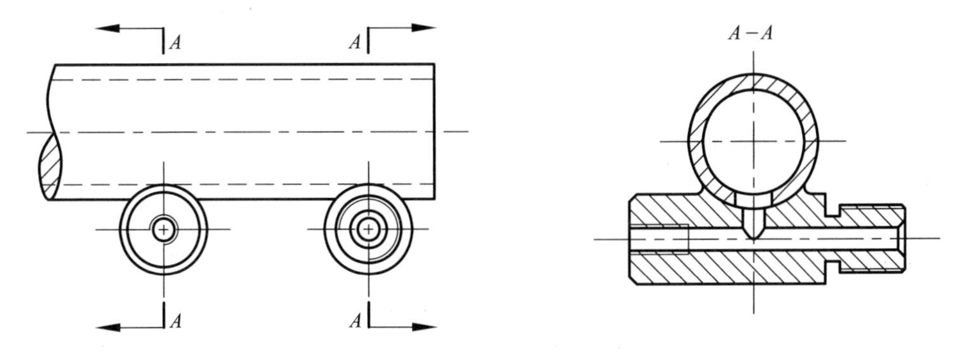

图 6-32　用两个剖切平面获得相同的剖视图的画法及标注

6.3　断面图

断面图主要用来表达机件某部分截断面的形状，它是假想用剖切平面把机件的某处切断，仅画出剖切面与机件接触部分的图形，如图 6-33 所示。断面图常用来表示机件某一部分的断面形状，如机件上的肋板、轮辐、键槽、开孔、杆件和型材的断面等。在断面图中，机件和剖切面接触的部分称为剖切区域。按照国家标准规定，在剖切区域内应画上剖面符号。移出断面一般应用剖切符号表示剖切位置，用箭头表示投影方向，并注上字母，在断面图的上方应用同样的字母标出相应的名称“*X*—*X*”，当配置在剖切符号的延长线上的不对称移出断面时，可省略字母“*X*—*X*”，如图 6-33 中键槽处的断面图。

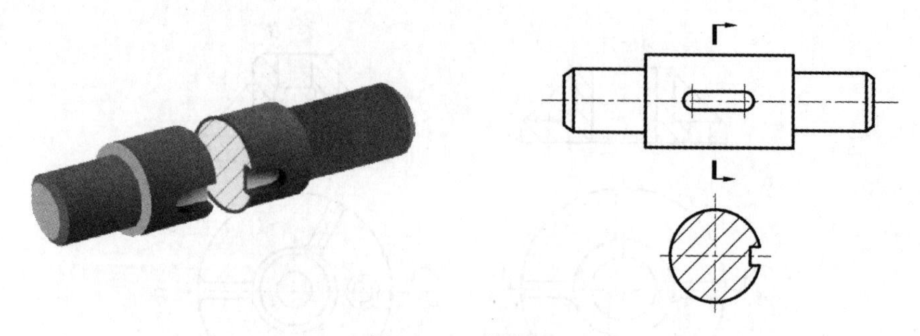

图 6-33 断面图

断面图与剖视图的区别如下：

(1)表达目的不同。断面图主要表达机件的断面形状，如图 6-34(b)所示；剖视图主要表达机件的断面及外形形状，如图 6-34(c)所示。

(2)形成方式不同。断面图只画出机件被切断处的断面形状，不涉及剖切面后面部分的投影，而剖视图不仅要画出断面部分，还要画出剖切面后所有可见部分的投影，如图 6-34 所示。

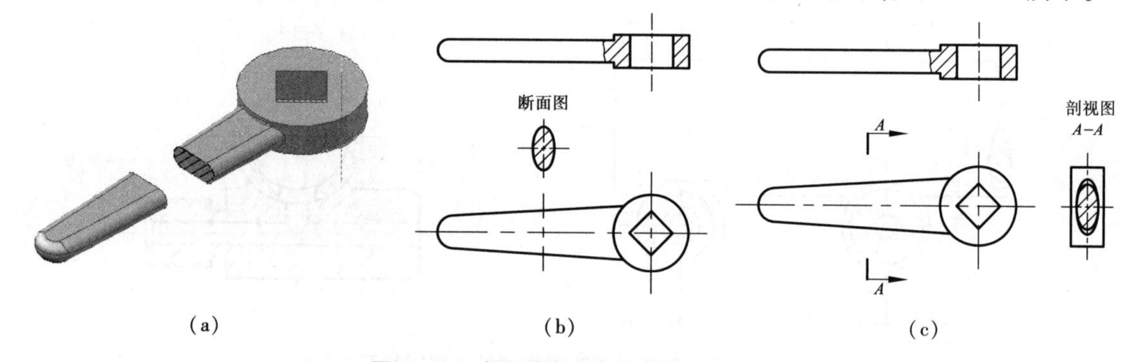

图 6-34 断面图与剖视图的主要区别

根据断面图绘制时所配置的位置不同，可分为移出断面图和重合断面图。

6.3.1 移出断面图

画在视图外面的断面图称为移出断面图。当配置在剖切符号的延长线上的不对称移出断面时，需要标注箭头，可省略字母“X—X”，如图 6-35 所示。当断面图未配置在剖切符号的延长线上时，不能省略字母“X—X”，如图 6-36 所示。

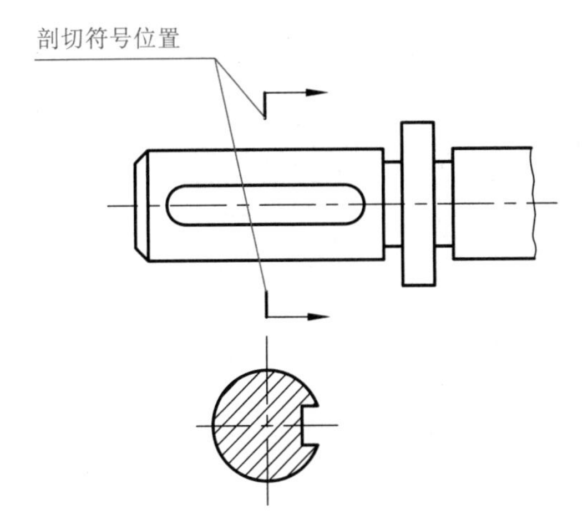

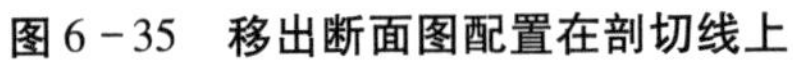
图 6－35　移出断面图配置在剖切线上

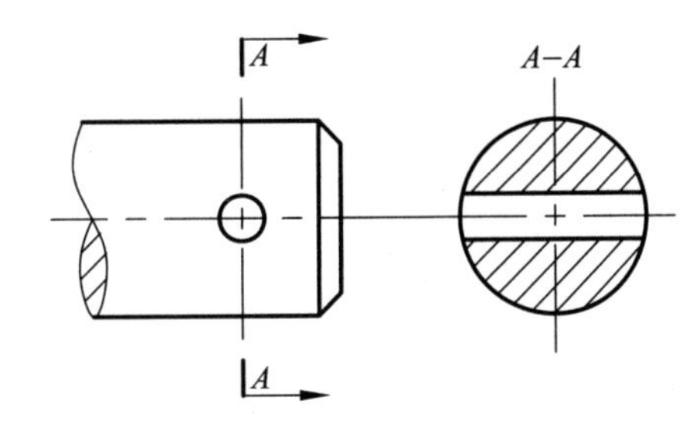

图 6－36　移出断面图未配置在剖切线上

绘制移出断面图时应注意以下几个方面：

(1)移出断面图的轮廓线必须用粗实线绘制，并应尽量配置在剖切符号或剖切线的延长线上，必要时也可配置在其他适当位置。当剖面图形对称时也可画在视图的中断处，如图 6－37 所示。

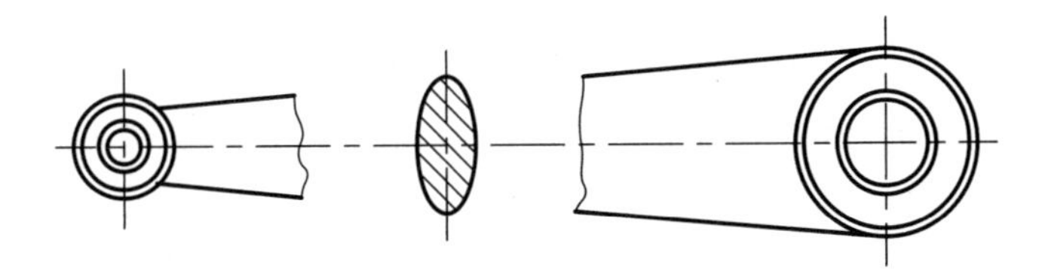

图 6－37　断面图画在中断处

(2)由两个或多个相交的剖切面剖切得到的移出断面图，中间一般应断开，如图 6－38 所示。

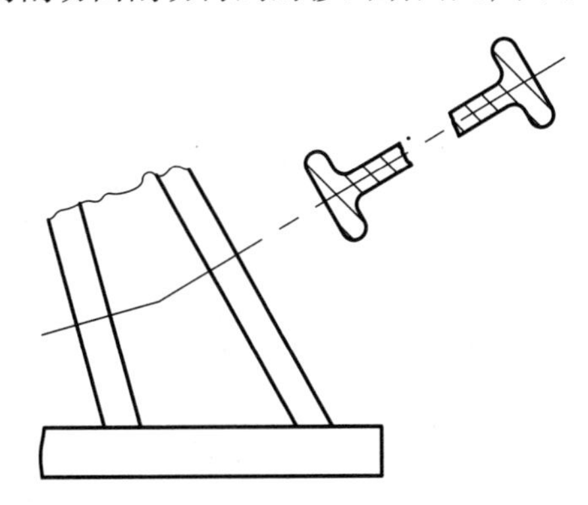

图 6－38　两相交剖切平面的断面图画法

(3)当剖切面通过回转面形成的孔或凹坑等结构的轴线时，这些结构应按剖视图绘制，如图 6－39 所示。

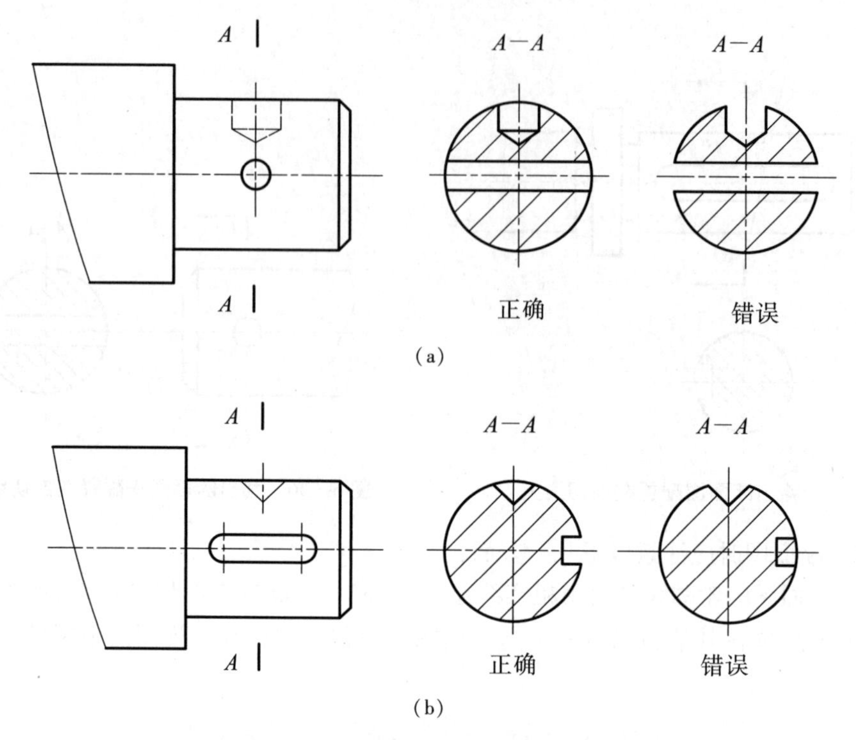

图 6-39 按剖视图绘制的断面图(一)

(4)当剖切平面通过非圆孔,导致出现完全分离的两个断面时,这些结构也应按剖视图绘制,如图 6-40 所示。

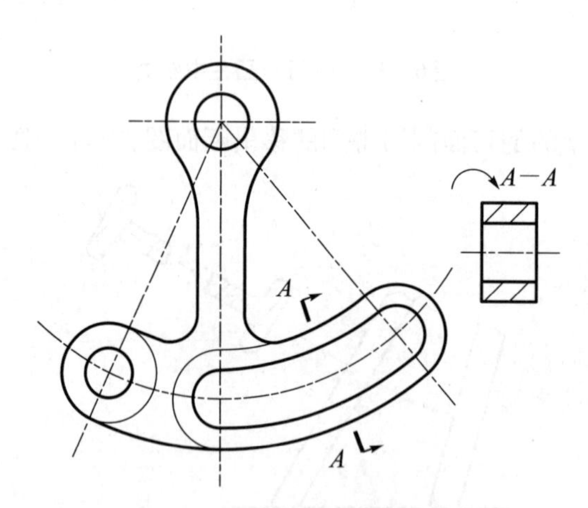

图 6-40 按剖视图绘制的断面图(二)

6.3.2 重合断面图

在不影响图形清晰的条件下,断面图可以画在视图内。这种绘制在视图内的断面图称为重合断面图,如图 6-41、图 6-42 所示。

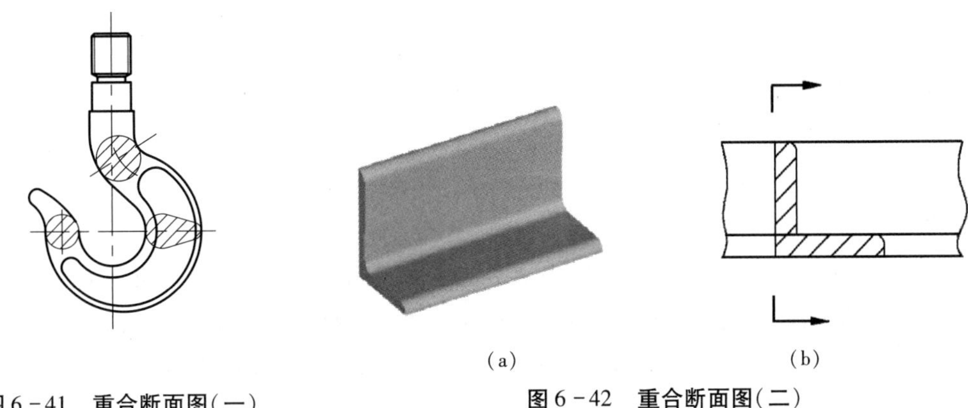

图 6-41　重合断面图(一)

图 6-42　重合断面图(二)

重合断面图的轮廓线用细实线绘制,当视图中的轮廓线与重合断面图的轮廓线重叠时,视图中的轮廓线仍应连续画出,不可间断,如图 6-41、图 6-42 所示。对于如图 6-43 所示的三角形肋板,只需要表达肋板的厚度和截面形状,长度不需要表达,所以重合断面图的上部不能封闭。

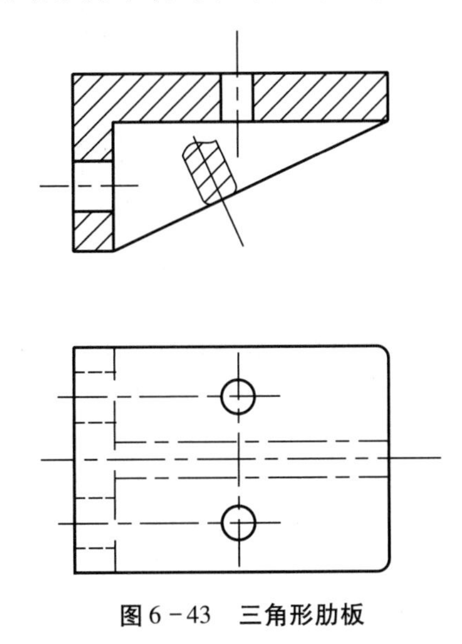

图 6-43　三角形肋板

重合断面图应画在视图内的剖切位置处,标注时一律省略字母。当重合断面图对称时,可不加任何标注,如图 6-41 所示。当重合断面图不对称时,一般只用剖切符号和箭头表示剖切位置和投射方向,如图 6-42 所示。应注意剖切线一定垂直于轴线或轮廓线。

6.4 局部放大图和简化画法

6.4.1 局部放大图

当机件上一些细小的结构在视图中表达不够清晰,又不便标注尺寸时,可用大于原图形所采用的比例单独绘制这些结构,这种图形称为局部放大图,如图6-44所示。局部放大图可画成视图、剖视图、断面图,它与被放大部分的表达方式无关。局部放大图应尽量配置在被放大部位的附近。

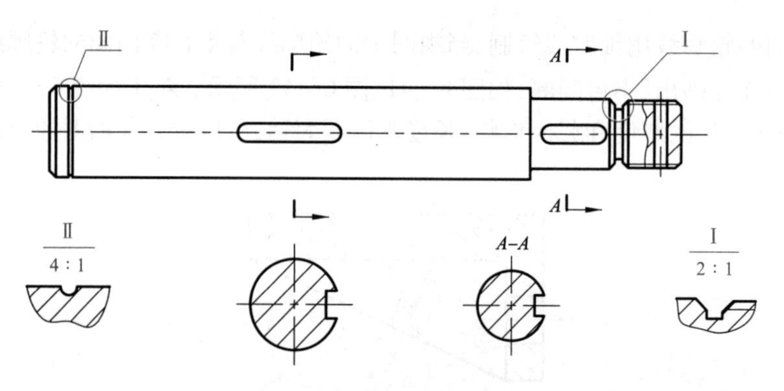

图6-44 局部放大图(一)

在绘制局部放大图时,应用细实线圈出被放大部位,当同一视图上有几个被放大部位时,要用罗马数字依次标明被放大部位,并在局部放大图的上方标注出相应的罗马数字和采用的比例,如图6-44所示。

当同一机件上不同部位局部放大图相同或对称时,只需绘制一个局部放大图。局部放大图应与被放大部分的投影方向一致,若为剖视图和断面图,其剖面线的方向和间隔应与原图相同,如图6-45所示。

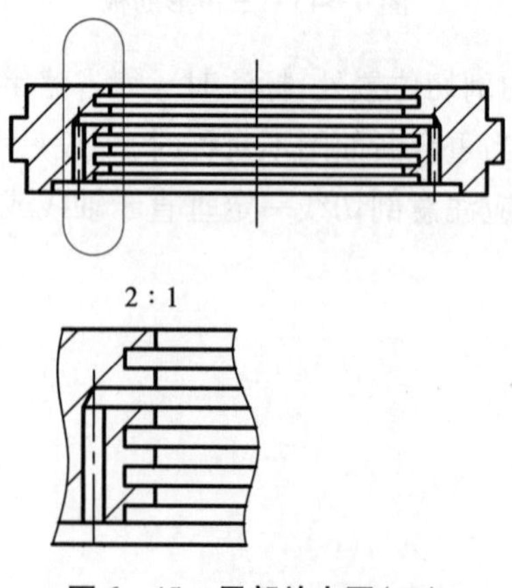

图6-45 局部放大图(二)

6.4.2　简化画法

为了绘图和识图的方便，同时也为了提高图样的清晰度，简化绘图和计算机绘图对技术图样的要求，《技术制图》（GB/T 16675.1、GB/T 16675.2）和《机械制图》分别规定了一些简化画法。常见的简化画法示例如下：

（1）若干相同且呈规律分布的孔（圆孔、螺孔、沉孔等），可以只画出一个或几个，其余用细点划线表示其中心的位置，并在视图中注明孔的总数，如图 6－46 所示。

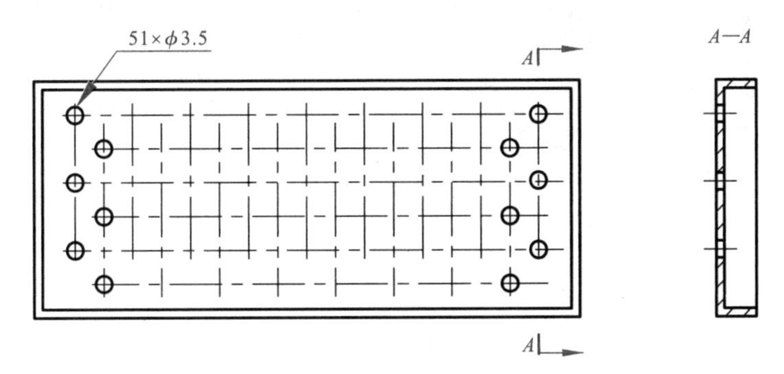

图 6－46　规律分布的孔的画法

（2）对于若干相同且呈规律分布的槽、齿等结构，只需画出几个完整结构，其余用细实线连接，在视图中注明该结构的总数，如图 6－47 所示。

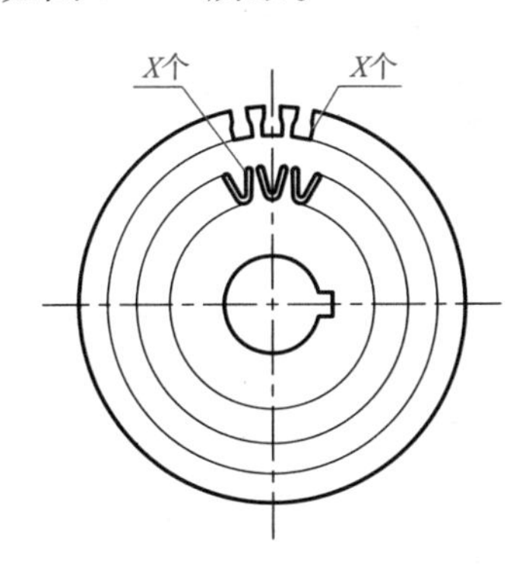

图 6－47　规律分布的槽、齿等结构的画法

（3）当回转体机件上的平面在图形中不能充分表达时，可用两条相交的细实线表示这些平面，如图 6－48 所示。

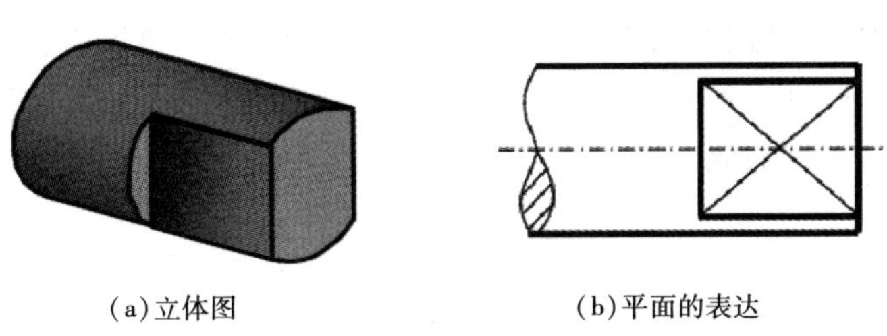

（a）立体图　　（b）平面的表达

图 6－48　机件上平面结构的简化画法

(4)在不致引起误解时,对称机件的视图可只画一半或四分之一,并在对称中心线的两端画出两条与其垂直的平行细实线,如图 6-49 所示。

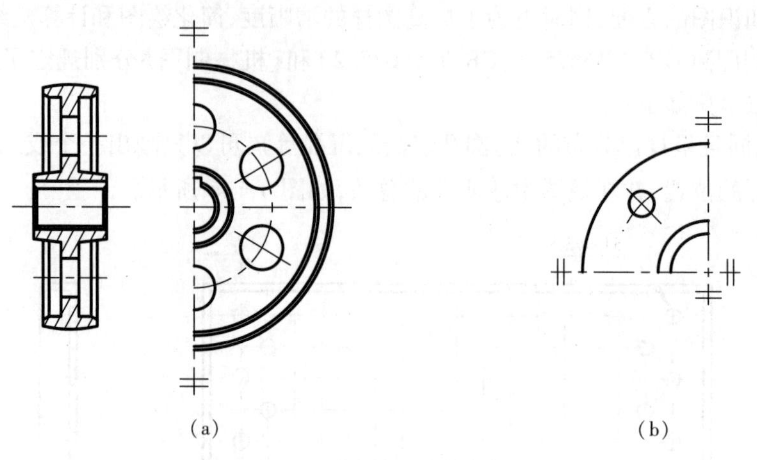

(a)　　　　(b)

图 6-49　对称图形的简化画法

(5)对于轴杆类较长的机件,当沿长度方向形状相同或按一定规律变化时,允许断开缩短绘制,如图 6-50 所示。折断处可用波浪线表示,在标注长度方向尺寸时,仍按原来的实际尺寸标注。

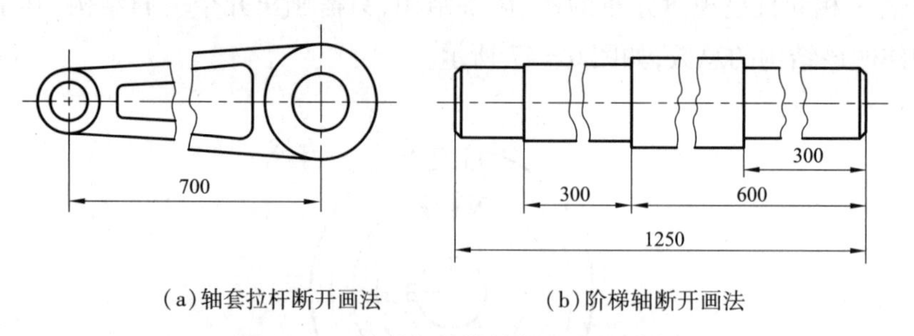

(a)轴套拉杆断开画法　　(b)阶梯轴断开画法

图 6-50　较长杆件的简化画法和标注

6.5　机件表达的综合举例

表达一个机件时,应根据机件的具体形状结构,在完整、清晰地表达机件各部分结构形状的前提下,力求制图简便。这就要求在选择机件的表达方案时,尽可能针对机件的结构特点,恰当地选用各种视图、剖视图、断面图和简化画法等表达方法。下面举例说明。

例 6-4　如图 6-51(a)所示的轴承支架,上部是空心圆柱体,下部是有 4 个圆柱通孔的斜板,中间用十字型肋板连接而成。

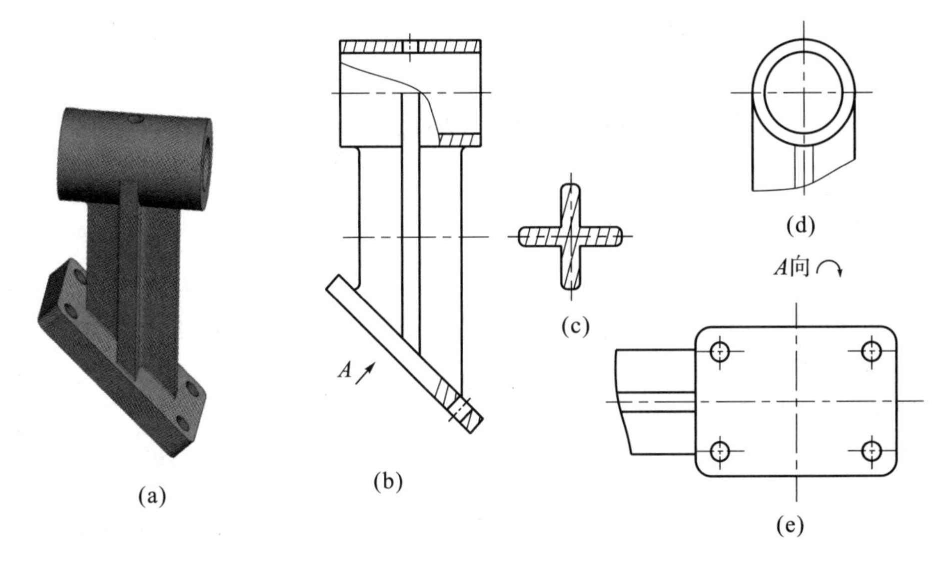

图 6-51　轴承支架的表达方式

为了完整、清晰、简明地表达该机件，首先将空心圆柱的轴线水平放置，并局部剖开空心圆柱与斜板上的圆柱孔作为主视图，这样既表达了肋、圆柱和斜板的外部结构形状，又表达了空心圆柱、圆柱孔的内部结构形状，如图 6-51(b)所示；为了表达十字肋板的形状，采用了一个移出断面图，如图 6-51(c)所示；为了表达水平圆柱与十字肋板的连接关系，采用了一个局部右视图，如图 6-51(d)所示；为了表达斜板的实形，采用了“A 向旋转”的斜视图，如图 6-51(e)所示。

第7章 零件图

组成机器的最小单元称为零件,表达单个零件并指导生产的图样称为零件图。零件图是加工制造、检验和测绘零件的依据。本章着重叙述零件图的视图选择、零件结构的工艺性、零件图的尺寸标注和技术要求等内容。

根据零件的作用及其结构,分为以下几类:轴类、盘类、叉架类、箱体类和标准件。图7-1是一个减速箱的装配立体图,在该减速箱中有圆柱齿轮、齿轮轴、轴、压盖、箱体、透盖、闷盖、螺钉、螺母、垫圈、键等零件和标准件。

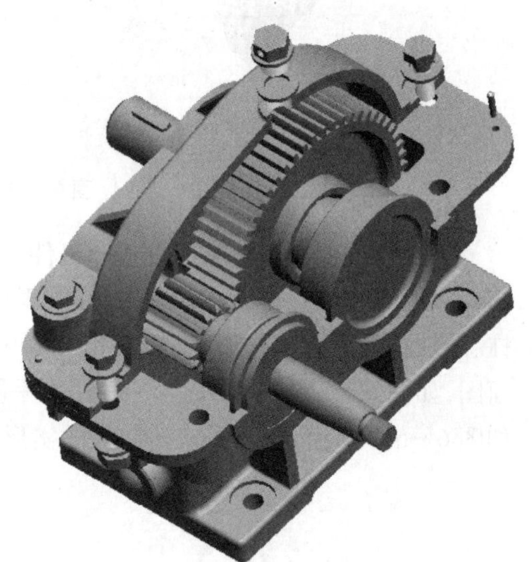

图7-1 减速箱的装配立体图

7.1 零件图的内容

(1)一组视图:采用视图、剖视图、断面图、局部放大图等方法,完整、清晰地表达零件内、外结构和形状的图形。

(2)完整的尺寸:零件图中应正确、完整、清晰、合理地标注零件制造、检验时所需要的尺寸,确定各部分的大小和位置。

(3)技术要求:用规定的符号、代号、标记和简要的文字标注或说明,表达零件制造、检验或装配过程中应达到的各项技术指标。

(4)标题栏:标题栏内应填写零件名称、材料、数量、比例,以及设计单位名称,设计、制图、审核人员的姓名和日期等内容。

7.2 零件图的视图选择

零件图既要正确、完整、清晰地表达出零件的全部结构,同时要力求简单,读图方便。绘图前,尽可能了解机器的功用和该零件在机器中的位置和作用。零件表达方案的选择,主要包括主视图的选择、视图数目的选择和表达方法的选择。因此,必须根据零件功用及结构形状特点而采用不同的视图及表达方案。例如,简单的轴套一个视图即可,而复杂的箱体除三个视图外,还需要其他的视图和画法来表达局部结构。

视图选择的方法及步骤如下:

(1)分析零件几何形体、结构:要分清主要、次要形体;零件的形状与功用有关,形状与加工方法有关。

(2)主视图选择:主视图是一组视图的核心。零件图主视图选择的一般原则是主视图中零件的安放位置应尽量符合零件的主要加工位置或在机器中的工作位置,以最能够明显地反映零件形状和结构特征以及各组成形体之间相互关系的方向作为主视图的投影方向。

(3)视图表达方案的选择(视图数量):主视图确定后,对于那些尚未表达清楚的结构,应采用各种方法表达。方案选择时注意以下几点:

①根据零件的复杂程度和内、外结构的情况,全面考虑所需的其他视图,使每个视图有重点表达的内容,但要注意采用的视图数目不宜过多。力求制图简单,读图方便。

②要考虑合理地布置视图位置,既要使图样清晰美观,又要利于图幅的充分利用。

③在多种方案中比较、择优。

7.3　各类典型零件表达方案的选择

7.3.1　轴类零件

由于轴的基本形状是同轴回转体,如图7－2所示齿轮轴,所以轴类零件一般只选一个基本视图,即主视图,其他结构如孔、槽等常采用移出剖面、局部视图和局部剖视图来表达;螺纹退刀槽、砂轮越程槽等则采用局部放大图来表达。

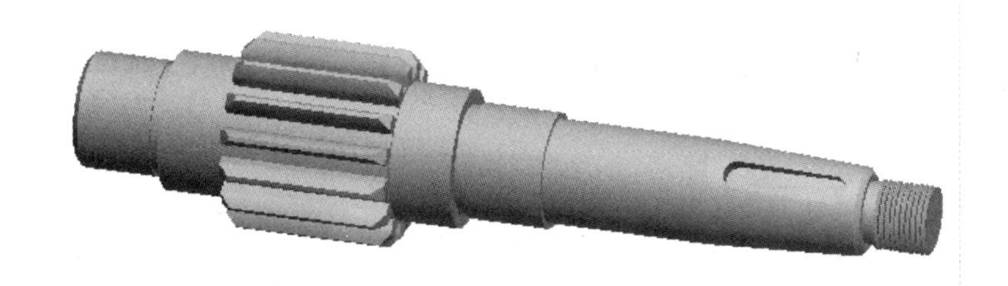

图7－2　齿轮轴的立体图

键槽是轴常用的传动结构,往往采用移出断面图放在轴的上方,以表达出槽形截面的形状,画图时一般按加工位置将轴线水平安放,平键槽朝前,如图7－3所示。由于轴上零件的固定及定位需要,其形状为阶梯形轴。

7.3.2　轮、盘类零件

对于轮、盘类零件,基本形状为圆盘状回转体,通常其上有用于螺栓连接的螺栓孔,有防泄漏的密封槽,还有凸缘等典型结构。主视图一般采用全剖视图表达,用左视图表达孔、槽的分布情况。可按加工位置将其按轴线水平放置,并选用与轴线垂直的方向为主视图方向。一般需要1～2个基本视图来表达其主要结构,并选用局部剖视图、剖面图、局部放大图来补充表达其次要结构。图7－4为密封腔压盖零件图,该压盖采用了主视图和左视图。

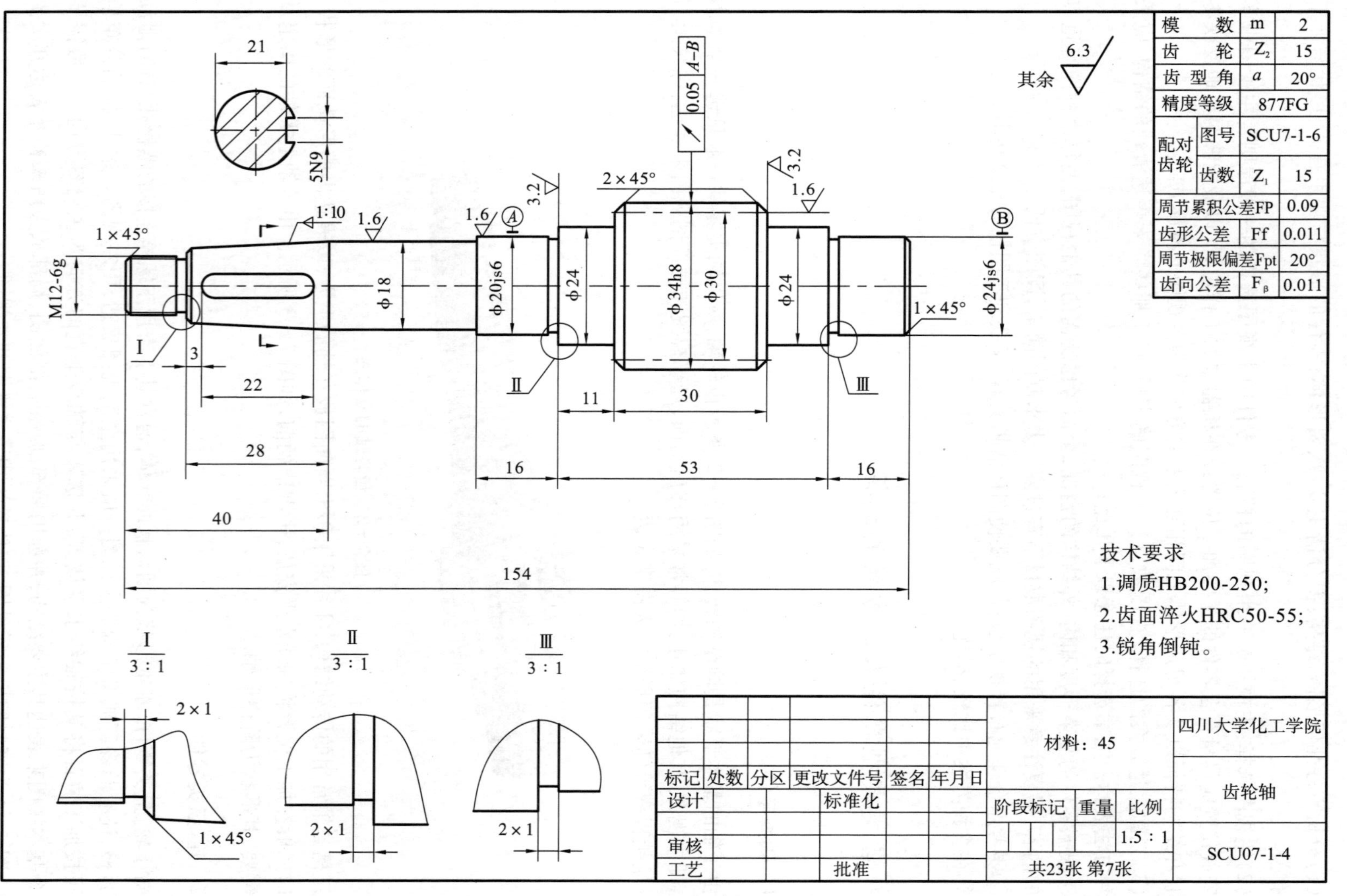
模数 m 2
齿轮 Z2 15
齿型角 α 20°
精度等级 877FG
配对齿轮 图号 SCU7-1-6
齿数 Z1 15
周节累积公差FP 0.09
齿形公差 Ff 0.011
周节极限偏差Fpt 20°
齿向公差 Fβ 0.011
其余 6.3
21
5N9
0.05 A-B
M12-6g
1×45°
1:10
1.6
3.2
2×45°
φ18
φ20js6
φ24
φ34h8
φ30
φ24js6
3
22
28
40
11
30
16
53
154
技术要求
1.调质HB200-250;
2.齿面淬火HRC50-55;
3.锐角倒钝。
Ⅰ 3：1
Ⅱ 3：1
Ⅲ 3：1
2×1
标记 处数 分区 更改文件号 签名 年月日
设计 标准化
审核
工艺 批准
材料：45
阶段标记 重量 比例
1.5：1
共23张 第7张
四川大学化工学院
齿轮轴
SCU07-1-4

图 7-3 齿轮轴的零件图

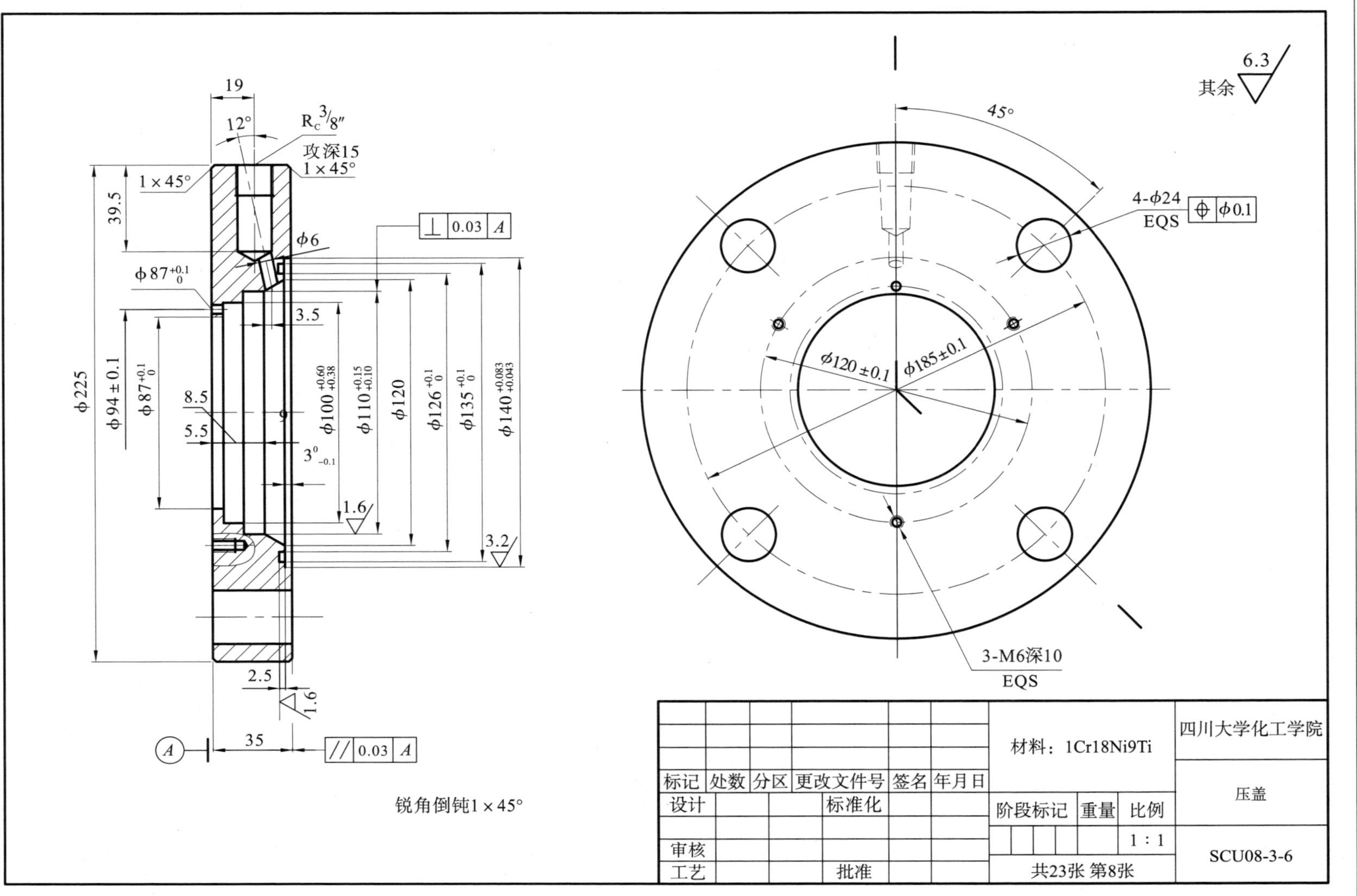

图 7-4　密封腔压盖零件图

图 7 - 5 为减速箱透盖的立体图和零件图。透盖基本上是一个圆平板形零件，是最简单的一种轮、盘类零件。透盖零件主要由不同直径的同心圆柱面、圆锥面所组成，其厚度相对于直径小得多，成盘状，选择主视图为安放位置，也符合加工位置，即轴线水平放置，投射方向垂直于轴线。采用一个全剖视图加上尺寸标注就可以表达清楚。

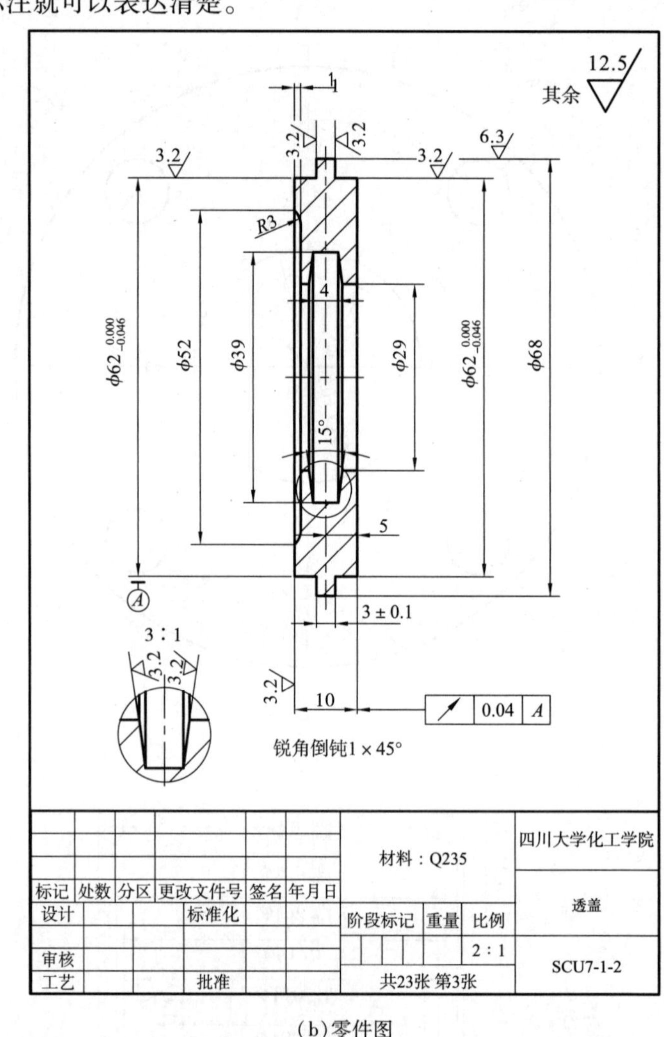

(a)立体图　　(b)零件图

图 7 - 5　透盖的立体图和零件图

7.3.3　叉架类零件

叉架类零件的结构多不规则，常按自然位置放置。一般用 1 ~ 2 个基本视图来表达其主要结构，还需要利用局部剖视图、局部视图、旋转剖视图、斜视图或剖断面图来补充表达其次要结构。

支架零件的结构特点：通常有承托（如圆柱孔）、支承（如肋板）及底板和底板上的安装孔、槽等结构。底板与承托部分又有连接形体。支架类零件大都用于支承其他零件，结构形状比较复杂。

图 7 - 6 为最简单的一种连杆的立体图和零件图，它基本上由两个连接平板组成，中间开了三个孔，分别与不同的轴连接。选择主视图为工作位置也符合加工位置，一个轴线水平放置，另

一个轴线与它的夹角为150°,投射方向垂直于轴线。俯视图采用旋转剖视图,加上尺寸标注就可以表达清楚。

(a)立体图

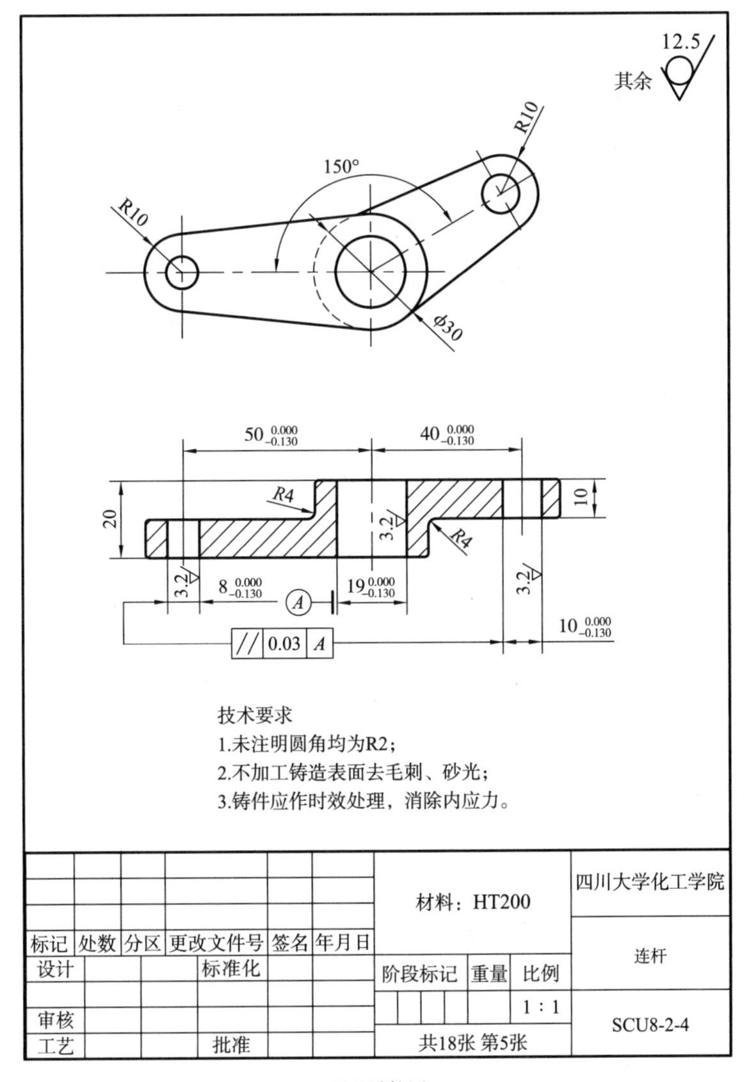

(b)零件图

图 7－6　连杆的立体图、零件图

7.3.4 箱体类零件

箱体类零件主要用于支撑轴及轴上零件。结构形体特征为内腔、轴承孔、凸台、底板、支撑板、肋板等。支撑板外侧及肋板左右两面与轴承孔外表面相交。为了安装零件、箱体便于装在机座上,常有安装板、安装孔、螺孔、销钉孔等;为了防尘,通常要使箱体密封。此外,为了使箱体内的运动零件得到润滑,箱体内要注入润滑油,因此,箱壁部分常有安装箱盖、轴承盖、油标、油塞等零件的凸台、凹坑、螺孔等结构。图 7-7 所示为一种减速箱的立体图。

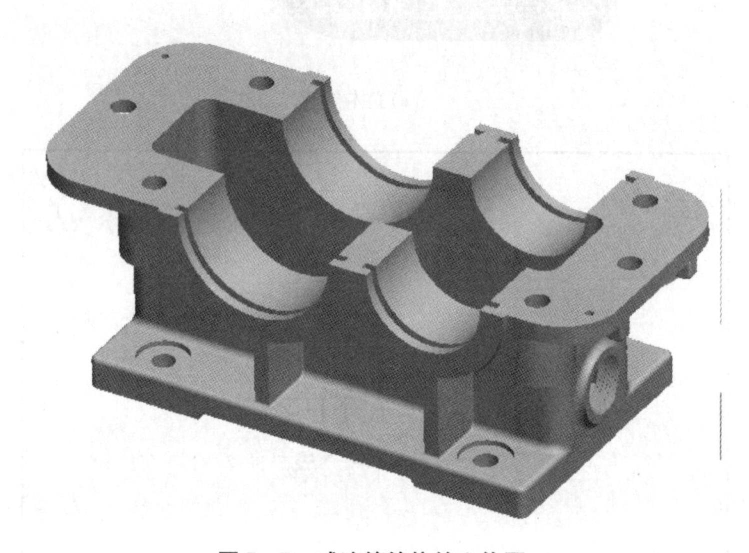

图 7-7　减速箱箱体的立体图

该类零件复杂,往往要采用三个基本视图,为了表达局部结构,常采用局部视图、局部剖视图和放大图等,如图 7-8 所示。

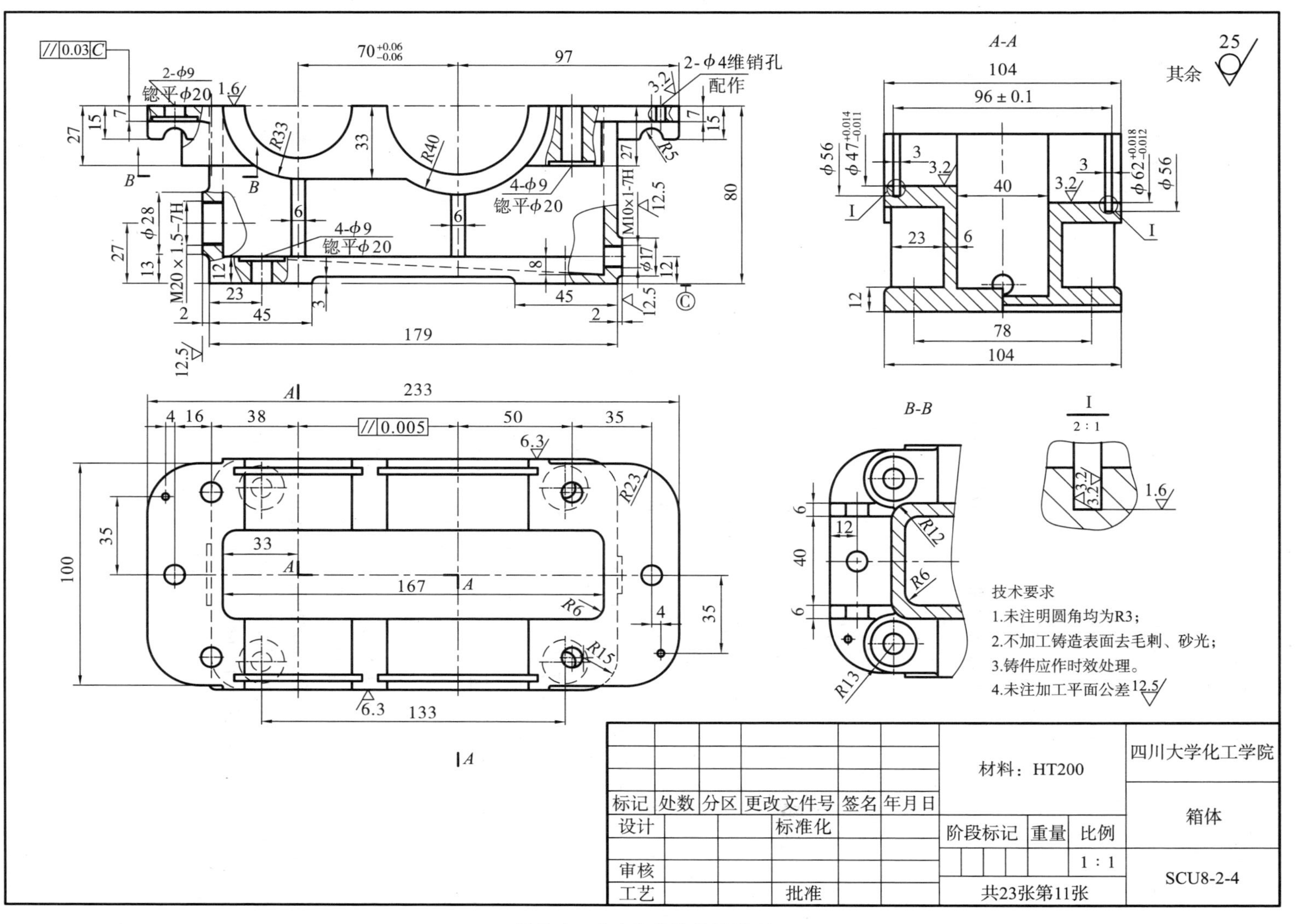

图 7-8　减速箱箱体的零件图

7.4 零件图的尺寸标注

零件图中图形只表达了零件的形状和结构，而零件的尺寸大小以及各部分的相关尺寸是用尺寸标注来表达的。尺寸是零件加工、测量和检验的依据。要真正做到合理地标注尺寸，还需要有一定的设计、制造工艺的专业知识和生产实际经验。本章着重叙述合理标注尺寸的一些基本知识。

7.4.1 零件尺寸标注的基本要求

(1)尺寸标注要完整，要能完全确定出物体的形状和大小，不遗漏，不重复。

(2)尺寸标注符合国家标准的规定，即严格遵守国家标准《机械制图　尺寸注法》(GB/T 4458.4—2003)的规定。

(3)尺寸标注要合理，既能达到设计要求，又便于加工和检验。

(4)尺寸安排要清晰，排列清楚，便于阅读。

7.4.2 尺寸基准的种类及选择

尺寸基准是指零件在机器装配中或在加工测量时，用来确定零件本身点、线、面位置所需的点、线、面。通常可分为设计基准和工艺基准两类。

(1)设计基准：设计基准是根据零件在机器中的作用和结构特点，为保证零件的设计要求而选定的基准。该基准用以确定零件在机器中的正确位置。

(2)工艺基准：指零件在加工和测量过程中所使用的基准。

以设计基准标注尺寸，可以满足设计要求，便于保证零件在机器中的作用。以工艺基准标注尺寸，可以满足工艺要求，方便加工和测量。

在设计制造中，应尽可能使设计基准和工艺基准重合，即人们常说的基准统一原则。当出现矛盾时，一般应保证直接影响产品特性、装配精度及互换性的尺寸作为设计基准注出，其他尺寸以工艺基准标注。

在标注尺寸时，首先要在零件的长、宽、高三个方向上至少各选一个基准，称为主要基准。为了加工和测量方便，有时还要增加一些辅助基准，用以间接确定零件上某些结构的相对位置和大小。但辅助基准和主要基准之间必须有一定的尺寸联系。可以作基准的几何要素有重要的平面、轴心线等。常用的基准面有安装面、重要的支承面、端面、装配结合面、零件的对称面等。常用的基准线有零件上回转面的轴线、中心线、基础面等。

图 7-9 是一个传动轴尺寸标注的示例，根据设计要求，在轴向、径向设主要基准和辅助基准。

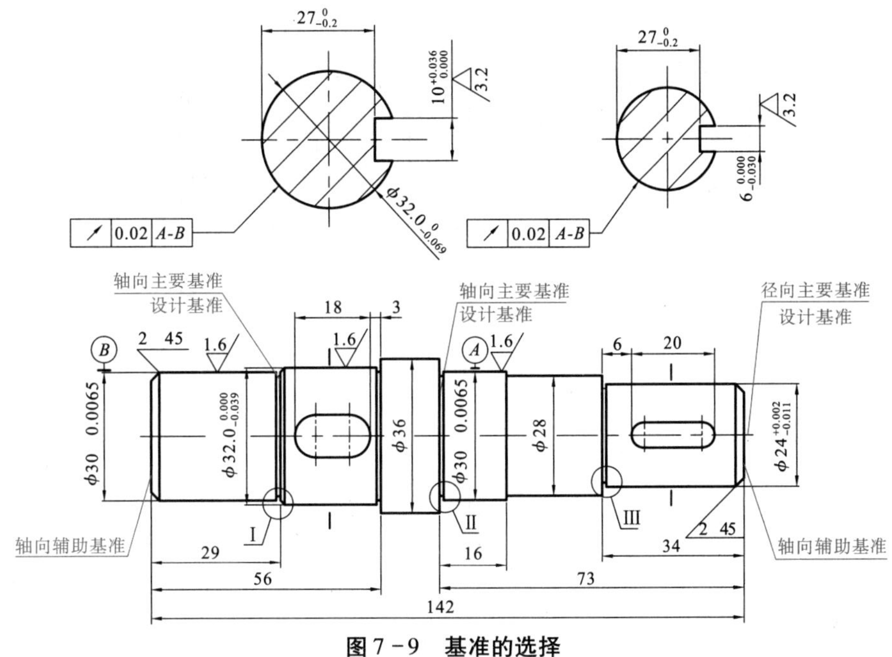

图 7－9　基准的选择

7.4.3　主要尺寸和非主要尺寸

主要尺寸是指直接影响零件在机器设备中的工作性能和准确位置的尺寸。主要尺寸包括零件的规格性能尺寸、配合要求的尺寸、确定相对位置的尺寸、连接尺寸、安装尺寸等，有配合要求的尺寸一般都有公差要求。主要尺寸应从主要基准直接标注出，避免加工误差的累积，保证主要尺寸的精度，如图 7－10(a)所示。

零件上不直接影响其使用性能和安装精度的尺寸为非主要尺寸。非主要尺寸包括外形尺寸、无配合要求的尺寸、工艺结构的尺寸，如退刀槽、凸台、凹坑倒角等一般都不注公差。非主要尺寸可多考虑工艺要求而从工艺基准标注，如图 7－10(b)所示。

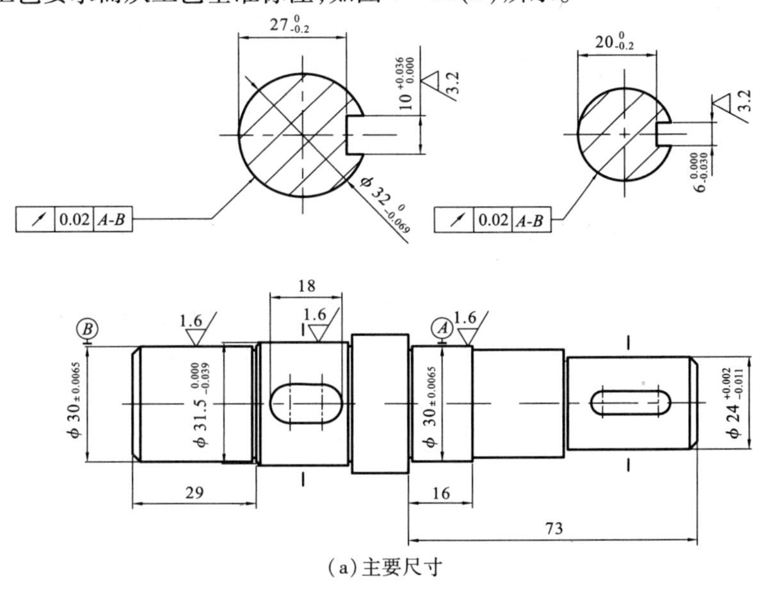

(a)主要尺寸

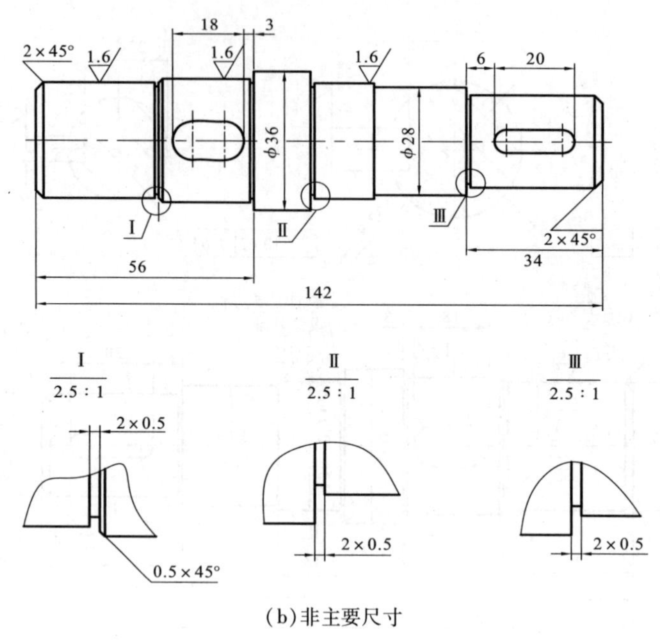

(b)非主要尺寸

图7-10 主要尺寸和非主要尺寸

7.4.4 尺寸配置形式

当零件的结构形状确定之后,所需要标注的尺寸数量也随之而定。尺寸的配置形式是指线性尺寸而言,可分为以下三类:

(1)坐标式。坐标式的尺寸排列形式是指同一方向的所有线性尺寸都从同一选定的基准注出,如图7-11(a)所示。其特点是保证了从该选定基准标出的每个线性尺寸的精度。但是,两个线性尺寸之间的距离的误差等于两线性尺寸加工误差之和,受两个尺寸误差的限制。因此,坐标式常用于各端面与一个基准面保持较高尺寸精度要求的情况。当要求保证相邻两个几何要素间的尺寸精度时,不宜采用坐标式。

(2)链接式。链接式尺寸排列形式为同一方向的所有线性尺寸都首尾依次连接,写成链条式,如图7-11(b)所示。这样前尺寸的末端即为后尺寸的基准。其优点是每个尺寸的精度只取决于本身的加工误差,而不受其他尺寸误差的影响,能保证每段尺寸的精度。但总长的加工误差则是各段尺寸的加工误差总和。因此,链接式尺寸注法多用于对每一线性尺寸的加工精度要求高,而对各端面之间的位置精度和总长的精度要求不高的情况。在零件图中常用于孔的中心距及其定位尺寸标注。

(3)综合式。综合式的尺寸排列形式是坐标式与链接式的综合,取两种形式的优点。按照尺寸段的精度要求进行标注,如图7-11(c)所示。实际尺寸标注时,综合式采用得最多。

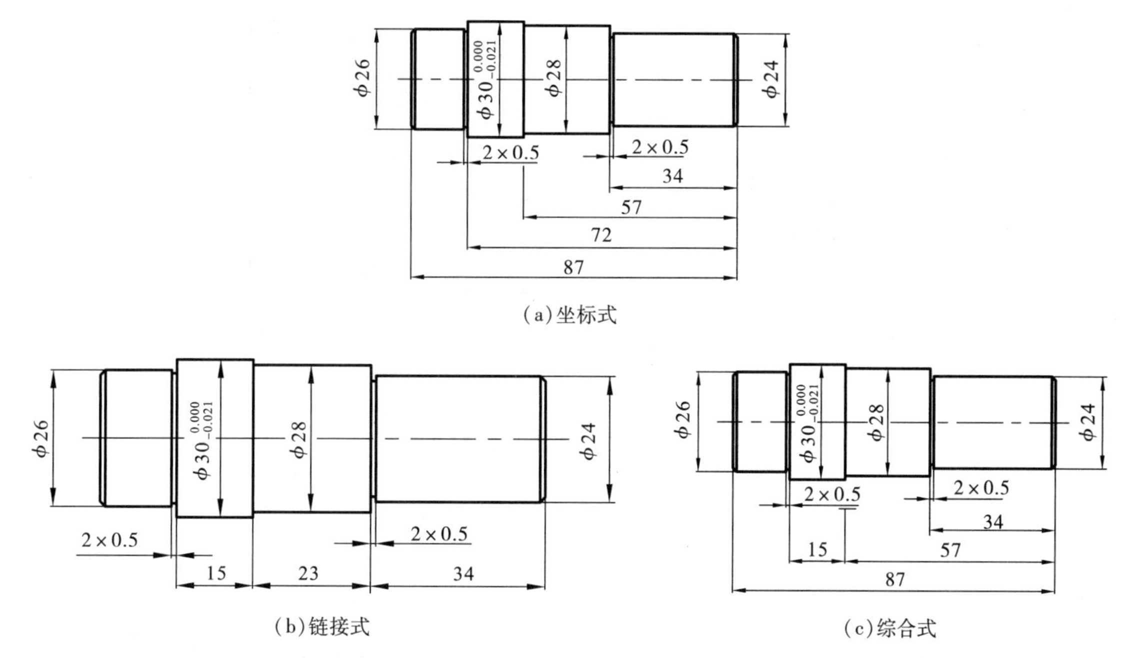

图7-11 尺寸链的选择

7.4.5 尺寸标注的注意事项

(1)主要尺寸必须从设计基准直接注出,如图7-11(c)所示的尺寸15。

(2)应符合加工顺序,如图7-11(c)所示的标注尺寸34、57。

(3)标注尺寸要便于加工和测量,如图7-11(a)所示。链接式标注的尺寸不便于加工和测量,一般不采用。

(4)不要注成封闭尺寸链。应选择最次要的尺寸空出不标,将所有尺寸的加工误差全部累积在此尺寸上,如图7-11(c)中左端轴向尺寸为87-(57+15)=15。不能注成如图7-12所示的封闭尺寸链。

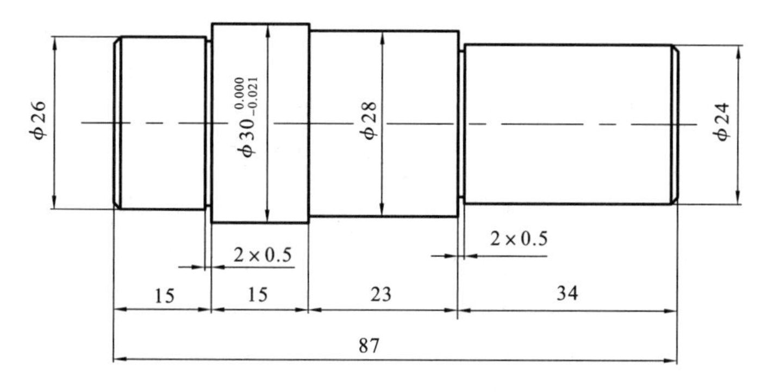

图7-12 封闭尺寸链

零件图上尺寸标注的合理性:正确选择标注尺寸的基准,重要尺寸直接标注,应尽可能按加工顺序标注,考虑测量方便,不要注成封闭的尺寸链。对比图7-13和图7-14,可看出图7-13为正确的标注,图7-14为错误的标注,因为标注图中尺寸6、19和23无法测量,不便于加工和检验。

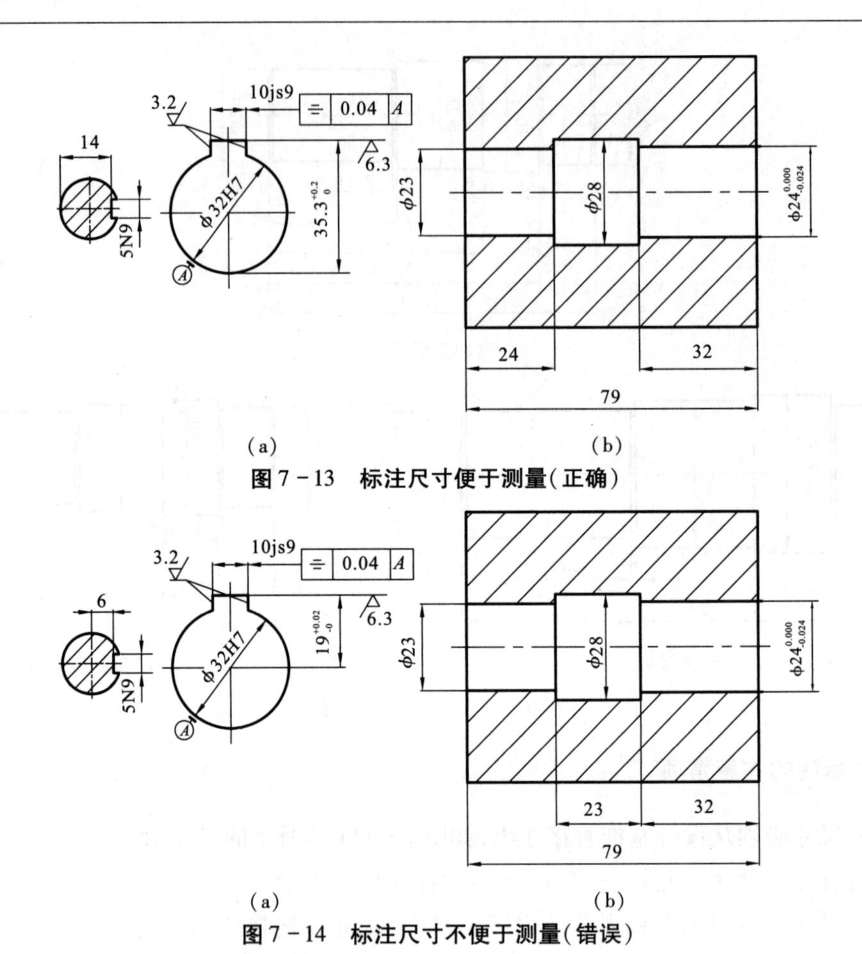

图 7－13　标注尺寸便于测量(正确)

图 7－14　标注尺寸不便于测量(错误)

例 7－1　标注如图 7－15 所示的方形法兰盘。

解　首先确定该法兰盘的长、宽、高三个方向选择的定位基准；标注四个小孔的长、宽方向的定位尺寸 14 和 24；标注中心孔 $\phi10$ 和四个对称小孔 $4\times\phi4$；标注长 34、宽 24、高 6；标注局部尺寸 $R5$。

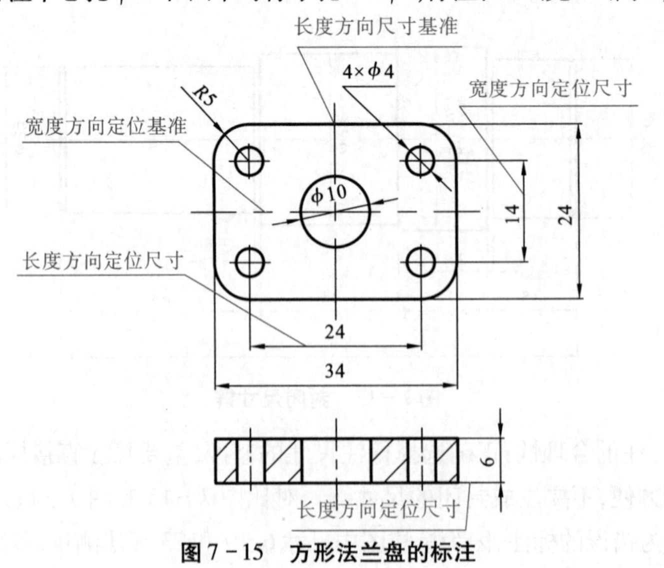

图 7－15　方形法兰盘的标注

7.5　零件图的技术要求

零件的技术要求包括加工精度和表面质量，它直接影响产品的使用性能和寿命。加工精度是指零件加工后，其尺寸、形状、相互位置等参数的实际数值与其理想准确数值相符合的程度。在制造零件时，要求每个尺寸、形状绝对准确，表面绝对光滑，在工艺上是不可能实现的，因为切削加工总是有误差的，同时，在零件的使用中也没有这个必要。对尺寸、形状和表面光滑程度的要求越高，加工需要的工时和费用越高，甚至成几十倍增长。因此，应正确处理可靠性和经济性的矛盾，对零件定出合理的技术要求。

零件图上的技术要求主要包括以下几方面内容：

(1)尺寸公差和形状、位置公差。

(2)零件表面的粗糙度要求。

(3)零件材料要求。

(4)材料热处理和表面修饰说明。

(5)零件的特殊加工要求、检验和试验说明。

图上的技术要求，如公差、形位公差、表面粗糙度，应按国家标准规定的各种代(符)号标注在图上，有关零件在加工、检验过程中应达到的其他一些技术指标，如材料的热处理要求等，通常作为技术要求写在标题栏上方的空白处。

材料牌号名词解释举例：

HT200："HT"是灰口铸铁的代号，它后面的数字表示抗拉强度，该材料常用来制造机座、泵体等。

Q235－A：碳素结构钢牌号，Q是代表屈服点字母，235是屈服极限值为235MPa，A代表质量等级为A级。该材料是化工设备、构件常用材料。

45：一种优质碳素钢的牌号，45表示平均含碳量为0.45%的优质碳素结构钢(镇静中碳钢)，该材料常作为轴、齿轮、螺栓等用钢。

7.5.1　尺寸公差

7.5.1.1　互换性和公差

按规定要求制造出来的一批零件，不经挑选或其他加工，任取一个装到机器上都可以满足机器性能的要求，零件的这种性质称为互换性。批量生产的零件有互换性，不仅给机器的装配、维修带来方便，而且可以提高质量、降低成本。为了保证零件具有互换性，设计者要确定零件之间配合的合理要求和尺寸公差大小，生产企业要确保产品质量，国家标准总局发布了关于极限与配合的标准：GB/T 1800.1—2020《产品几何技术规范(GPS)线性尺寸公差ISO代号体系第1部分：公差、偏差和配合的基础》，GB/T 1800.2—2009《产品几何技术规范(GPS)极限与配合第2部分：标准公差等级和孔、轴极限偏差表》，GB/T 1182—2018《产品几何技术规范(GPS)几何公差形状、方向、位置和跳动公差标注》。

7.5.1.2 尺寸公差的基本概念

零件在制造中,受加工和检验的影响,实际尺寸总存在一定的误差,零件实际值与其理想值相符合的程度越高,即加工误差越小,加工精度就越高。零件实际值的最大允许变动量,称为公差。

加工精度包含尺寸精度、形状精度和位置精度。相应的尺寸误差、形状误差、位置误差的最大允许变动量分别用尺寸公差、形状公差和位置公差来限制,其画法和标注方法遵循国家标准《产品几何技术规范(GPS) 极限与配合 公差带和配合的选择》(GB/T 1801—2009)和《机械制图 尺寸公差与配合》(GB/T 4458.5—2003)的规定。以图7-16为例,说明有关尺寸公差的基本概念。

尺寸公差:允许零件尺寸的变动量称为尺寸公差,简称公差。

基本尺寸:设计给定的尺寸,图7-16中的$\phi 25$。

实际尺寸:零件制造完后测量到的真实尺寸。

极限尺寸:允许尺寸变动的两个极限值。

图7-16(a)中孔的最大极限尺寸为$\phi 25.01$,最小极限尺寸为$\phi 24.99$。

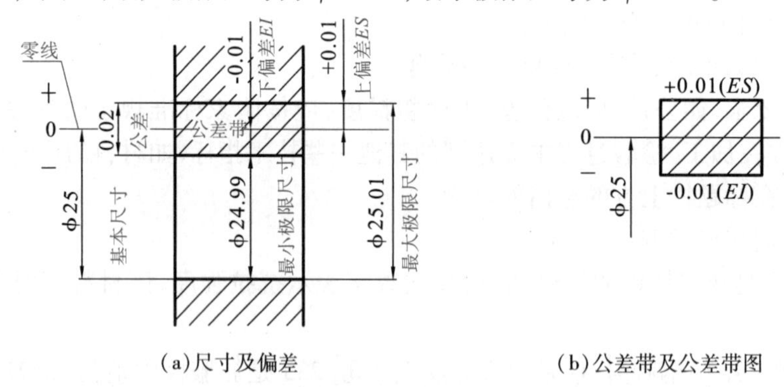

(a)尺寸及偏差　　(b)公差带及公差带图

图7-16 尺寸公差及公差带图

尺寸偏差:某一尺寸减去基本尺寸所得的代数差。

极限偏差:极限尺寸减去基本尺寸所得的代数差。孔的上、下偏差分别用大写字母ES和EI表示;轴的上、下偏差分别用小写字母es和ei表示;尺寸偏差可正可负,也可以为零。

图7-16(b)中孔的极限偏差:

上偏差ES=最大极限尺寸-基本尺寸=25.01-25=+0.01。

下偏差EI=最小极限尺寸-基本尺寸=24.99-25=-0.01。

尺寸公差:允许尺寸的变动量,等于最大极限尺寸与最小极限尺寸之差的绝对值,也等于上偏差与下偏差之差的绝对值。公差总是正值,且不能为零。

尺寸公差IT=最大极限尺寸-最小极限尺寸=上偏差-下偏差=$ES-EI$。

图7-16中孔的尺寸公差:$IT=25.01-24.99=0.02$或$IT=ES-EI=+0.01-(-0.01)=0.02$。

公差带及公差带图:公差带是由代表上、下偏差的两条直线所限定的一个区域,是表示尺寸公差大小和相对零线位置的一个区域。零线是代表基本尺寸的线。将尺寸公差与基本尺寸间的关系按一定比例放大画成简图，成为公差带图，如图 7－16(b)所示。

7.5.2　表面粗糙度的符号和代号

《产品几何技术规范(GPS)技术产品文件中表面结构的表示法》(GB/T 131—2006)规定了表面粗糙度的符号，见表 7－1。

表 7－1　表面粗糙度符号

符　号	意义及说明
	基本符号，表示表面可用任何方法获得。当不加注粗糙度参数值或有关说明(如表面处理、局部热处理状况等)时，仅适用于简化代号标注
	基本符号加一短划，表示表面是用去除材料的方法获得。如车、铣、钻、磨、剪切、抛光、腐蚀、电火花加工、气割等
	基本符号加一小圆，表示表面是用不去除材料的方法获得。如铸、锻、冲压变形、热轧、冷轧、粉末冶金等，或者是用于保持以供应状况的表面(包括保持上道工序的状况)
	在上述三个符号的长边上均可加一横线，用于标注有关参数和说明
	在上述三个符号上均可加一小圆，表示所有表面具有相同的表面粗糙度要求

表面粗糙度的符号的画法如图 7－17 所示，其尺寸 H_1、H_2 与轮廓线的宽度和字高有关。详见标准 GB/T 131，一般 H_1、H_2 分别取 5、11 和 7、15 两组。

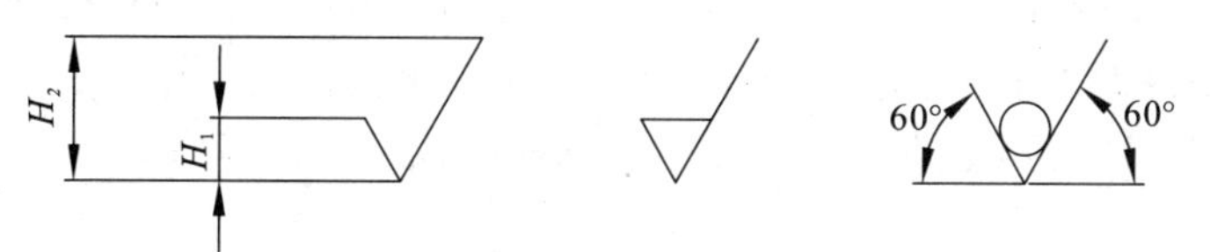

图 7－17　表面粗糙度的符号的画法

表面粗糙度的代号是在表面粗糙度的符号上注写所要求的表面特征参数。注意表面粗糙度数值及其有关的规定在符号中注写的位置，如图 7－18 所示。

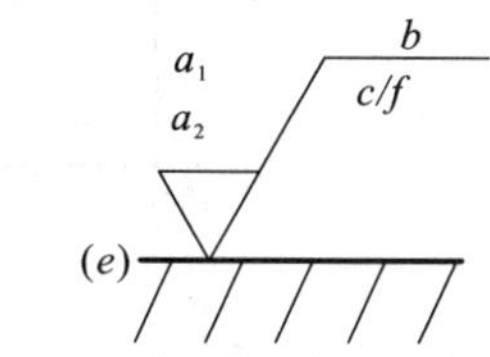

图 7－18　表面粗糙度的代号的画法

图中：

a_1、a_2——粗糙度高度参数代号及其数值(单位为 μm);
b ——加工要求、镀覆、涂覆、表面处理或其他说明等;
c ——取样长度(单位为 mm)或波纹度(单位为 μm);
d ——加工纹理方向符号;
e ——加工余量(单位为 mm);
f——粗糙度间距参数值(单位为 mm)或轮廓支承长度。

表面粗糙度的代号说明示例见表 7-2。

表 7-2　表面粗糙度的代号说明示例

代号	意义	代号	意义
3.2	表示用任何方法获得的表面,R_a 的上限值为 3.2 μm	3.2max	表示用任何方法获得的表面,R_a 的最大值为 3.2 μm
3.2	表示用去除材料的方法获得的表面,R_a 的上限值为 3.2 μm	3.2max	表示用去除材料的方法获得的表面,R_a 的最大值为 3.2 μm
3.2	表示用不去除材料的方法获得的表面,R_a 的上限值为 3.2 μm	3.2max	表示用不去除材料的方法获得的表面,R_a 的最大值为 3.2 μm
3.2 1.6	表示用去除材料的方法获得的表面,R_a 的下限值为 1.6 μm,上限值为 3.2 μm	3.2max 1.6min	表示用去除材料的方法获得的表面,R_a 的最小值为 1.6 μm,最大值为 3.2 μm

7.5.3　表面粗糙度在图样上的标注

表面粗糙度的符号、代号一般标注在可见轮廓线、引出线或它们的延长线上。符号的尖端必须从材料外指向零件加工表面。表面粗糙度的代号中数字及符号的方向必须按图 7-19、图 7-20 规定标注。当零件的所有表面具有相同的表面粗糙度要求时,代号可在图样右上角统一标注,其代号和说明文字高度均应是图形上其他表面所注代号和文字的 1.4 倍。

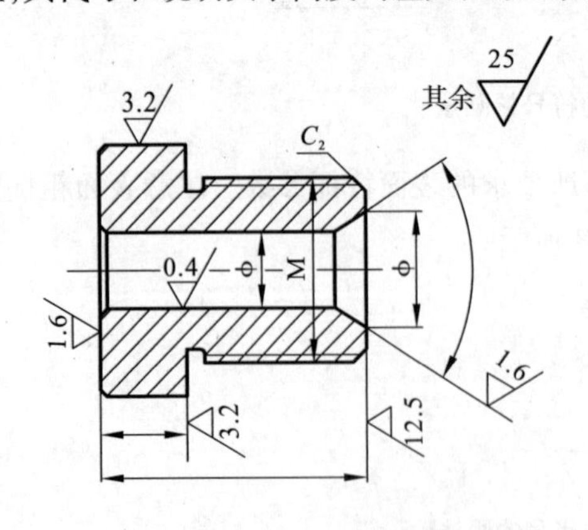

图 7-19　表面粗糙度标注示例一

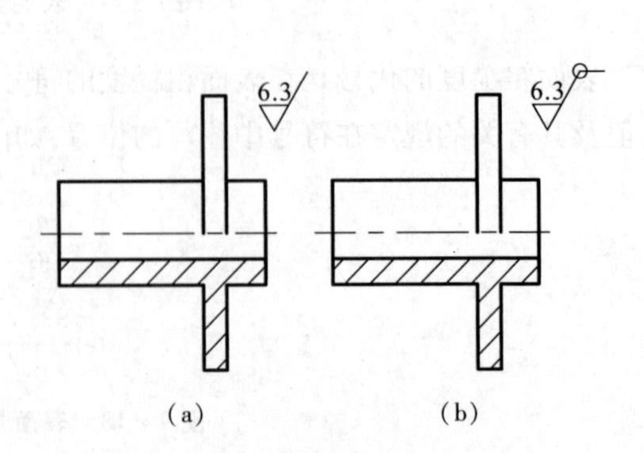

图 7-20　表面粗糙度标注示例二

同一图样中，每一表面只标注一次，如图 7－20 所示。同一表面上有相同粗糙度要求时，同一条细实线画出并标注，如图 7－21 所示；同一表面上有不同粗糙度要求时，需用细实线画出其分界线，并标注出相应的表面粗糙度代号和尺寸，如图 7－22 所示。

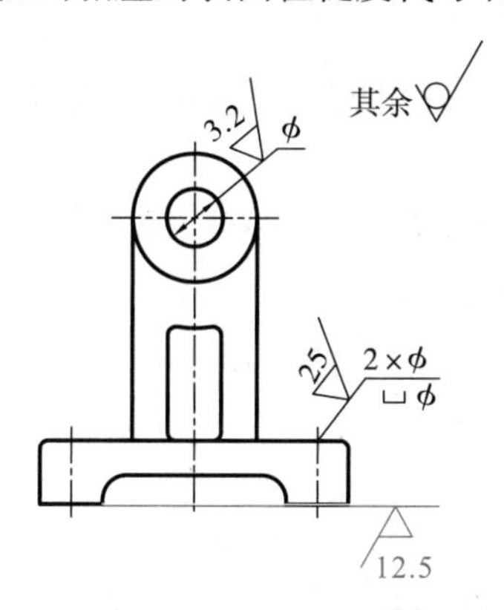

图 7－21　表面粗糙度标注示例三

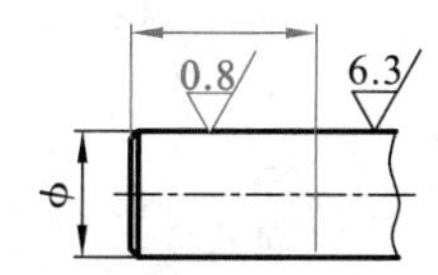

图 7－22　表面粗糙度标注示例四

齿轮工作表面没有画出齿（牙）形时，其表面粗糙度代号可按图 7－23 的方式标注。螺纹工作表面没有画出齿（牙）形时，其表面粗糙度代号可采用简化标注。键槽工作面、倒角、倒圆的表面粗糙度代号，可以采用简化标注。

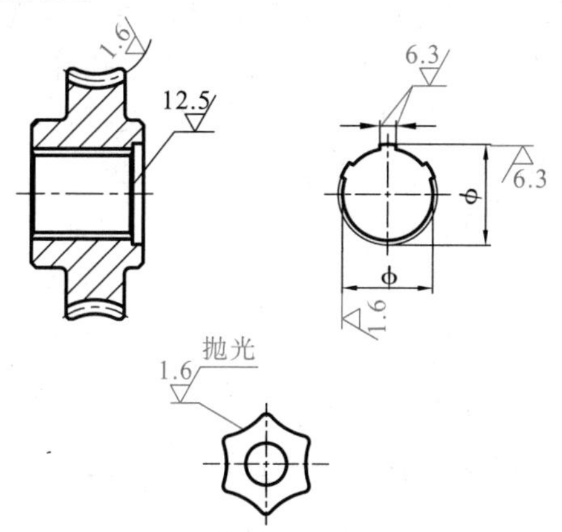

图 7－23　表面粗糙度标注示例五

7.6　画零件图的步骤和方法

7.6.1　画图前的准备

（1）了解零件的用途、结构特点、材料及相应的加工方法。

（2）分析零件的结构形状，确定零件的视图表达方案。

7.6.2　画图方法和步骤

（1）定图幅：根据视图数量和大小，选择适当的绘图比例，确定图幅大小。

(2)画出图框和标题栏。

(3)布置视图:了解零件的功用及其各组成部分的作用,以便在选择主视图时从表达主要形体入手。根据各视图的轮廓尺寸,画出确定各视图位置的基线。注意:各视图之间要留出标注尺寸的位置。

(4)画底稿:先定位置,后定形状;先画主要形体,后画次要形体;先画主要轮廓,后画细节。

(5)加深:检查无误后,加深并画剖面线。

(6)完成零件图:标注尺寸、表面粗糙度、尺寸公差等,填写技术要求和标题栏。

例 7-2　画出如图7-24所示的减速器主轴的零件图。

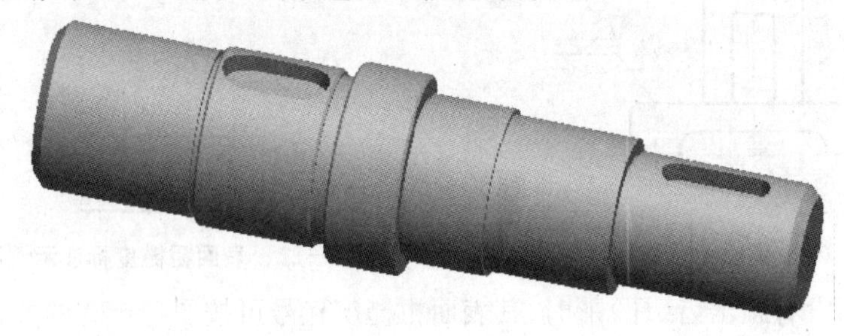

图7-24　减速器主轴的立体图

解　轴类零件的主要作用是支撑传动件,并通过传动件来实现旋转运动或传递扭矩。轴上的常见结构有台阶、键槽、砂轮越程槽、螺纹及退刀槽和中心孔等。轴类零件视图的选择原则:一般只用一个视图来表示,画成水平位置,既符合工作位置,又符合加工、检验位置。轴上的键槽要画断面图,砂轮越程槽或退刀槽用局部放大图表示。

轴类零件的尺寸标注分径向和轴向。轴向尺寸的标注一是要选择好设计基准,二是要便于测量。轴类零件的公差分圆柱体尺寸公差、轴向尺寸公差和特殊结构(如键槽)尺寸公差。如图7-25中标注的$\phi32_{-0.03}^{0}$、$\phi30\pm0.0069$、$\phi24_{-0.011}^{+0.002}$、$\phi10_{0}^{+0.036}$、$\phi6_{-0.03}^{0}$和$\phi27_{0}^{+0.2}$,以及形位公差要求:两个圆柱面分别以圆柱A、B为基准达到圆跳动量0.02。

材料热处理等必须写在技术要求中,最后填写标题栏,如图7-25所示。

7.7　零件图的读图方法与步骤

零件图是生产中指导制造和检验该零件的主要图样,它不仅应将零件的材料、内外结构形状和大小表达出来,还要对零件的加工、检验、测量提供必要的技术要求。阅读零件图的方法与步骤如下:

(1)看标题栏,了解零件的名称、材料、绘图比例,重量等内容。判断零件属于哪类零件,实际大小。

(2)分析视图和形体分析。

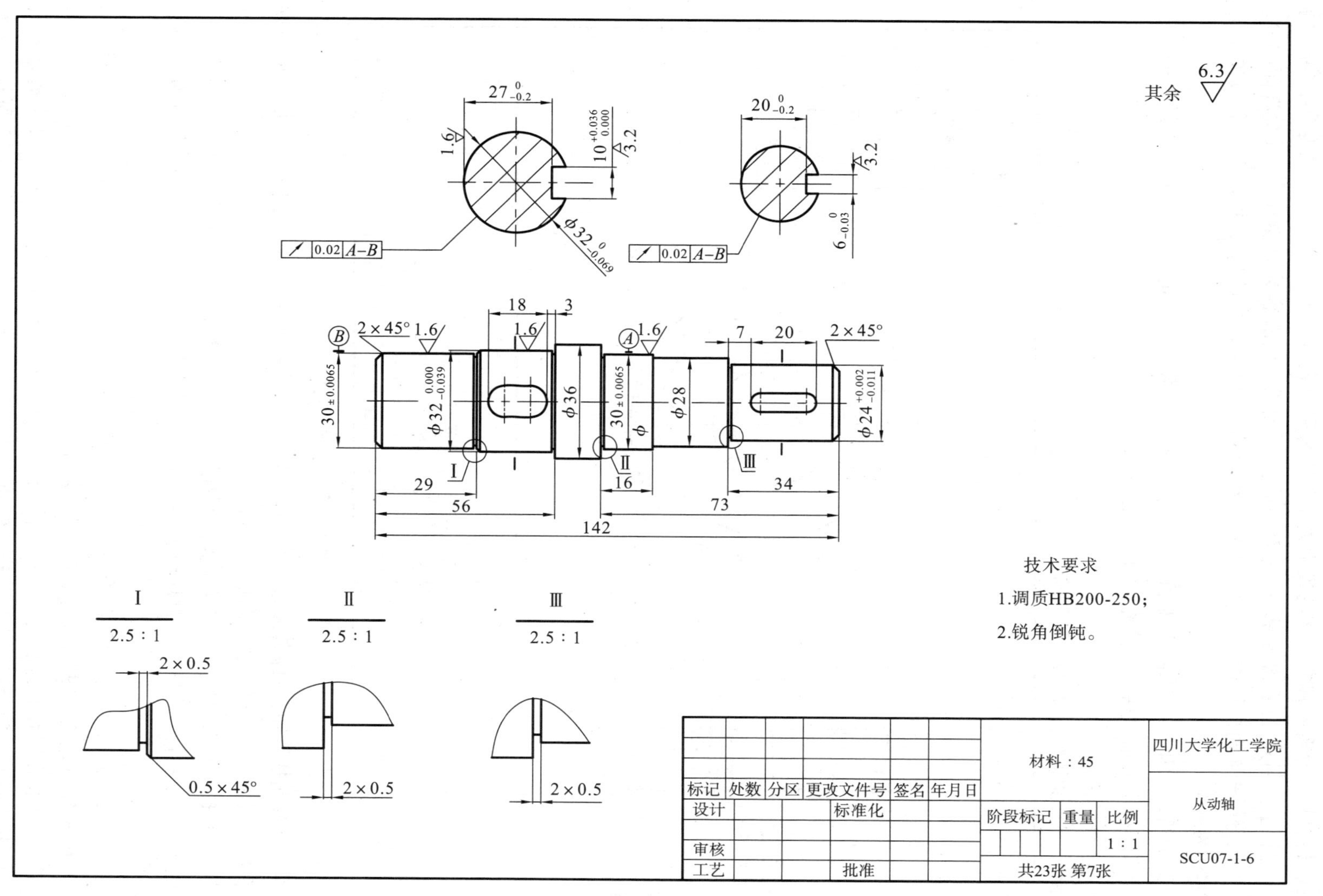

图 7-25　减速器主轴的零件图

找出主视图,分析各视图之间的投影关系及所采用的表达方法。分析投影,想象零件的结构形状。先看主要部分,后看次要部分;先看整体,后看细节;先看容易看懂部分,后看难懂部分。采用线、面分析来看对应结构。按投影关系分析形体时,要兼顾零件的尺寸及其功用,以便帮助想象零件的形状。

(3)分析尺寸和技术要求,从基准开始找各部分的定形尺寸和定位尺寸,并分析尺寸的加工精度要求。技术要求包括尺寸公差、形位公差、表面粗糙度和表面热处理等。

(4)综合归纳。

例 7-3 阅读如图 7-26 所示的图样。

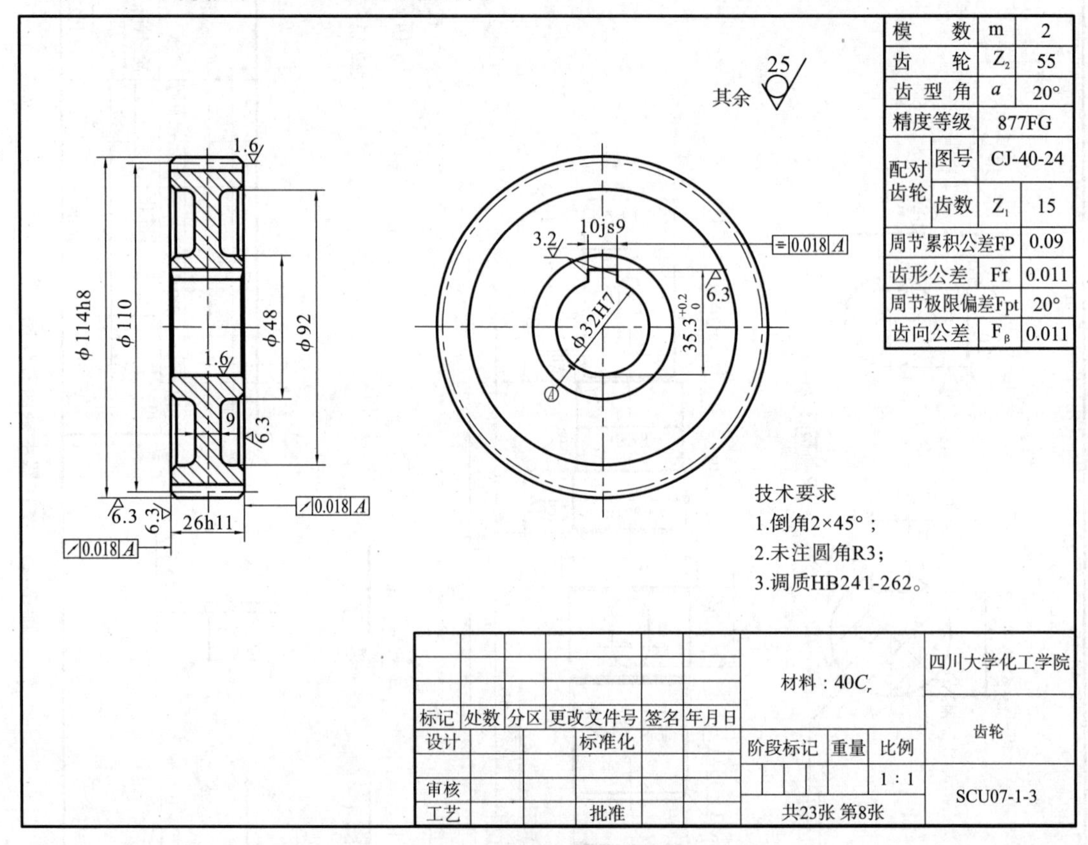

图 7-26 齿轮零件图

解 从标题栏可知:零件名称为齿轮,材料是 40Cr。绘图比例 1∶1。零件属于回转体,主视图是全剖视图,左视图是外形图,图形左右对称。

从视图、技术要求和右上角的其余表面粗糙度符号看,齿轮由铸造毛坯加工而成。内部开有装键的槽。齿轮和轮毂之间为圆盘形板连接。齿轮为圆柱直齿,其压力角为 20°,模数为 2,齿数为 55 等。

左端为长度方向的尺寸基准,宽、高方向以轴心线为尺寸基准。找出重要尺寸 $\phi114h8$、$\phi32H7$ 和 $\phi26h11$,它们是配合尺寸,加工时必须保证。

$\phi32$ 的孔装在嵌有键的轴上,因此对它提出了尺寸公差要求 H7,并将它作为尺寸基准 A,为了保证齿轮与轴装配后的同心度和齿轮运转的平稳性,对两端面提出了以圆柱 $\phi32$ 圆柱孔轴线

A 为基准的端面跳动公差为 0.018 的要求，对键槽的两个侧面提出了以圆柱 $\phi32$ 圆柱孔轴线 A 为基准的对称度要求 0.018。

齿轮的齿面和 $\phi32$ 圆柱孔粗糙度要求较高，粗糙度 R_a 值为 1.6；对键槽的两个侧面，粗糙度 R_a 值为 3.2；齿轮的两端面和键槽的顶面粗糙度 R_a 值为 6.3。图中圆角为 $R3$，倒角为 $2\times45°$。对零件提出了热处理要求，调质处理后的硬度要求 HB241 ~262。

综合分析后，想象出齿轮的形状，如图 7 −27 所示。图 7 −24 主轴和图 7 −27 齿轮装配后的立体图如图 7 −28 所示。

图 7 −27　齿轮的立体图

图 7 −28　齿轮与主轴装配后的立体图

7.8　化工设备中常用零部件

化工设备零部件种类和规格较多，总体可以分两类：一类是标准化通用零部件，另一类是常用零部件。这些零部件部分已标准化、系列化。下面简要介绍其中的一些结构。如图 7 −29 所示的卧式容器，它由筒体、封头、人(手)孔、法兰、支座、补强圈等零部件组成。

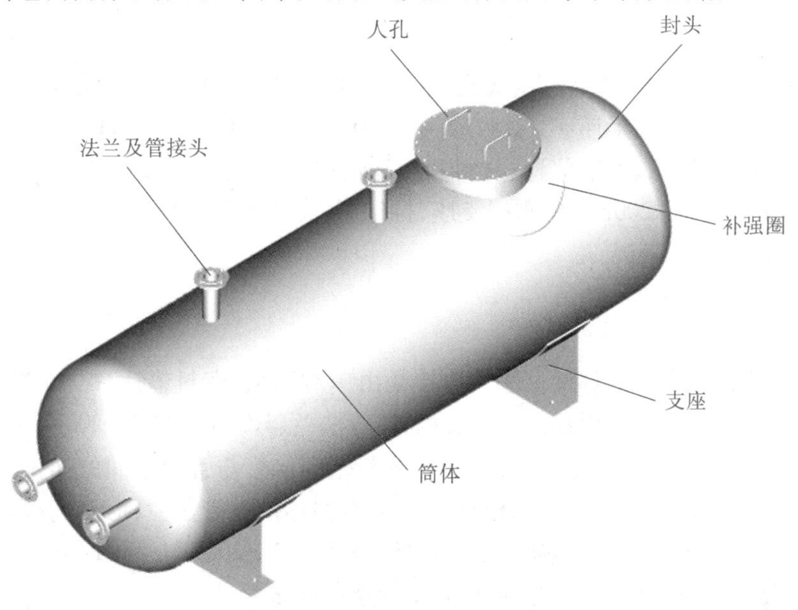

图 7 −29　卧式容器立体图

7.8.1 筒体及封头

筒体是化工设备的主体结构，如图 7－30(a)所示。封头是设备的重要部分，它与筒体一起构成设备的壳体，依据 JB/T 4746—2002《钢制压力容器用封头》，封头的形式有椭圆形(EHA、EHB)、球形、蝶形(DHA、HDB)、锥形(CHA、CHB)、球冠形(PSH)及平板形。它们多数已标准化，它们有一个共同点是回转体，图形轴对称。图 7－30(b)中公称直径为800 mm，厚度为 6 mm 的椭圆形封头，标记为：椭圆封头 EHA800x6 JB/T 4746—2002。

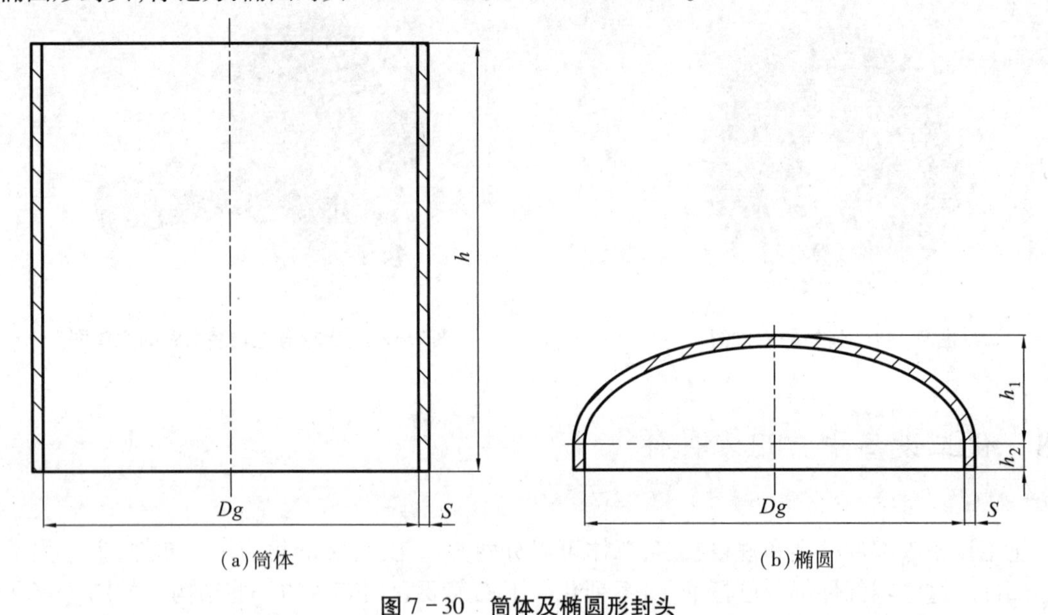

图 7－30 筒体及椭圆形封头

7.8.2 支座

支座一般分为卧式支座(例如：鞍式支座 JB/T 4712.1—2007)、立式支座(例如：耳式支座 JB/T 4712.3—2007、支撑式支座 JB/T 4712.4—2007、腿式支座 JB/T 4712.2—2007)和球式支座，每类支座按照结构形式、安置位置、材料和载荷情况，又有多种样式。公称直径为 400mm，A 型，Ⅰ型带加强垫板，座高 200mm 的鞍式支座，标记为：支座 BⅠ400—S JB/T 4712.1—2007。图 7－31 为鞍式支座零件图示例。

7.8.3 法兰

法兰是连接中的一个主要零件。法兰连接是由一对法兰、密封垫片、螺栓、螺母等零件组成的一种可拆卸连接。化工设备用标准法兰有两种：管法兰(HG/T 20592—2009)和压力容器法兰(JB/T 4701~4704—2000)。管法兰用于设备上或管道间接管与管道之间的连接，图 7－32 为管法兰接管与接管的立体图及法兰视图，绘图时查阅有关标准。管法兰标记为：标准代号 法兰名称 密封面形式代号 公称直径—公称压力。如 HG/T 20592—2009 法兰 PL65—10 RF，表示公称压力为 1 MPa，公称直径为 65 mm 的突面板式平焊钢制管法兰。

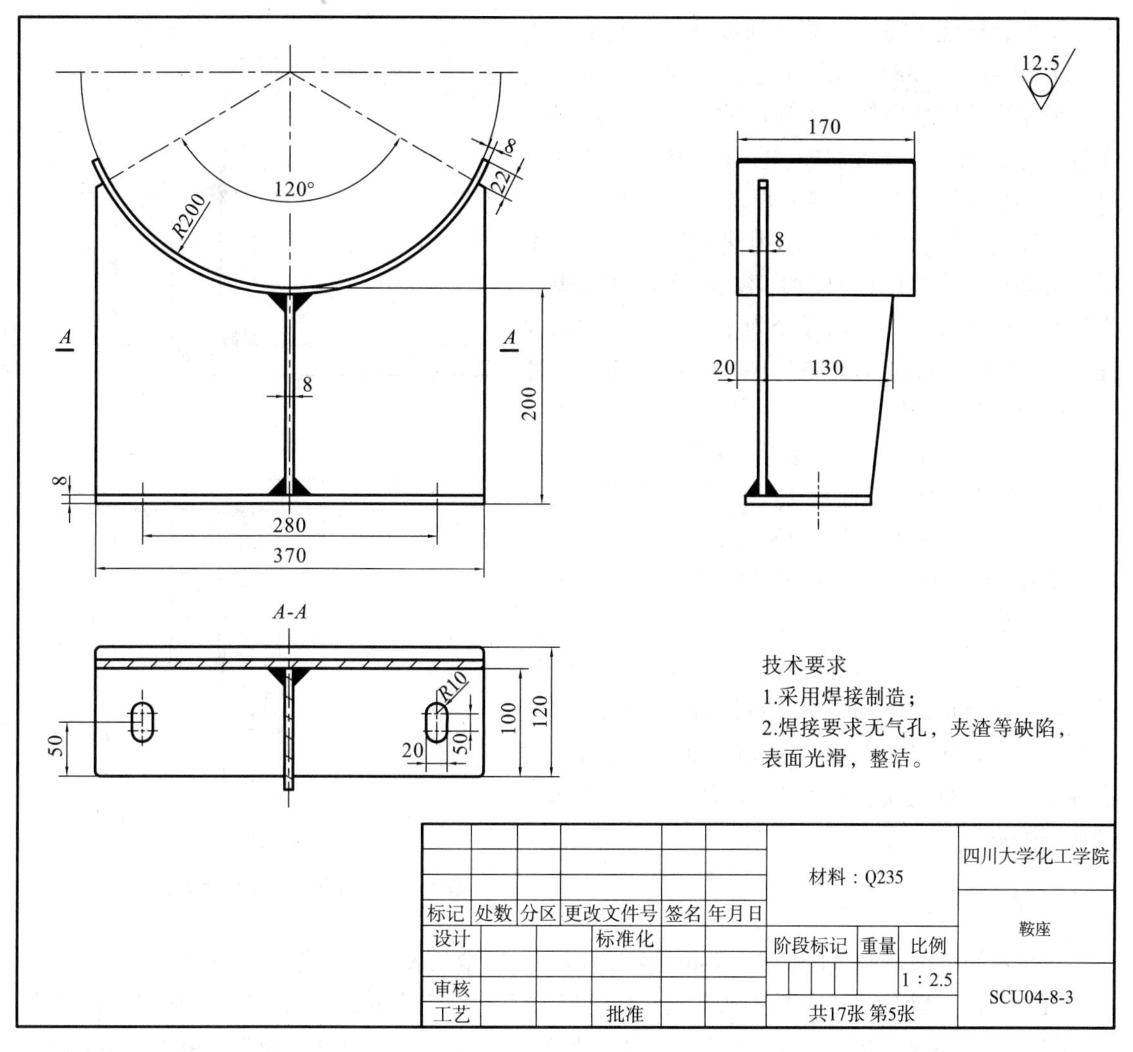

图 7－31　鞍式支座零件图

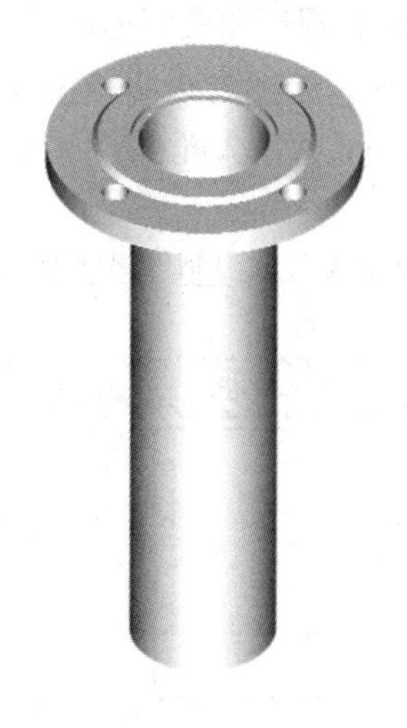

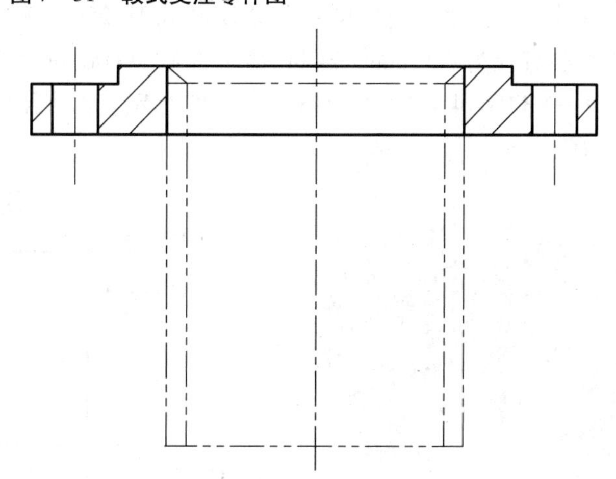

图 7－32　管法兰与接管

压力容器法兰是设备筒体间或筒体与封头的连接。JB/T 4701—2000 标准规定了钢制压力容器用甲型平焊法兰的结构型与系列尺寸。该标准适用于公称压力为 0.25 ~1.6 MPa、工作温度为 -20℃ ~300℃的钢制压力容器甲型平焊法兰。它有一般法兰和衬环法兰之分(代号分别为法兰和法兰 C),按照结构有平焊法兰(又分甲型、乙型)和长颈对焊法兰两种。按密封面的形式可分为平面(RF)、凹凸面(FM、M)和榫槽面(T、G)三种,图 7-33 为压力容器衬环法兰的凹面、凸面两种结构。

容器法兰的标记如下:法兰类型代号 密封面形式代号 公称直径—公称压力—标准代号。如法兰 RF 1000—0.6 JB/T 4701—2000,表示公称压力为 0.6 MPa,公称直径为 1000 mm 的密封面上有开水线的甲型平焊容器法兰。

对于图 7-33 所示公称压力为 0.25 MPa,公称直径为 2000 mm,凹面压力容器衬环法兰标记为:法兰 C-FM 2000—0.25 JB/T 4701—2000;凸面压力容器衬环法兰标记为:法兰 C—M 2000—0.25 JB/T 4701—2000。

图 7-33 凹凸密封面压力容器衬环法兰

7.8.4 人孔和手孔

开设在筒体或封头上的人孔、手孔,通常用来安装、检修设备内部零件或清洗设备内部。人孔、手孔的基本结构相同,主要区别在于孔的开启方式和安装位置,以适宜各种工艺操作的要求。人(手)孔立体图和视图如图 7-34 所示。HG/T 21514 ~21535—2014 为钢制人孔和手孔的类型与技术条件等标准。手孔公称尺寸有 DN150 和 DN250 两种。人孔有圆形和长圆形两种,圆形孔尺寸常用最小直径为 400 mm,长圆孔最小直径为 400 mm×300 mm。绘图时查阅相关标准。标记:人孔(A—XB350)400 HG/T 21515-2005 表示公称直径为 400 mm 常压人孔,垫片材料为 A—XB350 橡胶垫片。

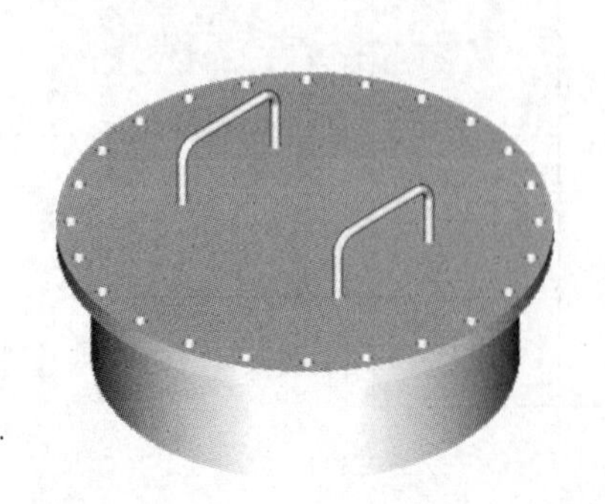

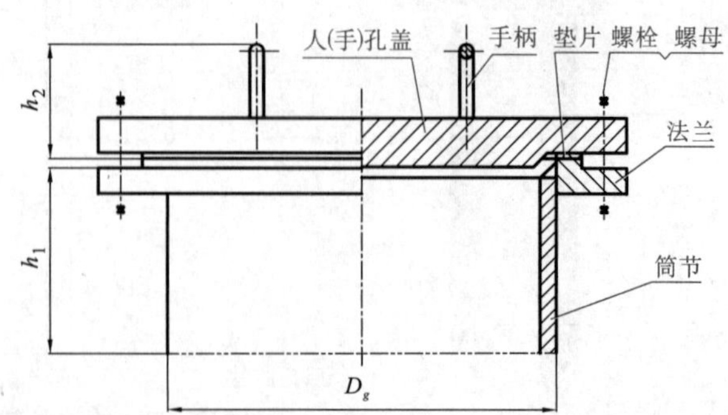

图 7-34 人(手)孔

7.8.5　搅拌器

在化工设备中，除上述通用零件，还有一些典型的零部件，这里介绍一种常用零部件——搅拌器。搅拌器用于反应釜，起提高传热、传质的作用，增加物料化学反应速率。常用浆式、蜗轮式、推进式、框式等。搅拌器大部分已标准化，搅拌器的主要性能参数为搅拌器直径和轴径。图 7-35 为搅拌器立体图。

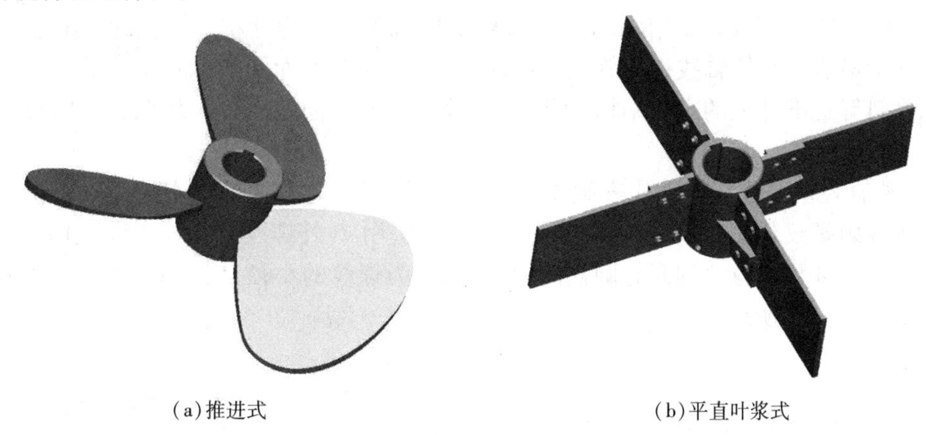

(a)推进式　　(b)平直叶浆式

图 7-35　搅拌器立体图

标记：搅拌器 PCJ 700—50 S_1，HG/T 3796.1—2005，代表直径为 D_g700、轴径 d50 的平直叶浆式搅拌器。平直叶浆式的视图如图 7-36 所示。

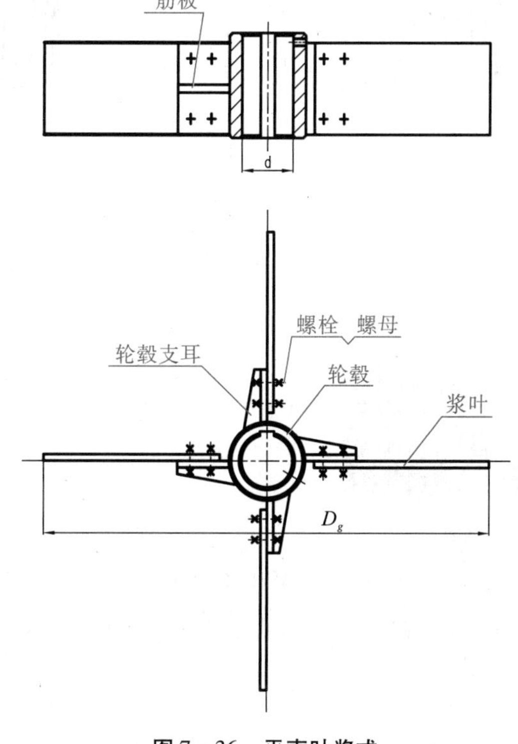

图 7-36　平直叶浆式

7.9 螺纹和螺纹紧固件

7.9.1 螺纹的基本要素

(1)牙型。在通过螺纹轴线的剖面上,螺纹的轮廓形状称为牙型。螺纹的形成也可看作是一个平面图形沿着回转体轴线作螺旋线运动而产生的,这个平面图形就是螺纹的牙型。它是螺栓、螺母、螺钉等标准件上的主要结构,不同的螺纹牙型有不同的用途。牙型有三角形、梯形、锯齿形等。

(2)公称直径。公称直径是代表螺纹尺寸的直径,指螺纹大径的基本尺寸。螺纹大径是与外螺纹牙顶或内螺纹牙底相重合的假想圆柱面的直径,用 d(外螺纹)或 D(内螺纹)表示;与外螺纹牙底或内螺纹牙顶相重合的假想圆柱面的直径,称为螺纹的小径,用 d_1(外螺纹)或 D_1(内螺纹)表示,如图 7-37 所示。

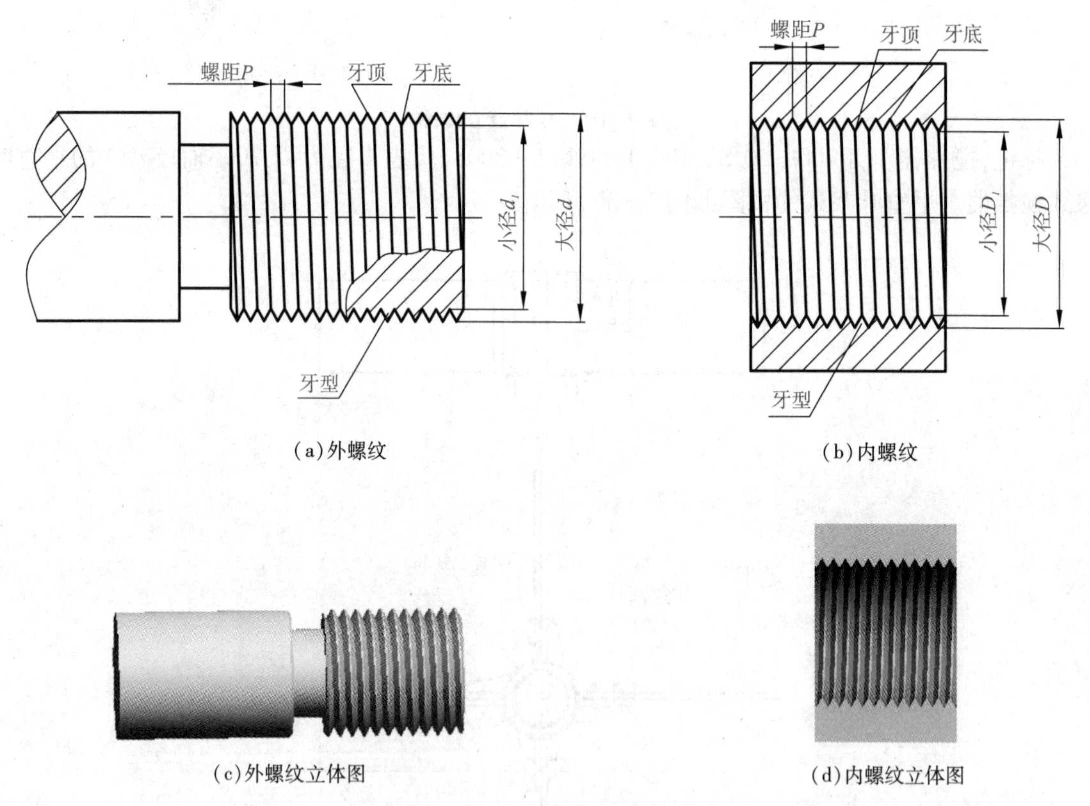

图 7-37 螺纹的各部分名称

螺纹的中径:一个假想圆柱的直径,该圆柱的母线通过牙型上沟槽和凸起宽度相等的地方。

7.9.2 螺纹的规定画法

本节简单介绍 GB/T 4459.1《机械制图 螺纹及螺纹紧固件表示法》的部分内容。

7.9.2.1　外螺纹的画法

外螺纹的画法如图 7－38 所示，在投影为非圆的视图上，外螺纹的大径画成粗实线，小径画成细实线，小径的尺寸可在有关标准表中查到，见附录 1。实际画图时，小径通常画成大径的 0.85 倍，螺纹的终止线用粗实线绘制，在投影为圆的视图上，外径画粗实圆表达螺纹的大径，内径画 3/4 细实圆表达螺纹的小径，倒角圆省略不画，图 7－38(a) 表示外螺纹不剖时的画法，图 7－38(b) 表示外螺纹剖切时的画法，螺纹终止线画一小段粗实线，剖面线画到大径线的位置。

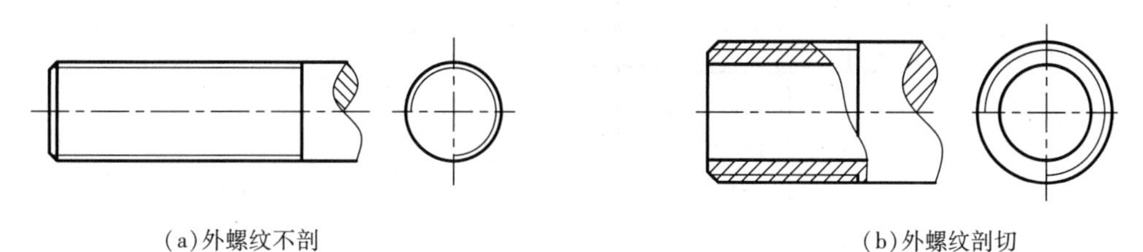

(a) 外螺纹不剖　　(b) 外螺纹剖切

图 7－38　外螺纹的画法

7.9.2.2　内螺纹的画法

内螺纹的画法如图 7－39 所示。在投影为非圆的视图上，小径用粗实线画出，大径用细实线画出。螺纹的终止线用粗实线绘制，剖面线画到粗实线位置处。在投影为圆的视图上，大径画 3/4 细实圆，小径画粗实圆（小径通常画成大径的 0.85 倍），不画倒角圆。钻孔孔底的顶角应画成 120°，如图 7－39 所示。

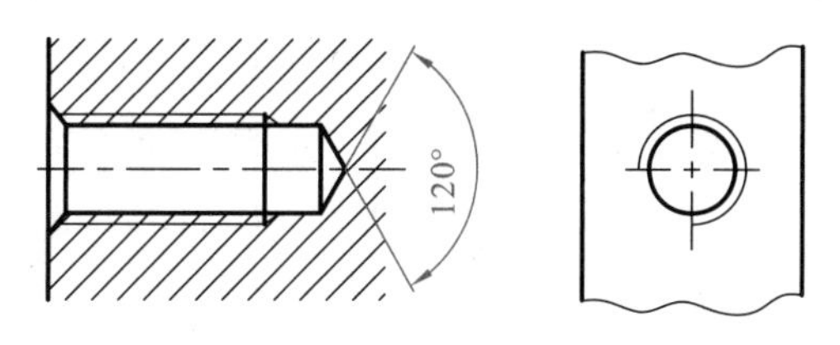

图 7－39　内螺纹的画法

7.9.2.3　不可见螺纹的画法

不可见螺纹的画法是所有螺纹线都画成虚线，如图 7－40 所示。对于不穿通的螺孔（也称盲孔），钻孔深度与螺孔深度不一致，按真实尺寸画，不知真实尺寸时可以取钻孔深度与螺孔深度的差值为 0.5d 画。

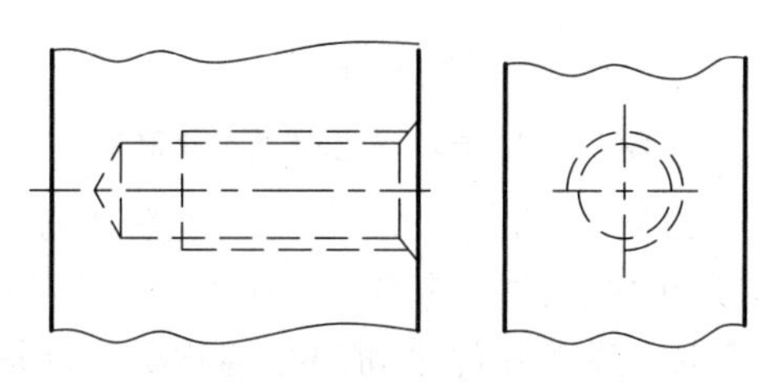

图 7－40　不可见螺纹的画法

7.9.2.4　螺纹连接的画法

内、外螺纹联接一般以剖视表示，其旋合部分应按外螺纹画法绘制，其余部分仍按各自的画法表示。当剖切平面通过螺杆的轴线时，对于螺柱、螺栓、螺钉、螺母、垫圈按不剖画，如图 7-41 所示。画图时应注意内外螺纹的大径线对齐、小径线对齐。画图步骤：先画外螺纹，确定内螺纹的端面位置，再画内螺纹及其余部分投影。

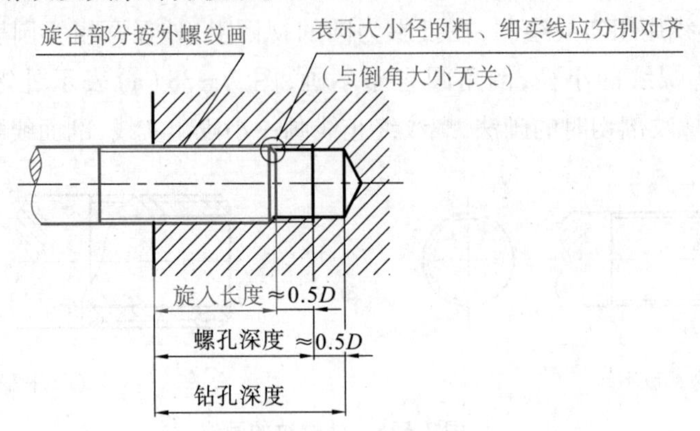

图 7-41　螺纹连接的画法

7.9.3　常见的螺纹紧固件连接及画法

由于螺纹紧固件拆装方便、连接可靠，所以在机器中得到了广泛应用，螺栓连接、螺钉连接和双头螺柱连接是常见的三种连接形式。

单个紧固件的简化画法如图 7-42 所示。

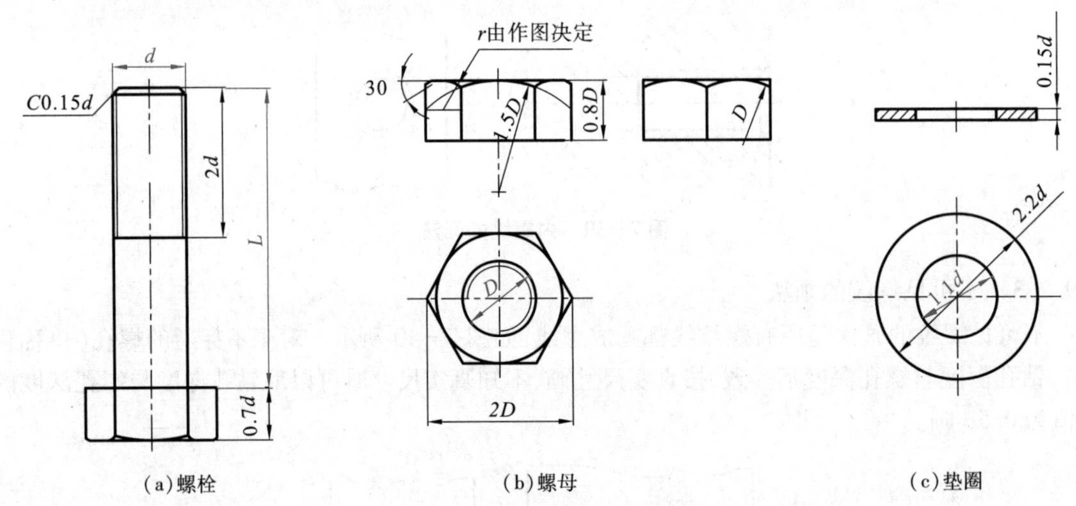

图 7-42　单个紧固件的简化画法

下面介绍螺栓连接画法，有关螺纹、常用螺钉、螺母、销、键等标准件的结构尺寸参见本书附录。螺栓连接适用于两个不太厚的零件之间的连接。在两个被连接的零件上钻通孔（孔径略大于螺栓直径），穿入螺栓，套上垫圈（改善零件之间的接触状况和保护零件表面），拧紧螺母即可将两个被连接的零件连接在一起。如图 7-43 所示，被连接件的孔径为 $1.1d$，两块板的剖面线方向相反，螺栓、垫圈、螺母按不剖画，螺栓的有效长度按下式计算：

$$L_{计} = \delta_1 + \delta_2 + 0.15d(垫圈厚) + 0.8d(螺母厚) + 0.3d$$

计算后查表取标准值 L。

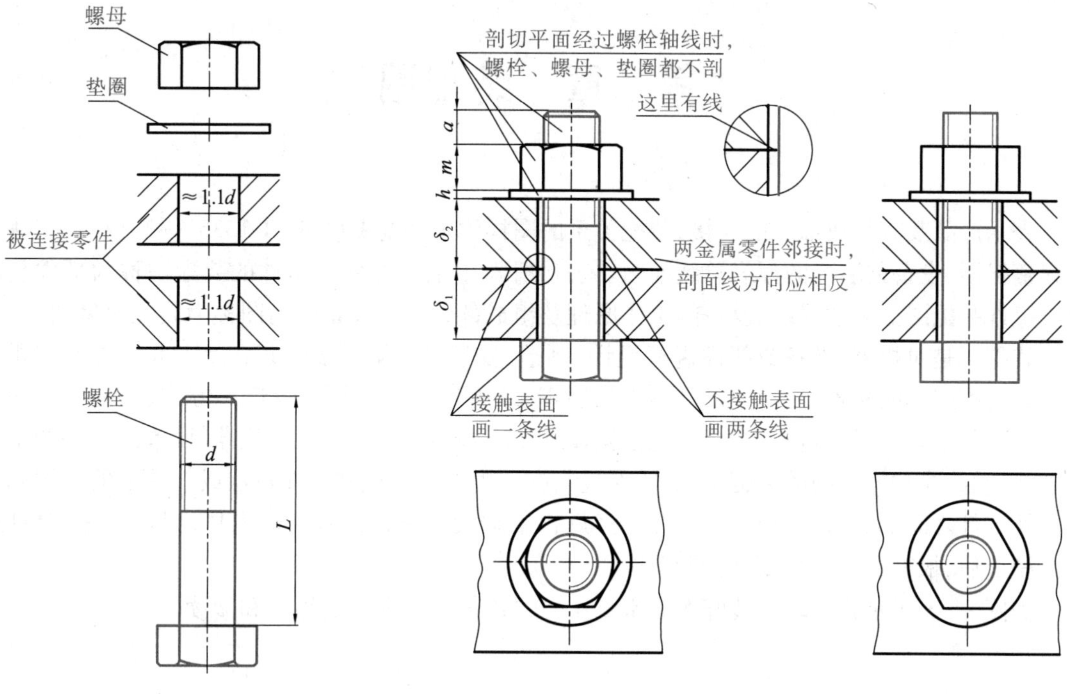

(a)联接前　(b)联接后　(c)联接后简化画法

图 7-43　螺栓联接装配图的画法

第8章 装配图

表示产品及其组成部分的连接、装配关系的图样称为装配图(GB /T 13361—2012)。表达一台完整机器、设备的装配图称为总装配图。表达机器中某个部件或组件的装配图称为部件装配图或组件装配图。表达系统、设备的工作原理及组成部分相互关系的简图称为装配原理图。

装配图是对机器、设备或部件进行设计、制造、安装、检测、维护、使用及技术交流的重要文件。装配图应表明机器、设备或部件的工作原理、结构形状、必要尺寸、连接方式、装配关系和有关的技术要求。在设计过程中,一般先根据设计要求画出装配图以表达机器、设备或部件的工作原理、传动路线和零件间的装配关系,并通过装配图表达各组成零件在机器或部件上的作用和结构以及零件之间的相对位置和连接方式,然后再根据装配图设计零件的具体结构,绘制零件图。零件制成后,根据装配图将零件装配成机器(或部件)。

如图8-1所示是齿轮泵装配图。本章主要讨论部件装配图的绘制和阅读。

8.1 装配图的内容

下面以图8-1所示的齿轮泵为例,说明一张完整的装配图应包含的基本内容。

8.1.1 一组视图

装配图由一组视图组成,用以表达机器或部件的工作原理、各零件的装配关系、零件的连接方式、传动路线以及零件的主要结构形状等。前面学过的各种基本表达方法,如视图、剖视、剖面、局部放大图等,都可用来表达装配体。

8.1.2 必要的尺寸

在装配图中必须标注反映机器(或部件)的性能、规格、装配、检验、安装、部件(或零件)间的相对位置和机器总体大小的尺寸。

8.1.3 技术要求

用文字或符号说明机器或部件的性能、装配和调整要求、验收条件、试验和使用维护规则等。

8.1.4 零件的序号、明细栏和标题栏

根据生产组织和管理工作的需要,在装配图上必须对每个零件标注序号并编制明细栏。明细栏内容包括机器或部件上各个零件的代号、标准编号、名称、数量、材料、重量及备注等。标题栏中写明机器或部件的名称、单位名称、图样代号、图样比例、重量以及设计、制图、审核人员的签

名和日期等。制作标题栏应按 GB/T 10609.1—2008 的规定编绘，制作明细栏应按 GB/T 10609.2—2009 的规定编绘。

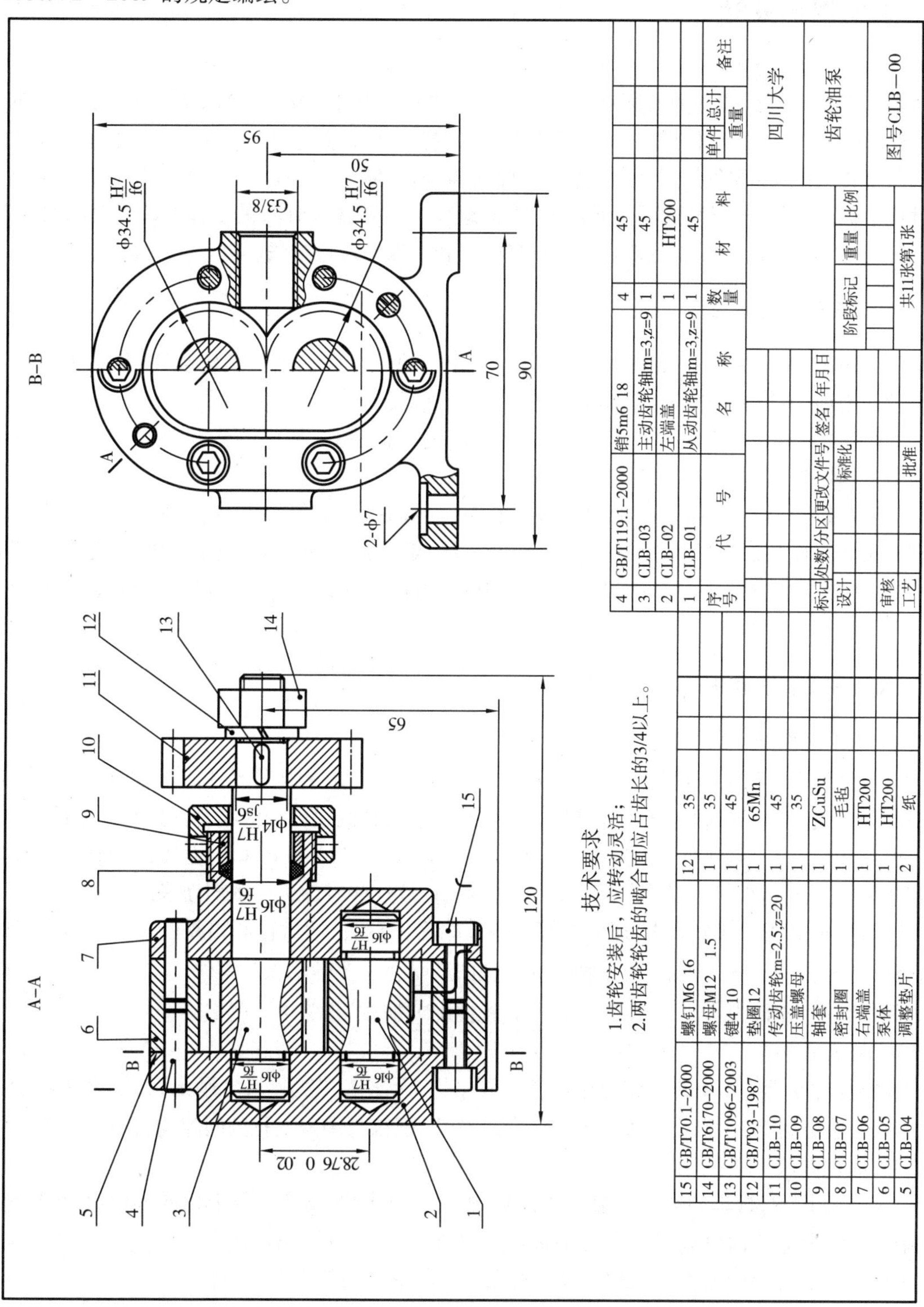

图 8-1　齿轮泵装配图

8.2 装配图的表达方法

机器(部件)和零件表达的共同点是都要表达出它们的内外结构。因此,关于零件图的各种表达方法,如视图、剖视图、断面图、局部放大图等,同样适用于装配图。但它们之间也有不同之处:机器(部件)由若干零件组成,有些零件彼此遮盖,有些零件有一定的活动范围,还有些零件或组件属于标准产品,由于装配图需要清晰、简便地表达出机器(部件)的工作原理、装配和连接关系,因此,对装配图国家标准另外规定了一些画法和特殊的表达方法。

8.2.1 装配图的规定画法

(1)装配图中相邻零件的接触表面、基本尺寸相同的配合面只画一条轮廓线;凡是非接触、非配合的两表面,不论其间隙多小,都必须画出两条轮廓线。

(2)两相邻零件的剖面线的倾斜方向应当相反,若方向一致,应间隔错开、疏密不等。同一零件在各视图中的剖面线方向和间隔必须一致。

(3)为了简化作图,在剖视图中,对一些实心零件(如轴、拉杆等)和一些标准件(如螺栓、螺母、垫圈、销、键、球及轴等),当剖切平面通过其轴线(或对称面)时,这些零件均按不剖绘制,仍画外形;当需要表达这些零件上的局部结构如键槽、销孔、凹槽时,可采用局部剖视,如图 8-1 所示。

8.2.2 装配图的特殊画法

8.2.2.1 沿结合面剖切与拆卸画法

为了清楚地表明机器或部件被遮住部分的内部结构,可假想沿某些零件的结合面剖切,在结合面不画剖面线,但被剖到的其他零件仍应按剖视处理,这种画法称为沿结合面剖切。如图8-1中的左视图所示,图中的剖切平面沿件 6 与件 2 的结合面剖切,件 6 不画剖面线,而剖切平面与主动齿轮轴 3、从动齿轮轴 1、螺钉 15 及销 4 的轴垂直,故这些零件仍应画剖面线。

为了表明被遮住的部分结构,还可以假想将某些零件拆去,然后再画出视图,这种表示方法称为拆卸画法。如图 8-2 所示,滑动轴承的俯视图就是拆去了轴承盖等零件。

采用拆卸画法时,为了便于看图,应在所画视图上方加注“拆去××等”。

8.2.2.2 夸大画法

对实际尺寸小于 2 mm 的间隙与薄片零件等结构,无法按其实际尺寸画出,为了表达清楚,允许不按比例而适当夸大画出。如图 8-3 所示,垫片、螺钉与端盖上孔的间隙均可夸大画出。

8.2.2.3 简化画法

(1)在装配图中,螺母和螺栓一般采用简化画法,对于螺栓连接等若干相同零件组,可以详细地画出一组,其余只需以点划线表示其位置,如图 8-3 中连接螺钉的画法。

(2)在装配图中,零件的工艺结构,如小圆角、倒角、退刀槽等可省略不画。

(3)在装配图中,剖切平面剖到的某些标准组合件,可按不剖绘制。

(4)装配图中的滚动轴承,允许采用如图 8-3 所示的简化画法。

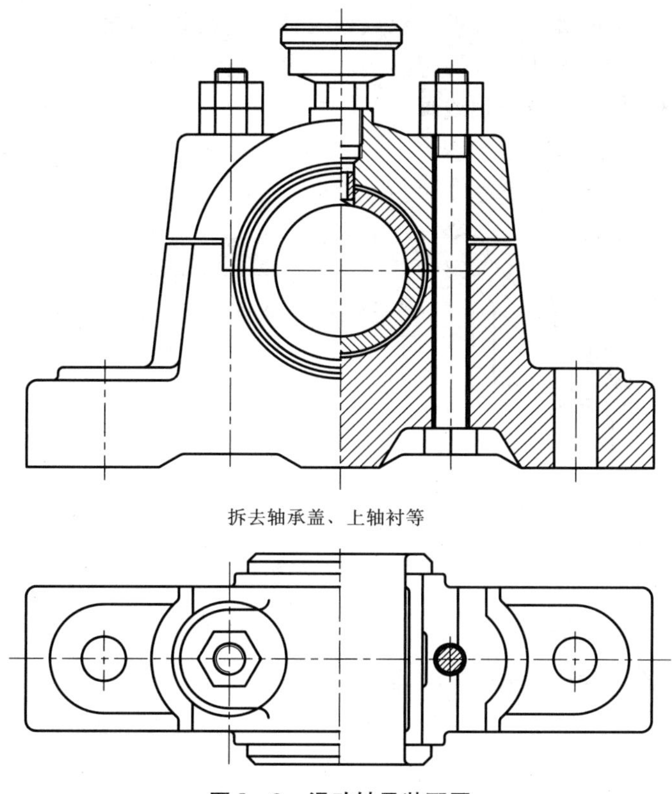

图 8-2　滑动轴承装配图

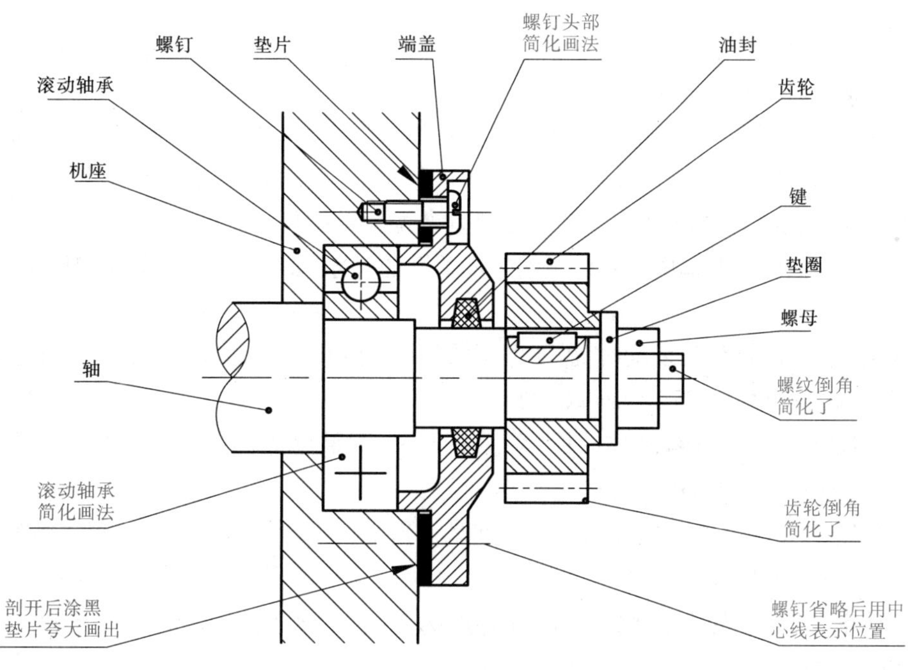

图 8-3　装配图的规定画法、简化画法和夸大画法

8.2.2.4　假想画法

部件上某个零件运动的极限位置可用双点划线画出其轮廓,如图 8 -4 所示。用双点划线表示某些运动零件极限位置的方法称为假想画法。在表示与本部件有装配关系但又不用于本部件的其他相邻零、部件时,也采用双点划线画。

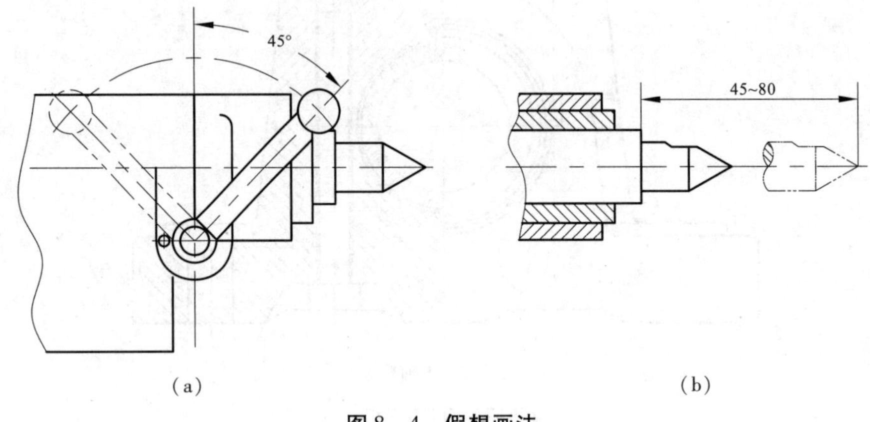

图 8 -4　假想画法

8.3　装配图的尺寸标注和技术要求

8.3.1　装配图的尺寸标注

装配图的作用与零件图不同,不是所有的尺寸都标出来,装配图只需标注与装配体性能、工作原理、装配关系、检验、安装和运输等有关的尺寸。

(1)性能(或规格)尺寸:表示装配体的规格性能,是设计和选用产品的一个重要依据,在画图之前就已确定,如图 8 -1 中尺寸 ϕ16H7/f6 表明了该油泵只能使用基本尺寸为 ϕ16 的轴。

(2)装配尺寸:表示机器或部件中有关零件间装配关系的尺寸。

①配合尺寸:保证装配体中各零件之间装配关系的尺寸,如图 8 -1 中的 ϕ14H7/js6,ϕ16H7/f6 等。

②相对位置尺寸:零件在装配时,需要保证的相对位置尺寸,如图 8 -1 中主动齿轮轴到安装面的距离 65,两齿轮的中心距 28.76 ±0.02。

(3)外形尺寸:表示装配体总体的长、宽、高的尺寸,是装配体在包装、运输、厂房设计和安装时所需的,如图 8 -1 中的 120、90 和 95。

(4)安装尺寸:装配体安装在地基或其他机器上所需的尺寸,如图 8 -1 左视图中的 90,连接法兰的螺孔 2 - ϕ7 及中心距 70 等。

(5)其他重要尺寸:在设计过程中,经计算或选定的,不属于前四类的重要尺寸。如零件运动的极限位置尺寸。

上述五类尺寸并非在每张装配图全部都具备,且有时同一个尺寸往往可能有几种含义,因此，需标注哪些尺寸，应根据具体的情况确定。

8.3.2　技术要求

装配图一般应注写以下几个方面的技术要求：

(1)装配要求：装配体在装配过程中需注意的事项，及装配后装配体所必须达到的要求，例如，装配要保证的间隙、精度要求，润滑要求，特殊的装配方法要求等。

(2)检验要求：装配体基本性能的检验、试验的条件和要求。

(3)使用要求：装配体的规格参数、包装、运输、使用时的注意事项及要求。例如限速要求、限温要求、绝缘要求等。

装配图上的技术要求应根据具体情况来定，用文字注写在明细表的上方或左边空白处。

8.3.3　零件序号、明细表

为便于读图和图样管理，以及做好生产准备工作，装配图中所有的零、部件都必须编注序号，序号按顺时针或逆时针方向整齐排列。同一张装配图的相同零、部件只编写一个序号，零件序号应与明细栏中的序号一致，并在标题栏上方编制出相应的明细表。

8.3.3.1　编写序号的方法

(1)在所指零件的可见轮廓内画一圆点，从圆点开始画指引线（细实线），在指引线的另一端画一水平线或圆（细实线），在水平线上或圆内注写序号，字高比图中尺寸数字大一号或两号，如图 8－5(a)所示。

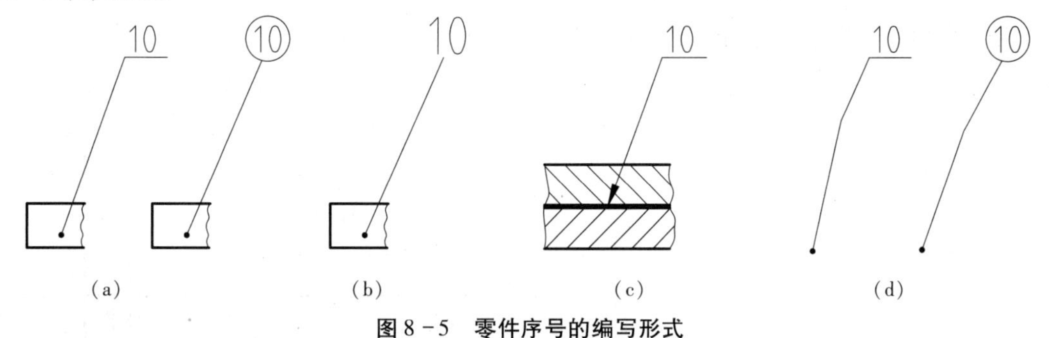

图 8－5　零件序号的编写形式

(2)在指引线的另一端直接注写序号，字高比图中尺寸数字大两号，如图 8－5(b)所示。

(3)若所指零件内不便画圆点，如薄零件或涂黑的剖面，则在指引线的末端画箭头，如图 8－5(c)所示。

(4)规格相同的零件只编一个序号，标准化组件如滚动轴承、电动机等，可看作一个整体编注一个序号。

(5)指引线尽可能均匀分布且相互不得相交，当通过有剖面线的区域时，要尽量不与剖面线平行，必要时可画成折线，但只允许弯折一次，如图 8－5(d)所示。

(6)一组连接件或装配关系清楚的装配组件可采用公共指引线，如图 8－6 所示。

(7)序号应按顺时针或逆时针方向顺序排列整齐，并尽量间隔相等。

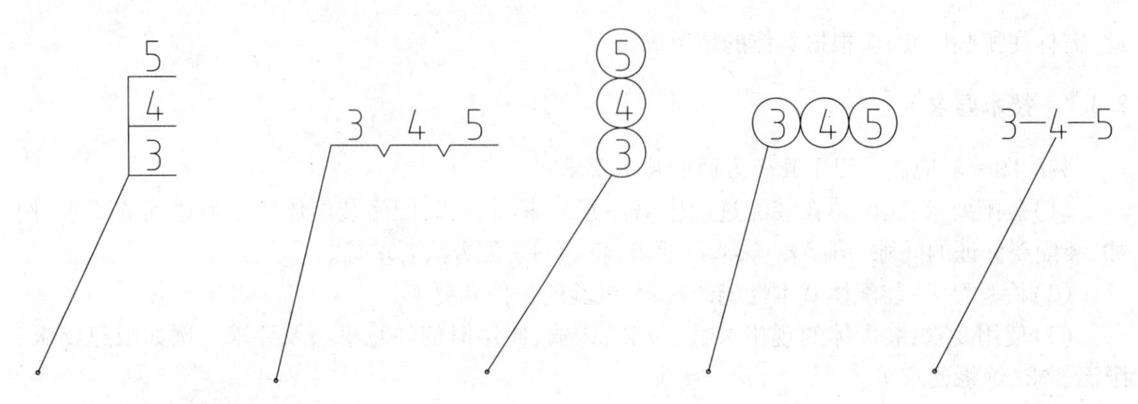

图 8-6 零件组编号形式

8.3.3.2 明细栏

明细栏是装配图中所有零件的基本情况一览表,应严格按 GB 10609.2—2009 绘制。明细栏的格式如图 8-7 所示。画法(一)为简化的明细栏,一般采用画法(二)。

(1)基本要求。

①明细栏一般配置在标题栏上方,零件序号编写顺序按自下而上填写,当位置不够时,可在标题栏的左方自下而上延续,如图 8-7 所示。

②明细栏一般由零件序号、代号、名称、数量、材料、重量(单件、总计)、备注等组成。

(2)明细栏的填写。

①序号:填写图样中相应组成部分的序号。

②代号:填写图样中相应组成部分的图样代号或标准号。

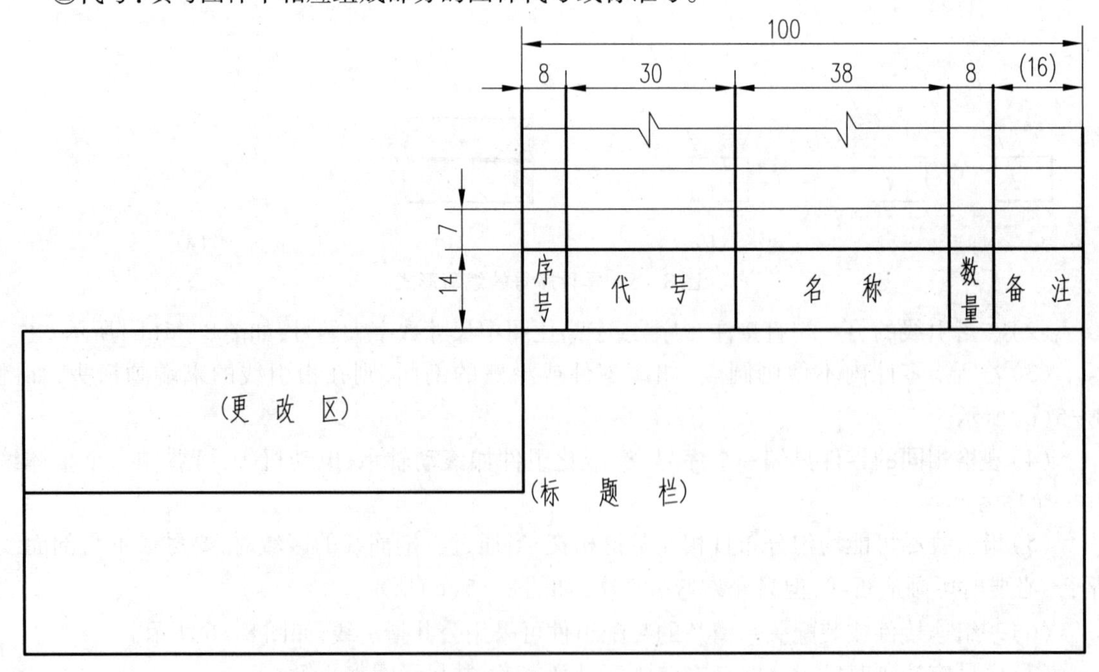

标题栏、明细栏画法(一)

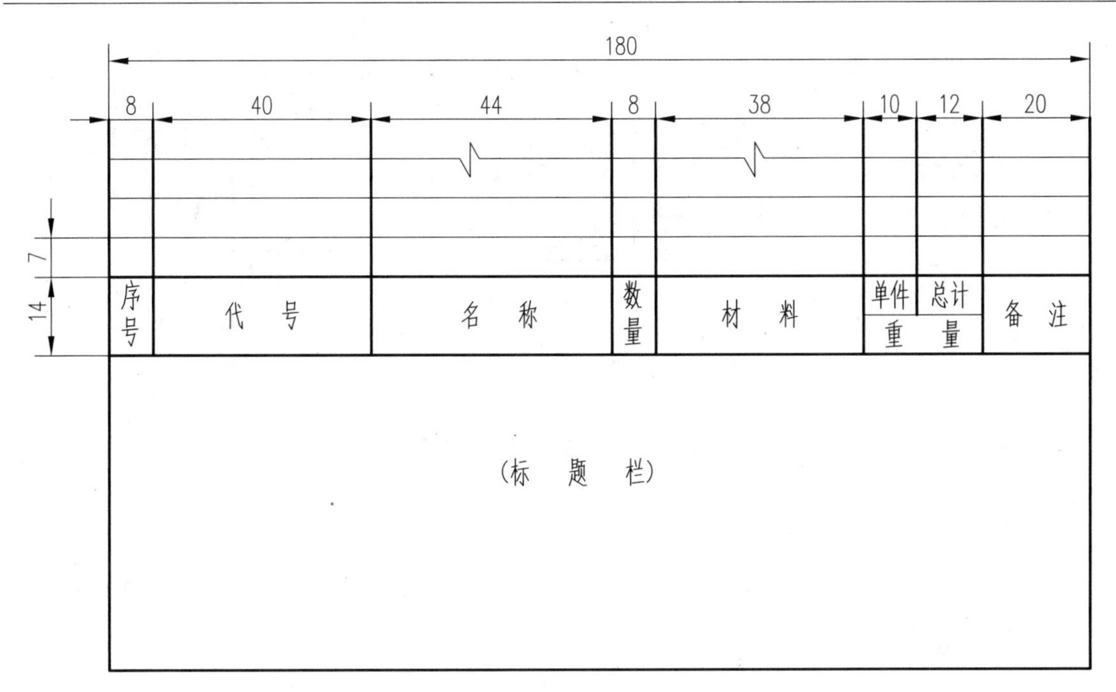

标题栏、明细栏画法(二)

图 8-7　明细栏的格式

③名称:填写图样中相应组成部分的名称。必要时,也可写出其形式与尺寸。

④数量:填写图样中相应组成部分在装配图中所需要的数量。

⑤材料:填写图样中相应组成部分的材料标记。

⑥重量:填写图样中相应组成部分单件和总件数的计算重量,以千克(公斤)为计量单位时,允许不写出计量单位。

⑦备注:填写该项的附加说明或其他有关内容,如齿轮的模数、齿数等。

8.4　装配图结构的合理性简介

了解装配体上一些有关装配的工艺结构和常见装置,可使图样画得更合理,以满足装配要求。

8.4.1　两零件的接触面

在同一方向上只能有一对接触面,如图 8-8 所示,即 $a_1 > a_2$。这样既保证了零件接触良好,又降低了加工要求。若要求两对平行平面同时接触,即 $a_1 = a_2$,则会造成加工困难,实际上也达不到,在使用上也没有必要。

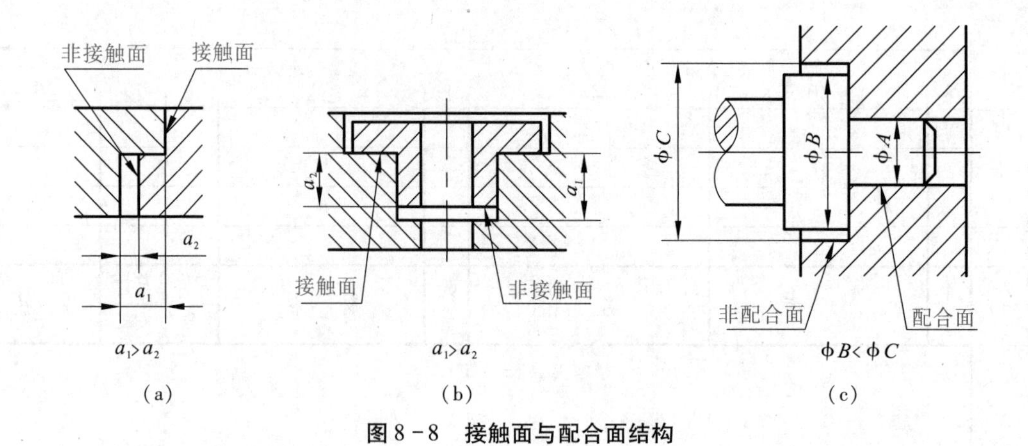

图 8-8　接触面与配合面结构

8.4.2　轴肩与孔口接触的结构

轴肩面和孔端面相接触时,应在孔边倒角或在轴的根部切槽,以保证轴肩与孔的端面接触良好,如图 8-9 所示。

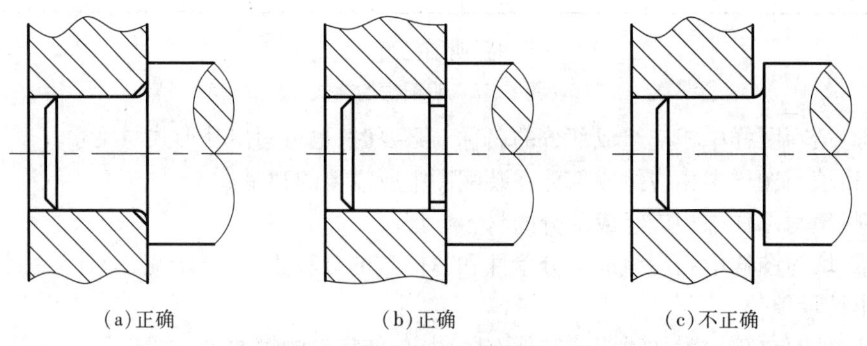

图 8-9　轴肩与孔口接触的画法

8.4.3　沉孔和凸台

为保证两零件接触良好,接触面需经机械加工,因此,应尽量减少加工面积,改善接触性能,降低成本,如图 8-10 所示。

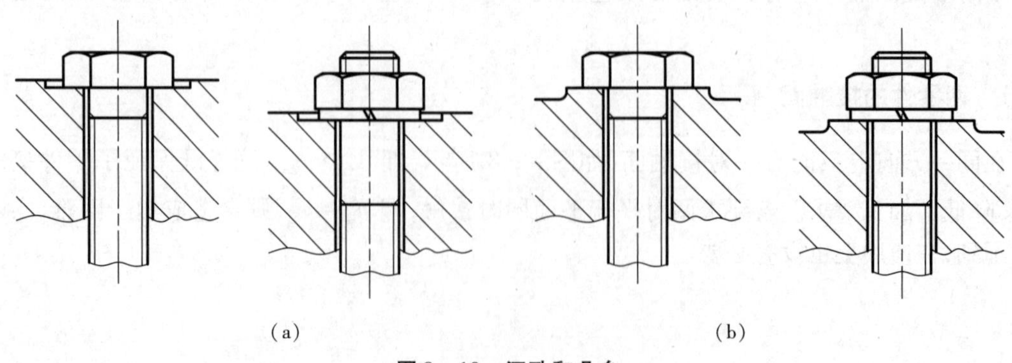

图 8-10　沉孔和凸台

8.4.4　螺纹联接的合理结构

对于螺纹联接装置,必须设计出足够的扳手空间(见图 8 - 11)和装拆空间(见图 8 - 12)。

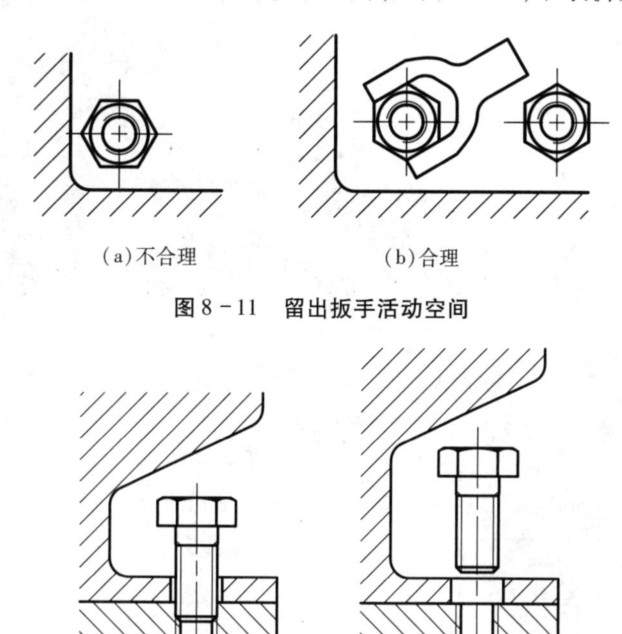

(a)不合理　　(b)合理

图 8 - 11　留出扳手活动空间

(a)不合理　　(b)合理

图 8 - 12　留出螺纹紧固件装拆空间

8.5　画装配图的方法和步骤

在设计机器或部件时,首先画出装配图,然后根据装配图拆画出零件图。画装配图是非常重要的一个过程。下面以齿轮油泵为例,介绍装配图的画法和步骤。画图前对齿轮油泵要有深入全面的了解,对其性能、工作原理以及结构特点和装配关系逐一进行分析、研究。

8.5.1　了解装配关系和工作原理

齿轮油泵由泵体、传动齿轮、齿轮轴、泵盖等零件组成,如图 8 - 13 所示的轴测分解图。当主动齿轮逆时针转动时,从动齿轮顺时针转动,齿轮啮合区的右边形成负压,泵室右面齿间的油被高速旋转的齿轮带往泵室左面,油被压出左端。

8.5.2　视图选择

(1)视图选择的要求。

①部件的功用、工作原理、装配关系及安装关系等内容表达要完全。

②视图、剖视、规定画法及装配关系等的表示方法正确,符合国标规定。

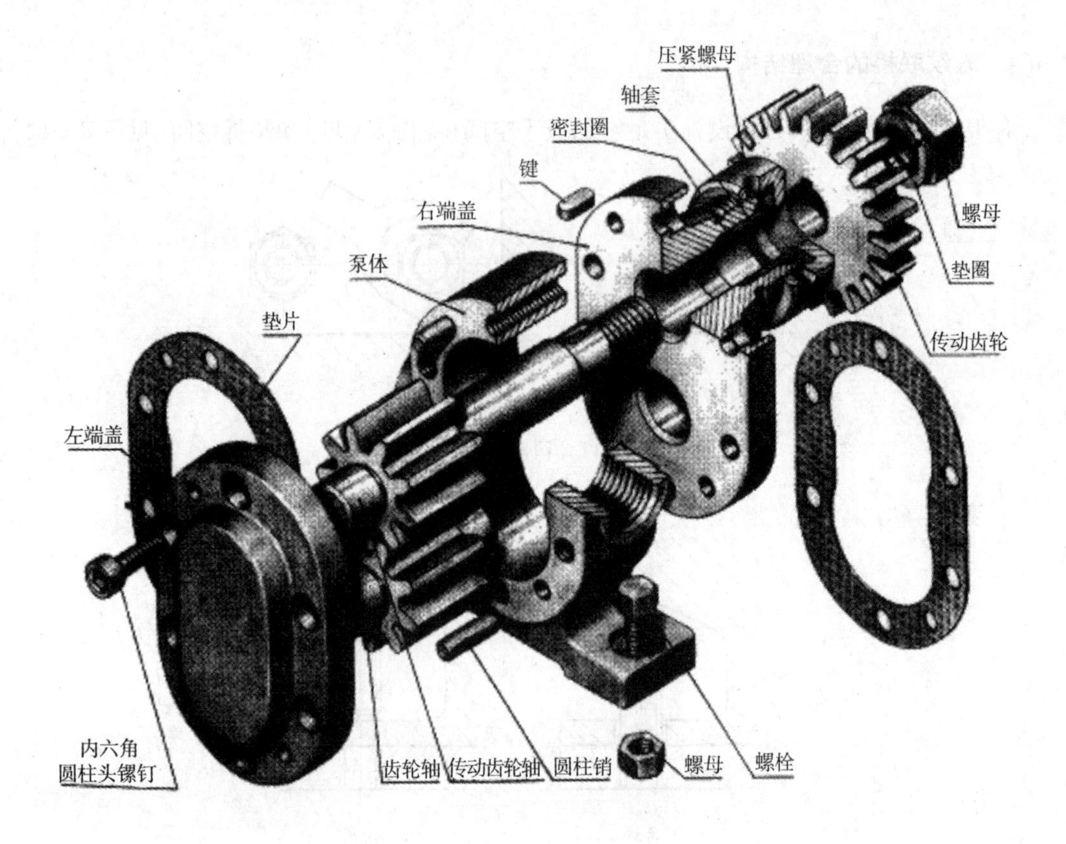

图 8－13　齿轮泵的轴测分解图

③读图时清楚易懂。

(2)视图选择的步骤和方法。

装配图的主视图应以工作位置放置,以反映主要装配关系的方向作为投射方向,并尽可能地反映其工作原理。其他视图进一步表达主视图没有表达清楚的结构及零件之间的装配关系等。如图 8－1 中的左视图,进一步表达了泵盖、泵体的形状,螺钉的分布,泵室内齿轮啮合和进油口、出油口的情况。

8.5.3　画装配图的步骤

在分析部件、确定视图表达方案的基础上,按以下步骤画图:

(1)根据部件大小及结构复杂程度,确定合适的比例和图幅,合理布图,画出各个视图的作图基准线,如图 8－14(a)所示。在安排视图位置时,应注意留出编写零件序号,标注尺寸和画标题栏、明细栏等的位置。

(2)由主视图入手,配合其他视图,按照装配干线由里向外逐个画出各个零件,完成装配图底稿,先画主体零件,再画其他零件,如图 8－14(b)、(c)、(d)所示。

(3)检查无误后加深图线,画剖面线,标注尺寸,对零件进行编号,填写明细栏、标题栏,书写技术要求等,完成后的装配图如图 8－1 所示。

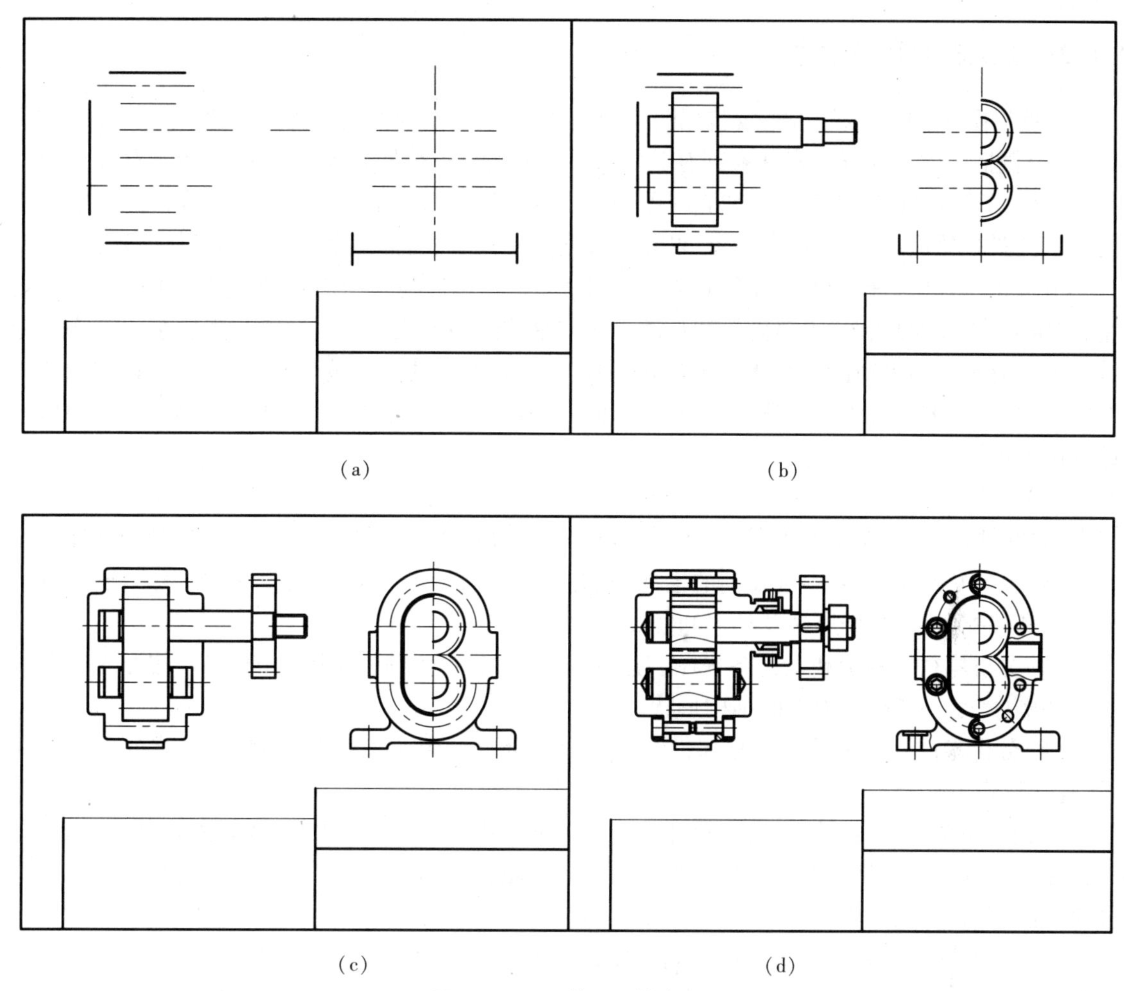

图 8－14　画装配图的步骤

8.6　读装配图的基本方法

读装配图是工程技术人员必备的一种能力，在设计、装配、安装、调试以及进行技术交流时，都要读装配图。

8.6.1　读装配图的要求

(1)了解部件的功用、使用性能和工作原理。

(2)弄清各零件的作用和它们之间的相对位置、装配关系和连接固定方式。弄懂各零件的结构形状。

(3)了解部件的尺寸和技术要求。

8.6.2 读装配图的方法和步骤

下面以图 8-1 所示的齿轮泵装配图为例,说明读装配图的一般方法和步骤。

(1)概括了解。看标题栏并参阅有关资料,了解部件的名称、用途和使用性能。看零件编号和明细栏,了解零件的名称、数量和它在图中的位置。从明细栏中可知其大致组成情况及复杂程度。从视图的配置、尺寸和技术要求,可知该装配体的大小、结构特点及大致的工作原理。

由图 8-1 可知,齿轮泵由 15 种零、部件组成,主要零件为主动齿轮轴和从动齿轮轴,泵体,左、右压盖。在左视图中,主动齿轮和从动齿轮与泵体之间形成了两个空室。齿轮泵的工作原理是当传动齿轮带动主动齿轮和从动齿轮旋转时,进油口处的油不断被齿轮带到出油口,进油口处的油压力下降,出油口压力上升。油箱中的油不断地在大气压作用下,沿进油口吸入,出油口输送到供油系统。

(2)分析视图。分析视图,弄清各个视图的名称、所采用的表达方法和所表达的主要内容及视图间的投影关系。对于剖视图,要找到剖切位置。分析所采用的表达方法及表达的主要内容。

在图 8-1 中,齿轮泵由旋转剖的主视图和沿左压盖的结合面半剖的左视图表达,反映其内外结构和装配关系、工作原理及外形和安装尺寸。

(3)分析零件。在分析清楚各视图表达的内容后,对照明细栏和图中的序号,按照先简单后复杂的顺序,逐一了解各零件的结构形状。

(4)分析零件间的装配关系和部件结构。分析部件的装配关系,要弄清零件之间的配合关系、连接固定方式等。

①配合关系。可根据图中配合尺寸的配合代号,判别零件配合的基准制、配合种类及轴、孔的公差等级等。齿轮油泵有主动齿轮轴系和从动齿轮轴系两条装配线。尺寸为 ϕ16H7/f6,属基孔制,间隙配合。说明轴在泵体、端盖的轴孔内是可以转动的。

②连接和固定方式。弄清零件之间用什么方式连接,零件是如何固定、定位的。

端盖和泵体之间用螺钉连接,用销钉准确定位。填料压盖与泵体之间用螺柱连接。齿轮的轴向定位是靠齿轮端面与泵体内腔端面及端盖内侧面接触而定位的。

③密封装置。为了防止漏油及灰尘、水分进入泵体内影响齿轮传动,在主动齿轮轴的伸出端设有密封装置。端盖与泵体之间有垫片。垫片的另一个作用是调整齿轮的轴向间隙。

(5)重要尺寸。主动齿轮轴和从动齿轮轴之间的中心距 28.76 ± 0.02 为重要尺寸,首先要保证,达不到要求可能会使齿轮不能正确工作,影响齿轮油泵的工作性能。ϕ34.5H7/f6 也是一个重要尺寸,若保证不了,间隙大会造成漏油严重、油泵效率低下的问题,间隙小可能会造成齿轮与泵体发生摩擦磨损的问题。

(6)归纳总结。在详细分析各个零件之后,可综合想象出装配体的结构和装配关系,弄懂装配体的工作原理、拆卸顺序,从而看懂装配图。

8.7 由装配图拆画零件图

由装配图拆画零件图,不仅是机械设计中的一个重要环节,也是考核和检查能否看懂装配图的主要手段。

根据装配图拆画零件图，不仅需要较强的看图、画图能力，而且需要有一定的设计和工艺知识。现简要说明拆画零件图的主要方法和注意事项。

（1）认真读懂装配图，从装配图中分离零件，掌握所拆画零件的轮廓和结构形状。

拆画零件图时，先从各个视图上区分出该零件。应当注意，在装配图中，由于零件间的相互遮掩或采用了简化画法、夸大画法等，零件的具体形状或某些形状不能完全表达清楚。这时，零件的某些不清楚部位应根据其作用和与相邻零件之间的装配关系进行分析，补充完善零件图。

（2）零件的工艺结构。装配图中所省略的零件工艺结构，如倒角、倒圆、退刀槽及起模斜度等，在零件图中应按工作要求设计，并全部画出实际形状。

（3）合理、清晰、完整地标注尺寸。装配图上只有为数不多的重要尺寸，其中有的与所拆画的零件有关，可以直接使用；有些尺寸应查阅有关资料确定，如零件上与标准件有关的结构的尺寸；有些尺寸可计算得出，如齿轮轮齿部分的尺寸；有配合要求的表面，其基本尺寸必须相同；其他尺寸可从装配图中按比例直接量取。

（4）零件图上的技术要求。应根据零件在装配体中的作用，参考有关资料和同类产品制定零件的技术要求。

（5）拆画零件图应注意以下问题：

①零件的视图表达方案应根据零件的结构形状确定，而不能盲目照抄装配图。

②零件图的尺寸应与装配图中已标注的尺寸一致，其余尺寸都在装配图上按比例直接量取，并圆整。与标准件连接或配合的尺寸，如螺纹、倒角、退刀槽等要查标准注出。有配合要求的表面，要注出尺寸的公差带代号或偏差数值。

③根据零件各表面的作用和工作要求，注出表面粗糙度代号。

④根据零件在部件中的作用和加工条件，确定零件图的其他技术要求。

从装配图中拆画零件图，其画图过程可以参考第 7 章的相关内容。下面简单介绍 AutoCAD 绘制装配图的技巧和化工装配图的特点。

8.8　AutoCAD 绘制装配图

8.8.1　AutoCAD 绘制装配图的方法与步骤

（1）绘图设置。绘图前必须进行有关设置：单位、图幅、图层、线型、线宽、颜色、文本样式；系统显示颜色、自动存盘时间；尺寸标注样式、自动捕捉方式等。然后绘制标题栏、图幅，并存为块文件。

（2）绘制各子视图，并做成块。

（3）调入各子视图块，组成装配图轮廓。

（4）根据需要对各子视图块进行修改。

（5）标注尺寸，先创建标注样式，尺寸公差用替代标注，注法应符合国家标准。

（6）标注技术要求，先定义有关的块及属性，如粗糙度、基准等，再标注。

（7）标注序号明细栏。

（8）检查、校核、修改，完成装配图。

8.8.2 举例绘制弹性辅助支承装配图

图 8 - 15 为弹性辅助支承零件图拼图，根据 AutoCAD 绘制装配图的方法与步骤，绘制出如图 8 - 16 所示的弹性辅助支承装配图。

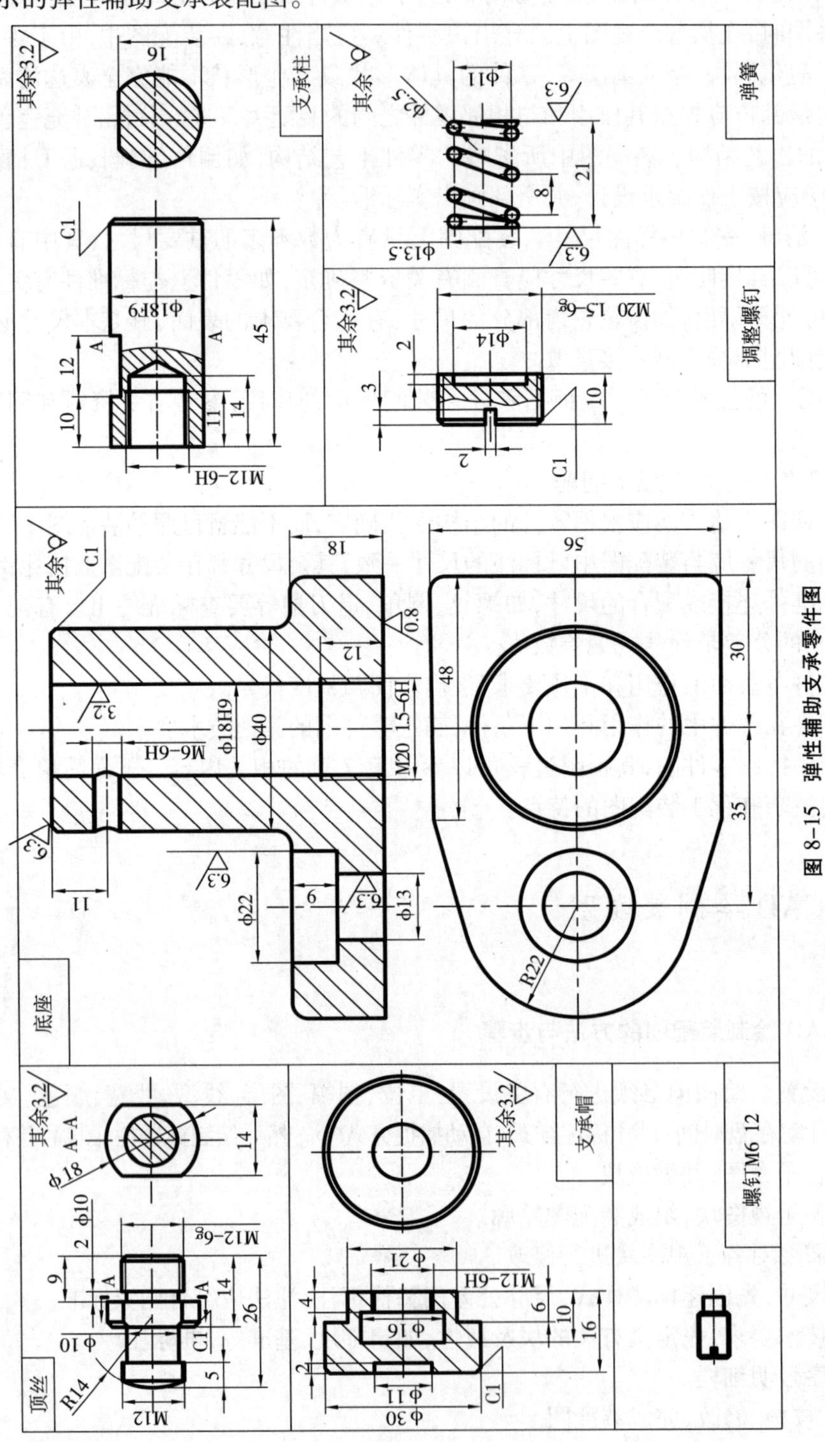

图 8-15 弹性辅助支承零件图

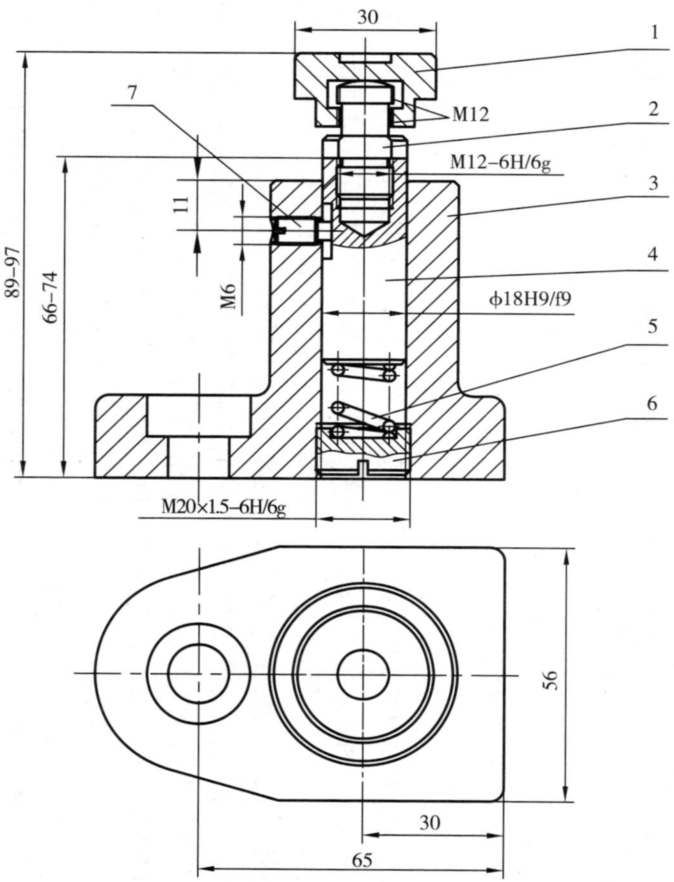

技术要求

1.安装后，保证弹簧支承使用时的灵活性；
2.涂防锈漆。

序号	代　号	名　称	数量	材　料	单件重量	总计重量	备注
7	GB/T73-1985	螺钉M6×12	1	35			
6	TXZC-00-05	调整螺钉	1	35			
5	GB/2089	弹簧YA2.5×10×25	1	65Mn			
4	TXZC-00-04	支承柱	1	45			
3	TXZC-00-03	底座	1	HT200			
2	TXZC-00-02	顶丝	1	45			
1	TXZC-00-01	支承帽	1	45			

标记	处数	分区	更改文件号	签名	年月日		四川大学
设计			标准化			阶段标记　重量　比例	弹性辅助支承
审核							图号TXZC—00
工艺			批准			共6张 第1张	

图 8-16　弹性辅助支承装配图

第9章　化工工艺图

9.1　概述

在现代化学工业中，常常将化工工艺、自动控制和化工材料称为现代化工的三大支柱，它们影响着化工生产装置的技术先进性和经济可行性。在化学工程项目建设过程中，绝大多数工作是由化工工艺专业带头牵引的，所以在整个项目设计中起着灵魂和龙头作用。

作为龙头作用的工艺专业，其职责为：一是进行工艺方案比较，确定装置的工艺流程，绘制工艺流程图（PFD）；二是完成工艺物料平衡和热量平衡计算，编制物料衡算表；三是进行单元设备计算，确定设备选型，编制工艺数据表；四是提出设备概略布置图建议；五是向仪表专业提出工艺控制条件和工艺控制原理，共同研究控制方案。

为此，工艺专业需要完成工艺流程图（PFD）、管道仪表流程图（PID）、物料衡算和能量衡算、工艺设备计算、工艺数据表、设备布置图、管道平立面布置图及管道轴侧图等工作。

下面将简要介绍工艺专业需要完成的主要图纸设计工作，包括管道及仪表流程图（PID）、设备平面布置图、管道平面布置图及管道轴侧图。

9.2　管道及仪表流程图（PID）

管道及仪表流程图（PID）是用图示的方法把化工工艺装置所必需的全部设备、管道、仪表、阀门及管件按功能分析表示出来。常以工艺管道及仪表流程图为主，还有辅助管道及仪表流程图等。前者以表达工艺管道和仪表为主，后者以表达正常生产和开停车过程中所需的辅助空气和加热用燃料为主，我们常说的管道及仪表流程图指的是前者。

什么是管道及仪表流程图（PID）？什么是工艺流程图（PFD）？两者之间有何差异和作用？

工艺流程图是设计人员和建设方业主按照图纸用来了解工艺流程的，因其英文为 PROCESS FLOW DIAGRAM，所以简称 PFD；作为项目设计的指导性文件，是各个专业开展后续工作的依据。它表达了一个生产工艺过程中的主要设备、一些关键节点的物料性质（温度、压力、流量和组成），通过它可以对整个生产工艺过程有一个基础性了解。

管道及仪表流程图因其英文为 PIPE INSTRUMENT DIAGRAM，所以简称 PID；作为工程设计有关专业开展工作的主要依据，它不仅是工程设计、工程施工的依据，而且是建设方操作、运行、检修、后续技改不可缺少的技术指南。管道及仪表流程图（PID）不是一蹴而就的，是逐步加深和细化的，所以其有很多版次；但不论是何版次，其图示方法、要求都是一致的。

化工设计人员以化工工艺图为依据向非标设备设计、建筑结构、采暖通风、给排水、电气自动控制及仪表专业提出条件和要求，以达到密切配合、协调一致完成化工项目设计的目的。

PFD主要标明了物料流程，并附有物料平衡表，即每股物料的流量、组分、比重、压力、焓值等。而PID则详细标明了管道号、仪表位号、管道管径、压力等级、泵位号等比较详细的资料。PFD是工艺专业人员绘制出来的，PID通常要经过跨专业人员通力合作才能形成。

9.2.1　管道及仪表流程图的主要内容

管道及仪表流程图（PID）一般包含以下内容：

图幅：早期化工工艺相对简单，常用一张图纸画出整个工厂系统，如果流程较长，则以一张图纸加长方式予以表示，但随着化工工艺复杂程度增加，长卷图纸不方便使用，逐渐被分割成多幅图纸，以某一工序为单元，用A1图幅画出。

比例：管道及仪表流程图是一种示意图，所以绘制时不需要按比例进行，但图中的各个设备外部形状和安装位置的相对高低、大小应在图中清楚明晰地显示出来。允许实际尺寸过大的设备机器比例适当缩小，实际尺寸过小的设备比例适当放大，整个图面要协调、美观。

线条粗细：图中物料线条表示工艺走向，其粗线与细线代表主次之分；主要工艺物料管道、主产品管道、设备位号用粗实线画出；生产辅助物料用中粗线画出；其他通常用细实线画出。图中的设备机器外形、阀门、仪表、管件和管道附件都用细实线表示。

标注：需要将设备位号和设备名称、管段编号、仪表控制点符（代）号、物料进出工序走向及必要的其他数据等表示出来。

标题栏：图中若设有图签，需要填写XX工序管道及仪表流程图图名，且需要将图纸进行图号编辑，编辑时需要考虑项目工程代号、工序代号。

图例说明：绘出必要的图例，可以让人一目了然。有关图例及设备位号、管段编号、控制点符（代）号等的说明，如果每张图纸都予以表示，则不妥；为此，以首页图表示工艺图中所用的各种图例，图9-1（见本章末尾）为某项目的首页图，图9-2（见本章末尾）为某工段的工艺管道及仪表流程图（PID）。

首页图中需要对管道及物料线条、阀门、管件、管道标注、绝热代号、介质代号、设备代号、仪表代号等一系列符号做出说明解释。

9.2.2　机器设备的表示

作为工厂安装设计的依据，对安装设计中一切要求，除了高点放空和低点排净，大到整个生产过程中所有的设备、仪表、管线（包括主要的和辅助的管线），小到每一片法兰和每一个阀门，都要在管道及仪表流程图中表示出来。

9.2.2.1　机器设备的图示方法

有规定图例的，按HG 20519-2009《化工工艺设计施工图内容和深度统一规定》绘制；没有规定图例的，则简要画出实际外形和内容结构特征即可。

图例（或图形）按相对比例用细实线画出。图例（或图形）在图幅中的位置安排要便于管道的连接和标注，其相互间物料关系密切者的高低位置与实际吻合。

常见的设备图例如图9-3所示。机器设备管口尽可能全部画出，与配管及外界有关的管口必须画出，管口画成细实线。地下或半地下设备，应画出相关的一段地面，机器设备支承和底座裙座可以不画。

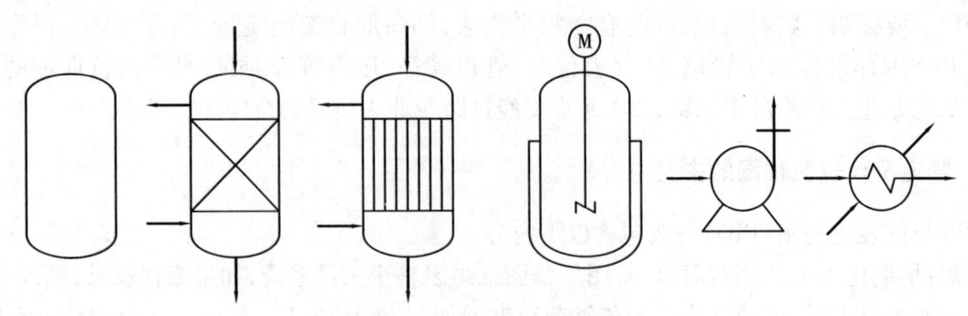

图9-3　设备及机器示意图

对于成套供应的快装设备（如快装锅炉、冷冻机组、压缩机组、空分机组），要用细点划线画出成套供应范围的线框。在此范围内，所有附属设备的位号后都要带上后缀字母“X”，以示随主机供应，无须额外订货。

管道及仪表流程图中应标明设备和管线放空、排净的去向，如排入大气、泄压系统等；若排往下水道，要分别注明排往生活污水、雨水或工业污水处置装置系统。

9.2.2.2　机器设备的标注

机器设备应标注设备位号和名称，标注形式：$\frac{\text{E203}}{\text{大气冷凝器}}$。

分子标注设备位号，分母标注设备名称，水平线为粗实线。设备位号由设备类别代号、设备所在主项编号、主项内同类设备顺序号和相同设备的数量尾号（按A，B，C，…顺序编号，若无相同设备，则不写）四部分组成。

E203设备位号编制案例表达的意思为：设备名称为大气冷凝器，大气冷凝器中循环水与二次水蒸气接触，将二次水蒸气冷凝成液体水，同时将热量传递给循环水，使之水温升高，设备类型归属为换热器，所以其设备位号代码以E表示；同时该设备为二工段（或者二车间）所有，其主项编号以2开头；在流程图中该换热器设备从左至右为第三台设备，其顺序编号为03。为此，其设备位号便以E203代表。

具体的设备类别代号按化工部HG 20519.2—2009标准规定，见表9-1。

表9-1　设备类别代号

设备类别	容器（槽罐）	换热器	塔器	反应器	泵	压缩器风机	其他机械	其他设备
代号	V	E	T	R	P	C	M	X

机器设备位号、名称一般标注在两个位置：一是标注在图纸的上方或下方，正对设备，排列成行，标注代号及名称；二是标注在机器设备内或其近旁，此处只注位号。如图9-2所示。

9.2.3　管道的表示

9.2.3.1　管道的图示

绘出全部工艺管道及与工艺有关的一段辅助管道，包括阀门、管件和管道附件。管道图例及图线宽度按 HG 20519—2009 标准规定，表 9－2 摘录了部分图例。管道尽量画成水平或垂直，当管道交叉时，应将一管道断开，如图 9－4 所示。物料流向常在管道上画出箭头表示。

表 9－2　管道图示符号

名　称	图　例	线型及线宽/mm
主物料管道		粗实线 b = 0.9 ~ 1.2
辅助物料管道		中粗实线 b = 0.5 ~ 0.7
仪表管道		细实线 b = 0.15 ~ 0.3
伴热（冷）管道		虚线 b = 0.5 ~ 0.7
电伴热管道		点划线 b = 0.15 ~ 0.3
管道隔热层		除管道外其他线为细实线
夹套管		

当管道与其他图纸有关时，应将管道画到近图框左方或右方，用空心箭头表示物料出（或入）方向，空心箭头的画法如图 9－5 所示，箭头为粗实线。箭头内写接续的图纸图号，箭头附近注明来（或去）的设备位号或管道号，如图 9－2 所示。

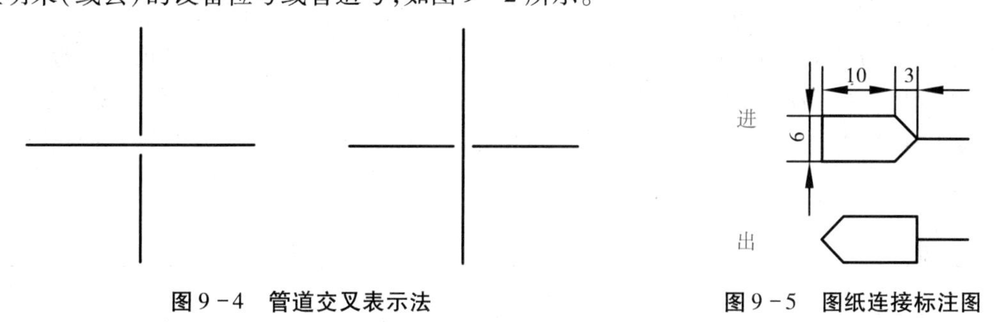

图 9－4　管道交叉表示法

图 9－5　图纸连接标注图

9.2.3.2　管道的标注

管道一般标注组合号，常写于管道上方或左方，也可用指引线引出。管道组合号一般写成如图 9－6(a)所示，也有将管道组合号写成如图 9－6(b)所示，写于管线的两侧。

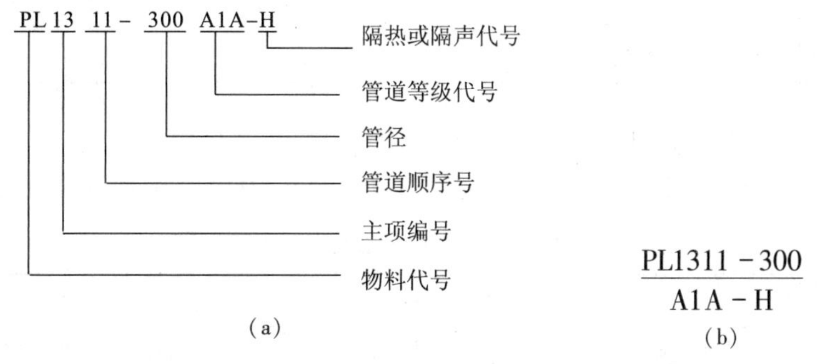

图 9－6　管道组合号示例

需要编号的管线包括：工艺管线的干管、支管和辅助管线；公用工程管线的干管、支管和辅助管线;放空、排净阀后的放空、排净管线;设备管口接有阀门、盲板、丝堵或仪表。

不必编号的管线包括:控制阀的旁通、放空排净阀后不接管线、直接相接的设备管口(如叠放的换热器、塔和再沸器)、仪表管线、随成套设备供应的管线。

管道编号由物料代号、主项编号、管道顺序号、管道尺寸、管道等级和隔热隔声代号组成。

物料代号可参见化工部 HG/T 20519—2009 标准,表 9-3 为该标准中物料代号的部分摘录。

表 9-3 物料代号

名称	工艺物料			辅助公用工程物料代号							
	工艺气体	工艺液体	工艺水	低压蒸汽	高压蒸汽	蒸汽冷凝水	冷却回水	冷却上水	放空	真空排放气	排液
代号	PG	PL	PW	LS	HS	SC	CWR	CWS	VT	VE	DR

按工程项目规定的主项编号常采用 2 位数字,从 01、02 开始,至 99 为止。

相同类别的物料在同一主项内以流向先后为序,顺序编号,采用两位数字,从 01、02 开始,至 99 为止。

管道号的编号原则:一设备管口到另一个设备管口间的管道编一个号;连接管道(设备管口到另一管道间或两个管道间)也编一个号。

管径一般注公称通径,也可以注外径×壁厚,单位为 mm,只注数字,不注单位。

管道等级由三部分内容组成。第一部分为管道工程压力等级代号,由大写英文字母表示,A—K 用于 ANSI 标准压力等级代号(其中 I、J 不用),L—Z 用于国内标准压力等级代号(其中 O、X 不用),表 9-4 为 ANSI 标准中压力等级代号的摘录,表 9-5 为国内标准中压力等级代号的摘录。

表 9-4 用于 ANSI 标准压力等级代号

A	B	C	D	E	F	G
150LB	300LB	400LB	600LB	900LB	1500LB	2500LB

表 9-5 用于国内标准压力等级代号(国内压力单位为 MPa)

L	M	N	P	Q	R	S	T	U	V	W
1.0	1.6	2.5	4.0	6.4	10.0	16.0	20.0	22.0	25.0	32.0

第二部分为单元顺序号,用阿拉伯数字表示,由 1 开始。

第三部分为管道材质类别,由大写英文字母表示,表 9-6 为常用管道材料类别的摘录。

表 9-6 常用管道材质类别

A	B	C	D	E	F	G	H
铸铁	碳钢	普通低合金钢	合金钢	不锈钢	有色金属	非金属	衬里及内防腐

隔热隔声代号如表 9-7 所示。

表9-7　常用隔热隔声代号

H	C	P	D	E	S	W	O	J	N
保温	保冷	人身防护	防结露	电伴热	蒸汽伴热	热水伴热	热油伴热	夹套伴热	隔声

当工艺流程简单、管道品种规格不多时，管道等级和隔热隔音代号可省略。

图9-6(b)案例管道号为：PL为工艺液体，项目主项代号为13，顺序编号为11，管道工程直径为300，采用ANSI标准，压力等级为150LB，管道材料为铸铁且需要保温。

9.2.4　阀门、管件和管道附件

管道上的阀门、管件和管道附件按化工部HG/T 20519—2009规定的图形符号，全部用细实线绘制。表9-8摘录了标准中的图形符号。

表9-8　阀门、管件、管道附件图形符号

名称	闸门阀	节流阀	截止阀	球阀	减压阀	疏水阀	阻火器
图形符号							
名称	同心异径管	管端法兰盖	管帽	放空管	弯头	三通	四通
图形符号	CR100×40						

阀门的图形符号一般长6 mm，宽3 mm。阀门等按需要予以标注公称直径。

9.2.5　仪表、控制点的表示

工艺管道及仪表流程图是在工艺流程图的基础上，按照其流程顺序，标出相应的测量点、控制点、控制系统及自动信号与连锁保护系统等形成的控制原理图。控制方案由工艺和自动控制人员研究绘制。仪表、控制点应在有关管道上按大致安装位置用代号、符号表示。检测、控制等仪表在图上用细实线圆(直径10 mm)表示。仪表及控制点、控制元件的代号及图形符号可参见化工行业标准HG/T 20505—2014《过程测量与控制仪表的功能标志及图形符号》，表9-9摘录了部分内容。

表9-9　仪表、控制点及控制元件代号、符号

仪表及控制点					
被测量变量代号		功能字母代号		图形	符号
第一字母		后续字母			
T	温度	I	指示		就地安装仪表
P	压力	R	记录		集中仪表盘面安装仪表(引至控制室)

续表9 - 9

仪表及控制点					
F	流量	C	控制		就地仪表盘面安装记录
L	液位	A	报警		就地安装嵌在管道中
控制元件					
手动元件	自动元件	电动元件	电磁元件	数字元件	带弹簧薄膜元件
		M	S	D	

图形符号包括测量点、连接线和仪表的图形符号。

测量点(包括检测元件、取样点)由工艺设备轮廓线或工艺管道引出到仪表圆圈的连接线起点;通用仪表信号线以细实线表示;仪表图形符号是一个细实线圆圈,直径约 10 mm,仪表不同的安装位置均有相应的图形符号表示。图 9 - 2 中所注的表示就地安装的压力指示仪"101"中的第一位"1"表示工序号,一般用一位数,"01"表示顺序号,一般用两位数。

字母代号位于小圆圈的上半周内,一般标有两位及以上字母,第一位字母表示被测变量,后面字母表示仪表的功能。

仪表位号由字母代号和阿拉伯数字编号两部分组成,阿拉伯数字写在小圆圈下半周内,一般第一位表示工段号,后续表示仪表序号。

在工艺操作及连锁控制方面,往往有如下控制要求:保持某容器液位恒定在某一范围内;保持某加热容器温度恒定在某一范围内;保持某容器操作压力恒定在某一范围内。

图 9 - 2 中案例:换热器 E202 出口温度测量点 TICA203 与蒸汽管道调节阀 FC/TV - 201 形成温度控制连锁,从而保证加热溶液温度控制在规定范围内。

9.3 设备布置图

在工艺流程设计中所确定的全部设备,必须布置在厂房建筑内外;表示一个装置车间或一个工段工序的生产和辅助设备在厂房内外布置安装的图样,称为设备布置图。

9.3.1 作用和目的

设备布置图的作用和目的:确定每一个设备与建筑物的相对位置或者确定设备与设备之间的相对位置,从而便于设备安装公司依据图纸确定每一个设备布置位置。

图 9 - 7(见本章末尾)为某工段的设备平面布置图。设备平面布置一般有如下内容:

(1)平面布置视图。表达厂房建筑的基本结构和设备在厂房内的布置情况,每一个设备需要表达出设备位号和支撑点标高。

(2)尺寸标注。图中定位尺寸以毫米为单位,标高以米为单位;注明厂房的轴线和纬线编号，纬线常常以英文大写开始，用英文字母编号；轴线常常以阿拉伯数字作为编号。

(3)方向标。指示布置图厂房和设备安装方向的基准。

(4)附注说明。与设备安装有关的特殊要求的说明。

(5)标题栏。图名、图号、比例等。

工艺图纸资料还有设备一览表，表中写有设备位号、名称、规格等。设备布置图主要表示厂房建筑的基本结构以及设备在厂房内外的布置情况，所以设备布置图主要表达两部分内容：一是设备；二是建筑物及其构件。

9.3.2　表达方法

绘制设备布置图常用1∶100(也有1∶200或1∶50)的比例，一般采用A1幅面。多层厂房应分层绘制。图名分两行书写，上行写图名，下行写“EL×××平面”或“××剖视”。定位标注采用毫米为单位，地面和楼层设计标高规定为“EL×××”，单位为“米”。有局部操作台时，也可只画操作台下设备，操作台上设备可另画局部平面图。平面图未能表达清楚设备布置情况时，可再绘制垂直方向剖切的剖视图，并标注图名和剖切位置线，如图9-7所示。

9.3.3　建筑物构筑物的表达

9.3.3.1　表达方法

建筑工程图用来表达建筑物外部形状、内部布置及装饰材料等内容，一般由基础、墙或柱、楼面、楼梯、屋顶和门窗等构成，另外建筑物还配备有散水(明沟)、台阶、阳台、女儿墙、雨水管、电梯间等其他构件和设施。

建筑施工图主要表示房屋的总体布局、外部装修、内部布置、细部构造以及施工要求，包括首页图、平面图、立面图、剖面图和建筑详图等。

设备布置图需要在建筑平面、建筑立面图及建筑剖面图的基础上完成设备布置，所以设备布置专业与建筑专业需要协调一致。

(1)在平面图的剖视图上，建(构)筑物(如墙、柱、地面、楼、板、平面、栏杆、楼梯、安装孔、地坑、吊车梁、设备基础)按规定画，图例用细实线画出。常用的建筑结构和构件的图例可参见化工行业标准HG/T 20519—2009《化工工艺设计施工图内容和深度统一规定》，图9-8为部分摘录。

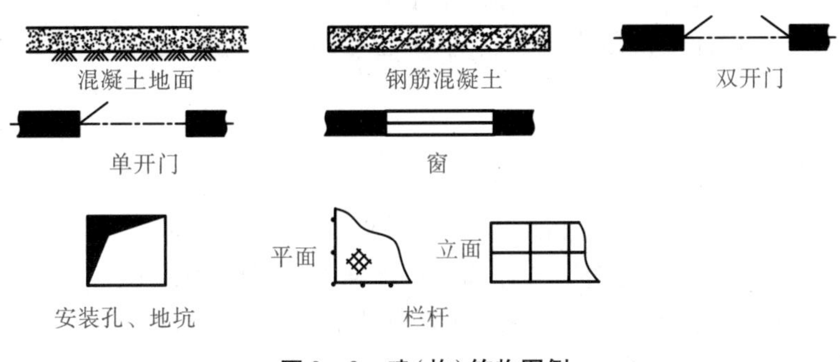

图9-8　建(构)筑物图例

(2)承重墙、柱等结构，用细点划线画出定位轴线。

（3）门窗等构件一般只在平面图上画出，剖视图中可不表示。

在平面布置图中需要以墙、柱、梁和屋架等结构构件位置作为定位线，定位轴线的编号标注在图样的下方或左侧，横向编号用阿拉伯数字，从左至右顺序编写；竖向编号用大写拉丁字母，从下至上顺序编写。

9.3.3.2　标注

（1）平面图上标注的尺寸，单位为毫米（mm）。

（2）以定位轴线为基准，注出厂房建筑长、宽总尺寸，柱墙定位轴线间距尺寸，设备安装预留孔洞及沟坑等的定位尺寸。

（3）高度尺寸以标高形式标注，单位为米（m），小数点后取三位数。

（4）室内外地坪、管沟、明沟、地面、楼板、平台屋面等主要高度，与设备安装定位有关的建（构）筑物的高度尺寸。

（5）标高可用一水平细线作为所需注高度的界限，在该界限上方注写 EL×××。

（6）有的图形也采用▽—等形式的标高符号，如图 9－7 所示。

9.3.4　设备布置图中设备的表达

9.3.4.1　表达方法

（1）用粗实线画出表示外形特征的轮廓。无管口方位图的要画出特征管口（如人孔符号 M），并注写方位角。

（2）卧式设备一般需画出特征管口和支座。

（3）动设备可只画基础，并画出必要的特征管口位置，如图 9－7 所示。

9.3.4.2　标注

（1）平面图上注出设备的安装定位尺寸，以建（构）筑物定位轴线或已定位的设备中心线为基准。

（2）设备高度方向的定位尺寸，用标高形式注写，一般与设备位号结合注写。卧式设备常注以中心线标高 EL×××，立式设备则注以支承点标高 POS EL×××，动设备一般注以主轴中心线 EL×××或底盘面标注（基础顶面）标高 POS EL×××。上述标高注法可参见图 9－7。

管廊，管架的标高，一般以架顶标高 TOS EL×××注明。

（3）若绘立面图，则平面图上一般不再标注标高。

（4）设备的位号一般注于设备内或设备近侧，位号应与工艺管道及仪表流程图相一致。

9.3.5　方向标的表示

方向标是表示设备安装方位基准的符号，如图 9－9 所示。方向标为粗实线圆，直径为 20 mm。设计北向作为方位基准，符号 DN 为设计北。设计项目中所有需表示方位的图样，其方位基准均按此定位。一般画于设备布置图中的右上角。

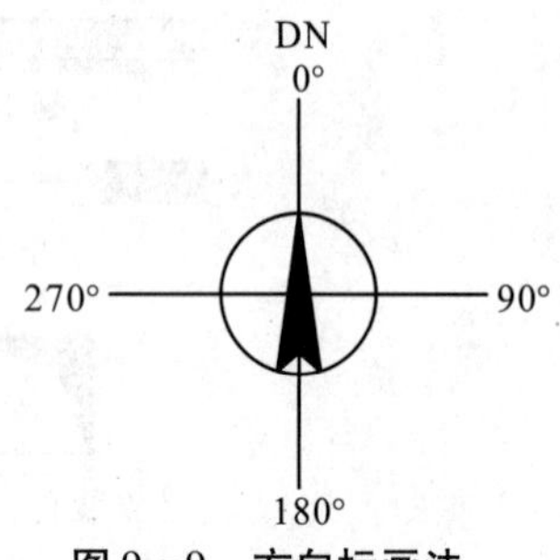

图 9－9　方向标画法

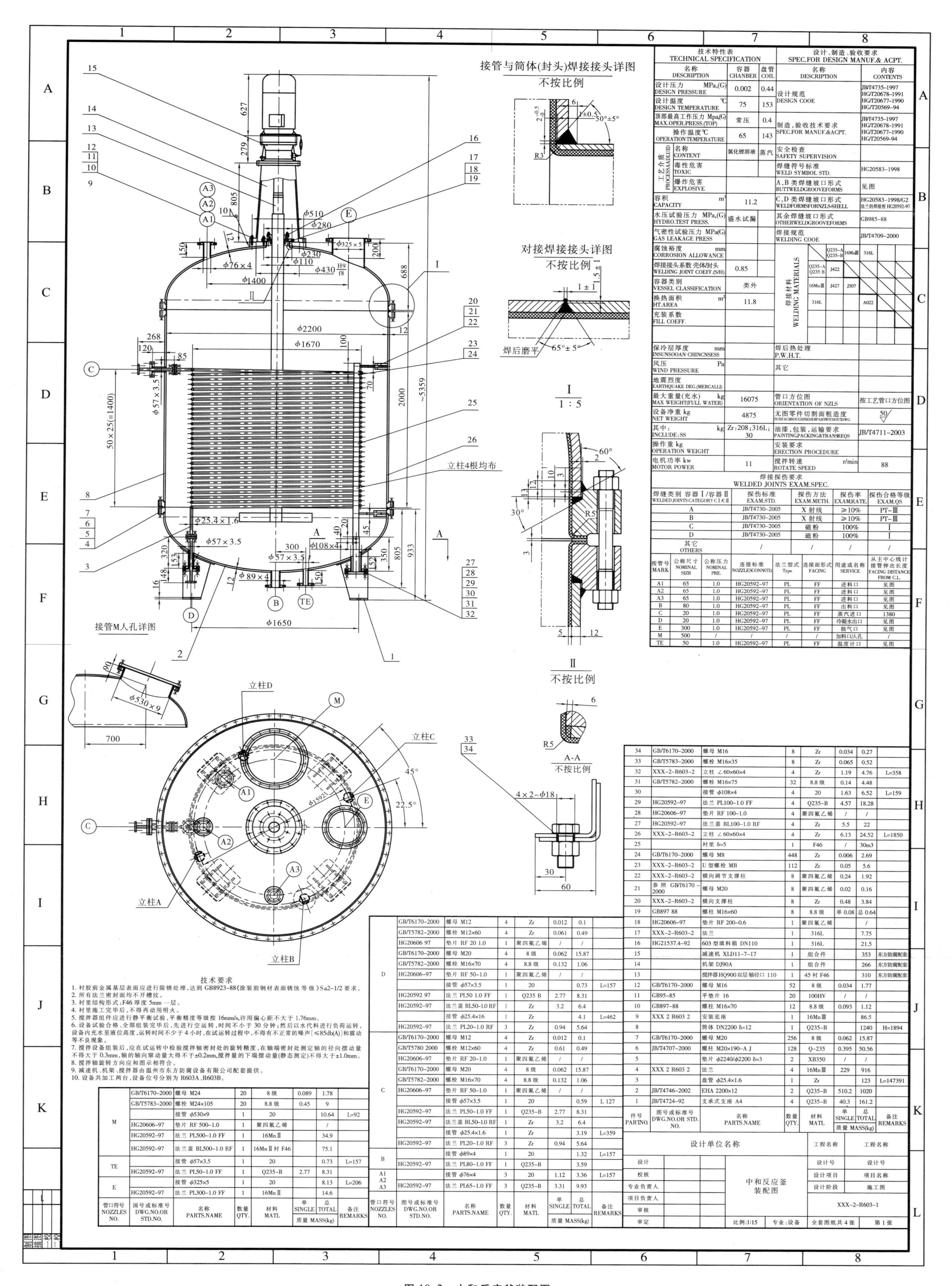

图 10-2 中和反应釜装配图

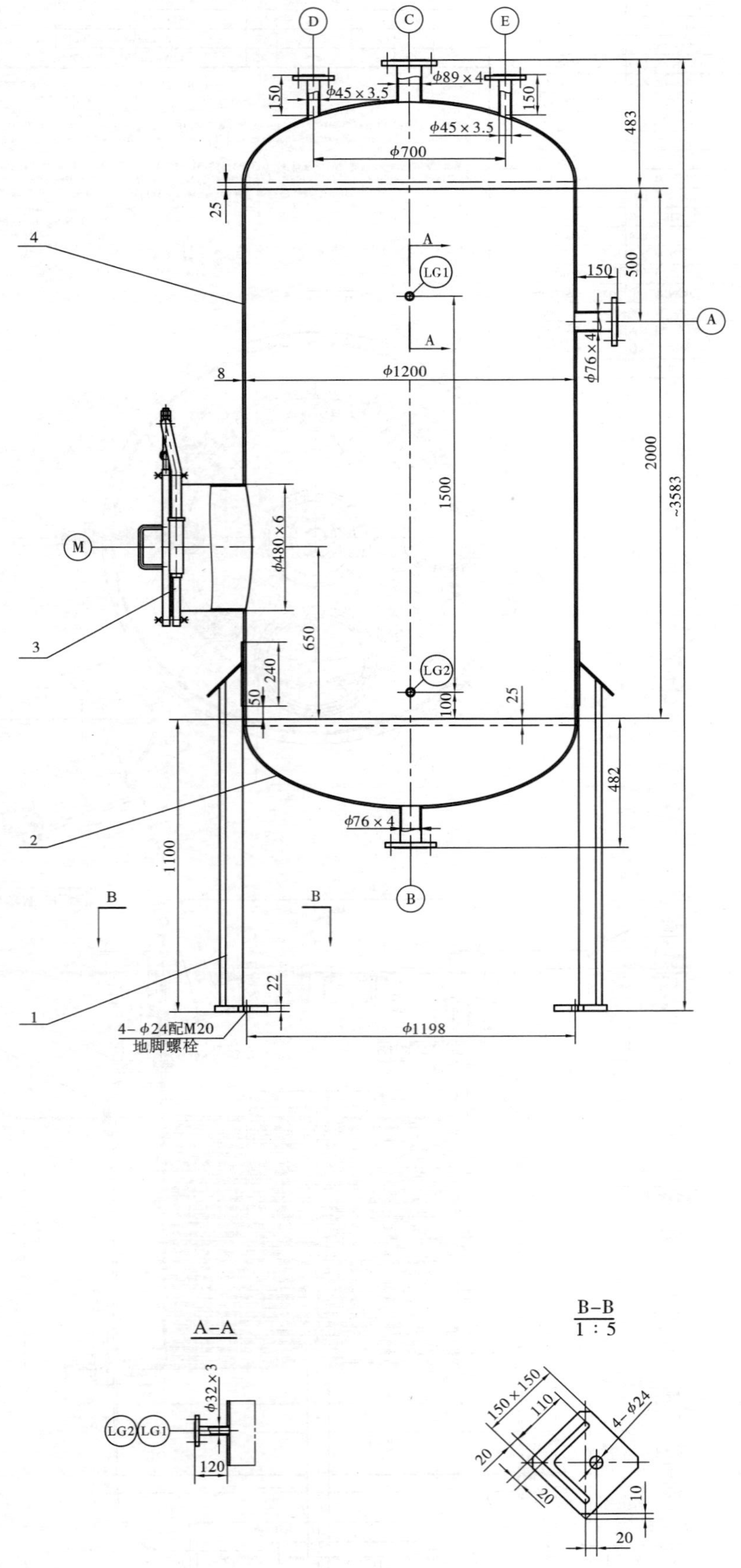

4-φ24配M20
地脚螺栓

A–A

B–B
1 : 5

技术特性表 TECHNICAL SPECIFICATION			设计、制造、验收要求 SPEC.FOR DESIGN MANUF.& ACPT.	
名称 DESCRIPTION	容器Ⅰ CHANBERⅠ	容器Ⅱ CHANBERⅡ	名称 DESCRIPTION	内容 CONTENTS
设计压力 MPa,(G) DESIGN PRESSURE	0.004		设计规范 DESIGN COOE	BG150-1998
设计温度 ℃ DESIGN TEMPERATURE	154			
顶部最高工作压力 Mpa,(G) MAX.OPER.PRESS.(TOP)	0.4		制造，验收技术要求 SPEC.FOR MANUF.&ACPT.	JHG20583-1998
操作温度℃ OPERATION TEMPERATURE	144			
工艺介质 PROCESSAADLUID 名称 CONTENT	冷凝水		安全检查 SAFETY SUPERVISION	压力容器安全技术监察规程
毒性危害 TOXIC			焊缝符号标准 WELD SYMBOL STD.	HG20583-1998
爆炸危害 EXPLOSIVE			A，B类焊缝坡口形式 BUTTWELDGROOVEFORMS	见图
容积 m³ CAPACITY	2.52		C，D类焊缝坡口形式 WELDFORMSFORNZLS-SHELL	HG20583-1998/G2 法兰的焊接按HG20592-97
水压试验压力 MPa,(G) HYDRO.TEST PRESS.	0.55		其余焊缝坡口形式 OTHERWELDGROOVEFORMS	GB985-88
气密性试验压力 MPa(G) GAS LEAKAGE PRESS			焊接规范 WELDING COOE	JB/T4709-2000
腐蚀裕度 mm CORROSION ALLOWANCE			焊接材料 WELDING MATERIALS: Q235-A Q235-B / Q235-A Q235 B: J422	
焊接接头系数 壳体/封头 WELDING JOINT COEFF.(S/H)	0.85			
容器类别 VESSEL CLASSIFICATION	一类			
换热面积 m² HT.AREA	11.8			
充装系数 FILL COEFF.				
保冷层厚度 mm INSUNSOOAN CHINCNSESS			焊后热处理 P.W.H.T.	
风压 Pa WIND PRESSURE			其它	
地震烈度 EARTHQUAKE DEG.(MERCALLI)				
			管口方位图 ORIENTATION OF NZLS	按工艺管口方位图
			无图零件切割面粗造度 SURFACEROUGHNESSOFPARTWITHOUTDWG	50/▽
			油漆，包装，运输要求 PAINTING,PACKING&TRANSREQS	JB/T4711-2003
			安装要求 ERECTION PROCEDURE	

焊接探伤要求 WELDED JOINTS EXAM.SPEC.

焊缝类别 容器Ⅰ/容器Ⅱ WELDED JOINTS CATEGORY CⅠ/CⅡ	探伤标准 EXAM.STD.	探伤方法 EXAM.METH.	探伤率 EXAM.RATE.	探伤合格等级 EXAM.QS
A	JB/T4730-2005	X射线	≥20%	RT-Ⅲ
B	JB/T4730-2005	X射线	≥20%	RT-Ⅲ
C	JB/T4730-2005	磁粉	100%	Ⅰ
D	JB/T4730-2005	磁粉	100%	Ⅰ
其它 OTHERS	/	/	/	/

按管号 MARK	公称尺寸 NOMINAL SIZB	公称压力 NOMINAL PRE.	连接标准 NOZZLESCONNSTD	法兰型式 Type	连接面形式 FACING	用途或名称 SERVICE	从主中心线计接管伸出长度 FACING DISTANCE FROM C.L.
A	65	1.0	HG20592-97	PL	RF	进水口	758
B	65	1.0	HG20592-97	PL	RF	出水口	见图
C	80	1.0	HG20592-97	PL	RF	返汽口	1380
D	40	1.0	HG20592-97	PL	RF	放空口	见图
E	40	1.0	HG20592-97	PL	RF	备用口	见图
M	500	/	/	/	/	人孔	/
LG1~2	25	1.0	HG20592-97	PL	RF	液位计口	728

管口符号 NOZZLES NO.	图号或标准号 DWG.NO.OR STD. NO.	名称 PARTS.NAME	数量 QTY.	材料 MATL	单 SINGLE 质量 MASS(kg)	总 TOTAL 质量 MASS(kg)	备注 REMARKS
LG1、LG2		接管 φ32×3	2	20	0.27	0.54	L=124
	HG20592-97	法兰 PL25-1.0 RF	2	Q235-B	1.12	2.24	
D、E		接管 φ45×3.5	2	20	0.55	1.1	L=153
	HG20592-97	法兰 PL40-1.0 RF	2	Q235-B	2.12	4.24	
C		接管 φ89×4	1	20		1.28	L=153
	HG20592-97	法兰 PL80-1.0 RF	2	Q235-B		3.59	
A、B		接管 φ76×4	2	20	1.09	2.18	L=153
	HG20592-97	法兰 PL65-1.0 RF	2	Q235-B	3.31	6.62	

件号 PARTNO.	图号或标准号 DWG.NO.OR STD. NO.	名称 PARTS.NAME	数量 QTY.	材料 MATL	单 SINGLE 质量 MASS(kg)	总 TOTAL 质量 MASS(kg)	备注 REMARKS
4		筒体 DN1200 δ=8	1	Q235-B		476.7	H=2000
3	HG21519-2005	人孔 Ib-8.8(NM-XB350)450-0.6	1	组合件		104	
2	JB/T4746 2002	EHA 1200×8	2	Q235 B	102.2	204.4	
1	JB/T4713-82	支腿 A5-1100	4	Q235-A.F	25.4	101.6	垫板为 Q235-B

设备净质量 NETMASS (kg)		910
其中	瓷环 PROCELAIN (kg)	
	不锈钢 STAINLESS STEEL (kg)	
	钛材 TITANIUM (kg)	
空质量 EMPTYMASS (kg)		910
盛水质量 MASS OF FULL WATER (kg)		
最大可拆件质量 MAX.REMOV.PART MASS (kg)		3430
操作质量 OPERATING MASS (kg)		

盖章栏

设计单位名称		工程名称	工程名称
设计	Ⅰ效冷凝水平衡罐装配图	设计号	设计号
校核		设计项目	项目名称
专业负责人		设计阶段	施工图
项目负责人		XXX-2-V616-1	
审核			
审定	比例:1:10 专业:设备	全套图纸共1张	第1张

图 10-15 冷凝水平衡罐装配图

9.4　管道布置图

管道布置图是表达管道的空间布置情况、管道与建筑物和设备的相对位置和管道上的附件及仪表控制点等安置位置的图样，是管道和仪表控制点等安装、施工的主要依据。

图 9－10（见本章末尾）是某工序的管道布置图。管道布置图一般具有下列内容：

（1）一组视图。由平面图、剖视图组成的一组视图，表达建（构）筑物、设备的简单轮廓和管道等的安装布置情况。

（2）标注。标注建（构）筑物轴线编号，设备位号，管段序号，仪表控制点代号和管道等的平面位置尺寸和标高。

（3）方向标。画在图纸右上方，与设备布置设计北向一致，以指出管道安装方位的基准。

（4）标题栏。有时还有管口表，注写设备上管口的有关数据。

9.4.1　表达方法

绘制管道布置的常用比例为 1∶30，也有 1∶25 或 1∶50。图幅一般采用 A0，简单的也可用 A1 或 A2 幅面。管道布置图一般只画平面图，常以车间（或工段）的单位进行绘制。有需要时，还可加画剖视图，剖视图标注 A－A 等图名，并在平面上进行相应的标注。

多层建筑分层绘制，图下注明 EL×××平面（如 EL110.000 平面）。

（1）建（构）筑物表达方法。凡与管道布置安装有关的建（构）筑物用细实线绘制，其他的建（构）筑物均可简化或省略。

（2）设备表达方法。根据设备布置图用细实线画出简单外形及中心线或轴线（附基础平台、楼梯等），并画出设备上与配管有关的接管口（包括仪表及备用管口）。

（3）管道表达方法。管道、阀门、管件、附件、仪表控制点等均应画出。管道规定画法一般以单线表示，主物料管道用粗实线，辅料物料管道用中粗线，仪表管则用细实线画出。公称通径 DN 大于等于 400 mm 的管道用双线（中粗线）表示，小于等于 350 mm 的管道用单线表示。如果大口径管道不多，则 DN 大于等于 250 mm 的管道用双线（中粗线）表示，小于等于 200 mm 的管道用单线表示。

①管道断裂画法。只画一段时，中断处画断裂线，如图 9－11 所示。

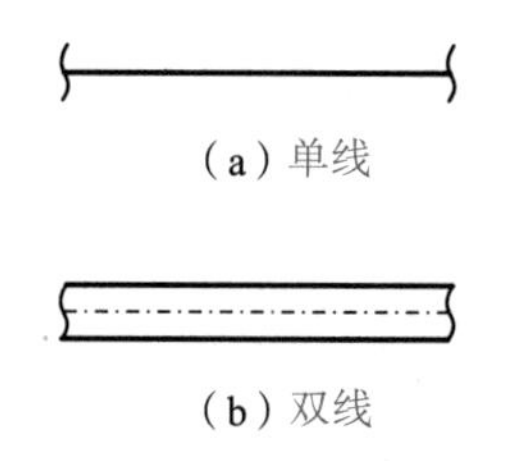

图 9－11　一般管道的表示方法

②管道弯折画法。如图 9－12 所示，管道公称通径小于等于 50 mm 的弯头一律用直角表示，

如图 9 - 12(d)所示。

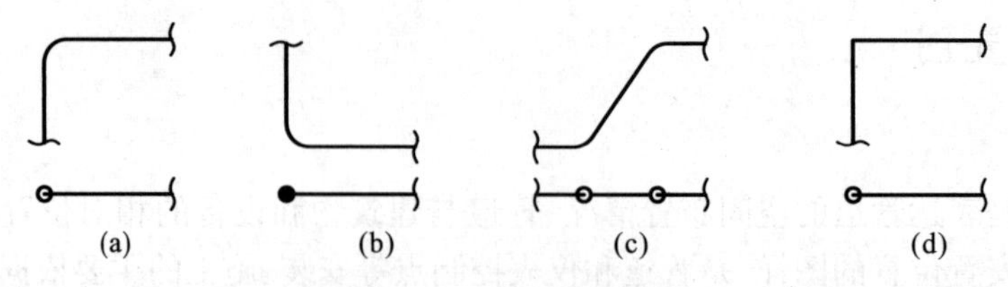

图 9 - 12　管道弯折画法

③管道交叉画法。画法有两种,一般是将被遮盖的管道投影断开,如图 9 - 13(a)所示。当被遮掩管道为主要管道时,应将投影断开并画出断裂符号,如图 9 - 13(b)所示。

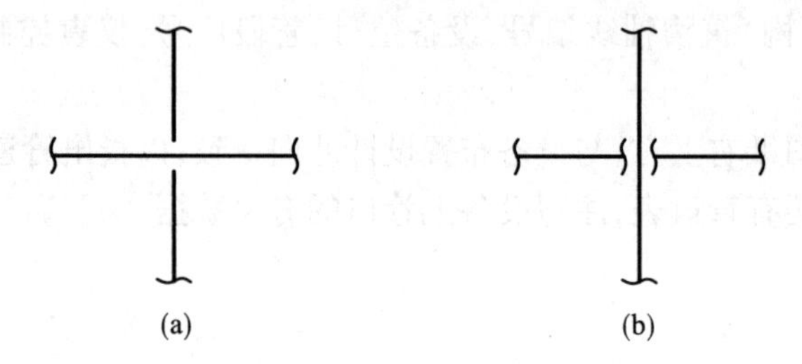

图 9 - 13　管道交叉的表示法

④管道重叠画法。将可见管道的投影用断裂符号断裂画出,如图 9 - 14(a)所示;也可在各管道上分别注出"a""b"字母或管道序号,如图 9 - 14(b)所示;管道弯折处画法如图 9 - 14(c)所示。

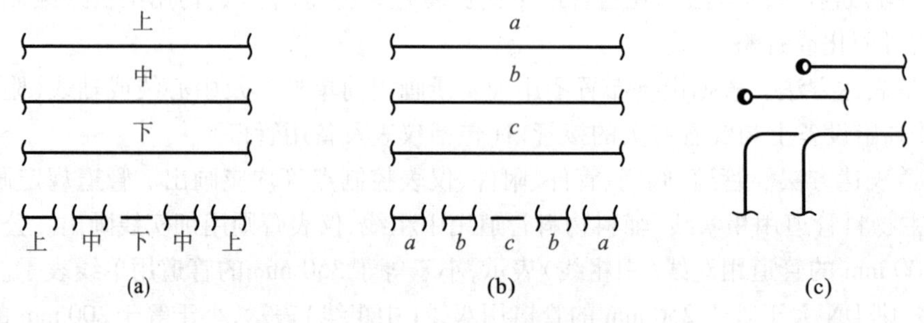

图 9 - 14　管道重叠画法

⑤管道相交画法。如图 9 - 15 所示。

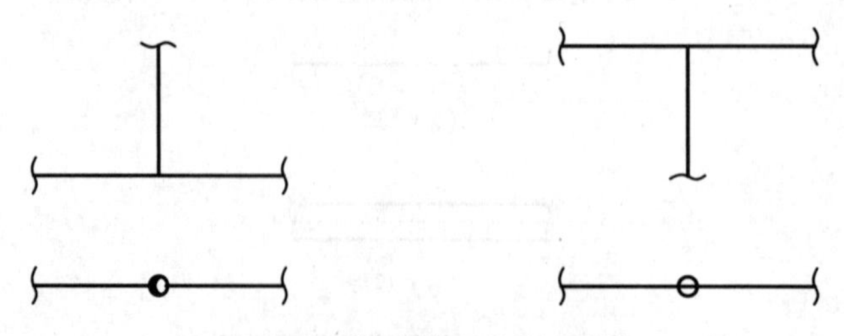

图 9 - 15　管道交叉的表示方法

⑥物料流向。管道内物料流向须用箭头(长约 5 mm)在管道的适当位置画出(单线管道画单

线上，双线管道画中心线上）。

（4）阀门、管件、附件、检测文件仪表控制点表达方法。

①管道上的阀门、管件、附件按规定图形符号用细实线绘制。图形符号可参阅 HG 20519—2009 标准。常见的管件（如弯头等）的画法如图9－16所示。

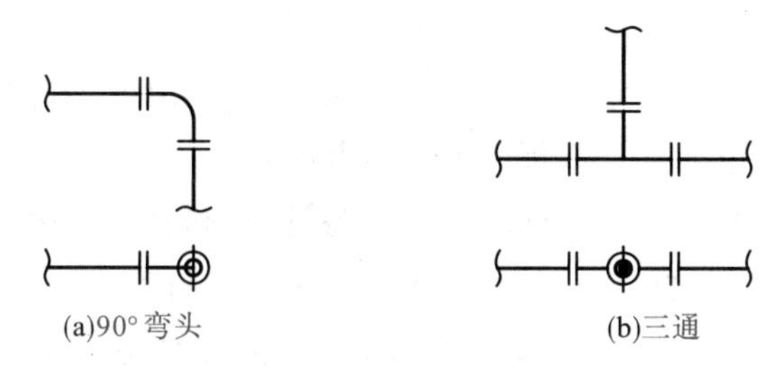

图9－16　管件图形符号画法

阀门的控制手轮及安装方位一般应在图上表示，如图9－17所示。

管道、阀门、管道附件间的连接形式，常见的如法兰、对焊、螺纹及承插等几种的表示方法，如图9－18所示。图9－19（a）为一段管道的轴测图，按上述管道及有关图形符号画出的主、俯视图如图9－19（b）所示。

②管道上的仪表控制点应在能清晰表达其安装位置的视图上，其图示符号、表达方法与工艺管道及仪表流程图相同，即用细实线引出，再画直径约10 mm的细实线圆，圆内书写与工艺管道及仪表流程图相同的符号。

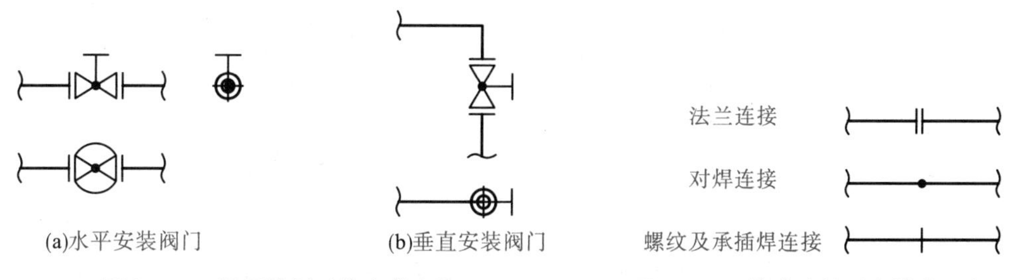

图9－17　阀门控制手轮安装方位　　图9－18　管道连接形式的表示方法

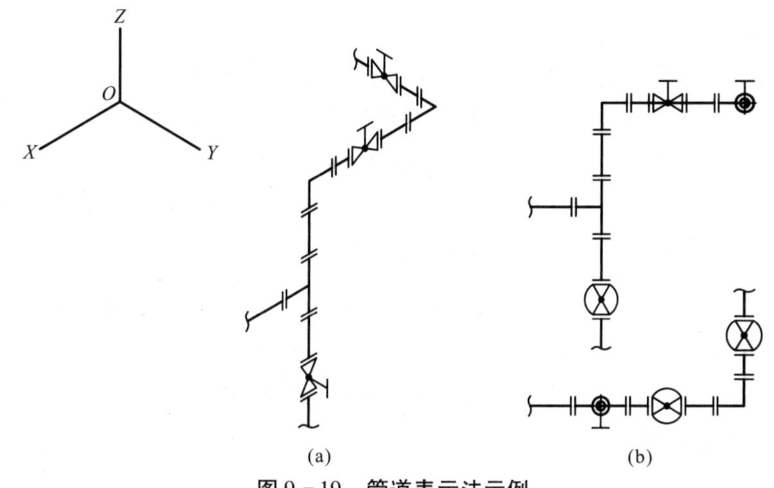

图9－19　管道表示法示例

9.4.2 标注

9.4.2.1 建(构)筑物的轴线编号,轴线间的总尺寸和分尺寸

标注方式与设备布置图相同。

9.4.2.2 设备的标注

标注设备的位号和定位尺寸,标注方式也与设备布置图相同。有时在管道布置平面图的设备中心线上面注位号,下方注轴中心线标高或支承点标高。

图样中也可按需用方框(5 mm×5 mm)标注设备管口(包括需要表示仪表接口及备用接口)符号及管口定位尺寸,如图9-20所示。在画平面图的图纸标题栏上方列出该平面图所有设备的管口表(含设备代号、各管口符号、接管外径、壁厚、公称压力、法兰连接面形式标准,设备中心线主管口端面长度、方位、标高等),以便管道安装施工之用。表格形式可参见HG 20519—2009《化工工艺设计施工图内容和深度统一规定》。

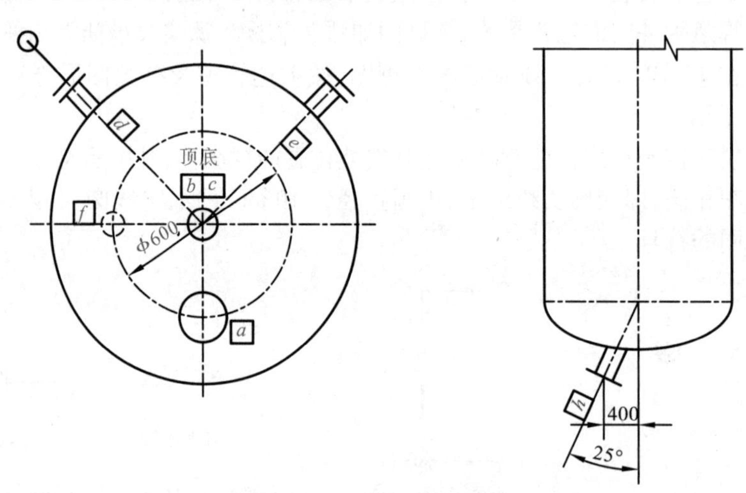

图9-20 设备管口及尺寸标注

9.4.2.3 管道等的标注

(1)管道的标注。

①管道要标注组合号。组合号与工艺管道及仪表流程图相同。

②管道还要标注其定位尺寸。管道在平面图上的定位尺寸以建(构)筑物的轴线、设备中心线、设备管口中心线、管法兰的一端面作为基准进行标注。

管道高度方向定位尺寸以标高注出,标高以管道中心线为基准时,标注EL×××,以管底为基准时,加注管底代号BOP,注成BOP EL×××。

单根管道也可用指引线引出标注,几根管道一起引出标注时,其注法如图9-21所示。

在平面图上不能清楚标注时,可在立体图上予以标注。

③管道的坡脚标注。管路安装有坡度要求时,应注坡度(代号i)和坡向,如图9-22所示,图中“WP ELXXX”为工作点标高。

图9-21　几根管道的引出标注方法

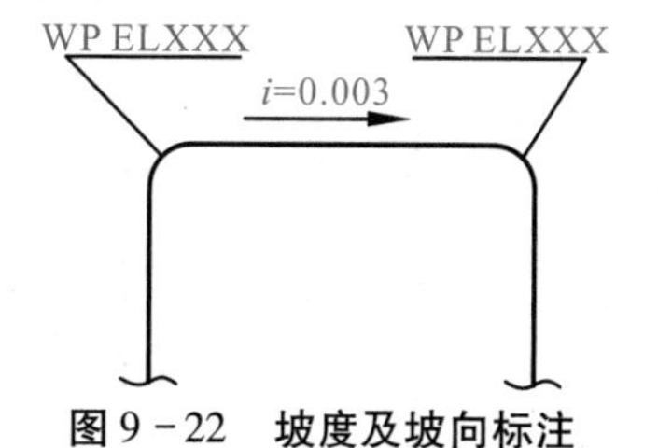

图9-22　坡度及坡向标注

(2)阀门、管件、管道附件的标注。

标注出阀门、管件、管道附件中心的定位尺寸。

9.4.3　管架的表示

管道安装在各种型式的管架上,管架安装于混凝土结构(代号C)、地面基础(代号F)、钢结构(代号S)、设备(代号V)、墙(代号W)上。

管架有固定架(代号A)、导向架(代号G)、滑动架(代号R)等几种。管架一般在管道布置图的平面图中用图例表示,并在旁侧标注管架编号。图例、管架编号和标注如图9-23所示。

图9-23中,(a)表示生根于钢结构上,序号为11,有管托的导向型管架;(b)表示生根于地面基础上,序号为12,无管托(或其他形式)的固定型管架;(c)为多根管道的管架表示方法和标注。管架还需标注定位尺寸,水平方向管道的支架标注定位尺寸,垂直方向管道的支架标注支架顶面或支承面的标高。

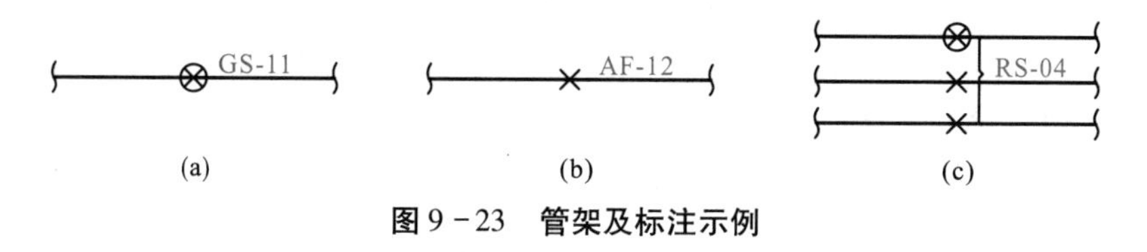

图9-23　管架及标注示例

9.5　管段图

按正等测投影原理绘制,表示出一个设备到另一个设备(或另一管段)间的一段管道及其所附管件、阀门、附件等空间配置的图样,称为管段轴测图,简称管段图。管段图也是管道设计中提供的一种图样。

管段图立体感强、便于阅读,对管段预制、施工有利,是设备和管道安装公司材料统计、购买及现场工人具体下料施工时使用。图9-24(见本章末尾)为管段图,一般具有如下内容:

(1)图形。按正等测原理绘制的管道及管件阀门等的规定图形符号。

(2)标注。管道号、管段所连设备位号及管口号和预制安装所需全部尺寸。

(3)方向标。指出安装方位的基准与管道布置图中安装方位一致,常画于图纸右上角。

(4)材料表。制表列出预制和安装管段所需的材料、规格、数量等,位于标题栏上方,其底边和标题栏顶边重合。也可以用管段表单独绘出,如表9-10所示。

(5)标题栏。填写图名、设计单位等。

表 9-10 管段表

管段号	阀门				管件					施工技术要求				隔热及防腐		试压介质	所在管道布置图图号
	名称及规格	材料	数量	标准号	名称及规格	材料	数量	标准号或图号		应力消除	清洗	坡口形式	检验等级	隔热代号	是否防腐		
PL101	球阀DN80	304	1	Q341F-16P	同心异径管 R(C)100×80-Sch10s	304	1	GB12459									1
	球阀DN100	304	2	Q341F-16P	异径三通 T(R)100×65-Sch10s	304	1	GB12459									
					等径三通 T(S)100×100-Sch10s	304	2	GB12459									
					1.5倍长90° 弯头 90E(L)100-Sch10s	304	2	GB12459									
					法兰盖 BL100-1.6 RF	304	1	HG20592-97									
PL102	止回阀DN65	304	2	H41W-16P	同心异径管 R(C)80×65-Sch10s	304	2	GB12459									
	球阀DN65	304	2	Q341F-16P	1.5倍长90° 弯头 90E(L)65-Sch10s	304	5	GB12459									
					等径三通 T(S)65×65-Sch10s	304	2	GB12459									
PL103					异径三通 T(R)65×50-Sch10s	304	2	GB12459									
					90° 长变径弯头 90E(L)R65×25-Sch10s	304	1	GB12459									
					同心异径管 R(C)65×25-Sch10s	304	2	GB12459									
PL104	球阀DN50	304	1	Q341F-16P	1.5倍长90° 弯头 90E(L)50-Sch10s	304	9	GB12459									
	调节阀	fv03	1		同心异径管 R(C)50×20-Sch10s	304	2	GB12459									
					同心异径管 R(C)50×32-Sch10s	304	2	GB12459									
					同心异径管 R(C)32×15-Sch10s	304	2	GB12459									
PL105	球阀DN25	304	1	Q41F-16P	1.5倍长90° 弯头 90E(L)25-Sch10s	304	4	GB12459									
	调节阀	fv06	1		同心异径管 R(C)25×15-Sch10s	304	2	GB12459									
PL106	球阀DN50	304	1	Q341F-16P	1.5倍长90° 弯头 90E(L)50-Sch10s	304	4	GB12459									
	调节阀	fv13	1		同心异径管 R(C)50×25-Sch10s	304	2	GB12459									
PL114	球阀DN65	304	1	Q341F-16P	1.5倍长90° 弯头 90E(L)65-Sch10s	304	4	GB12459									

四川大学化学工程学院	编制		管段表	工程名称	XXX	XXX-1-602-2	
	校核			设计项目	XXX		
2009年1月2日	审核			专业	工艺	第 2 页	共 9 页

9.5.1　表达方法

管段图不必按比例绘制,但阀门、管件等图形符号以及在管段中位置的相对比例要协调,图幅常用 A3。一般一个管道号画一张管段图,简单的可几个管道号画一张,复杂的可适当断开,用几张画出,但图号仍用一个。

管道用粗实线画出,并在适当位置画箭头表示流向。与管道连接的设备管口应用细实线画出,并画出其中心线。管件、阀门的规定图形号按大致比例和实际位置用较细实线绘制。管件、阀门、附件与管道的连接形式(法兰连接、螺纹连接、焊接)的图形符号也用较细实线画出。

各种形式的阀门、管件的图形符号及其与管段的连接画法详见 HG 20519—2009。图 9 - 25 为标准摘录的不平行于坐标轴或坐标面管段的画法。

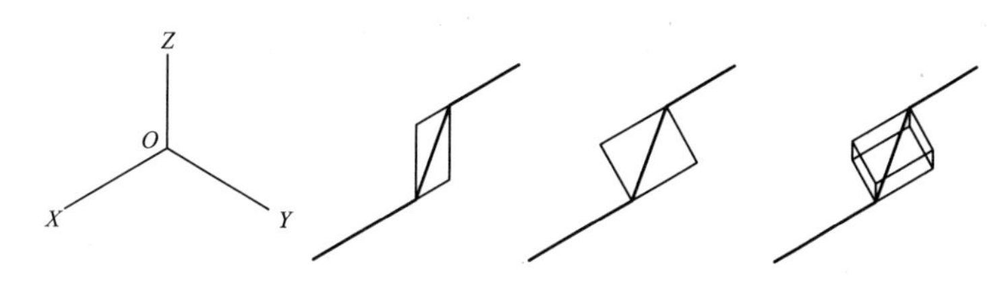

图 9 - 25　不平行于坐标轴或坐标面管段的画法

9.5.2　尺寸及标注

9.5.2.1　尺寸标注

(1)管段、阀门、管件等应注出加工及安装所需全部尺寸。

(2)尺寸单位为 mm,标高单位为 m。

(3)垂直管道上一般不注长度尺寸,而以水平管道的标高“EL”表示。

(4)管道上带法兰的阀门和管道元件注出主要基准点到阀门或管道元件的一个法兰面的定位尺寸。

(5)螺纹连接和承插焊连接的阀门、定位尺寸注到阀门中心线。

(6)当管道上的阀门或其他独立的管道元件位置由管件与管件直接相接的尺寸所决定时,不要注定位尺寸。

(7)当管件与管件不是直连时,异径管以大端标注定位尺寸。

9.5.2.2　管道号的标注

(1)管道号和管径注在管道的上方。

(2)水平向管道标注“EL”,注在管道下方。

当不需注管道号和管道仅需注标高时,标高可注在管道上方或下方。当标注设备管口相连接的尺寸时,在管口近旁注出管口符号,管口中心线旁注出设备位号和中心线标高“EL”或管口法兰面(或端面)标高“EL”。

9.5.3　管段表

管段表为轴测图配套表格,其目的为材料清单统计,涉及阀门、管件、防腐保温及安装说明,如表 9 - 10 所示。

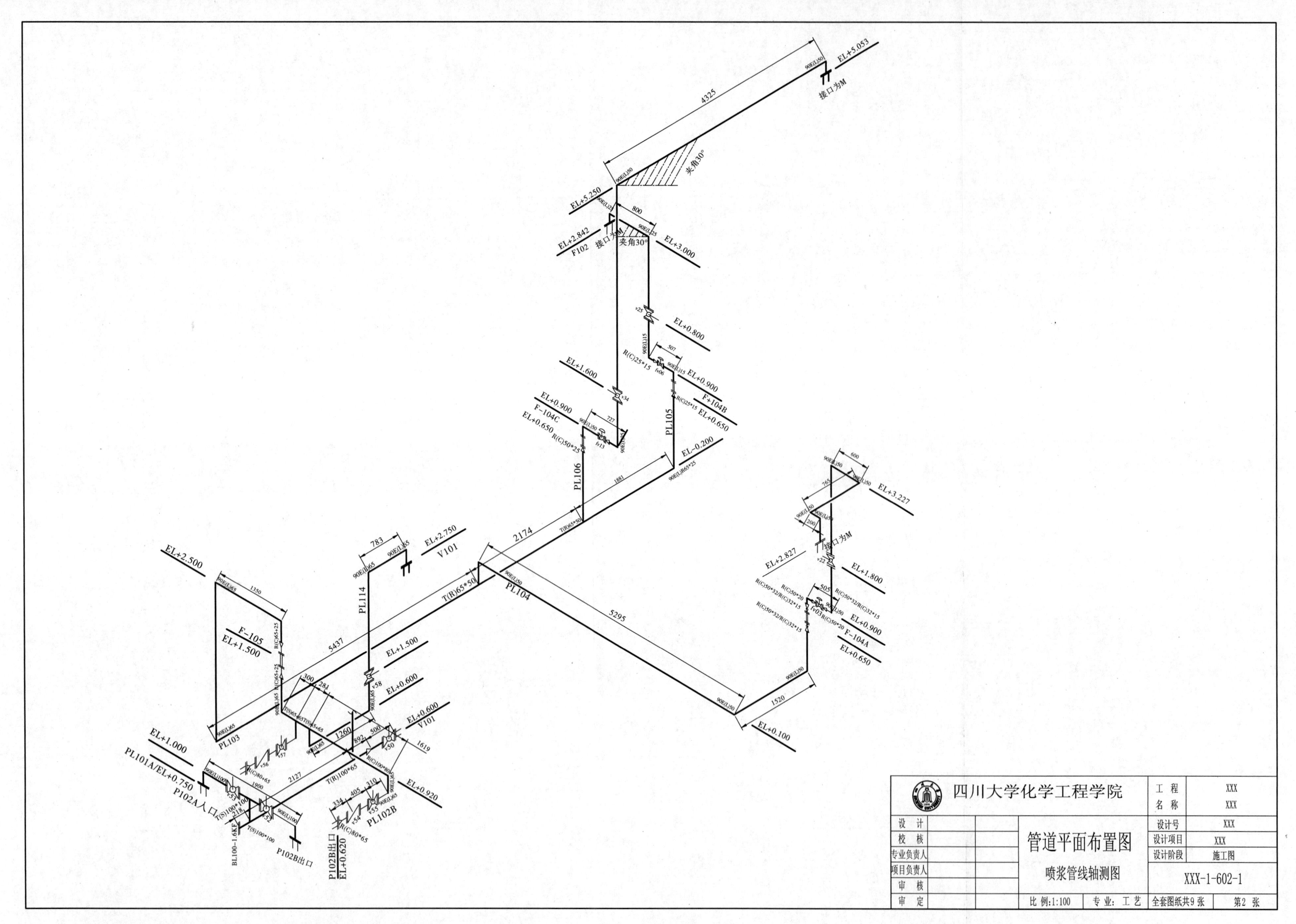

EL+5.053
接口为M
4325
夹角30°
EL+5.250
800
EL+2.842
F102
接口为M
夹角30°
EL+3.000
EL+0.800
507
R(C)25*15
EL+1.600
EL+0.900
F-104B
EL+0.650
PL105
EL+0.900
F-104C
EL+0.650
R(C)50*25
727
EL-0.200
PL106
1881
2174
T(R)65*50
783
EL+2.750
V101
PL114
EL+2.500
1350
F-105
EL+1.500
5437
PL104
5295
EL+1.500
EL+0.600
EL+0.600
V101
PL103
300
284
1260
892
500
1619
EL+1.000
PL101A/EL+0.750
P102A入口
2127
1900
T(R)100*65
R(C)100*80
EL+0.920
334
405
310
PL102B
R(C)80*65
P102B出口
EL+0.620
P102B出口
BL100-1.6KF
600
765
EL+3.227
200
接口为M
EL+2.827
EL+1.800
505
EL+0.900
F-104A
EL+0.650
1520
EL+0.100
四川大学化学工程学院
工 程 名 称
XXX
XXX
设 计
校 核
专业负责人
项目负责人
审 核
审 定
管道平面布置图
喷浆管线轴测图
设计号
XXX
设计项目
XXX
设计阶段
施工图
XXX-1-602-1
比 例:1:100
专 业: 工 艺
全套图纸共9 张
第2 张

图 9-24　管段图

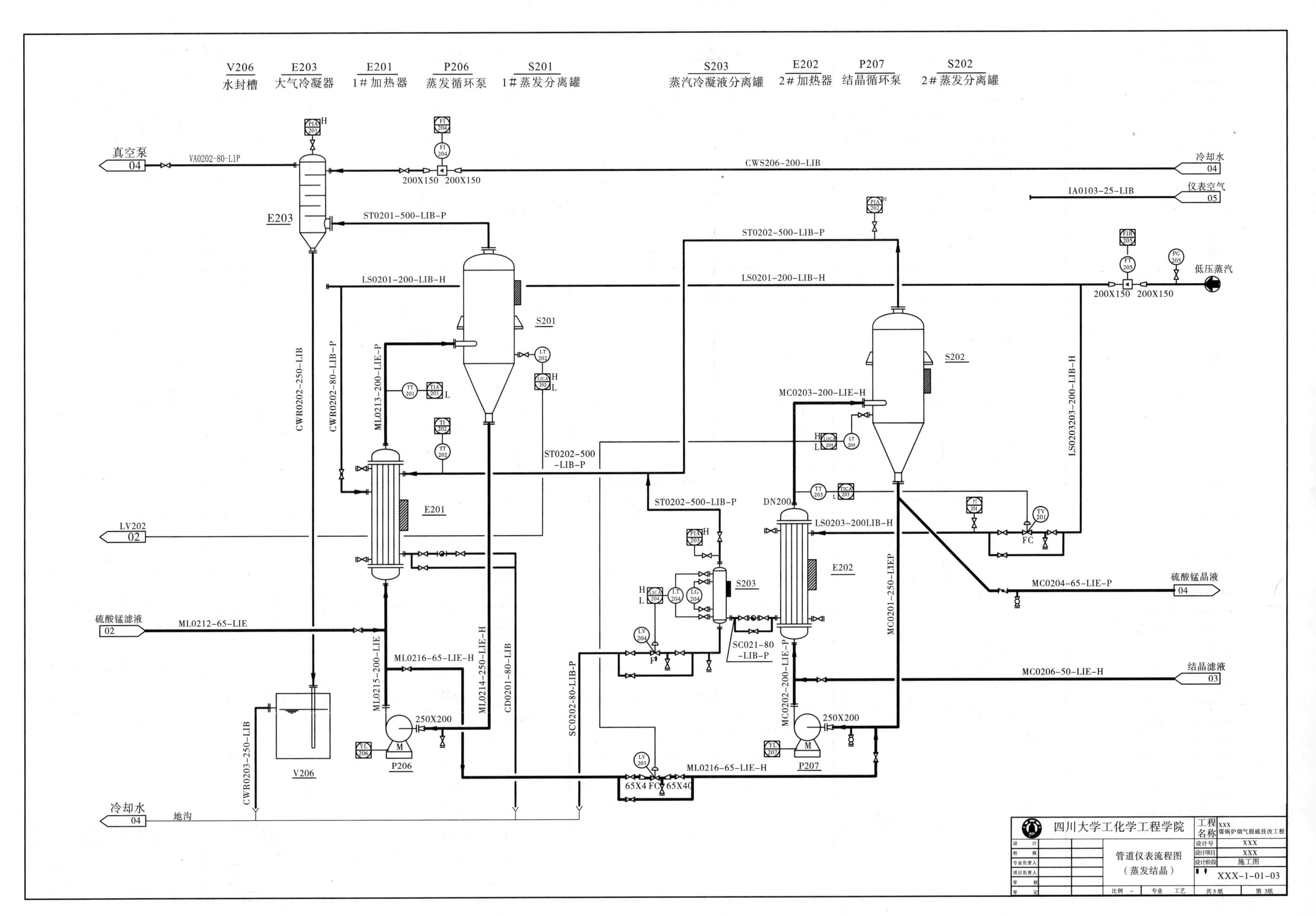

图 9-2　工艺管道及仪表流程图(PID)

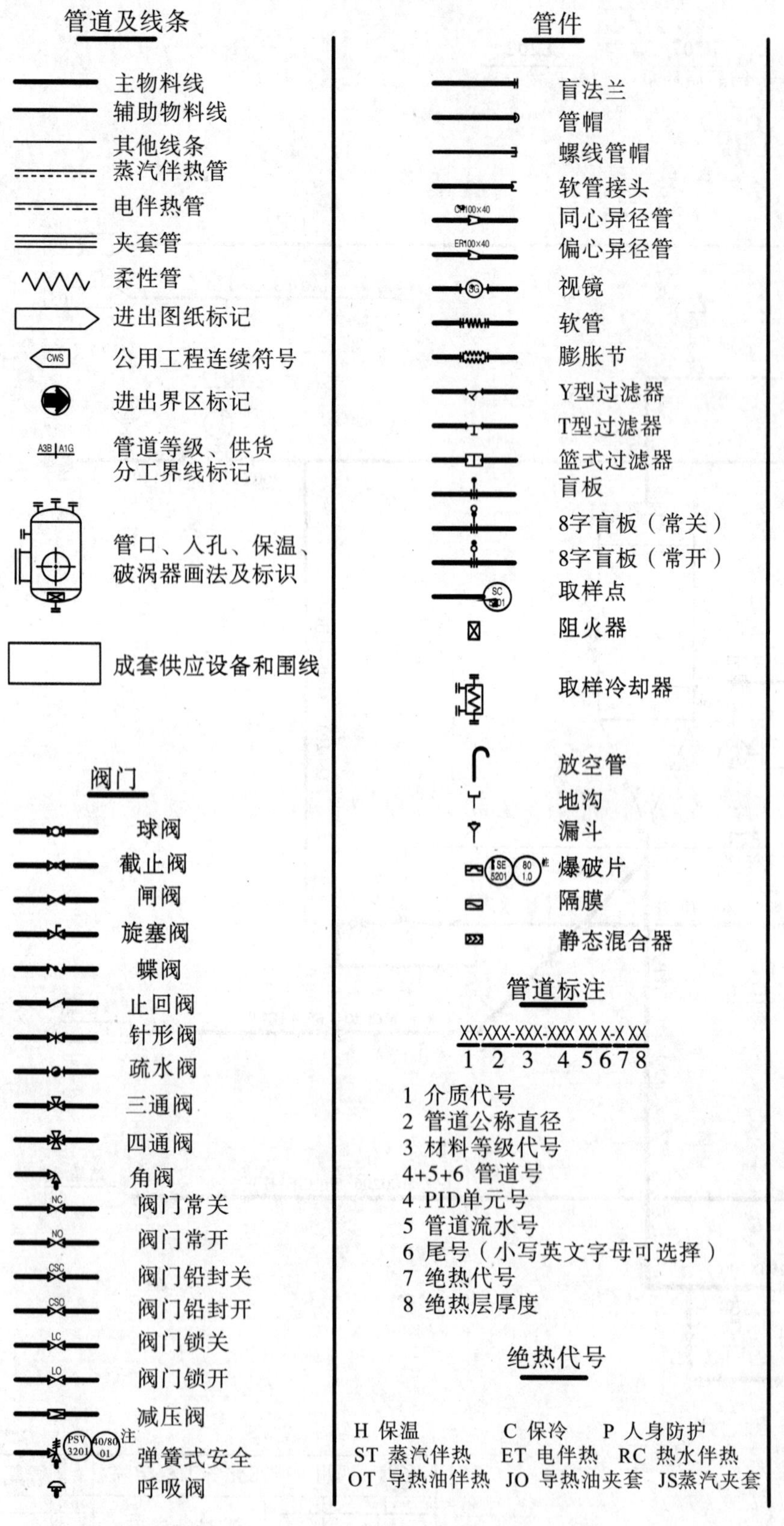

管道标注

XX-XXX-XXX-XXX XX X-X XX
1 2 3 4 5 6 7 8

1 介质代号
2 管道公称直径
3 材料等级代号
4+5+6 管道号
4 PID单元号
5 管道流水号
6 尾号（小写英文字母可选择）
7 绝热代号
8 绝热层厚度

绝热代号

H 保温　C 保冷　P 人身防护
ST 蒸汽伴热　ET 电伴热　RC 热水伴热
OT 导热油伴热　JO 导热油夹套　JS蒸汽夹套

管道等级代号

× × ×
1 2 3

1 公称压力代号
L --- 1.0MPa，M --- 1.6MPa
2 顺序号
3 管道材质代号
A --- 铸铁，B --- 碳钢，C--- 普通低合金钢
D --- 合金钢，E--- 不锈钢，F--- 有色金属
G --- 非金属，H--- 衬里及内防腐

介质代号

MK软锰矿浆	RW 新鲜水
MZ硫酸锰渣浆	CWS 循环水上水
ML硫酸锰流液	CWR 循环水回水
MC硫酸锰晶浆	LS 0.4MPaG蒸汽
BG锅炉烟气	SC 0.4MPaG蒸汽冷凝水
PL脱硫浆液	ST 二次蒸汽
IA仪表空气	CD 二次蒸汽冷凝水
WW滤布冲洗水	VA 真空
WS废固体	VG 放空气

设置位号

××-××××
1 234

1设备代号
2单元序号的第二位数字
3流水号（从“01”开始）
4相同设备尾号（大写英文字母表示）

设备代号

A 搅拌器　M 混合器或电机
B 鼓风机　P 泵类
C 压缩机　E 反应器
D 干燥器　S 分离器
E 换热器　T 塔类
F 焚烧炉　TK 储罐（较大的储罐）
FT 过滤器　Y 容器
H 加热炉　W 称重设备
J 喷射器　X 其他设备
K 膨胀机　Z 水池
L 起重设备、带式输送设备

特殊管件代号

FA 阻火器　US 公用工程站
F 管道过滤器　SWE 安全淋浴器和洗眼器
ET 膨胀节　SO 特殊管件
KV 减压阀　ST 疏水阀

仪表回回路元件

就地安装仪表
就地盘面安装仪表
操作控制室集中安装仪表
DCS仪表
联锁回路

控制阀

调节阀
调节阀（故障关）
调节阀（故障开）
调节阀（故障保持）
气动角阀
气动螺阀
自力式调节阀
两位三避电磁阀
气缸式罐底阀
薄膜式
气缸式
定位器
带手轮

仪表信号线

通用仪表信号线和能源线
仪表信号线（电）
仪表信号线（气）
仪表信号线（毛细管）
DCS内部信号线

流量计符号

涡街流量计
电磁流量计
水表流量计
转子流量计
孔板流量计

仪表字母代号

代号	首位字母		后继字母		
	被测变量	修饰词	读出功能	输出功能	修饰词
A	分析		报警		
B	烧嘴、火焰				
C				调节、控制	
D		差值			
E	电压		检测元件		
F	流量				
G	可燃性气体		视镜、就地		
H	手动				高
I	电流		指示		
J	功率				
K	时间、时间程序	变化速率		操作器	
L	物位/液位		灯		低
M	水分或湿度		瞬动		
N	供选用		供选用	供选用	供选用
O			限流孔板		
P	压力或真空		取源点		
Q			积算或累积		
R			记录或打印		
S		安全		开关或联锁	
T	温度				
U	多变量		多功能	多功能	多功能
V					
W	重量				
X	未分类		未分类	未分类	未分类
Y	事件、状态			逻辑或计算	
Z	位置				

注：压力单位为MPaG。

四川大学化工工程学院		工程名称	××× 煤锅炉烟气脱硫技改工程
设计	首页图	设计号	×××
校核		设计项目	×××
专业负责人		设计阶段	施工图
项目负责人			××-1-01-00
审核			
审定	比例 - 专业 工艺	共1纸	第1纸

图 9–1　首页图

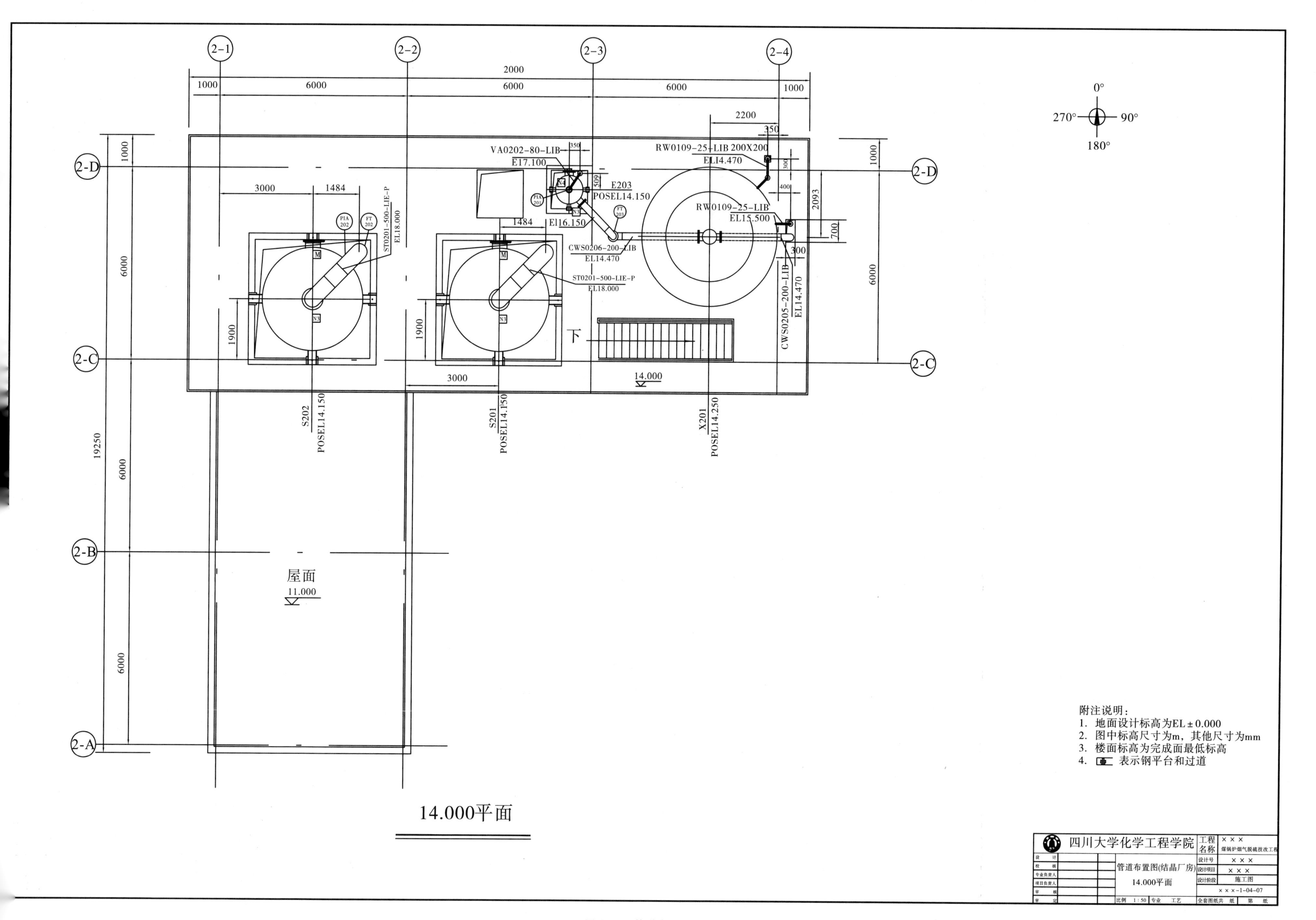

2-1
2-2
2-3
2-4
2-A
2-B
2-C
2-D
2000
1000
6000
6000
6000
1000
2200
350
0°
270°
90°
180°
VA0202-80-LIB
E17.100
RW0109-25-LIB 200X200
EL14.470
E203
POSEL14.150
RW0109-25-LIB
EL15.500
3000
1484
ST0201-500-LIE-P
EL18.000
CWS0206-200-LIB
EL14.470
ST0201-500-LIE-P
EL18.000
CWS0205-200-LIB
EL14.470
下
14.000
3000
1900
1900
S202
POSEL14.150
S201
POSEL14.150
X201
POSEL14.250
19250
屋面
11.000
14.000平面
附注说明：
1. 地面设计标高为EL±0.000
2. 图中标高尺寸为m，其他尺寸为mm
3. 楼面标高为完成面最低标高
4. 表示钢平台和过道
四川大学化学工程学院
工程名称
×××
煤锅炉烟气脱硫技改工程
管道布置图(结晶厂房)
14.000平面
施工图
×××-1-04-07
比例 1:50
专业 工艺

图 9-10 管道布置图

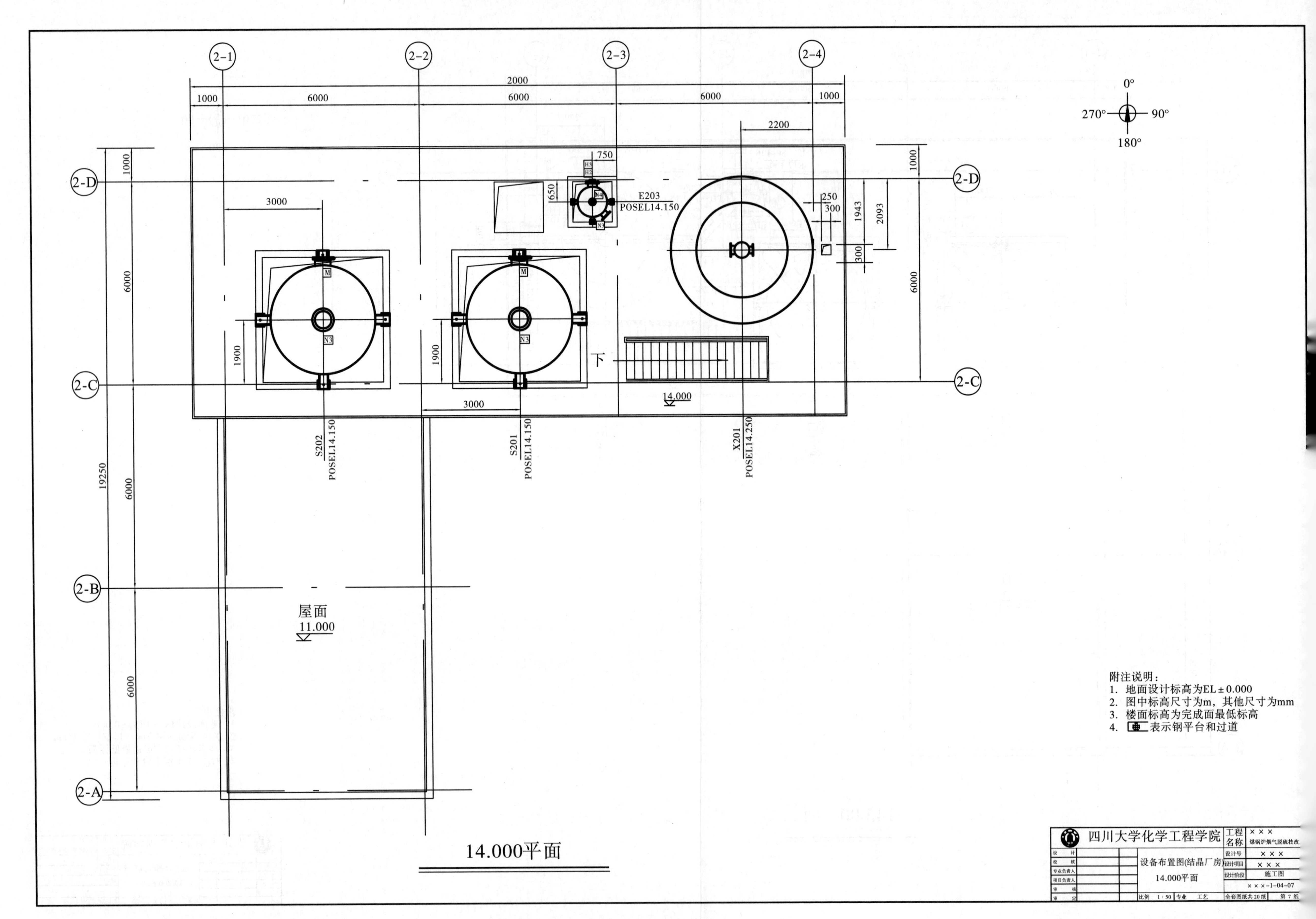

2-1
2-2
2-3
2-4
2000
1000
6000
6000
6000
1000
2200
750
E203
POSEL14.150
3000
250
300
1943
2093
300
0°
270°
90°
180°
2-D
2-C
2-B
2-A
1000
6000
6000
6000
19250
1900
1900
3000
下
14.000
S202
POSEL14.150
S201
POSEL14.150
X201
POSEL14.250
屋面
11.000
附注说明：
1. 地面设计标高为EL±0.000
2. 图中标高尺寸为m，其他尺寸为mm
3. 楼面标高为完成面最低标高
4. 表示钢平台和过道
14.000平面
四川大学化学工程学院
工程名称
×××
煤锅炉烟气脱硫技改
设计号 ×××
设计项目 ×××
设计阶段 施工图
设备布置图(结晶厂房)
14.000平面
×××-1-04-07
比例 1:50
专业 工艺
全套图纸共20纸
第7纸

图 9-7 设备布置图

第 10 章　化工设备图

10.1　概述

化工装备分为化工机器和化工设备。化工机器主要指泵、压缩机、离心机、搅拌装置等机器。除要注意化工介质的腐蚀外，其图样基本上与通用机器的表达相同。故不重复讲述。

化工设备指那些用于化工生产过程中的合成、分离、干燥、结晶、过滤、吸收、澄清等生产单元的装置和设备。典型的有反应釜、塔、换热器、储罐等。图 10－1 为反应釜立体图。

化工设备的设计、制造、安装、使用和维修都需要图样，因此，从事化工技术的人员都应具备阅读和绘制化工设备图样的能力。本章所述的化工设备图是化工设备装配图的简称。

化工设备装配图要表达化工设备的结构特征、各零部件间的装配连接关系以及必要的尺寸、技术特性和制造、检验、安装的技术要求等内容，如图 10－2(见本章末尾)所示。因此，它不仅有前述的装配图中具有的一组视图、必要的尺寸、零(部)件序号及明细栏、技术要求、标题栏等内容外，还有管口符号及管口栏、设计数据表、质量栏、盖章栏、管口明细栏，以及用表格形式列出设备的工作压力、工作温度、物料名称等主要工艺特性，表明设备重要特性指标的内容，这将大大有利于读图和备料、制造、检验、生产操作。

图 10－1　反应釜立体图

10.2　化工设备图的视图表达

化工设备种类很多，但常见的典型设备主要是容器、换热器、塔器和反应器等，分析它们的基本结构组成，可得出共同的结构特点是：主体(筒体和封头)以回转体为主，主体上管口(接管口)和开孔(人孔、视镜)多，尺寸相差悬殊，薄壁结构多，大量采用焊接结构，广泛采用标准化、通用化、系列化零部件，这些结构特点使化工设备的视图表达也有特殊之处，现扼要介绍。

10.2.1　基本视图及其配置

由于化工设备主体以回转体为多，所以一般立式设备用主视、俯视两个基本视图，卧式设备则用主视、左视两个基本视图。俯(或左)视图也可配置在其他空白处，但需要在视图上方注明

“俯(或左)视图”或“X 向”。

10.2.2 多次旋转表达方法

由于化工设备主体周向上分布着各种管口和零部件,为了在主视图上清楚地表达它们的结构和位置,采用了一种多次旋转的方法,即假想将分布于设备上不同周向方位的管口(或开孔)结构或零部件,分别旋转到与一基本投影面平行后,再向该投影面投影,画出主视图(或剖视图);它们的周向方位可在俯(左)视图中确定。在基本视图上采用多次旋转表达方法时,一般不予标注;但这些管口或开孔结构的周向方位要在图中的技术要求中说明;以管口方位图(或俯视图)为准。在图 10-2 中,管口 A1、A3 分别是按顺时针方向和逆时针方向假想旋转到管口 A2 位置后,在主视图上画出的。

10.2.3 细部结构表达方法

由于化工设备各部分结构间尺寸大小悬殊,基本视图的作图比例常难以同时将某些细部结构清晰表达,因此,常采用局部结构(俗称节点图)表达。设备中的焊接结构和法兰连接结构常采用局部结构表达方法。在图 10-2 中,Ⅰ放大图用 1:5 的比例画出,比基本视图的放大了 3 倍。

局部放大图可根据表达需要,采用视图、剖视、断面等表达方法,必要时还可采用几个视图表达同一个细部结构,地脚螺栓座的局部放大表达如图 10-3 所示。

10.2.4 断开和分段(层)的表达方法

当较长(或较高)的设备沿长度(或高度)方向的形状和结构相同或按规律变化时,可采用断开画法,以节省图幅、简化作图。

当设备不宜采用断开画法但图幅又不够时,如图 10-4 所示的烟囱,可采用分段(层)画法。

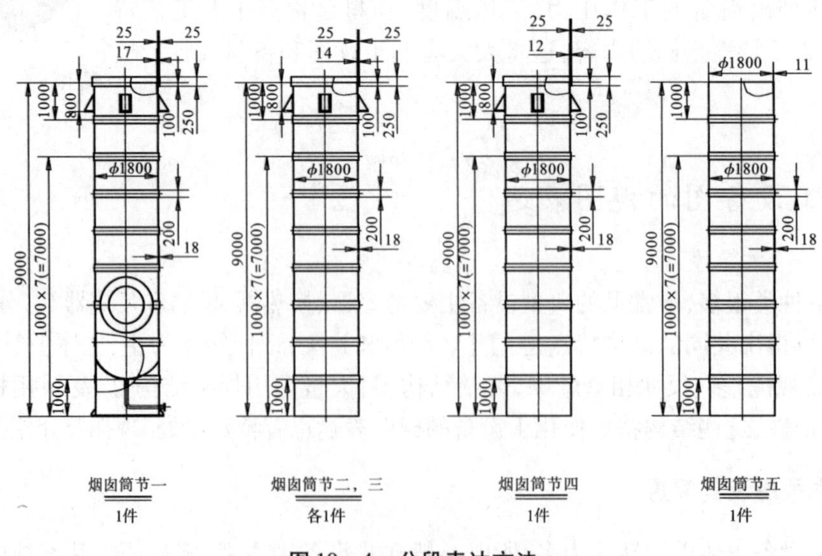

图 10-4 分段表达方法

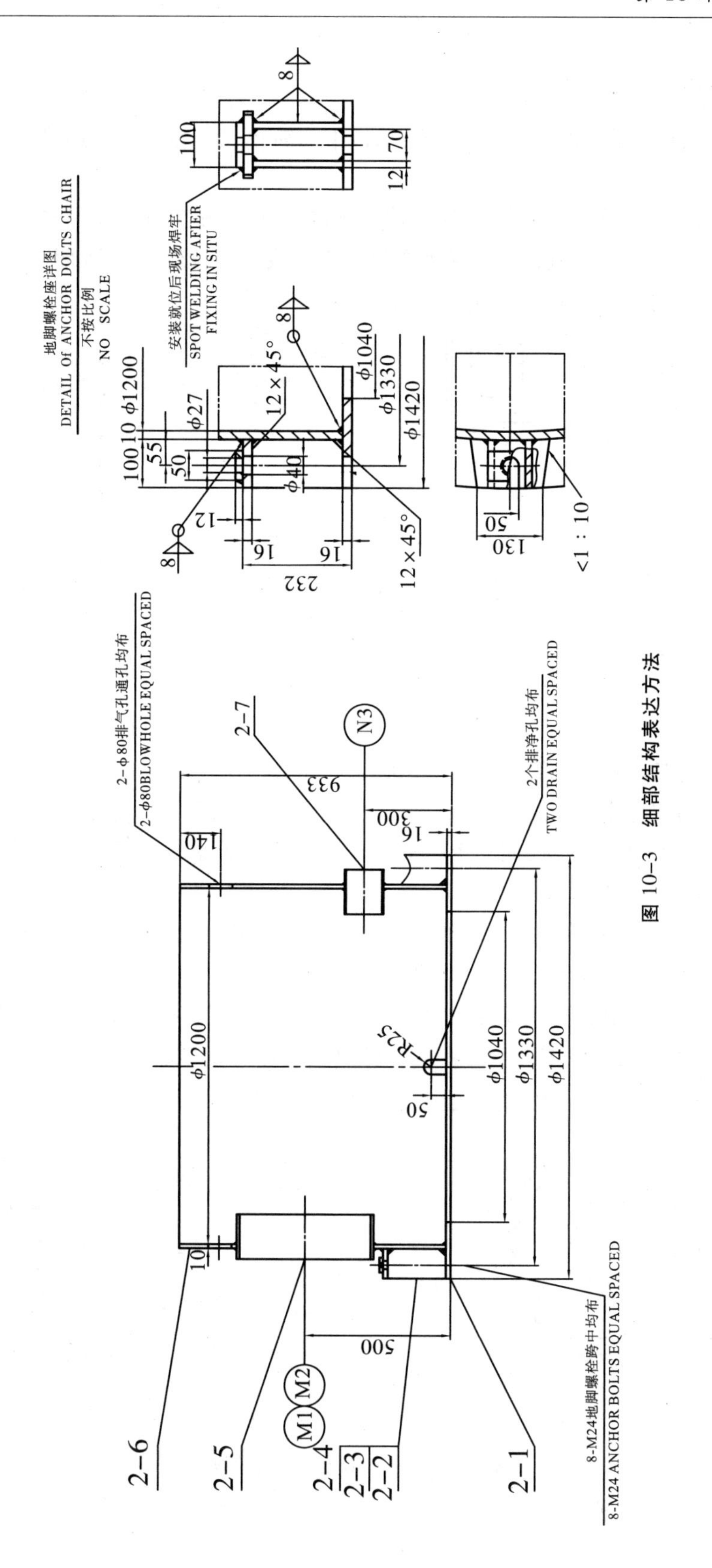

图 10-3　细部结构表达方法

10.2.5 简化画法

化工设备图中，除采用国家标准(机械制图)中的简化、规定画法外，还采用按化工设备特点而补充的简化画法。

(1)有标准图、复用图、外购的零部件的简化画法　在装配图可按比例只画出表示特征的外形轮廓线，如图 10－5 所示，液位计的玻璃管用细点划线画出，符号“＋”画粗实线。

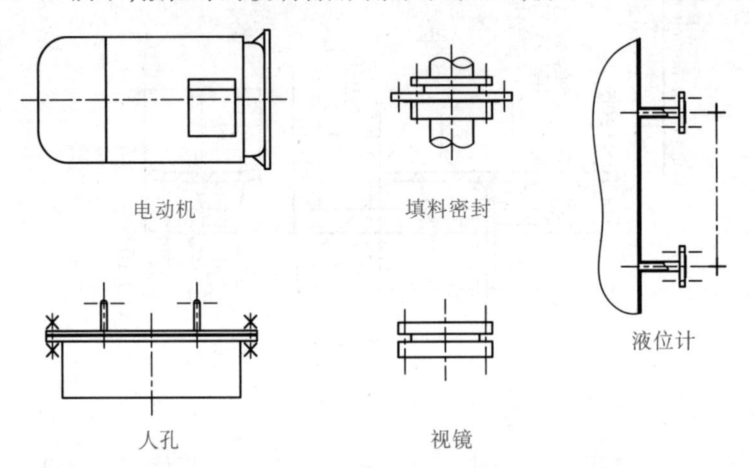

图 10－5　零件图简化画法

(2)管法兰的简化画法。管法兰的简化画法如图 10－6 所示。

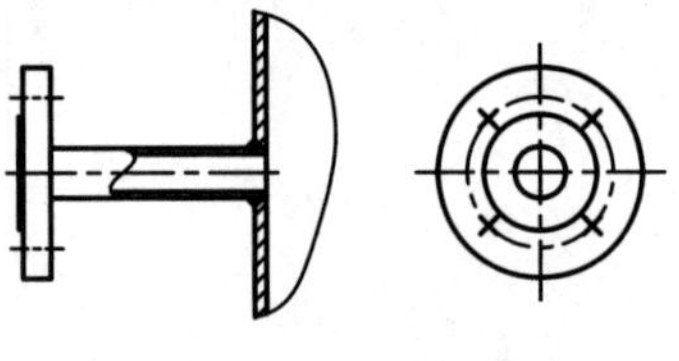

图 10－6　管法兰的简化画法

(3)重复结构的简化画法。

①螺栓孔可只画出中心线，如图 10－6 中法兰的螺栓孔。螺栓连接需加画粗实线绘制的符号“×”和“＋”，如图 10－5 中人孔的法兰与法兰盖间的连接螺栓组。同样规格的螺栓孔，螺栓连接，数量多且均匀分布时，可只画几个(至少两个)。

②多孔板(换热器中的管板，塔器中的塔板等)上按规则排列的孔，均可采用简化画法，如图 10－7(a)所示。对孔数要求不严的多孔板(如隔板、筛板等)，不必画出孔眼，但必须用局部放大图表示孔眼的尺寸、排列方式和间距，如图 10－7(b)所示。

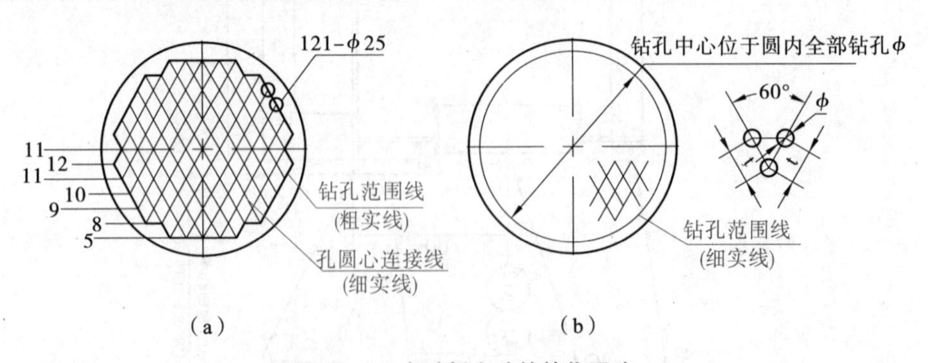

图 10－7　多孔板上孔的简化画法

③按规则排列的管子(如列管换热器中的换热管)，可只画一根管子，其余用中心线表示，如

图 10－8 所示。

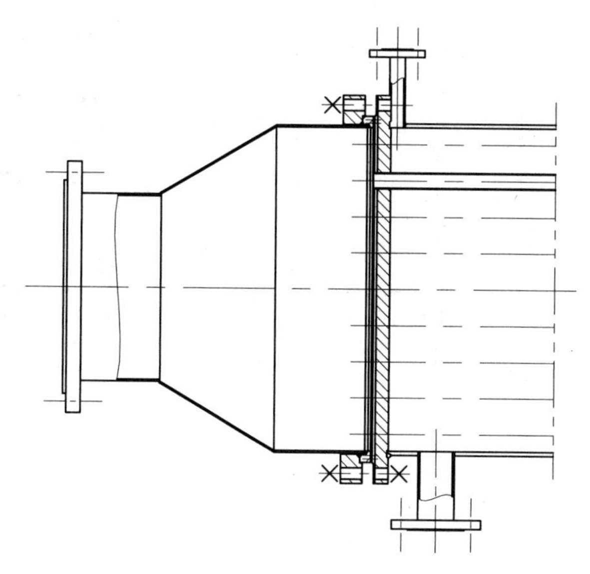

图 10－8　按规侧排列管子的简化画法

填料塔中的填充物(包括瓷环、玻璃棉、卵石等)和填料箱中的填料都可用相交细线表示,但填充物需加注有规格和堆放方法,如图 10－9 所示。

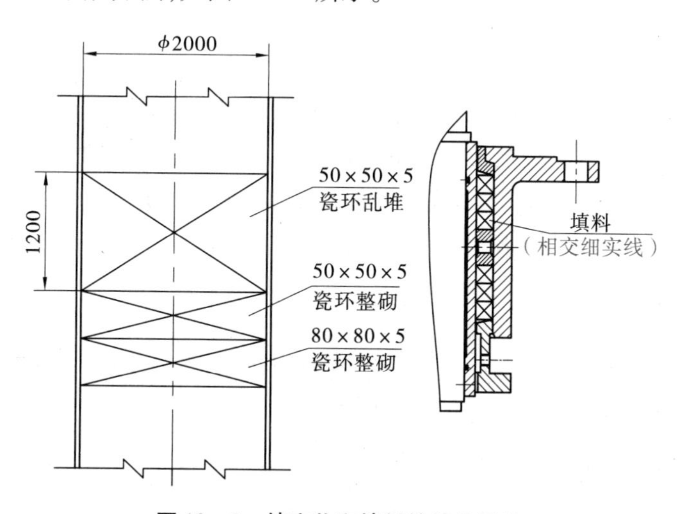

图 10－9　填充物和填料的简化画法

10.2.6　单线示意画法

在已有零件图、部件图、剖视图、局部放大图等能清楚表示出结构的情况下,装配图中的法兰、接管补强板、吊耳、环首螺丝、顶丝、吊柱、壳体厚度、支座、接地板等图形均可按比例简化为单线(粗实线)表示,如图 10－10(a)所示,但尺寸标注基准应在图纸“注”中说明,如法兰尺寸以密封面为基准,塔盘标高尺寸以支承圈上表面为基准等。同样,塔设备中的塔盘和热交换器中的折流板、拉杆、挡板等在装配图上也可用单线示意画出,如图 10－10(b)、(c)所示。

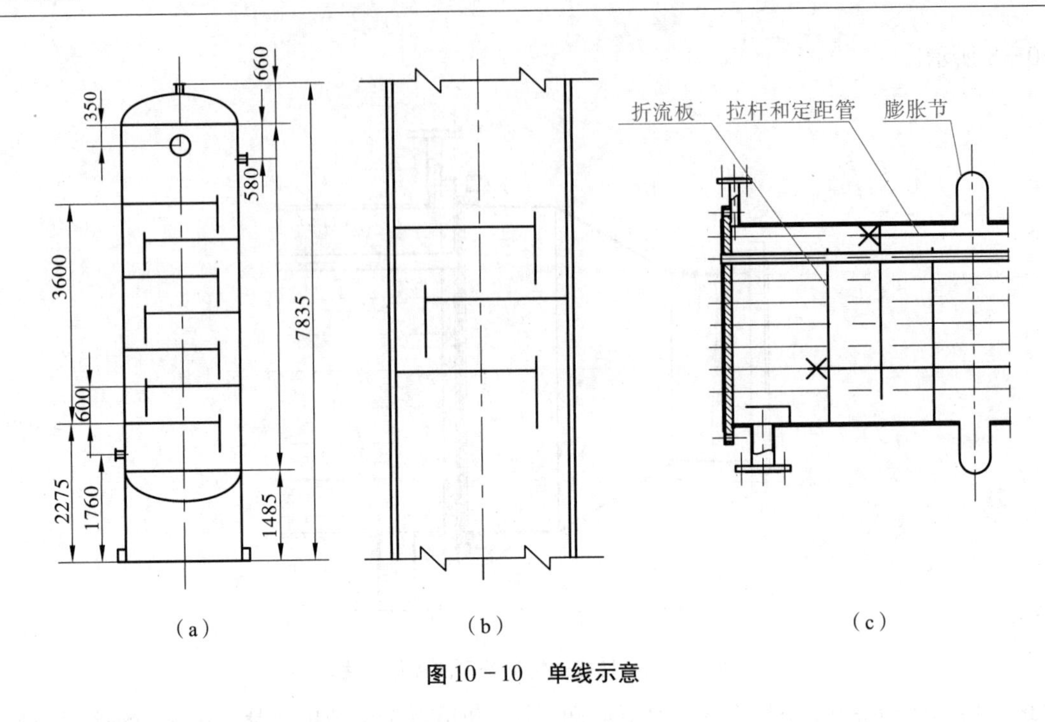

图 10-10 单线示意

10.3 化工设备图中焊接的表示法

焊接是一种不可拆卸的连接形式。由于焊接施工简便、连接可靠，所以在化工设备制造、安装中被广泛采用。化工设备装配图中有大量的焊接形式，焊缝表达方法的掌握也是比较重要的。焊缝的表示可用图示、焊缝符号和序列代号三种方法，具体的表示可以参见《钢制化工容器结构设计规范》(HG/T 20583—2020)第15部分。

10.3.1 焊缝的图示表示

图示方法表示时一般采用局部放大的剖视图或剖面图形式，如图10-2所示的对接焊接接头详图，绘制焊缝的详细结构并标注出焊缝尺寸。

10.3.2 焊缝的序列代号表示

序列代号表示方法一般应用在技术特性表内或技术要求中，一般用标准代号加序列代号的方式表示，如图10-2所示的技术特性表中“C、D类焊缝坡口形式”为“HG/T 20583—2020/G2”，“G2”即是采用序列代号表示的焊缝形式。

10.3.3 焊缝的焊缝符号表示

下面简单介绍焊接方法、焊缝形式、焊缝的规定画法、焊缝符号表示法和焊缝的标注。

10.3.3.1 焊接方法

随着焊接技术的发展，焊接方法已有几十种。GB/T 5185—2005 规定，用阿拉伯数字代号表示各种焊接方法,并可在图样中标出。常用的焊接方法及代号见表 10－1。

表 10－1　常用的焊接方法及代号

代号	焊接方法	代号	焊接方法	代号	焊接方法	代号	焊接方法
111	手弧焊	21	点焊	321	空气－乙炔焊	751	激光焊
12	埋弧焊	22	缝焊	42	摩擦焊	91	硬钎焊
121	丝极埋弧焊	25	电阻对焊	43	锻焊	912	火焰硬钎焊
122	带极埋弧焊	291	高频电阻焊	441	爆炸焊	916	感应硬钎焊
15	等离子弧焊	311	氧－乙炔焊	72	电渣焊	94	软钎焊
181	碳弧焊	312	氧－丙烷焊	74	感应焊	942	火焰软钎焊

10.3.3.2　焊缝形式

构件焊接后形成的结合部分称为焊缝。按构件连接部分相对位置的不同,焊缝的接头有对接、搭接、角接和 T 形接等形式,如图 10－11 所示。

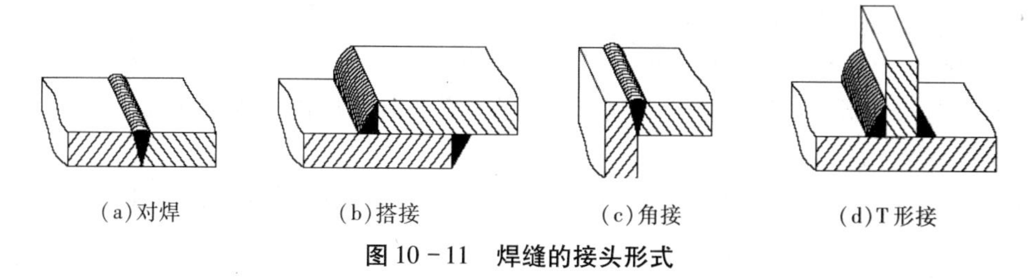

图 10－11　焊缝的接头形式

10.3.3.3　焊缝的规定画法

国家标准(GB/T 12212—2012)规定:在图样中一般用焊缝符号表示焊缝,也可采用图示法表示。在视图中需画出焊缝时,可见焊缝用细实线绘制的栅线(允许徒手绘制)表示,也可采用特粗线($2d \sim 3d$)表示,但在同一图样中,只允许采用一种方式。在剖视图或断面图中,焊缝的金属熔焊区应涂黑表示,如图 10－12 所示。

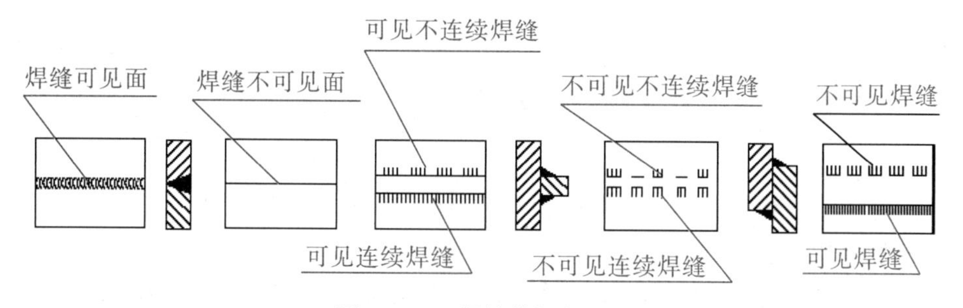

图 10－12　焊缝的规定画法

10.3.3.4　焊缝符号表示法

当焊缝分布比较简单时,可不必画出焊缝,只在焊缝处标注焊缝符号。

焊缝符号一般由基本符号和指引线组成,必要时还可加上辅助符号、补充符号和焊缝尺寸符号。

基本符号是表示焊缝横截面形状的符号，它采用近似于焊缝横截面形状的符号来表示，见表10－2。

表10－2　焊缝符号

类别	符号	名称	示意图
基本符号		I型焊缝	
		V型焊缝	
		单边V型焊缝	
		带钝边V型焊缝	
		带钝边U型焊缝	
		角焊缝	
辅助符号		平面符号	
		凸面符号	
		凹面符号	
补充符号		周围焊缝符号	
		现场符号	
		尾部符号	

辅助符号是表示焊缝表面形状特征的符号，当不需要确切地说明焊缝表面形状时，不加注此符号。

补充符号是说明焊缝某些特征而采用的符号，当焊缝没有这些特征时，不加注此符号。

10.3.3.5　焊缝的标注

(1)焊缝指引线。

焊缝指引线由箭头和基准两部分组成，箭头用细实线绘制并指向焊缝处，基准线由两条相互平行的细实线和虚线组成，如图10－13(a)、(b)所示。虚线表示焊缝在接头的非箭头侧。当需要说明焊接方法时，可在基准末端增加尾部符号，如图10－13(c)、(d)所示。

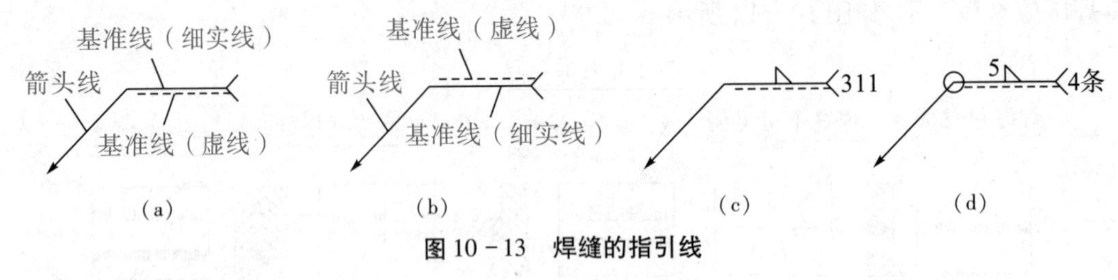

图10－13　焊缝的指引线

(2)焊缝的标注方法。

在图样中采用图示方法绘制焊缝时，通常应同时标注焊缝符号，并用局部放大图详细地表示出焊缝结构的形状和有关尺寸，参见图10－14焊缝的局部放大图。当焊缝比较简单时，可不必画出焊缝，只需在焊缝处标注相关的焊缝符号。图中5和7表示焊缝高度，三角形表示角焊缝，圆圈表示在现场沿周围施焊，111表示手工电弧焊。

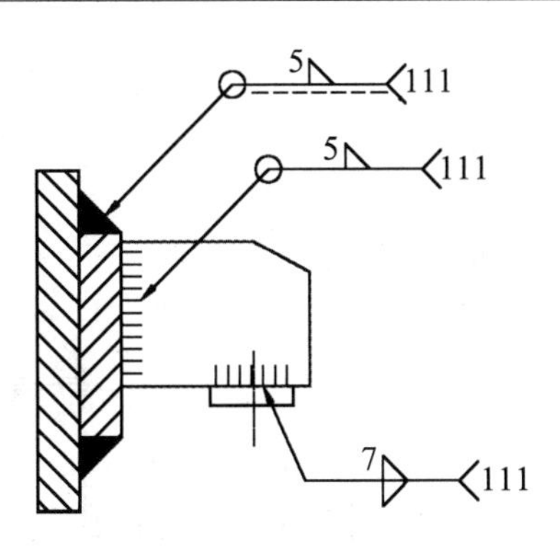

图 10－14　焊缝的标注方法

10.4　尺寸标注

化工设备图是装配零部件时的主要依据，一般不直接用来制造零部件，这同其他装配图（如机械装配图、部件装配图）一样在图上不需注出全部尺寸，一般只注下列尺寸，以供装配运输、安装和设计之用。

10.4.1　尺寸种类

（1）规格（性能）尺寸。表示该设备（或部件）的特性和规格的尺寸，如图 10－15（见本章末尾）所示的筒体直径 ϕ1200 mm 和筒体长度 2000 mm。

（2）装配尺寸。表示设备（或部件）中零件（或部件）之间的相对位置和装配关系的尺寸，是装配工作中的重要依据，如图 10－15 所示的人孔（件号 3）上标注的“650”即属此类。对有配合要求的尺寸，除注出基本尺寸，一般还需注出公差配合的代号。

（3）安装尺寸。表示设备（或部件）安装到他处所需要的尺寸，常是安装螺栓、地脚螺栓用孔的直径和孔间距，如图 10－15 所示的支座螺栓孔中心距“ϕ1198”。

（4）外形（总体）尺寸。表示设备（或部件）的总长、总宽、总高，用以估计设备（或部件）所占体积，以有利于包装、运输和安装，如图 10－15 所示的高“3583”。

（5）其他重要尺寸。如某些零件的主要尺寸（在设计时经过计算而在制造时必须保证的尺寸，如搅拌轴径）、零件运动范围的极限尺寸以及通过零部件的规格尺寸和不另绘零件图的零件的有关尺寸等。如图 10－15 所示的人孔（件 3）的规格尺寸“ϕ480×6”。

10.4.2　尺寸基准和常见结构注法

为满足化工设备制造、检验、安装要求，化工设备图的尺寸标注中应注意以下方面。

（1）尺寸基准。

化工设备图中常用的尺寸基准如下（见图 10－16）：

①设备筒体和封头的中心线和轴线。

②设备筒体和封头焊接时的环焊缝或封头切线。

③设备容器法兰的密封面。

④设备支座底面。

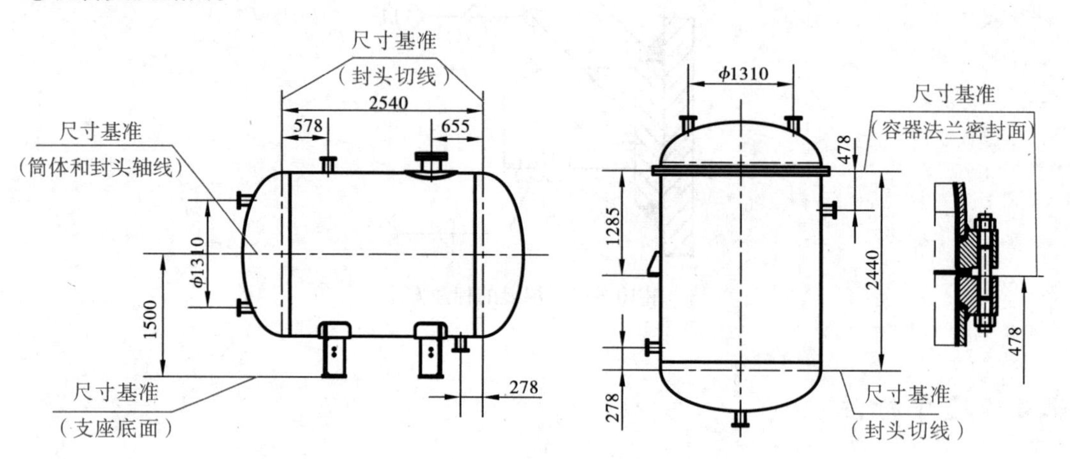

图 10-16 化工设备常用的尺寸基准

(2)常见结构的尺寸注法。

①筒体的尺寸注法。一般标注内径(钢管为筒体时则为外径)、壁厚和高度(或长度)。

②封头的尺寸注法。标注壁厚和高度(包括直边高度)。

③接管的尺寸标注。标注规格尺寸和伸出长度。

规格尺寸:直径×壁厚(无缝钢管为外径,卷焊钢管为内径),如图 10-15 所示的 A 接管的规格为"$\phi 76\times 4$"。

伸出长度:接管法兰密封面到接管中心线和相接零件(如筒体或封头)外表面交点间的距离,如图 10-15 所示。

当所有管口的伸出长度都相等时,图上可不标出,而在"注"中写出。当仅部分管口伸出长度相等时,除在图中注出不等的尺寸,其余可在"注"中写"除已注明外其余管口伸出长度为××毫米"。

填充物(瓷环等)的尺寸注法:一般只注总体尺寸(筒体内径、堆放高度)和堆放方法、规格尺寸,如图 10-9 中"$50\times 50\times 5$"表示瓷环直径×高×壁厚,"$\phi 2000$"为内径,"1200"为堆放高度。

10.4.3 其他规定注法

(1)除外形尺寸、参考尺寸,不允许标注成封闭链形式。外形尺寸、参考尺寸常加括号或"~"符号。

(2)当个别尺寸不按比例时,常在尺寸数字下加画细实线。

10.5　零部件件号和管口符号

10.5.1　零部件件号编写方法

为了便于读图和装配以及生产管理工作，应对每个不同的零(部)件进行编注件号并编写与件号一致的明细表。

化工设备上的零部件件号的标注应符合 GB/T 4458.2—2003 的规定，要求编写清晰，件号排列整齐、美观。编写时应遵循以下原则：

(1)化工设备图中件号编写的常见形式如图 10－17(a)所示。件号由件号数字、件号线、引线三部分组成。件号线长短应与件号数字相适应，引线应自所表示零件或部件的轮廓线内引出。件号数字一般为 5 号字，件号线、引线均为细线。引线不能相交，若通过剖面线，引线不应与剖面线平行，必要时指引线可曲折一次，如图 10－17(b)所示。

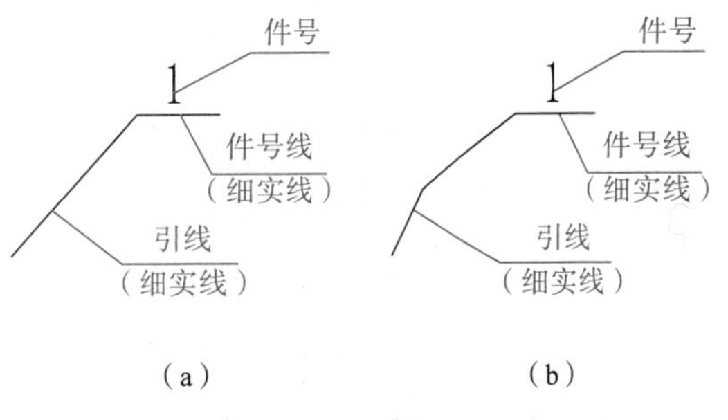

图 10－17　指引线画法

(2)化工设备图中所有零部件都须编写件号，规格型号、材料完全相同的零(部)件用一个件号。如图 10－15 中的椭圆封头(件号 2)虽然有 2 只，但其结构、形状、尺寸都相同，故只编一个件号。当直属零件与部件中的零件相同或不同部件中的零件相同时，应将其分别编不同的件号。

(3)化工设备图中的件号应尽量编排在主视图上，一般从主视图左下方开始，按件号顺序顺时针整齐地沿垂直或水平排列，可布满四周，但应尽量编排在图形的左方和上方，并安排在外形尺寸线的内侧。若有遗漏或增添的件号，应在外圈编排补足，如图 10－18 所示。

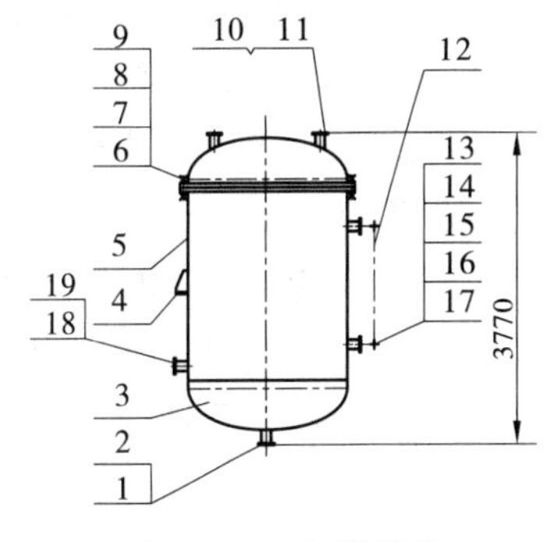

图 10－18　零件编号

(4)一组紧固件以及装配关系清楚的一组零件，允许采用公共引线，如图 10－18 中的螺栓连接组件号 6、7、8、9 的编号即是。

10.5.2　管口符号编写方法

为清晰表达开孔和管口位置、规格、用途等，化工设备图上应编写管口符号和与之对应的管口表。

(1)管口符号由带圈的管口符号组成，圆圈直径为 8 mm，符号字体尺寸为 5 号字，用大写拉丁字母(A、B、C、…)编写，常用管口符号如表 10－3 所示。管口符号注在图中管口投影附近或管口中心线上，以不引起管口相混淆为原则。在主、俯、侧视图中均应标注，如图 10－19 所示。

表 10-3　常用管口符号

管口名称或用途	管口符号
手孔	H
液位计口(现场)	LG
液位开关口	LS
液位变送器口	LT
人孔	M
压力计口	PI
压力变送器口	PT
在线分析口	QE
安全阀接口	SV
温度计口	TE
温度计口(现场)	TI
裙座排气口	VS
裙座入口	W

(2)规格、用途及密封面形式不同的管口,需单独编号。规格、用途及密封面形式完全相同的管口可以编写同一个符号,但需在右下角加阿拉伯数字注脚,如 B_1、B_2。

(3)管口符号一般从主视图左下方开始,顺时针依次编写,其他视图(或管口方位图)上的管口符号,按主视图中对应符号注写,如图 10-2 所示。

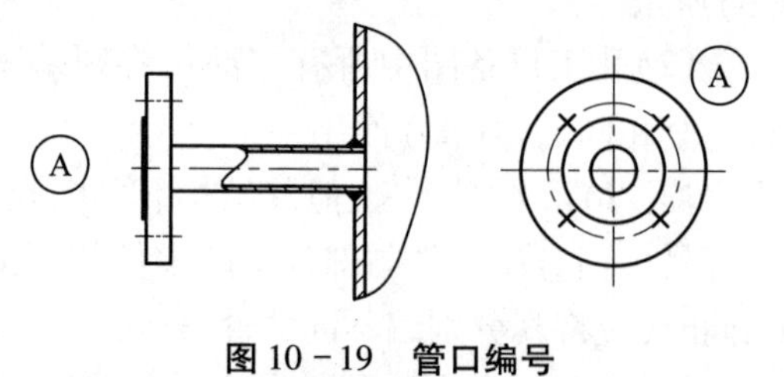

图 10-19　管口编号

10.6　标题栏、明细表、管口表、技术特性表

10.6.1　标题栏

化工设备图标题栏的内容和格式尚未统一,但内容类同。现推荐如图 10-20 所示的一种,标题栏应填写图名、图号、比例、专业、图纸数量、设计阶段、项目名称等项目,并按签署要求进行图纸签字。

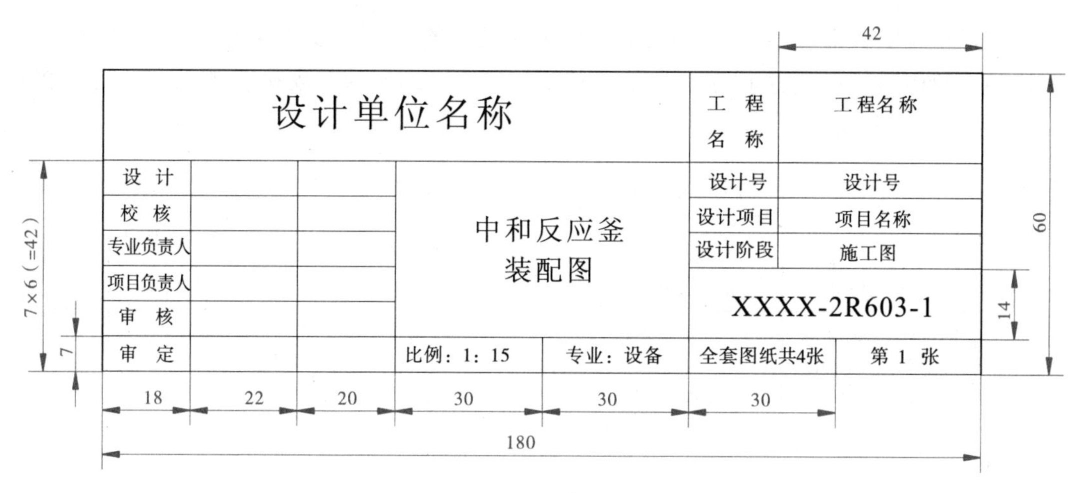

图 10－20　标题栏

10.6.2　质量及盖章栏

设备质量是设备订货、土建安装的重要资料，所以专设质量栏，并集中表示，将它与盖章栏一并放在明显的位置，置于标题栏上方，格式及内容如图 10－21 所示，放置位置参见图 10－15。对于压力容器，要求图中有质量即盖章栏。

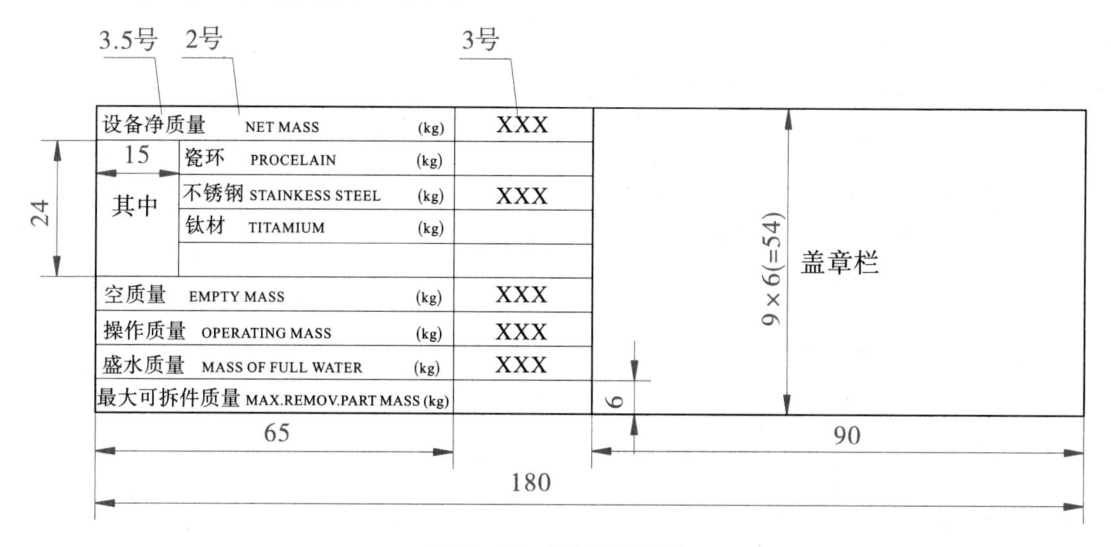

图 10－21　质量及盖章栏

10.6.3　明细栏

明细栏是化工设备图组成部分（零部件）的详细目录。化工设备图中明细栏的内容及格式推荐按 HG/T 20668—2000 的格式，如图 10－22 所示。明细栏画在标题栏或质量盖章栏上方，填写时零部件件号应与图中零部件件号一致，并由下向上逐项填写。若空白部分不够，可在标题栏左边继续画表填写。

填写明细栏时，名称栏应采用公认和简明的提法填写零部件的名称和规格，图号或标准号栏中,标准零部件填写标准号或通用图号,数量栏中应填写同一件号零部件的全部数量,若是大量的木材、填充物时数量以立方米为单位,备注栏中填写必要的参考数据和说明,如接管长度的$L=147391$,外购件的"外购"等。

3		盘管 ϕ 25.4×1.6	1	Zr		123	$L=147391$
2	JB/T 4746—2002	EHA 2200×12	2	Q235-B	510.2	1020	
1	JB/T 4724—92	支承式支座 A4	4	Q235-B	40.3	161.2	
件号 PART.NO.	图号或标准号 DWG.NO.OR. STD.NO.	名称 PARTS.MAME	数量 QTY	材 料 MATL	SINGLE 质量 MASS(kg)	TOTAL	备 注 REMARKS
15	30	55	10	30	20		

尺寸:行高 8, 15;总宽 180

图 10-22 明细表

10.6.4 管口零件明细表

设备图中,管口零件特别多,而设计中管口尺寸常修改,修改工作量大,所以在 HG/T 20668—2000 中,将所有管口零件作为一个部件编入装配图中,以一个单独的部件图存在,当修改管口尺寸或零件时,只需修改该部件的明细栏,大大减少了工作量,并减少了管口零件统计汇总所引起的错误。管口零件明细表如图 10-23 所示。

A1 A2		接 管 ϕ76×4	3	20	1.12	3.36	$L=157$
A3	HG20592-97	法 兰 PL65-1.0 FF	3	Q235-B	3.31	9.93	
管口符号 NOZZLES NO.	图号或标准号 DWG.NO.OR. STD.NO	名 称 PARTS.NAME	数量 QTY.	材 料 MATL	单 SINGLE 质量MASS(kg)	总 TOTAL	备 注 REMARKS
15	30	55	10	30	20		

尺寸:行高 8, 15;总宽 180

图 10-23 管口零件明细表

10.6.5 管口表

推荐的管口表格式如图 10-24 所示。管口表一般画在明细栏上方。

填写管口表时应注意以下两点:

(1)公称尺寸栏。无公称直径管口,公称尺寸栏按内径填写,椭圆孔填"长轴×短轴"。

(2)连接标准栏。不对外连接管口,用细斜线填写,螺纹接口则填螺纹规格。

接管号 MARK	公称尺寸 MOMINAL SIZE	公称压力 MOMINAL PRE.	连接标准 NOZZLES CONN.STD.	法兰型式 Type	连接面形式 FACING	用途或名称 SERVICE	从主中心线计接管伸出长度 FACING DISTANCE FROM C.L.
A1	65	1.0	HG20592-97	PL	FF	进料口	见图
A2	65	1.0	HG20592-97	PL	FF	进料口	见图
A3	65	1.0	HG20592-97	PL	FF	进料口	见图

（尺寸标注：总宽 180；各列宽 15、15、15、25、20、20、40；表头行高 20，数据行高 8）

图 10－24　管口表

10.7　装配图图样技术要求

装配图图样技术要求由“设计数据表”和文字条款两部分组成。

化工设备设计数据表是化工设备设计图样的重要组成部分。该数据表把设计、制造、检验和验收各环节的主要数据、标准规范、检验要求汇于表中，数据表简捷、明了，易于执行和检查，为化工设备的设计、制造、检验、使用、维修、安全管理提供了一整套技术数据和资料。在 TCED 41002—2012《化工设备图样技术要求》中，根据不同类型化工设备的需要，归纳设计了八种不同类型的数据表，分别是压力容器设计数据表、塔器设计数据表、换热器设计数据表、常压容器设计数据表、夹套容器设计数据表、搅拌容器设计数据表、球形储罐设计数据表、大型储罐设计数据表。设计人员可以根据实际需要，对数据表进行增添和删减，以满足不同的需求。图 10－2 中的数据表就是综合了容器和夹套容器的内容而生成的新数据表。

设计数据表一般包括五大部分：技术特性表、制造检验及验收要求、焊接材料表、焊接探伤要求、管口方位及其他制造安装要求。由于化工设备类型的不同，所填写的内容也略有不同。设计数据表一般放置在图样的右上角。设计数据表的格式及填写内容参见图 10－2、图 10－15。

文字条款包含一般要求和特殊要求两部分。一般要求是指不能用数据表说明的通用性技术要求，如夹套容器试验顺序、球罐和大型储罐类特殊容器通用的安装、检验和试验技术要求等。特殊要求主要包括以下内容：①设计所遵循的标准中明确规定要由设计确定或需在图样中注明的技术要求；②超出（高于或低于）所遵循标准中规定的技术要求；③由于材料特性、介质特性、使用要求等条件所决定，需要提出而所遵循设计标准中尚不包括的特殊技术要求；④标准和规定中的重要技术规定分项集中列出。

不属于技术要求但又无法在其他内容表示的内容，如“除已注明外，其余接管伸出长度为 120 mm”等用“注”的形式写在技术要求的下方。

10.8 化工设备图的绘制

10.8.1 概述

绘制化工设备图一般通过两种途径:一是测绘化工设备;二是依据化工工艺设计人员提供的设备设计条件单进行设计、制图。

设备设计条件单的具体内容和格式如图 10 - 25 所示。设备设计人员按设备设计条件单中提出的要求,通过必要的强度计算和零部件选型等工作后绘制图样。

10.8.2 绘制化工设备图的步骤

图 10 - 2 就是按上述设备设计条件单绘制的图样。绘制化工设备图是一项细致的工作,故必须有步骤地进行,现简述如下:

(1)对所绘制设备的分析。通过有关资料及设备设计条件单,分析设备(或部件)的结构、工作状况、装配关系等。

(2)选择视图表达方案。按所绘化工设备的结构特点选择视图表达方案。首先选择主视图,一般按工作位置,最能表达各零部件装配和连接关系、工作原理及设备的结构形状。

主视图选定后,再选用其他必要的视图,以补充表达设备的主要装配关系和连接关系、工作原理、结构特征以及主要的零部件的结构形状。

化工设备一般除用主视图和俯(或左)视图两个基本视图表达设备的主要结构形状、装配、连接关系等,还采用局部放大图、向视图、剖视图及断面等各种表达方法,补充表达零部件的装配关系、接管与筒体(或封头)连接,焊缝结构、零部件结构形状等。主视图一般采用多次旋转画法。

图 10 - 2 所示的容器就采用了主俯两个基本视图,再采用局部放大图分别表示人孔、容器法兰连接结构、焊缝结构、接管与筒体封头焊接结构等。

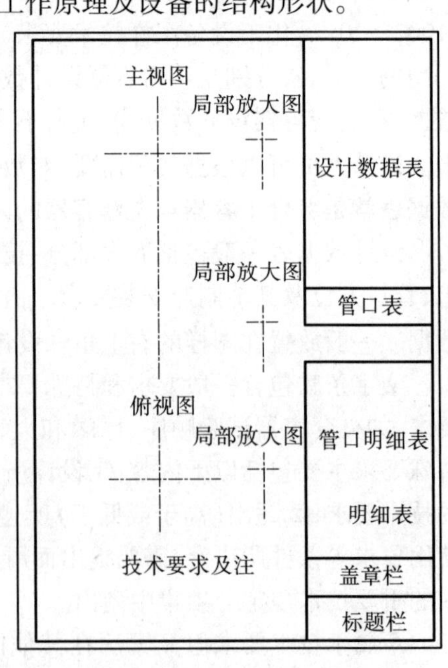

图 10 - 26 图纸布局示例

(3)选比例、图幅、安排图面。绘图比例一般应按国家标准《机械制图》规定。化工设备图中,基本视图的比例有 1∶5、1∶10 等,以 1∶10 为多;局部视图则常用 1∶2 和 1∶5或不按比例,标注方法如图 10 - 2 所示。图纸幅面大小应力求全部内容在幅面上布置匀称、美观,常见为 A1 幅面。幅面安排一般如图 10 - 26 所示。化工设备图中除主视图,其他视图在幅面中一般都可灵活安排。

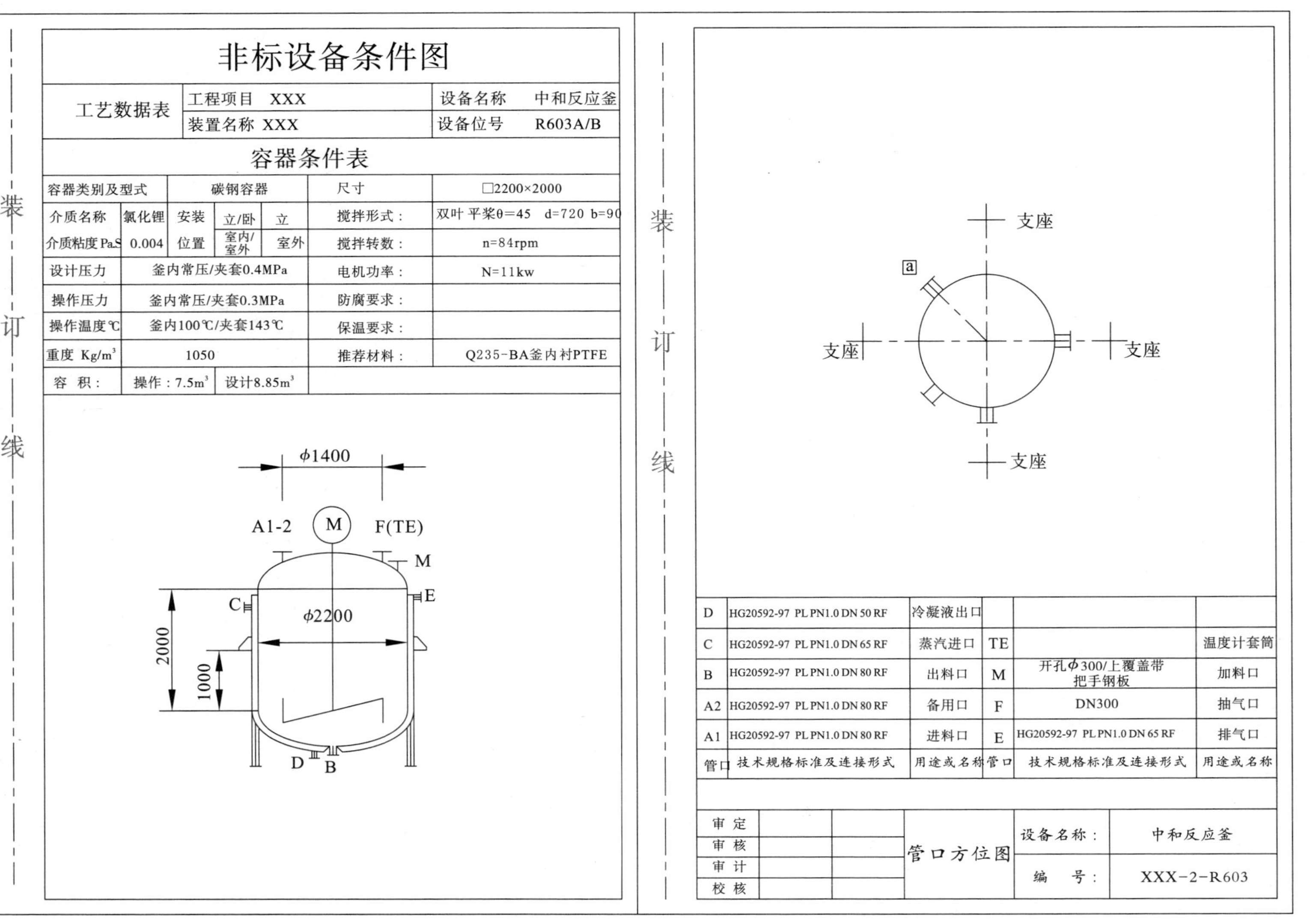

图 10-25　设备设计条件单

(4)绘制视图。视图绘制一般按照下列原则:先定位(画轴线、对称线、中心线、作图基准线),后定形(画视图);先画基本视图(主视图,俯、左视图),后画其他视图;先画主体(筒体、封头),后画附件(接管等);先画外件,后画内件;然后画剖面符号、书写标注。

(5)标注尺寸等。标注尺寸、焊缝代号,再编注零部件序号、管口符号,然后编写标题栏、明细栏、技术特性表和图面技术要求等,经校核、修改、审定,绘出如图 10 -2 所示的反应釜装配图。

10.9 化工设备图的阅读

10.9.1 概述

在设计、制造、使用或维修化工设备,或者进行技术交流时,都需要阅读化工设备图,因此工程技术人员必须掌握阅读化工设备图(或部件装配图)的技能。

阅读化工设备图和其他装配图一样,主要达到下列要求:

(1)了解设备的用途、工作概况、结构特点和技术特性等。

(2)了解各零部件的装配连接关系等。

(3)了解零部件的结构形状、材料等。

(4)了解设备制造、检验、安装的技术要求等。

10.9.2 阅读步骤

阅读化工设备图,其方法、步骤与阅读其他装配图一样,一般可分概括了解、详细分析、归纳总结三步骤。

在阅读化工设备图前,应具有一定的化工设备基础知识,以提高读图质量和效率。现以图 10 -2 所示的中和反应釜装配图为例进行介绍。

(1)概括了解。

通过阅读装配图的标题栏、明细表、设计数据表、技术要求等内容和视图,了解设备的名称、用途和性能,以及各视图间的关系和表达意图。

从图 10 -2 的标题栏中可知该设备的名称是"中和反应釜",是进行中和反应的化工常用设备。该设备采用蒸汽盘管加热,带有搅拌,设备内衬聚四氟乙烯。容器内为常压,介质为氯化锂溶液,工作温度为 65℃;盘管内为加热蒸汽,工作压力为绝压 0.4 MPa,工作温度为 143℃;搅拌机转速为 88 r/min,功率为 11 kW。反应釜共 9 个管口,其用途、尺寸规格详见管口表。该反应釜采用了两个基本视图(主、俯视图),六个局部放大图。除开管口部件,设备共有 34 种零部件。

(2)详细分析。

①视图分析。弄清楚视图名称、表达方式、视图间的投影关系和表达内容。

②装配连接关系分析。设备筒体(件号 8)与下封头、上封头均采用法兰相连接,接管、支座与筒体或封头焊接连接。搅拌系统通过焊接在上封头上的凸缘用螺栓连接在一起。

③分析零部件结构形状。分析零部件通常按照先主要后次要并参考明细栏中件号顺序依次进行。在分析零部件形状时,首先根据零部件的件号找出该零部件的有关投影,然后根据投影关

系，找出该零部件在不同视图中的各个投影，最后根据完整的一组投影，分析想象零部件的结构形状。对于另有图样的零部件，阅读相应的零部件图样进行分析。

(3)归纳总结。

①工作概括。反应物料分别通过 A1、A2、A3 管口进入反应釜进行化学反应，反应结束后，通过 B 管口放出产品，反应中产生的气体通过 E 管口被抽出，加热蒸汽从 C 管口进入，通过盘管与反应物料进行换热，冷凝水从 D 管口排出。

②结构。设备由容器部分(筒体、封头、设备法兰等)、换热部分(换热盘管)、搅拌装置、进出管口等组成。连接方式主要有焊接、法兰连接、螺栓连接。采用主、俯视图加局部放大图组成的表达方案。

③其他。材料主要采用碳钢衬聚四氟乙烯，加热盘管采用锆管。

各种典型的化工设备装配图的阅读方法基本相同，可根据有关图样自行阅读。

附　录

附录1　螺纹

1. 普通螺纹（GB/T 193－2003、GB/T 196－2003）

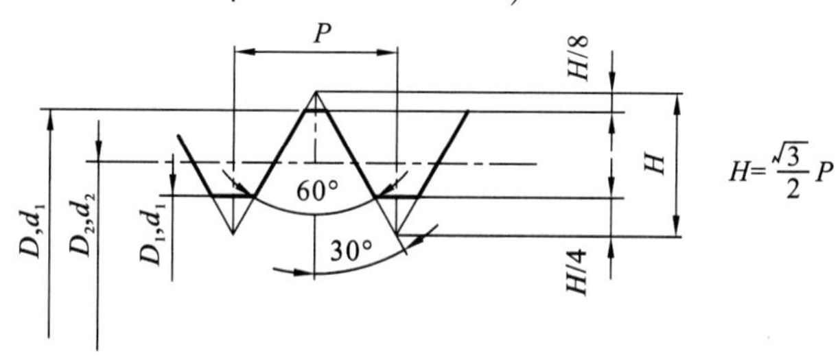

标记示例：

公称直径为16 mm，螺距2 mm的粗牙右旋普通螺纹：M16

公称直径为20 mm，螺距1.5 mm的细牙左旋普通螺纹：M20×1.5

附录表1　直径与螺距系列、基本尺寸　　单位：mm

公称直径 D、d		螺距 P		粗牙小径 D_1、d_1	公称直径 D、d		螺距 P		粗牙小径 D_1、d_1
第一系列	第二系列	粗牙	细牙		第一系列	第二系列	粗牙		
3		0.5	0.35	2.459		22	2.5	2,1.5,1	19.294
	3.5	(0.6)		2.850	24		3		20.752
4		0.7	0.5	3.242		27	3		23.752
	4.5	(0.75)		3.688	30		3.5	(3),2,1.5,1	26.211
5		0.8		4.134		33	3.5		29.211
6		1	0.75	4.917	36		4	3,2,1.5	31.670
8		1.25	1,0.75	6.647		39	4		34.670
10		1.5	1.25,1,0.75	8.376	42		4.5	4,3,2,1.5	37.129
12		1.75	1.5,1.25,1,(0.75)	10.106		45	4.5		40.129
	14	2	1.5,(1.25)[①],1,	11.835	48		5		42.587
16		2	1.5,1	13.835		52	5		46.587
	18	2.5	2,1.5,1	15.294	56		5.5		50.046
20		2.5		17.294		60	5.5		54.046

注：1. 优先选用第一系列，括号内尺寸尽可能不用。

2. 公称直径 D、d 第三系列未列入。

3. 中径 D_2、d_2 未列入。

① M14×1.25仅用于火花塞。

2. 55°非密封管螺纹(GB/T 7307—2001)

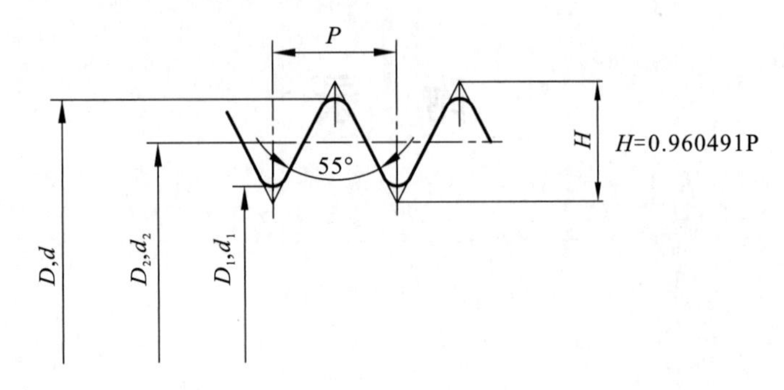

标记示例:

尺寸代号 1,右旋,圆柱外螺纹:G1

尺寸代号 1/2,左旋,A 级圆柱内螺纹:G1/2A—LH

附录表 2 55°非密封管螺纹尺寸代号及基本尺寸 单位:mm

尺寸代号	每25.4 mm内的牙数 n	螺距 P	基本直径		
			大径 $d=D$	中径 $d_2=D_2$	小径 $d_1=D_1$
1/16	28	0.907	7.723	7.142	6.561
1/8	28	0.907	9.728	9.147	8.566
1/4	19	1.337	13.157	12.301	11.445
3/8	19	1.337	16.662	15.806	14.950
1/2	14	1.814	20.955	19.793	18.631
5/8	14	1.814	22.911	21.749	20.587
3/4	14	1.814	26.441	25.279	24.117
7/8	14	1.814	30.201	29.039	27.877
1	11	2.309	33.249	31.770	30.291
1⅛	11	2.309	37.897	36.418	34.939
1¼	11	2.309	41.910	40.431	38.952
1½	11	2.309	47.803	46.324	44.845
1¾	11	2.309	53.746	52.267	50.788
2	11	2.309	59.614	58.135	56.656
2¼	11	2.309	65.710	64.231	62.752
2½	11	2.309	75.184	73.705	72.226
2¾	11	2.309	81.534	80.055	78.576
3	11	2.309	87.884	86.405	84.926
3½	11	2.309	100.330	98.851	97.372
4	11	2.309	113.030	111.551	110.072
4½	11	2.309	125.730	124.251	122.772

续附录表2

尺寸代号	每25.4 mm内的牙数 n	螺距 P	基本直径		
			大径 $d=D$	中径 $d_2=D_2$	小径 $d_1=D_1$
5	11	2.309	138.430	136.951	135.472
5½	11	2.309	151.130	149.651	148.172
6	11	2.309	163.830	162.351	160.872

附录2 常用标准件

1. 开槽圆柱头螺钉(GB/T 65—2016)

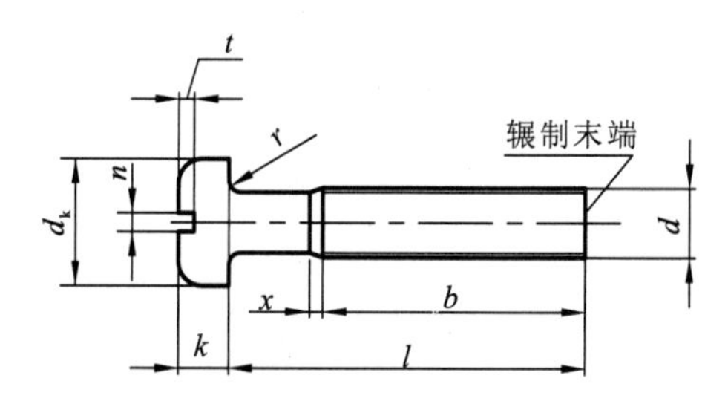

标记示例:

螺纹规格为M10,公称长度为40 mm,性能等级为4.8级,不经表面处理的A级开槽圆柱头螺钉:

螺钉 GB/T 65—2016　M10×40

附录表3　开槽圆柱头螺钉的各部分尺寸　　单位:mm

螺纹规格 d	M4	M5	M6	M8	M10
P(螺距)	0.7	0.8	1	1.25	1.5
$b_{\min}$	38	38	38	38	38
$d_{k\ \max}$	7	8.5	10	13	16
$k_{\max}$	2.6	3.3	3.9	5	6
n_{mon}	1.2	1.2	1.6	2	2.5
$r_{\min}$	0.2	0.2	0.25	0.4	0.4
$t_{\min}$	1.1	1.3	1.6	2	2.4
公称长度 t	5~40	6~20	8~60	10~80	12~80
l系列	5,6,8,10,12,(14),16,20,25,30,35,40,45,50,(55),60,(65),70,(75),80				

注:1. 公称长度 $l\leqslant 40$ mm的螺钉,制出全螺纹。

2. 括号内的规格尽可能不采用。

2. 六角头螺栓

六角头螺栓 C 级（GB/T 5780—2016）

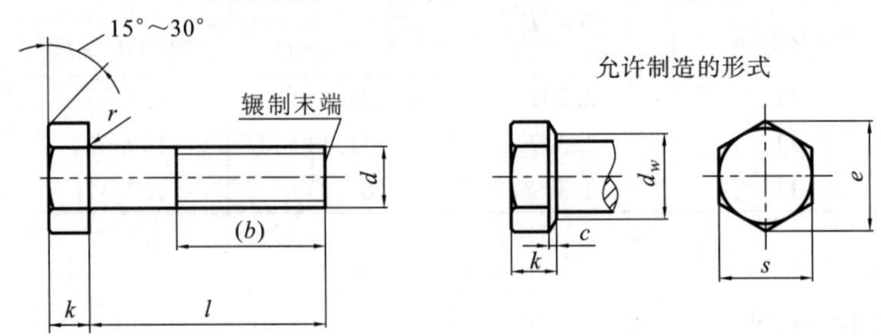

六角头螺栓 A 级、B 级（GB/T 5782—2016）

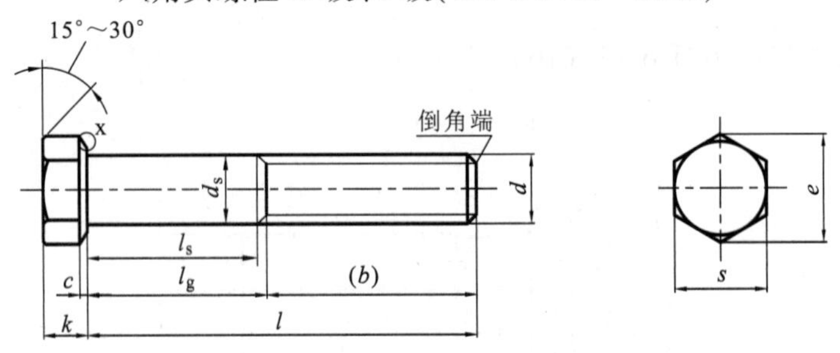

标记示例：

螺纹规格为 M12，公称长度为 50 mm，性能等级为 8.8 级，表面氧化处理的 A 级六角头螺栓：

螺栓 GB/T 5780—2000　M12 × 50

附录表 4　六角头螺栓的各部分尺寸　　单位：mm

螺纹规格 d			M3	M4	M5	M6	M8	M10	M12	M16	M20	M24	M30	M36	M42
b 参考	$t \leqslant 125$		12	14	16	18	22	26	30	38	46	54	66	78	-
	$125 \leqslant t \leqslant 200$		18	20	22	24	28	32	36	44	52	60	72	84	96
	$l \leqslant 200$		31	33	35	37	41	45	49	57	65	73	85	97	109
c_{max}			0.4	0.4	0.5	0.5	0.6	0.6	0.6	0.8	0.8	0.8	0.8	0.8	1
dw min	产品等级	A	4.57	5.88	6.88	8.88	11.63	14.63	16.63	22.49	28.19	33.61	—	—	—
		B、C	4.45	5.74	6.74	8.74	11.47	14.47	16.47	22.00	27.70	33.25	42.75	51.11	59.95
e min	产品等级	A	6.01	7.66	8.79	11.05	14.38	17.77	20.03	26.75	33.53	39.98	—	—	—
		B、C	5.88	7.50	8.63	10.89	14.20	17.59	19.85	26.17	32.95	39.55	50.85	60.79	71.3
k 公称			2	2.8	3.5	4	5.3	6.4	7.5	10	12.5	15	18.7	22.5	26
r			0.1	0.2	0.2	0.25	0.4	0.4	0.6	0.6	0.8	0.8	1	1	1.2
s 公称			5.5	7	8	10	13	16	18	24	30	36	46	55	65
l（商品规格范围）			20 ~ 30	25 ~ 40	25 ~ 50	30 ~ 60	35 ~ 80	40 ~ 100	45 ~ 120	55 ~ 160	65 ~ 200	80 ~ 240	90 ~ 300	110 ~ 360	130 ~ 400
l 系列			20，25，30，35，40，45，50，（55），60，（65），70，80，90，100，110，120，130，140，150，160，180，200，220，240，260，280，300，320，340，360，380，400												

注：1. A 级用于 $d \leqslant 24$ 和 $l \leqslant 10d$ 或 $\leqslant 150$ mm 的螺栓；

　　B 级用于 $d > 24$ 和 $l > 10d$ 或 > 150 mm 的螺栓；

2. 括号内的规格尽可能不采用。

3. 双头螺柱

双头螺柱 GB/T 897—2000($b_m=1d$)

双头螺柱 GB/T 898—2000($b_m=1.25d$)

双头螺柱 GB/T 899—2000($b_m=1.5d$)

双头螺柱 GB/TB 900—2000($b_m=2d$)

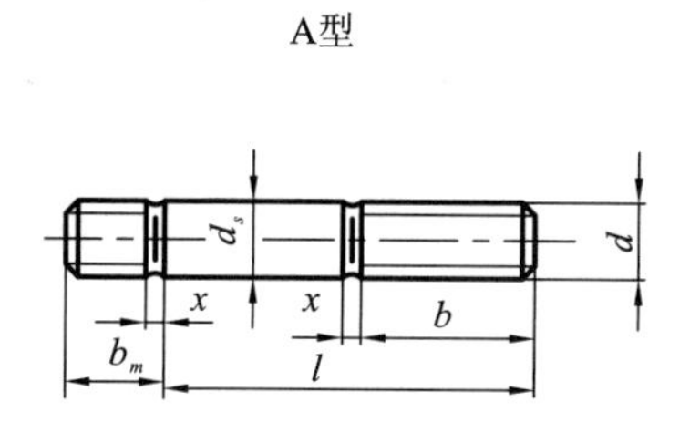

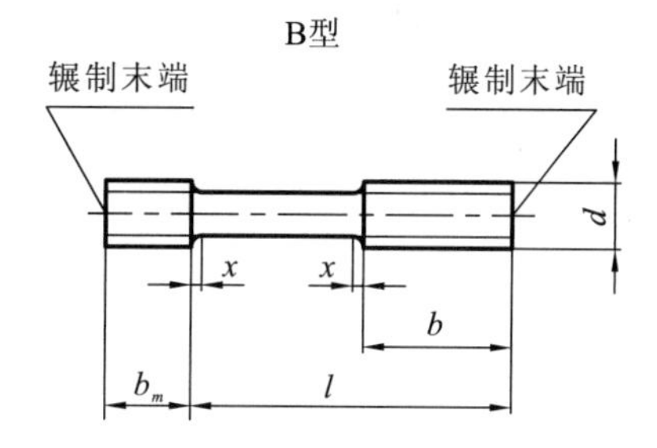

标记示例:

两端均为粗牙普通螺纹,公称直径为12 mm,公称长度为60 mm,性能等级为4.8级,不经表面处理的A型,$b_m=1d$的双头螺柱:

螺柱 GB/T 897—88 M12×60

附录表5 双头螺柱的各部分尺寸 单位:mm

螺纹规格		M5	M6	M8	M10	M12	M16	M20	M24	M30	M36	M42
b_m	GB/T 897—2000	5	6	8	10	12	16	20	24	30	36	42
	GB/T 898—2000	6	8	10	12	15	20	25	30	38	45	52
	GB/T 899—2000	8	10	12	15	18	24	30	36	45	54	65
	GB/T 900—2000	10	12	16	20	24	32	40	48	60	72	84
d_s		5	6	8	10	12	16	20	24	30	36	42
$\frac{l}{b}$		$\frac{16\sim22}{10}$	$\frac{20\sim22}{10}$	$\frac{20\sim22}{12}$	$\frac{25\sim28}{14}$	$\frac{25\sim30}{16}$	$\frac{30\sim38}{20}$	$\frac{35\sim40}{25}$	$\frac{45\sim50}{30}$	$\frac{60\sim65}{40}$	$\frac{65\sim75}{45}$	$\frac{65\sim80}{50}$
		$\frac{25\sim50}{16}$	$\frac{25\sim30}{14}$	$\frac{25\sim30}{16}$	$\frac{30\sim38}{16}$	$\frac{32\sim40}{20}$	$\frac{40\sim55}{30}$	$\frac{45\sim65}{35}$	$\frac{55\sim75}{45}$	$\frac{70\sim90}{50}$	$\frac{80\sim110}{60}$	$\frac{85\sim110}{70}$
			$\frac{32\sim75}{18}$	$\frac{32\sim90}{22}$	$\frac{40\sim120}{26}$	$\frac{45\sim120}{30}$	$\frac{60\sim120}{38}$	$\frac{70\sim120}{46}$	$\frac{80\sim120}{54}$	$\frac{95\sim120}{60}$	$\frac{120}{78}$	$\frac{120}{90}$
					$\frac{130}{30}$	$\frac{130\sim180}{36}$	$\frac{130\sim200}{44}$	$\frac{130\sim200}{52}$	$\frac{130\sim200}{60}$	$\frac{130\sim200}{72}$	$\frac{130\sim200}{84}$	$\frac{130\sim200}{96}$
										$\frac{210\sim250}{85}$	$\frac{210\sim300}{91}$	$\frac{210\sim300}{109}$
l系列		16,(18),20,(22),25(28),30,(32),35,(38),40,45,50,(55),60,(65),70,(75),80,(85),90,(95),100,110,120,130,140,150,160,170,180,190,200,210,220,230,240,250,260,280,300										

4. 六角螺母—C 级

1 型六角螺母—A 级和 B 级
(GB/T 6170—2015)

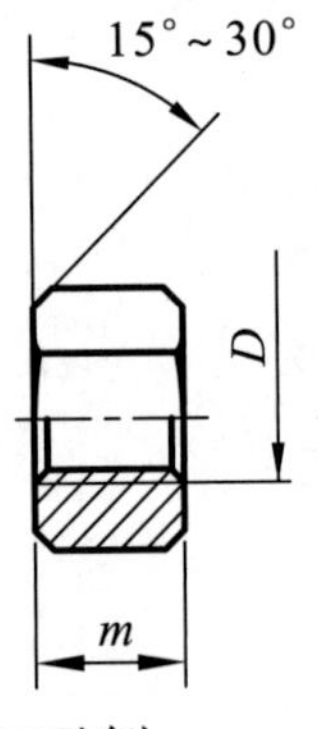

2 型六角螺母—A 级和 B 级
(GB/T 6175—2016)

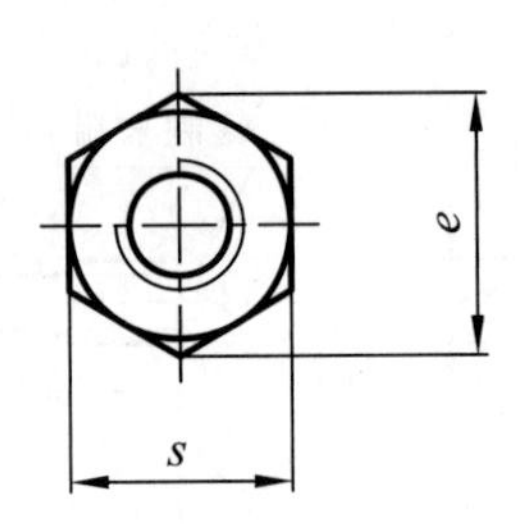

六角薄螺母—A 级和 B 级
(GB/T 6172. 1—2016)

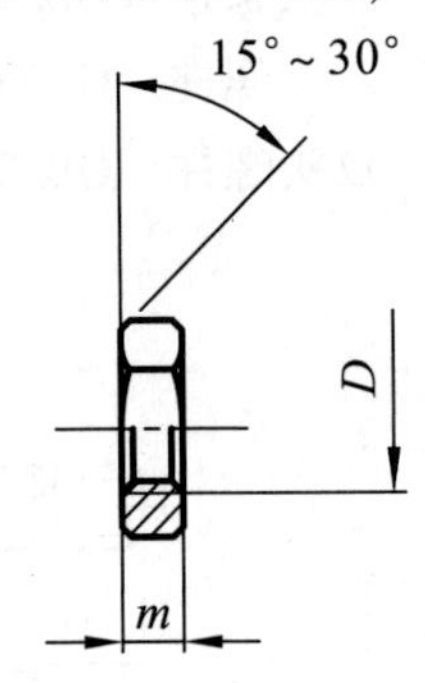

标记示例:

螺纹规格为 M12,性能等级为 8 级,表面氧化处理的 A 级 1 型六角螺母:

螺母 GB/T 6170—2015　M12

附录表 6　螺母各部分尺寸　　单位:mm

螺纹规格 D		M3	M4	M5	M6	M8	M10	M12	M16	M20	M24	M30	M36
e	min	6. 01	7. 66	8. 79	11. 05	14. 38	17. 77	20. 03	26. 75	32. 95	39. 55	50. 85	60. 79
s	max	5. 5	7	8	10	13	16	18	24	30	36	46	55
	min	5. 32	6. 78	7. 78	9. 78	12. 73	15. 73	17. 73	23. 67	29. 16	35	45	53. 8
c	max	0. 4	0. 4	0. 5	0. 5	0. 6	0. 6	0. 6	0. 8	0. 8	0. 8	0. 8	0. 8
d_a	min	4. 6	5. 9	6. 9	8. 9	11. 6	14. 6	16. 6	22. 5	27. 7	33. 2	42. 7	51. 1
d_a	max	3. 45	4. 6	5. 75	6. 75	8. 75	10. 8	13	17. 3	21. 6	25. 9	32. 4	38. 9
GB/T 6170 m	max	2. 4	3. 2	4. 7	5. 2	6. 8	8. 4	10. 8	14. 8	18	21. 5	25. 6	31
	min	2. 15	2. 9	4. 4	4. 9	6. 44	8. 04	10. 37	14. 1	16. 9	20. 2	24. 3	29. 4
GB/T 6172 m	max	1. 8	2. 2	2. 7	3. 2	4	5	6	8	10	12	15	18
	min	1. 55	1. 95	2. 45	2. 9	3. 7	4. 7	5. 7	7. 42	9. 10	10. 9	13. 9	16. 9
GB/T 6175 m	max	—	—	5. 1	5. 7	7. 5	9. 3	12	16. 4	20. 3	23. 9	28. 6	34. 7
	min	—	—	4. 8	5. 4	7. 14	8. 94	11. 57	15. 7	19	22. 6	27. 3	33. 1

注:1. 14. 38 在 GB/T 6172 中为 14. 28。

2. 产品等级 A、B 是由公差取值大小决定的,A 级公差数值小,A 级用于 $D \leqslant 16$ 的螺母,B 级用于 $D > 16$ 的螺母。

5. 垫圈

小垫圈—A 级
(GB/T 848—2002)

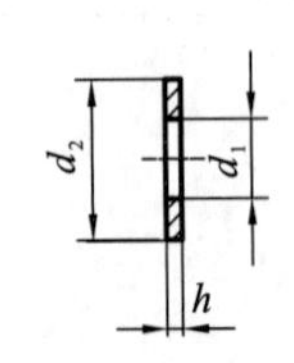

平垫圈—A 级
(GB/T 97. 1—2002)

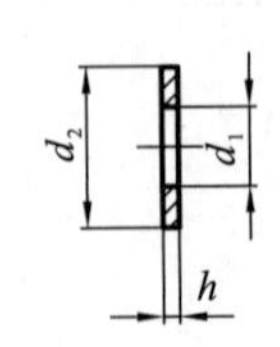

平垫圈　倒角型—A 级
(GB/T 97. 1—2002)

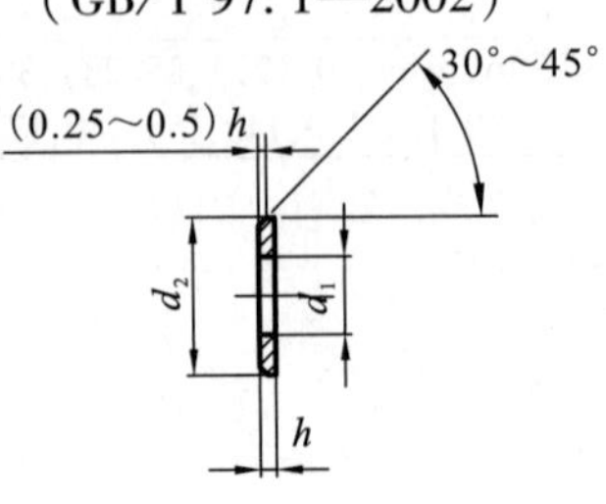

标记示例：

公称直径为 12，性能等级为 140HV 级，不经表面处理的 A 级平垫圈：

垫圈 GB/T 97.1—2002　12

附录表 7　垫圈的各部分尺寸　　单位：mm

公称规格（螺纹大径）d		1.6	2	2.5	3	4	5	6	8	10	12	16	20	24	30	36
d_1	GB/T 848—2002	1.7	2.2	2.7	3.2	4.3	5.3	6.4	8.4	10.5	13	17	21	25	31	37
	GB/T 97.1—2002	1.7	2.2	2.7	3.2	4.3	5.3	6.4	8.4	10.5	13	17	21	25	31	37
	GB/T 97.2—2002	—	—	—	—	—	5.3	6.4	8.4	10.5	13	17	21	25	31	37
d_2	GB/T 848—2002	3.5	4.5	5	6	8	9	11	15	18	20	28	34	39	50	60
	GB/T 97.1—2002	4	5	6	7	9	10	12	16	20	24	30	37	44	56	66
	GB/T 97.2—2002	—	—	—	—	—	10	12	16	20	24	30	37	44	56	66
h	GB/T 848—2002	0.3	0.3	0.5	0.5	0.5	1	1.6	1.6	1.6	2	2.5	3	4	4	5
	GB/T 97.1—2002	0.3	0.3	0.5	0.5	0.8	1	1.6	1.6	2	2.5	3	3	4	4	5
	GB/T 97.2—2002	—	—	—	—	—	1	1.6	1.6	2	2.5	3	3	4	4	5

注：1. 硬度等级有 200HV、300HV 级；材料有钢和不锈钢两种。

2. d 的范围 GB/T 848 为 1.6 mm ~ 36 mm，GB/T 97.1 为 1.6 mm ~ 64 mm，GB/T 97.2 为 5 mm ~ 64 mm。表中所列的仅为 $d \leq 36$ mm 的优选尺寸；$d > 36$ mm 的优选尺寸和非优选尺寸，可查阅这三个标准。

6. 圆柱销（GB/T 119.1—2000 不淬硬钢和奥氏体不锈钢；GB/T 119.2—2000 淬硬钢和马氏体不锈钢）

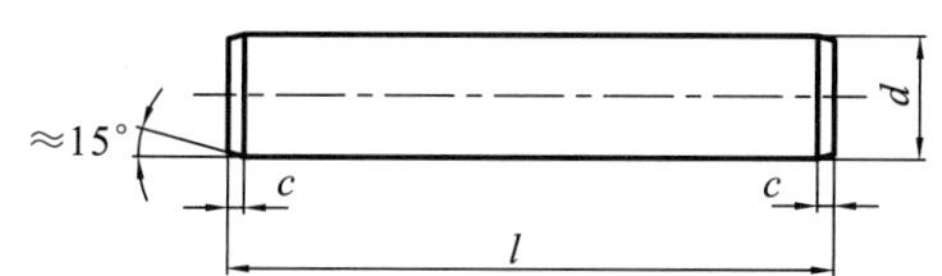

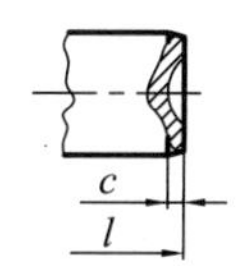

标记示例：

公称直径为 16 mm，公差为 m6，长度为 70 mm，材料为钢，不经淬火、不经表面处理的圆柱销：

销 GB/T 119.1—2000　16m6 × 70

附录表 8　圆柱销的各部分尺寸　　单位：mm

公称直径 d		3	4	5	6	8	10	12	16	20	25	30	40	50
$c \approx$		0.50	0.50	0.80	1.2	1.6	2.0	2.5	3.0	3.5	4.0	5.0	6.3	8.0
公称长度 l	GB/T 119.1	8 ~ 30	8 ~ 40	10 ~ 50	12 ~ 60	14 ~ 80	18 ~ 95	22 ~ 140	26 ~ 180	35 ~ 200	50 ~ 200	60 ~ 200	80 ~ 200	95 ~ 200
	GB/T 119.2	8 ~ 30	10 ~ 40	12 ~ 50	14 ~ 60	18 ~ 80	22 ~ 100	26 ~ 100	40 ~ 100	50 ~ 100	—	—	—	—
l 系列		8,10,12,14,16,18,20,22,24,26,28,30,32,35,40,45,50,55,60,65,70,75,80,85,90,95,100,120,140,160,180,200												

注：1. GB/T 119.1—2000 规定圆柱销的公称直径 d = 0.6 ~ 50 mm，公称长度 l = 2 ~ 200 mm，公差有 m6 和 h8。

2. GB/T 119.2—2000 规定圆柱销的公称直径 d = 1 ~ 20 mm，公称长度 l = 3 ~ 100 mm，公差仅有 m6。

3. 当圆柱销公差 0 为 h8 时，其表面粗糙度 $R_a \leq 1.6$ μm。

7. 圆锥销(GB/T 117—2000)

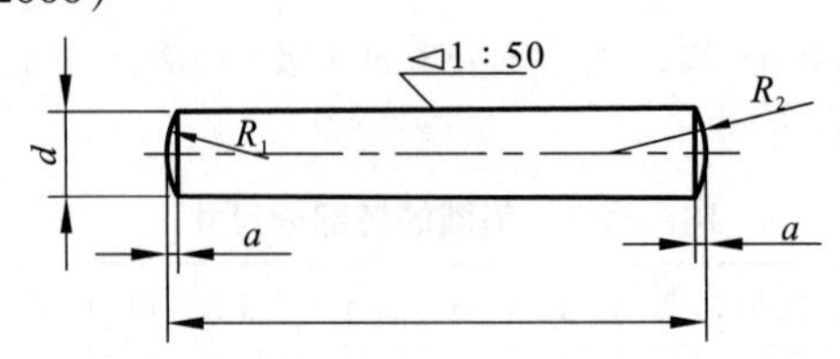

标记示例:

公称直径为 12 mm,长度为 50 mm 的 B 型圆锥销:

销 GB/T 117—2000 B12×50

附录表 9 圆锥销的各部分尺寸 单位:mm

公称直径 d	4	5	6	8	10	12	16	20	25	30	40	50
a≈	0.5	0.63	0.8	1	1.2	1.6	2	2.5	3	4	5	6.3
公称长度 l	14~55	18~60	22~90	22~120	26~160	32~180	40~200	45~200	50~200	55~200	60~200	65~200
l 系列	2,3,4,5,6,8,10,12,14,16,18,20,22,24,26,28,30,32,35,40,45,50,55,60,65,70,75,80,85,90,95,100,120,140,160,180,200											

注:1. 标准规定圆锥销的公称直径 d=0.6 mm~50 mm。

2. 有 A 型和 B 型。A 型为磨削,锥面表面粗糙度 R_a=0.8 μm;B 型为切削或冷镦,锥面粗糙度 R_a=3.2 μm。

8. 开口销(GB/T 91—2000)

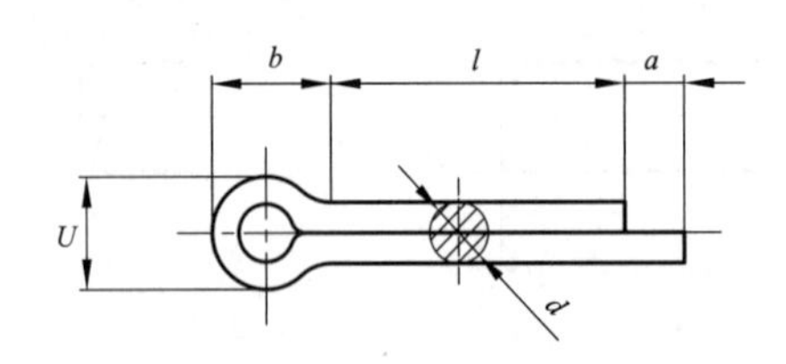

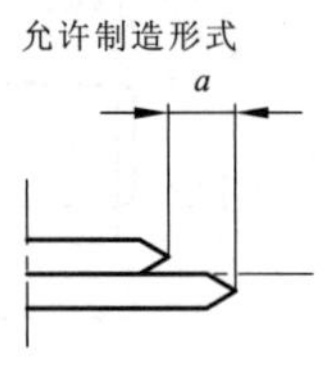

标记示例:

公称直径为 8 mm,长度为70 mm,材料为低碳钢的、不经表面处理的开口销:

销 GB/T 91—2000 8×70

附录表 10 开口销的各部分尺寸 单位:mm

d(公称)		0.6	0.8	1	1.2	1.6	2	2.5	3.2	4	5	6.3	8	10	12
c	max	1	1.4	1.8	2	2.8	3.6	4.6	5.8	7.4	9.2	11.8	15	19	24.8
	min	0.9	1.2	1.6	1.7	2.4	3.2	4	5.1	6.5	8	10.3	13.1	16.6	21.7
b≈		2	2.4	3	3	3.2	4	5	6.4	8	10	12.6	16	20	26
a_{max}		1.6	1.6	1.6	2.5	2.5	2.5	2.5	3.2	4	4	4	4	6.3	6.3
l(商品规格范围公称长度)		4~12	5~16	6~20	8~26	8~32	10~40	12~50	14~65	18~80	22~100	30~120	40~160	45~200	70~200
l 系列		4,5,6,8,10,12,14,16,18,20,22,24,26,28,30,32,36,40,45,50,55,60,65,70,75,80,85,90,95,100,120,140,160,180,200													

9. 普通平键的型式和尺寸(GB/T 1096—2003)

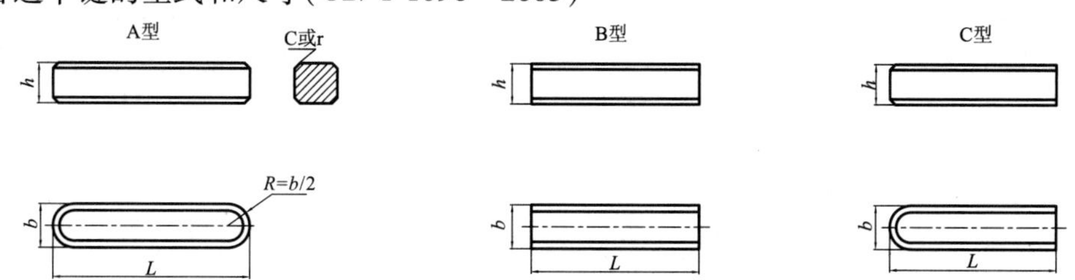

标记示例:

圆头普通平键(A 型) $b=12$ mm,$h=8$ mm,$L=80$ mm:

键 12×80 GB/T 1096—2003

附录表 11 普通平键的各部分尺寸 单位:mm

b	2	3	4	5	6	8	10	12	14	16	18	20	22	25
h	2	3	4	5	6	7	8	8	9	10	11	12	14	14
C 或 r	0.16~0.25			0.25~0.40			0.40~0.60					0.60~0.80		
L	6~20	6~36	8~45	10~56	14~70	18~90	22~110	28~140	36~160	45~180	50~200	56~220	63~250	70~280
L 系列	6、8、10、12、14、16、18、20、22、25、28、32、36、40、45、50、56、63、70、80、90、100、110、125、140、160、180、200、220、250、280													

注:材料常用45钢。图中原标注的表面光洁度已折合成表面粗糙度 R_a 值标注。键的极限偏差:宽(b)用 $h9$;高(h)用 $h11$;长(L)用 $h14$。

10. 平键和键槽的断面尺寸(GB/T 1095—2003)

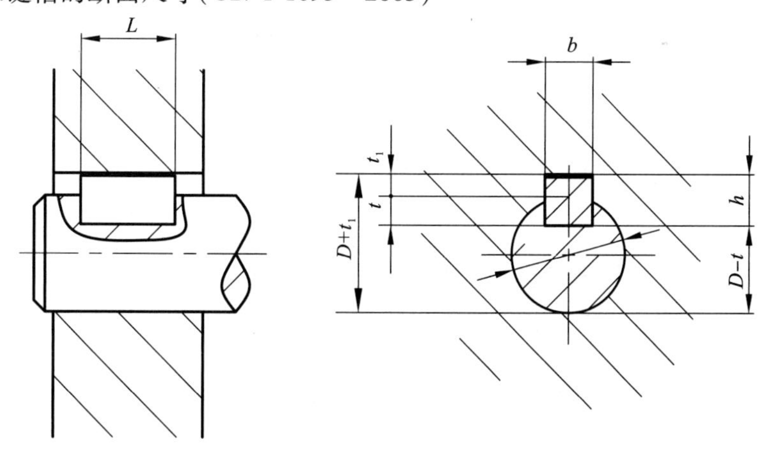

标记示例:

公称直径为16 mm,螺距2 mm的粗牙右旋普通螺纹:M 16

公称直径为20 mm,螺距1.5 mm的细牙左旋普通螺纹:M 20 ×1.5

附录表 12　平键和键槽的断面尺寸　　单位：mm

轴	键	键槽											
公称直径 d	公称尺寸 $b\times h$	宽度 b						深度				半径 r	
		公称尺寸 b	偏差					轴 t		轴 t_1			
			较松键联结		正常键联结		较紧键联结						
			轴 H9	毂 D10	轴 N9	毂 Js9	轴和毂 P9	公称	偏差	公称	偏差	最小	最大
自 6~8	2×2	2	+0.025 0	+0.060 +0.020	−0.004 −0.029	±0.0125	−0.006 −0.031	1.2	+0.1 0	1	+0.1 0	0.08	0.16
>8~10	3×3	3						1.8		1.4			
>10~12	4×4	4	+0.030 0	+0.078 +0.030	0 0.030	±0.015	−0.012 −0.042	2.5		1.8			
>12~17	5×5	5						3.0		2.3		0.16	0.25
>17~22	6×6	6						3.5		2.8			
>22~30	8×7	8	+0.036 0	+0.098 +0.040	0 −0.036	±0.018	−0.015 −0.051	4.0	+0.2 0	3.3	+0.2 0	0.25	0.40
>30~38	10×8	10						5.0		3.3			
>38~44	12×8	12	+0.043 0	+0.120 +0.050	0 −0.043	±0.0215	−0.018 −0.061	5.0		3.3			
>44~50	14×9	14						5.5		3.8			
>50~58	16×10	16						6.0		4.3			
>58~65	18×11	18						7.0		4.4			
>65~75	20×12	20	+0.052 0	+0.149 +0.065	0 −0.052	±0.026	−0.022 −0.074	7.5		4.9		0.40	0.60
>75~85	22×14	22						9.0		5.4			
>85~95	25×14	25						9.0		5.4			
>95~110	28×16	28						10.0		6.4			

注：1. 在工作图中轴槽深用 $(d-t)$ 标注 $(d-t)$ 的极限偏差值应取负号；轮毂槽深用 $(d=t_1)$ 标注。平键轴槽的长度公差带用 H14。图中原标注的表面光洁度已折合成表面粗糙度 R_a 值标注。

2. 表中轴公称直径 d，供选择时参考。GB/T 1095—2003 中未给出。

附录 3　部分轴和孔的极限偏差数值

附录表 13　部分轴的极限偏差数值（摘自 GB/T 1800.4—2003）　　单位：μm

基本尺寸（mm）		公差带												
		c	d	f	g	h				k	n	p	s	u
大于	至	11	9	7	6	6	7	9	11	6	6	6	6	6
—	3	−60 −120	−20 −45	−6 −16	−2 −8	0 −6	0 −10	0 −25	0 −60	+6 0	+10 +4	+12 +6	+20 +14	+24 +18
3	6	−70 −145	−30 −60	−10 −22	−4 −12	0 −8	0 −12	0 −30	0 −75	+9 +1	+16 +8	+20 +12	+27 +19	+31 +23
6	10	−80 −170	−40 −76	−13 −28	−5 −14	0 −9	0 −15	0 −36	0 −90	+10 +1	+19 +10	+24 +15	+32 +23	+37 +28
10	14	−95 −205	−50 −93	−16 −34	−6 −17	0 −11	0 −18	0 −43	0 −110	+12 +1	+23 +12	+29 +18	+39 +28	+44 +33
14	18													

续附录表13

基本尺寸(mm)		公差带												
		c	d	f	g	h				k	n	p	s	u
18	24	−110 −240	−65 −117	−20 −41	−7 −20	0 −13	0 −21	0 −52	0 −130	+15 +2	+28 +15	+35 +22	+48 +35	+54 +41
24	30													+61 +48
30	40	−120 −280	−80 −142	−25 −50	−9 −25	0 −16	0 −25	0 −62	0 −160	+18 +2	+33 +17	+42 +26	+59 +43	+76 +60
40	50	−130 −290												+86 +70
50	−65	−140 −330	−100 −174	−10 −29	−30 −60	0 −19	0 −30	0 −74	0 −190	+21 +20	+39 +20	+51 +32	+72 +53	+106 +87
65	80	−150 −340											+78 +59	+121 +102
80	100	−170 −390	−120 −207	−36 −71	−12 −34	0 −22	0 −35	0 −87	0 −220	+25 +3	+45 +23	+59 +37	+93 +71	+146 +124
100	120	−180 −400											+101 +79	+166 +144
120	140	−200 −450	−145 −245	−43 −83	−14 −39	0 −25	0 −40	0 −100	0 −250	+28 +3	+52 +27	+68 +43	+117 +92	+195 +170
140	160	−210 −460											+125 +100	+215 +190
160	180	−230 −480											+133 +108	+235 +210
180	200	−240 −530	−170 −285	−50 −96	−15 −44	0 −29	0 −46	0 −115	0 −290	+33 +4	+60 +31	+79 +50	+151 +122	+265 +236
200	225	−260 −550											+159 +130	+287 +258
225	250	−280 −570											+169 +140	+313 +284
250	280	−330 −650	−190 −320	−56 −108	−17 −49	0 −32	0 −52	0 −130	0 −320	+36 +4	+66 +34	+88 +56	+190 +158	+347 +315
280	315	−330 −650											+202 +170	+382 +350
315	355	−360 −720	−210 −350	−62 −119	−18 −54	0 −36	0 −57	0 −140	0 −360	+40 +4	+73 +37	+98 +62	+226 +190	+426 +390
355	400	−400 −760											+244 +208	+471 +435
400	450	−440 −840	−230 −385	−68 −131	−20 −60	0 −40	0 −63	0 −155	0 −400	+45 +5	+80 +40	+108 +68	+272 +232	+530 +490
450	500	−480 −880											+292 +252	+580 +540

附录表 14 部分孔的极限偏差数值(摘自 GB/T 1800.4—2003) 单位:μm

基本尺寸(mm)		公差带												
		C	D	F	G	H				K	N	P	S	U
大于	至	11	9	8	7	7	8	9	11	7	7	7	7	7
—	3	+120 +60	+45 +20	+20 +6	+12 +2	+10 0	+14 0	+25 0	+60 0	0 -10	-4 -14	-6 -16	-14 -24	-18 -28
3	6	+145 +70	+60 +30	+28 +10	+16 +4	+12 0	+18 0	+30 0	+75 0	+3 -9	-4 -16	-8 -20	-15 -27	-19 -31
6	10	+170 +80	+76 +40	+35 +13	+20 +5	+15 0	+22 0	+36 0	+90 0	+5 -10	-4 -19	-9 -24	-17 -32	-22 -37
10	14	+205 +95	+93 +50	+43 +16	+24 +6	+18 0	+27 0	+43 0	+100 0	+6 -12	-5 -23	-11 -29	-21 -39	-26 -44
14	18													
18	24	+240 +110	+117 +65	+53 +20	+28 +7	+21 0	+33 0	+52 0	+130 0	+6 -15	-7 -28	-14 -35	-27 -48	-33 -54
24	30													-40 -61
30	40	+280 +120	+142 +80	+64 +25	+34 +9	+25 0	+39 0	+62 0	+160 0	+7 -18	-8 -33	-17 -42	-34 -59	-51 -76
40	50	+290 +130												-61 -86
50	65	+330 +140	+174 +100	+76 +30	+40 +10	+30 0	+46 0	+74 0	+190 0	+9 -21	-9 -39	-21 -51	-42 -72	-91 -121
65	80	+340 +150											-48 -78	-76 -106
80	100	+390 +170	+207 +120	+90 +36	+47 +12	+35 0	+54 0	+87 0	+220 0	+10 -25	-10 -45	-24 -59	-58 -93	-111 -146
100	120	+400 +180											-66 -101	-131 -166
120	140	+450 +200	+245 +145	+106 +43	+54 +14	+40 0	+63 0	+100 0	+250 0	+12 -28	-12 -52	-28 -68	-77 -117	-155 -195
140	160	+460 +210											-85 -125	-175 -215
160	180	+480 +230											-93 -133	-195 -235
180	200	+530 +240	+285 +170	+122 +50	+61 +15	+46 0	+72 0	+115 0	+290 0	+13 -33	-14 -60	-33 -79	-105 -151	-219 -265
200	225	+550 +260											-113 -159	-241 -287
225	250	+570 +280											-123 -169	-267 -313

续附录表14

基本尺寸(mm)		公差带												
		C	D	F	G	H				K	N	P	S	U
250	280	+620 +300	+320 +190	+137 +56	+69 +17	+52 0	+81 0	+130 0	+320 0	+16 -36	-14 -66	-36 -88	-138 -190	-295 -347
280	315	+650 +330											-150 -202	-330 -382
315	355	+720 +360	+350 +210	+151 +62	+75 +18	+57 0	+89 0	+140 0	+360 0	+17 -40	-16 -73	-41 -98	-169 -226	-369 -426
355	400	+760 +400											-187 -244	-414 -471
400	450	+840 +440	+385 +230	+165 +68	+83 +20	+63 0	+97 0	+155 0	+400 0	+18 -45	-17 -80	-45 -108	-209 -272	-467 -530
450	500	+880 +480											-229 -292	-517 -580

参考文献

[1]林大钧.简明化工制图[M].北京:化学工业出版社,2016.
[2]邹玉堂,路慧彪,王淑英.现代工程制图及计算机辅助绘图[M].北京:机械工业出版社,2015.
[3]郑晓梅.化工制图[M].北京:化学工业出版社,2002.
[4]何铭新,钱可强,徐祖茂.机械制图[M].6版.北京:高等教育出版社,2010.
[5]华东理工大学机械制图教研组.化工制图[M].北京:高等教育出版社,1993.
[6]张承翼,李春英.化工工程制图[M].北京:化学工业出版社,1994.